普通高等教育实验实训规划教材

金工技能实训

主　编　张瑞东　牛建国
副主编　徐大广　梁　森　王进春
编　写　张润怀　吉云亮
主　审　赵长祥　赵福军

中国电力出版社
http://jc.cepp.com.cn

内 容 提 要

本书为普通高等教育实验实训规划教材。

本书是根据教育部机械基础课程教学指导分委员会金工课程教学指导小组制定的“普通高等学校工程材料及机械制造基础系列课程教学基本要求”编写的。全书共六章，主要内容包括基础知识、钳工、机床加工、焊接和铆接、数控加工、特种加工技术，每个主要工种均附有操作示例和实训操作项目，各章后均有复习思考题，内容精炼，讲求实用。

本书可作为高等工科院校本科非机类相关专业的金工实习教材，也可供高职高专电力技术类专业使用，并可作为工程技术人员的参考书。

图书在版编目（CIP）数据

金工技能实训/张瑞东，牛建国主编. —北京：中国电力出版社，2009

普通高等教育实验实训规划教材

ISBN 978-7-5083-8324-8

Ⅰ. 金… Ⅱ. ①张…②牛… Ⅲ. 金属加工—高等学校—教材 Ⅳ. TG-45

中国版本图书馆 CIP 数据核字（2008）第 213949 号

中国电力出版社出版、发行

（北京三里河路 6 号 100044 http://jc.cepp.com.cn）

汇鑫印务有限公司印刷

各地新华书店经售

*

2009 年 2 月第一版 2010 年 9 月北京第三次印刷

787 毫米×1092 毫米 16 开本 16.25 印张 393 千字

定价 **26.00** 元

前　言

本书是根据国家教育部工程材料和机械制造基础课程指导小组制定的金工实习教学基本要求，结合电力类院校长期以来的金工实习教学实践，在各参编单位所编写的《金工工艺学讲义》基础上修订而成的。

金工实习是工科高等院校对学生进行工程训练的重要实践环节之一，是一门传授机械制造基础知识和技能的技术基础课。本书着重介绍金属的主要成形方法和加工方法、毛坯制造和零件加工的一般工艺过程，所用设备的构造、工作原理和使用方法，所用工具、附件、刀具、相应工种的安全技术等。

本书在编写中力求突出重点和讲求实用，强调可操作性，便于自学，供学生在金工实习期间预习和复习时使用。编者认为，编写实践教学环节的教材，在传授机械制造基础知识的同时，应着重强调基本技能的可操作性，因此在各个主要的工种中都附有操作示例和实训操作项目，供实习指导教师进行示范操作和学生进行操作练习。此外，生产安全已成为社会特别关注的问题，为了增强学生的劳动保护意识，在主要章节中均安排了这方面的内容。各章后面的复习思考题体现了教学基本要求，可帮助学生明确实习要求和掌握重点内容。

本书由太原电力高等专科学校、山西电力职业技术学院、保定电力职业技术学院和四川电力职业技术学院联合组织编写。本书由张瑞东、牛建国任主编，徐大广、梁森、王进春任副主编。具体编写分工为：张瑞东（前言、第一章、第五章）、牛建国（第二章第一节～第八节）、张润怀（第二章第九节）、徐大广（第三章第一节～第四节）、吉云亮（第三章第五节、第四章第四节、第六章）、王进春（第三章第六节）、梁森（第四章第一节～第三节）。在编写的过程中郝海平等诸多一线的实习指导教师为本书的编写提供了资料及建议，在此表示感谢。

本书由重庆电力技师学院赵长祥老师和保定电力职业技术学院赵福军老师主审。两位主审老师提出了许多宝贵意见和建议，在此表示感谢。

由于编者水平所限，书中不妥之处在所难免，恳请广大读者批评指正。

编者

2008 年 10 月

目录

第一章 基 础 知 识

教 学 目 的

(1) 了解机械制造的过程及主要的工艺方法。

(2) 掌握切削运动和切削用量的基本概念。

(3) 掌握刀具角度的概念，能正确选用合理的刀具角度。

(4) 掌握金属材料常用的力学性能指标。

(5) 认识并能正确使用各种常用量具。

(6) 认识零件图纸中的各种技术要求，并能掌握各种技术要求的测量方法。

第一节 机械制造过程和主要工艺方法

一、机械制造过程

机械制造的一般过程如图 1-1 所示。原材料是指可以从市场直接购买的生铁、钢锭、各种金属型材、非金属材料等。机械制造就是将原材料用铸造、锻造、冲压、焊接等方法制成零件的毛坯，再通过切削加工和适当的热处理制造出符合要求的零件，最后装配成机械电子产品。

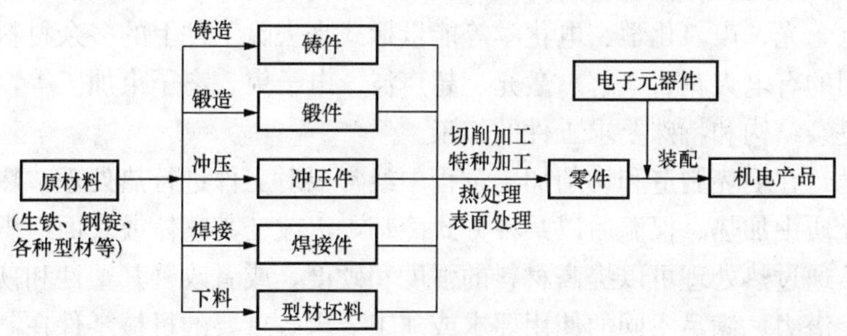

图 1-1 机械制造的一般过程

需要注意的是，上面叙述的是机械零件制造的全过程。对于机械产品中的每个零件，设计人员要在满足产品性能和成本要求的前提下，选择合理的工艺方法。例如经常用到的垫片，经过冲压后就是成品了。

二、机械制造过程中主要的工艺方法

工艺是指产品制作的方法，即一个产品从原材料到成品制作过程中所涉及的方法和途径。现将机械制造过程中主要的工艺方法简介如下。

(1) 铸造：是把熔化的金属浇注到预先制作的铸型型腔中，待其冷却凝固后获得铸件的加工方法。铸造的主要优点是可以生产形状复杂尤其是内腔复杂的毛坯，而且成本低廉。铸造的应用十分广泛，在一般机械中，铸件的重量大都占整机重量的 50%以上，如各种机械的机体、机座、机架、箱体、工作台等，大都采用铸件。

（2）锻造：是将金属加热到一定温度，利用冲击力或压力使其产生塑性变形而获得锻件的加工方法。锻件的组织比铸件致密、力学性能高，但锻件形状所能达到的复杂程度远不如铸件，锻造零件的材料利用率也较低。各种机械中的传动零件和承受重载及复杂载荷的零件，如主轴、传动轴、齿轮、凸轮、叶轮、叶片等，其毛坯大多采用锻件。

（3）冲压：是利用压力机和专用模具，使金属板料产生塑性变形或分离，从而获得零件或制品的加工方法。冲压通常在常温下进行。冲压件具有重量轻、尺寸精度高等优点，各种机械、仪器仪表中的薄板成形件及生活用品中的金属制品，绝大多数都是冲压件。

（4）焊接：利用加热或加压（或两者并用）使两部分分离的金属件通过原子间的结合，形成永久性连接的加工方法。焊接具有连接质量好、节省金属、生产率高等优点。焊接主要用于制造金属结构件，如锅炉、容器、机架、桥梁、船舶等，也可制造零件毛坯，如某些机座、箱体等。

（5）下料：将各种型材利用气割、机锯或剪切而获得零件坯料的一种方法。

（6）切削加工：利用切削工具（主要是刀具）和工件做相对运动，从毛坯和型材坯料切除多余的材料，获得尺寸精度、形状精度、位置精度和表面粗糙度完全符合图样要求的零件加工方法。切削加工包括机械加工（简称机工）和钳工两大类。切削加工主要是通过工人操纵机床来完成切削加工的，常见的机床有车床、铣床、刨床、磨床等，相应的加工方法称为车削、铣削、刨削、磨削等。钳工一般是通过工人手持工具进行切削加工的，其基本操作包括锯削、锉削、刮削、攻螺纹、套螺纹、研磨等，通常把钻床加工也包括在钳工范围内，如钻孔、扩孔、铰孔等。

（7）特种加工：是相对传统切削加工而言的。传统切削加工主要依靠机械能，而特种加工是直接利用电、光、声、化学、电化学等能量形式来去除工件上的多余材料。特种加工的方法很多，常用的有电火花、电解、激光、超声波、电子束、离子束加工等，主要用于各种难加工材料、复杂结构和特殊要求工件的加工。

（8）热处理：在毛坯制造和切削加工过程中经常要对工件进行热处理。热处理是将固态金属在一定的介质中加热、保温后以某种方式冷却，以改变其整体或表面组织而获得所需性能的加工方法。通过热处理可以提高材料的强度和硬度，或者改善其塑性和韧性，充分发挥金属材料的性能潜力，满足不同的使用要求或加工要求。重要的机械零件在制造过程中大都要经过热处理。常用的热处理方法有退火、正火、淬火、回火、表面热处理等。

（9）表面处理：是在保持材料内部组织和性能的前提下，改善其表面性能（如耐磨性、耐腐蚀性等）或表面状态的加工方法。除表面热处理外，表面处理常用的还有电镀、磷化、发黑、喷塑等。

（10）装配：是将加工好的零件及电子元器件按一定顺序和配合关系组装成部件和整机，并经过调试和检验使之成为合格产品的工艺过程。

在单件小批量的生产过程中，习惯上把铸造、锻造、焊接和热处理称为热加工，把切削加工和装配称为冷加工。

第二节　切削加工基本知识

在工业领域和日常生活中，使用着大量的机器和设备，组成这些机器和设备不可拆分的最小单元就是机械零件。在所有机械零件的制造过程中，除了较少的一部分零件是采用精密铸造、精密锻造等其他方法直接获得外，绝大部分零件都要经过切削加工的方法获得。在机械制造行业中，切削加工所担负的加工量约占机器制造总工作量的 40%～60%。由此可见，切削加工在机械制造过程中具有举足轻重的地位。

一、机床的切削运动

在切削过程中，加工刀具与工件间的相对运动，就是切削运动。切削运动是直接形成工件表面轮廓的运动，它的各种形式如图 1-2 所示，包括主运动和进给运动两个基本运动。

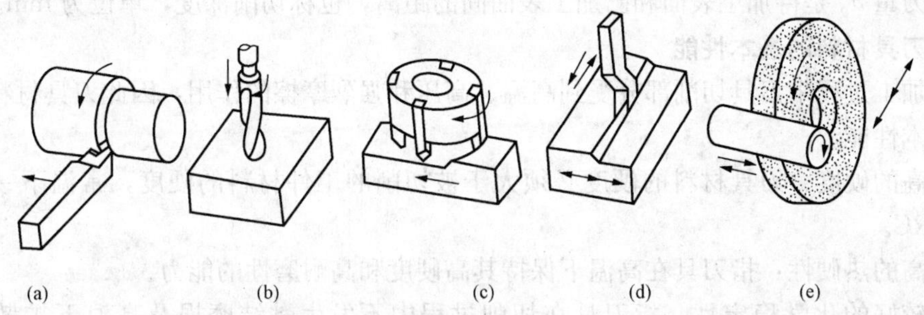

图 1-2 机械加工的主要方式

(a) 车削；(b) 钻削；(c) 铣削；(d) 刨削；(e) 磨削

(1) 主运动。主运动是提供切削可能性的运动，它是直接切除切屑所需要的基本运动，在切削运动中形成机床切削速度，消耗主要动力。图 1-2 (a) 中车床上工件的旋转运动即为主运动，机床主运动的速度可达每分钟数十米至数百米。主运动可以是旋转运动，也可以是直线运动，多数机床的主运动为旋转运动，如车削、钻削、铣削、磨削中的主运动均为旋转运动。

(2) 进给运动。进给运动是提供继续切削可能性的运动，它使刀具与工件之间产生附加的相对运动，加上主运动，即可不断地或连续地切削。图 1-2 (a) 中车刀的轴向移动即为进给运动。进给运动的速度一般都小于主运动速度，而且消耗的功率也较少。进给运动有直线、圆周及曲线进给之分。直线进给又有纵向、横向、斜向三种。

任何切削过程中都只有一个主运动，进给运动则可能有一个或几个。主运动和进给运动可以由刀具、工件分别来完成，也可以由刀具单独完成。

二、切削用量

切削用量包括切削速度 v_c、进给量 f 和背吃刀量 a_p，要完成切削加工三者缺一不可，故又称为切削三要素。切削加工时，要根据加工条件合理选用三者的具体数值。

以车削为例，在每次切削中工件上都形成三个表面（见图 1-3）：待加工表面——工件上有待切除的表面；已加工表面——工件上经刀具切削后产生的表面；过渡表面——工件上由切削刃形成的那部分表面，它是待加工表面和已加工表面之间的过渡表面。

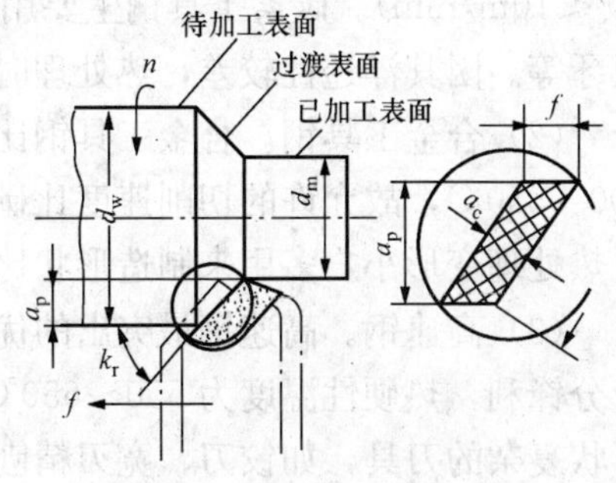

图 1-3 车削时的切削用量

切削速度 v_c 是指切削刃上选定点相对于工件主运动的瞬时速度，单位为 m/min。当主运动是旋转运动

时，切削速度是指圆周运动的线速度，即

$$v_c = \frac{\pi dn}{1000}$$

式中 d——工件过渡表面的最大直径，mm；

n——工件的转速，r/min。

进给量 f 是指主运动的一个循环内（一转或一次往复行程）刀具在进给方向上相对工件的位移量，车削时的单位是 mm/r，刨削时的单位是 mm/str。

背吃刀量 a_p 是待加工表面和已加工表面间的距离，也称切削深度，单位为 mm。

三、刀具材料的基本性能

切削加工过程中刀具切削部分受到高温、高压和强烈摩擦的作用，因此刀具材料必须具备下列基本性能。

（1）高的硬度：刀具材料的硬度必须大于被切削的工件材料的硬度，常温下一般要求60～65HRC。

（2）高的热硬性：指刀具在高温下保持其高硬度和高耐磨性的能力。

（3）较好的化学稳定性：指刀具在切削过程中不发生黏结磨损及高温下扩散磨损的能力。

（4）足够的强度和韧性：指刀具材料在承受冲击和振动而不被破坏的能力。

除上述基本性能外，刀具材料还应该具备良好的热塑性、焊接性、热处理工艺性等，以便于制造。

四、刀具材料

切削刀具种类很多，但无论是哪种刀具都由刀柄与刀体两部分组成。刀柄是刀具的夹持部分；刀体则是焊接或夹持刀片、直接参与切削工作的部分，所以又称为切削部分。刀柄一般只要求具有足够的强度和刚度，普通材料即可满足这些要求。机械加工用的刀具由于切削速度高、切削力大，因而必须用特殊材料制成。在这种情况下，常将刀片用焊接（钎焊）或用机械夹固的方法固定在刀柄上，以降低刀具的制造成本。通常所说的刀具材料实际上仅指刀具上切削部分的材料。

目前，用于生产上的刀具材料有碳素工具钢、合金工具钢、高速钢、硬质合金等，下面分别加以简单介绍。

（1）碳素工具钢。碳素工具钢淬火后有较高的硬度（59～64HRC），容易磨利，且价格较低。但它的热硬性差，在 200～250℃时硬度就明显下降，所以它允许的切削速度较低（v_c<10m/mm）。碳素工具钢生要用于手工用刀具及低速简单刀具，如手工用铰刀、丝锥、板牙等。因其淬透性较差，热处理时变形大，不宜用来制造形状复杂的刀具。

（2）合金工具钢。合金工具钢比碳素工具钢有较高的热硬性和韧性，其热硬性温度约为300～350℃，故允许的切削速度比碳素工具钢高 10%～14%。合金工具钢淬透性较好，因此热处理变形小，多用来制造形状比较复杂、要求淬火后变形小的刀具，如铰刀、拉刀等。

（3）高速钢。高速钢最突出的优点是硬度较高，韧性好，易于加工和成形，刃口可磨得十分锋利，热硬性温度为 550～650℃，所以适用于制作切削速度不高的精加工刀具和各种形状复杂的刀具，如铰刀、宽刃精刨刀、钻头、车刀、齿轮刀具等。使用最普遍的高速钢牌号是 W18Cr4V 和 W6Mo6Cr4V2。

（4）硬质合金。硬质合金与高速钢比较，具有很高的硬度（86～93HRA），其热硬性温度高达800～1000℃，因而允许的切削速度为高速钢的4～10倍。但硬质合金的韧性较差，怕振动和冲击，成形困难。主要用于高速切削、要求耐磨性很高的刀具，如车刀、铣刀等。

由于刀具材料对提高切削速度、解决难加工材料的切削问题等起着决定性的作用，对于提高加工精度也十分关键，所以世界各国都致力于对新刀具材料进行研究与开发，不断改进切削工艺，从而缩小各种刀具材料使用的局限性。

五、刀具角度

要顺利地进行切削，刀具切削部分必须具有适宜的几何形状，即组成刀具切削部分的各表面之间都应有正确的相对位置，这些位置是靠刀具角度来保证的。

刀具的种类繁多，尺寸大小和几何形状的差别也较大，但刀具角度却有很多共同之处，其中以普通外圆车刀最具有代表性，它是最简单、最常用的切削刀具，其他刀具都可看作是该车刀的演变和组合。因此，认识了外圆车刀也就初步了解了其他切削刀具的共性。

1. 车刀切削部分的组成

如图1-4所示，最常用的外圆车刀切削部分由三个刀面、两个切削刃和一个刀尖组成，简称三面、两刃、一尖。

（1）前刀面。刀具上切屑流过的表面，可为平面，也可为曲面，以使切屑顺利流出。

（2）主后刀面。与工件上切削中产生的表面（即过渡表面）相对的表面，它倾斜一定角度以减小与工件的摩擦。

（3）副后刀面。刀具上同前刀面相交形成副切削刃的表面，它倾斜一定角度以免擦伤已加工表面。

（4）主切削刃。刀具前刀面上拟作切削用的刃，即前刀面与主后刀面的交线，担负主要的切削任务。

（5）副切削刃。切削刃上除主切削刃外的刀刃，即前刀面与副后刀面的交线，仅担负少量的切削任务。

（6）刀尖。主切削刃与副切削刃的连接处相当少的一部分切削刃。它并非绝对尖锐，一般呈圆弧状，以保证刀尖有足够的强度和耐磨性。

2. 车刀切削部分的几何参数

（1）坐标平面的组成。

为了确定车刀各刀面及切削刃的空间位置，必须选定一些坐标平面作为参考系（见图1-5）。

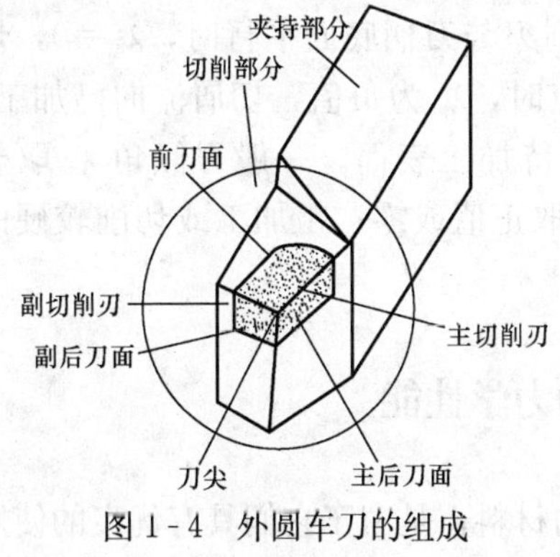

图1-4 外圆车刀的组成

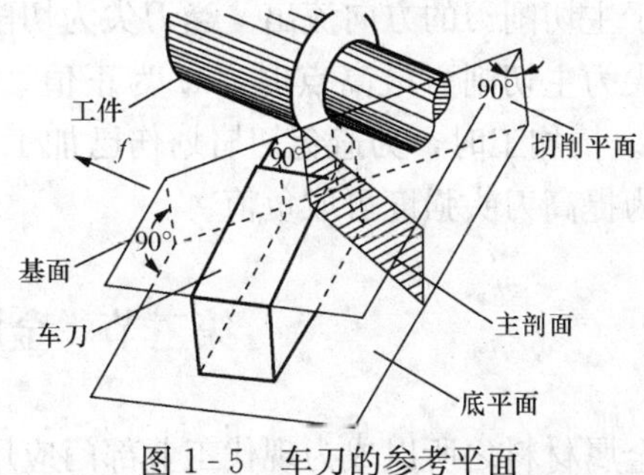

图1-5 车刀的参考平面

1）基面。过主切削刃选定点的平面，此平面在主切削刃为水平时包含主刀刃并与车刀安装底面（即水平面）平行，此平面主要作为度量前刀面在空间位置的基准平面。

2）切削平面。过主切削刃选定点与主切削刃相切，并与基面相垂直的平面。此平面主要作为度量主后刀面在空间位置的基准面。

3）主剖面。过主切削刃选定点并同时垂直于基面和主切削平面的平面。

（2）刀具角度的基本定义。

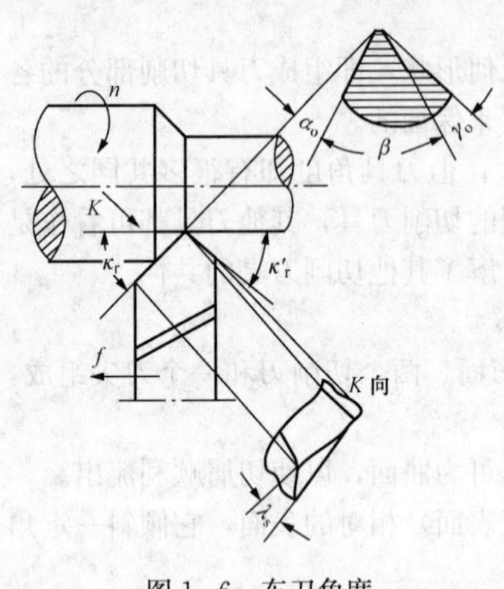

图 1-6 车刀角度

普通外圆车刀一般有五个重要的角度，如图 1-6 所示。

1）前角 γ_o。前刀面与基面的夹角，在主剖面中测量。前角的大小影响切削刃锋利程度及强度。增大前角可使刃口锋利，切削力减小，切削温度降低，但过大的前角，会使刃口强度降低，容易造成刃口损坏。取值范围为−8°～+15°。选择前角的一般原则是：前角数值的大小与刀具切削部分材料、被加工材料、工作条件等都有关系。刀具切削部分材料性脆、强度低时，前角应取小值；工件材料强度和硬度低时，可选取较大前角。在重切削和有冲击的工作条件时，前角只能取较小值，有时甚至取负值。一般是在保证刀具刃口强度的条件下，尽量选用大前角。如硬质合金车刀加工钢材料时前角值可选 5°～15°。

2）后角 α_o。主后刀面与切削平面间的夹角，在主剖面中测量。其作用为减小后刀面与工件之间的摩擦。后角与前角一样影响刃口的强度和锋利程度，选择原则与前角相似，一般为 0°～8°。

3）主偏角 κ_r。主切削刃与进给方向间的夹角，在基面中测量。其作用体现在影响切削刃工作长度、吃刀抗力、刀尖强度和散热条件。主偏角越小，吃刀抗力越大，切削刃工作长度越长，散热条件越好。选择原则是：工件粗大刚性好时，可取小值；车细长轴时为了减少径向切削抗力，以免工件弯曲，宜选取较大的值。一般为 15°～90°。

4）副偏角 κ'_r。副切削刃与进给反方向间的夹角，在基面中测量。其作用是影响已加工表面的粗糙度。减小副偏角可使被加工表面光洁。选择原则是：精加工时，为提高已加工表面的质量，应选取较小的值，一般为 5°～10°。

5）刃倾角 λ_s。主切削刃与基面间的夹角，在主切削平面中测量。主要作用是影响切屑流动方向和刀尖的强度。以刀柄底面为基准，主切削刃与刀柄底面平行时，$\lambda_s=0$，切屑沿垂直于主切削刃的方向流出。当刀尖为切削刃最低点时，λ_s 为负值，切屑流向已加工表面。当刀尖为主切削刃最高点时，λ_s 为正值，切屑流向待加工表面。一般刃倾角 λ_s 取−5°～+10°。精加工时，为避免切屑划伤已加工表面，应取正值或零；粗加工或切削较硬的材料时，为提高刀头强度可取负值。

第三节　金属材料的力学性能

金属材料之所以成为现代工业部门应用最广泛的材料，是由于它们具有优良的使用性能和工艺性能。使用性能是指材料在使用中应具备的特性，如力学性能、物理性能和化学性能；工艺性能是反映材料从冶炼到制成成品的整个过程中对各种加工方法（铸造、锻造、焊接、切削加工等）的适应性，相对于不同加工方法，这种适应性分别称为铸造性、锻造性、焊接性和切削加工性。本节只介绍金属材料的力学性能。

金属材料的力学性能是指金属材料在外力作用下表现出来的特性，主要包括强度、硬度、塑性、韧性、疲劳强度等。

一、强度与塑性

强度和塑性指标都是通过拉伸试验测定的。拉伸试验是将金属材料的拉伸试样（见图1-7）在拉伸试验机上受静拉伸力作用，并缓慢增加，直至拉断。试验机记录下整个拉伸过程中静拉伸力（F）与试样伸长量（ΔL）间的关系曲线——拉伸曲线图（见图1-8）。

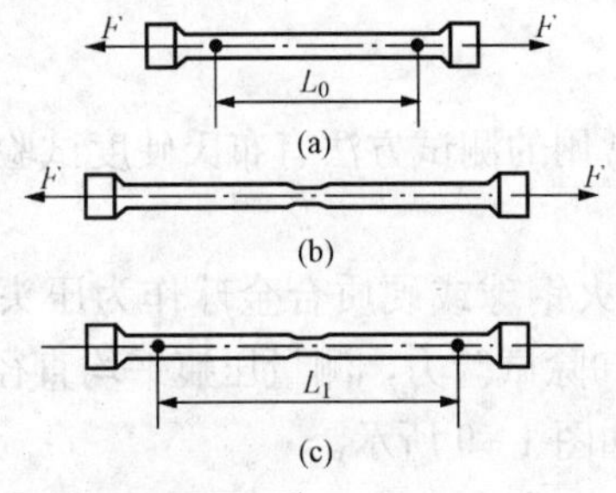

图1-7 拉伸试样

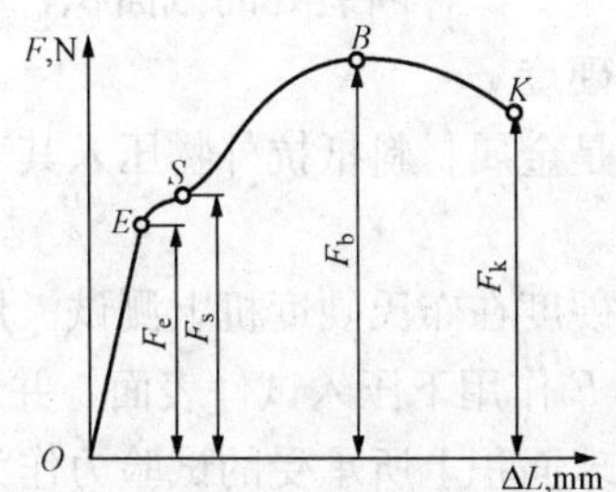

图1-8 低碳钢的拉伸曲线图

强度是金属材料抵抗永久变形与断裂的能力。常用的强度判据依据有屈服强度和抗拉强度。从图1-8中可以看出，当外力小于F_e时，试样的变形属于弹性变形，即外力去除后，试样将恢复到原始长度；当外力超过F_e后，试样除了发生弹性变形外，还发生部分塑性变形，此时外力去除后试样不能恢复到原始长度；当外力增大到F_s时，在S点的曲线几乎呈水平线段，这说明拉力虽然不增加，伸长量却继续增加，这种现象称为“屈服”，它表明材料开始发生明显的塑性变形。材料产生屈服现象时的强度，称为“屈服强度”，可通过下式计算：

$$\sigma_s = \frac{F_s}{S_0}$$

式中 F_s——试样产生屈服现象时的拉力，N；

S_0——试样的原始横截面积，m^2；

σ_s——屈服强度，Pa。

当外力超过F_s后，随着外力增大，塑性变形明显增大。当外力增大到F_b时，试样局部开始变细，出现“颈缩”现象。由于试样的截面积在不断缩小，因此使试样继续变形所需的拉力在不断下降。试样在拉断前单位面积上所能承受的最大拉力，称为“抗拉强度”，通过下式计算：

$$\sigma_b = \frac{F_b}{S_0}$$

式中 F_b——试样在拉断前的最大拉力，N；

S_0——试样的原始横截面积，m^2；

σ_b——抗拉强度，Pa。

塑性是指金属材料在外力作用下产生不可逆变形的能力。由金属材料制成的零件在使用时，为了避免由于超载引起的突然断裂，需要具有一定的塑性。常用的塑性指标有伸长率 δ 和断面收缩率 ψ，可通过下式计算：

$$\delta=\frac{L_1-L_0}{L_0}\times 100\%$$

$$\psi=\frac{S_0-S_1}{S_0}\times 100\%$$

式中 L_0——试样的原始长度，mm；

L_1——试样拉断后的长度，mm；

S_0——试样的原始截面积，mm^2；

S_1——试样断裂处的截面积，mm^2。

二、硬度

硬度是金属材料抵抗外物压入其表面的能力，最常用的测试方法有布氏硬度试验和洛氏硬度试验。

布氏硬度在布氏硬度机上测试。用直径为 D 的淬火钢球或硬质合金球作为压头，在规定试验力 F 作用下压入试件表面，并保持规定时间后卸除试验力，测量压痕平均直径 d。用单位压痕球面积上所承受的试验力作为布氏硬度值，如图 1-9 所示。

以淬火钢球作压头测得的布氏硬度值用 HBS 表示，适用于 HBS≤450 的金属材料；以硬质合金球作压头测得的布氏硬度值用 HBW 表示，适用于 HBW＝450～650 的金属材料。布氏硬度试验的覆度值代表性全面，测量结果较准确。但测试效率不高，压痕大，不宜测试成品件和硬度高、厚度小的材料。故常用于测试铸铁、有色金属和各种硬度不高的钢材及半成品件。

洛氏硬度在洛氏硬度计上测试。用顶角为 120°的金刚石圆锥体或一定直径的钢球作压头，在初始试验力 F_0 与主试验力 F_1（总试验力 $F=F_0+F_1$）先后作用下，将其压入试件表面，如图 1-10（a）、（b）所示。保持规定时间后，卸除主试验力 F_1，用主试验力作用下压入试件表面的残余压痕深度增量 e 确定硬度值，试验时可通过洛氏硬度计上的刻度盘直接读出洛氏硬度值。如图 1-10 所示。

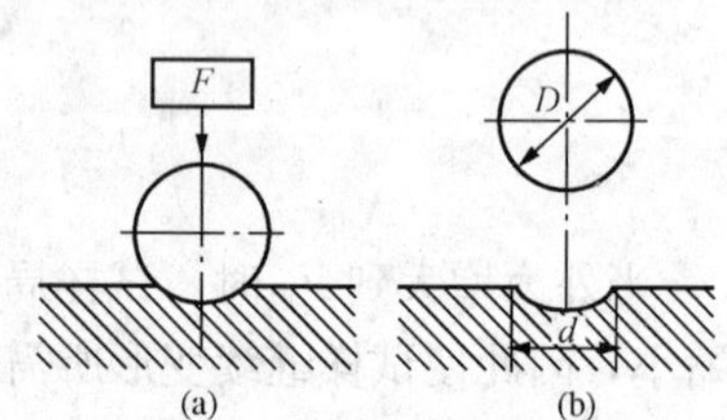

图 1-9 布氏硬度试验原理

（a）压入试件表面；（b）测量压痕直径

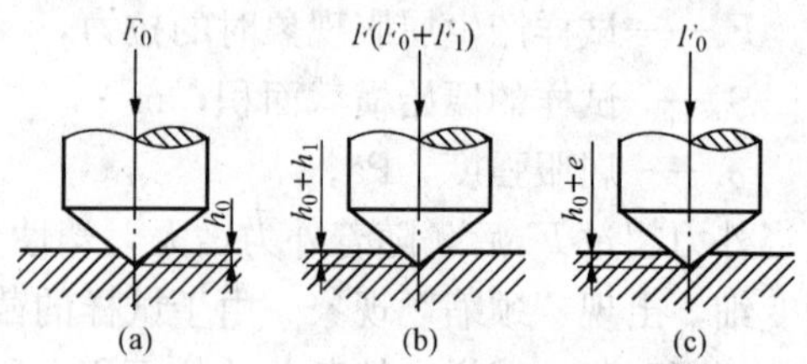

图 1-10 洛氏硬度试验原理

（a）初始试验力；（b）总试验力；（c）卸除主试验力后测量

为了测量不同硬度材料的洛氏硬度，可采用不同压头和试验力，对应有不同的硬度标尺。生产中最常用是 HRC，表示压头类型为顶角 120°的金刚石圆锥体、初始试验力为 98.07N、主试验力为 1373N 的条件下测得的硬度值，测量范围为 20～70HRC，适用于测量淬火钢、调质钢等高硬度材料。洛氏硬度试验操作迅速、简便，测试范围宽，压痕小，可测试成品表面及较薄件。

三、冲击韧性

强度、塑性、硬度等力学性能指标是在静态作用下测定的。可是有些零件在工作过程中受到的是动态力，如锻锤的锤杆、冲床的冲头等，这些工件除要求强度、塑性、硬度外，还应有足够的韧性。韧性是指金属在断裂前吸收变形能量的能力。动态力尤其是冲击载荷比静态力的破坏性要大得多。因此，需要制定冲击载荷下的性能指标，即冲击吸收功。为了测定金属的冲击吸收功，通常都采用冲击试验。

冲击试验是在摆锤式冲击试验机上进行的。试验时，将带有缺口的试样（见图 1 - 11）安放在试验机的机架上，使试样的缺口位于两固定支座中间，并背向摆锤的冲击方向，如图 1 - 12 所示。将一定质量的摆锤升高到 H_1，则摆锤具有势能 A_{K1}。当摆锤落下将试样冲断后，摆锤继续向前升高到 H_2，此时摆锤的剩余势能为 A_{K2}。摆锤冲断试样所失的势能 A_K 为

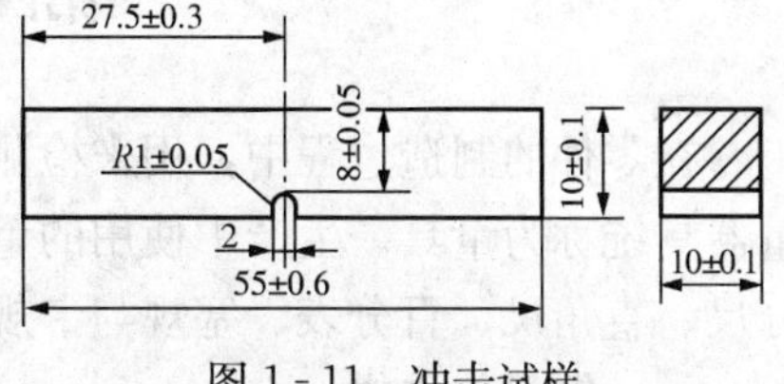

图 1 - 11 冲击试样

$$A_K = A_{K1} - A_{K2}$$

A_K 就是规定形状和尺寸的试样在冲击试验力一次作用下折断时所吸收的功，称为冲击吸收功，可以从试验机的刻度盘上直接读出，是表征金属冲击韧性的主要判据。显然，冲击吸收功 A_K 愈大，表示金属抵抗冲击试验力而不被破坏的能力就愈强。

四、疲劳强度

许多机械零件如轴、齿轮、弹簧等都是在循环应力和应变作用下工作的。循环应力和应变是指应力或应变的大小、方向，都随时间发生周期性变化的一类应力和应变。常见的交变应力是对称循环应力，其最大值 σ_{max} 和最小值 σ_{min} 的绝对值相等并按正弦曲线的规律变化，如图 1 - 13 所示。许多零件工作时承受的应力值通常都低于制作材料的屈服点，零件在这种循环载荷作用下，经过一定循环次数后仍会产生裂纹或发生突然断裂，这种现象称为疲劳。

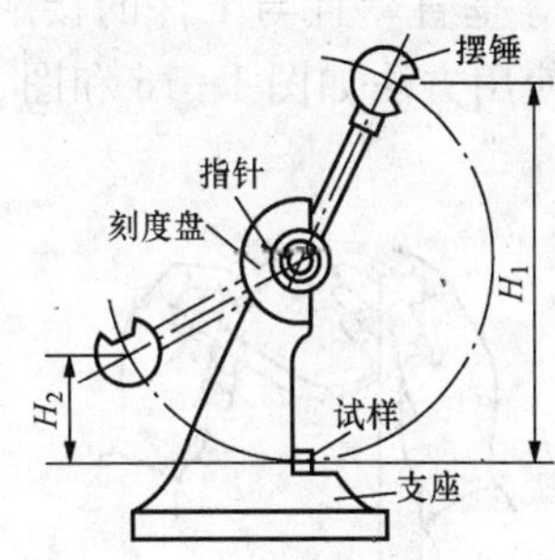

图 1 - 12 摆锤冲击试验机

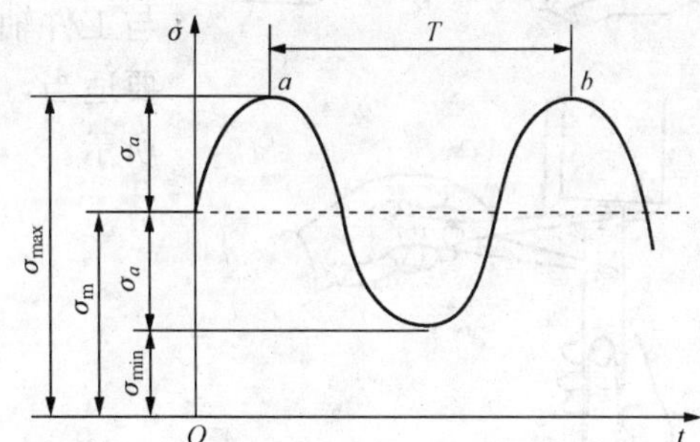

图 1 - 13 按正弦曲线变化的应力与时间的关系

疲劳断裂与静态力作用下的断裂不同。在疲劳断裂前都不产生明显的塑性变形，断裂是突然发生的，因此具有很大的危险性，常常造成严重的事故。据统计，80％以上损坏的机械零件都是因疲劳造成的。因此，研究疲劳现象对于正确使用材料、进行合理设计具有重要意义。

金属在循环应力作用下能经受无限次循环而不断裂的最大应力值，称为金属的疲劳强度，即循环次数值 N 无穷大时所对应的最大应力值。在工程实践中，一般都是求疲劳极限，

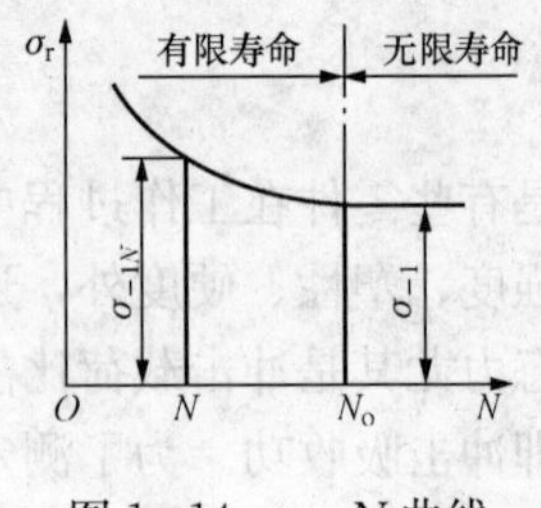

图 1-14 σ—N 曲线

即对应于指定的循环基数下的中值疲劳强度 σ_{-1N}。对于黑色金属，循环基数为 10^7；对于有色金属，循环基数为 10^8。对称循环应力的疲劳强度用 σ_{-1} 表示。许多试验结果都表明，金属的疲劳强度随着抗拉强度的提高而增加。结构钢当 $\sigma_b < 1400$MPa 时，其疲劳强度 σ_{-1} 约为抗拉强度的二分之一。在循环载荷的作用下，金属承受一定的循环应力 σ 和断裂时相应的循环次数 N 之间的关系，可以用曲线来描述。这种曲线称为 σ—N 曲线，如图 1-14 所示。

第四节 常 用 量 具

在零件的制造过程中，用来检测零件是否符合图纸技术要求、以固定形式复现量值的计量器具统称为量具。生产中使用的量具种类很多，其中常用的有钢尺、卡钳、游标卡尺、千分尺、直角尺、百分表、塞规与卡规、刀口形直尺、塞尺等。

一、钢尺与卡钳

钢尺是简单的长度量具，一般用不锈钢制成，测量精度在 0.5mm 以内。

钢尺上一般刻有公制、英制尺寸，常用的长度规格有 150mm、200mm、300mm、500mm、1000mm 等，图 1-15 所示为最常用的 150mm 钢尺。钢尺可直接测量零件的长度尺寸，与卡钳配合使用也可测量内径或外径。但由于钢尺测量精度低，因此只能用来测量精度要求不高的零件或毛坯尺寸。

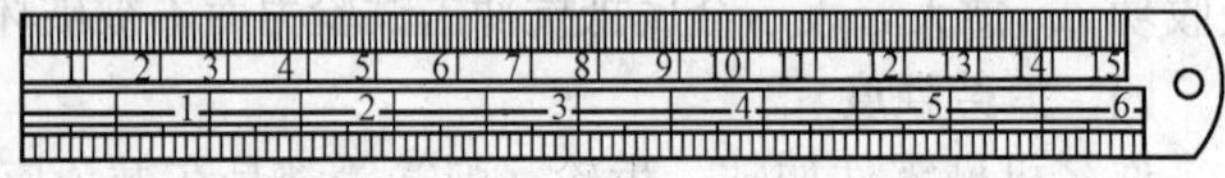

图 1-15 钢尺

卡钳为一种间接量具，根据用途分为外卡钳和内卡钳两种，分别用来测量外轮廓尺寸（如长度、轴径）和内轮廓尺寸（如槽宽、孔径）。因卡钳上没有尺寸刻度，故必须与钢尺配合使用。使用中，调整卡钳时不能敲击卡钳口，但可轻击内、外侧面；测量时卡钳两脚测量点连线需与工件轴线、对称平面等垂直，且与工件的接触压力要适当，内、外卡钳的使用方法如图 1-16 和图 1-17 所示。

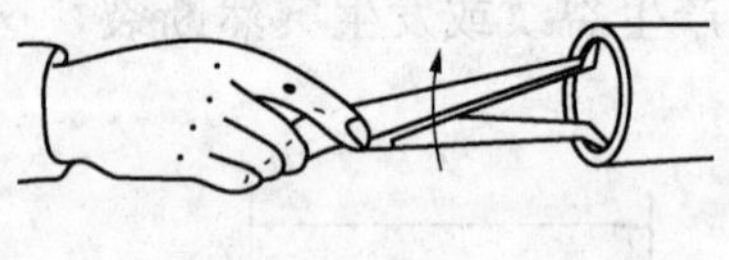

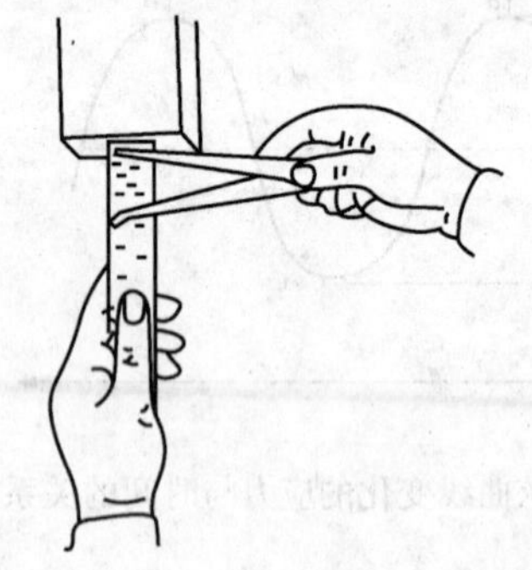

图 1-16 用内卡钳测量的方法

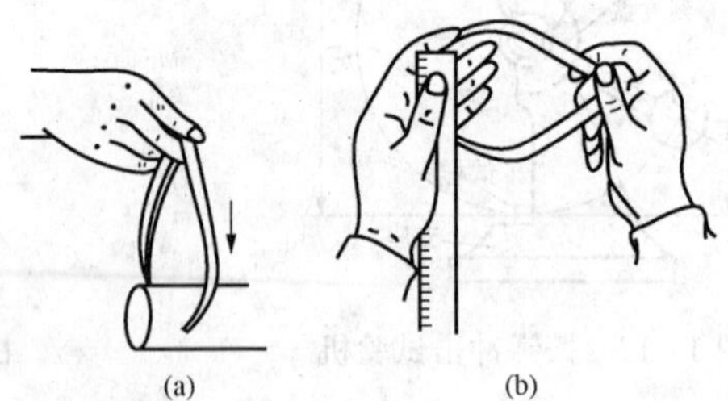

图 1-17 用外卡钳测量的方法

(a) 测量直径；(b) 在钢尺上读数

二、游标卡尺与千分尺

游标卡尺是一种带有测量卡爪并用游标读数的量尺。由于其测量精度较高，结构简单，使用方便，既可测量工件的外轮廓尺寸又可测量内轮廓尺寸及深度，所以在生产中较常用。游标卡尺的种类很多，除了如图 1-18 所示的普通游标卡尺外，还有专门用于测量深度和高度的深度游标卡尺和高度游标卡尺。高度游标卡尺还可以用于钳工精密划线。

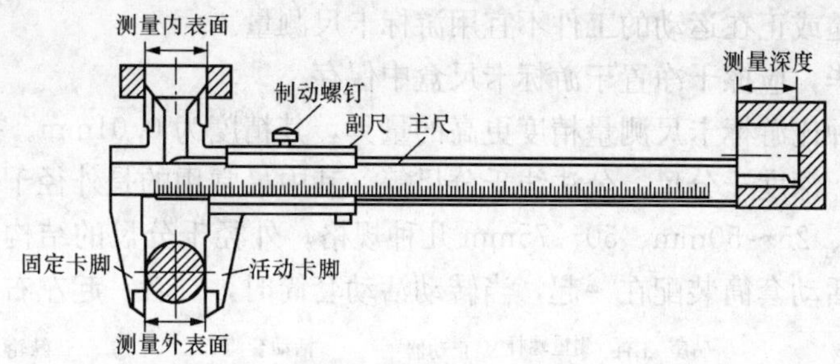

图 1-18　游标卡尺

1. 游标卡尺刻线原理与读数方法

游标卡尺主要由主尺和副尺（即游标）组成，游标可沿主尺移动，主尺刻线间距为 1mm，而游标刻线间距的不同决定了游标卡尺的读数精度（等于主尺与游标刻线间距之差，亦为游标每格刻线代表的读数值）。按读数精度分类，常用游标卡尺的精度可分为 0.1mm、0.05mm、0.02mm 三种，游标上分别刻有 10 条、20 条、50 条刻线，分别对应主尺上的 9mm、19mm 和 49mm 长度。游标卡尺读数时，整数部分在主尺上读取，尾数由游标读数确定，即读数值＝游标零位指示的主尺整数＋游标上与主尺刻线对齐的刻线读数。

0.02mm 精度游标卡尺的刻线原理及读数方法举例如图 1-19 所示。

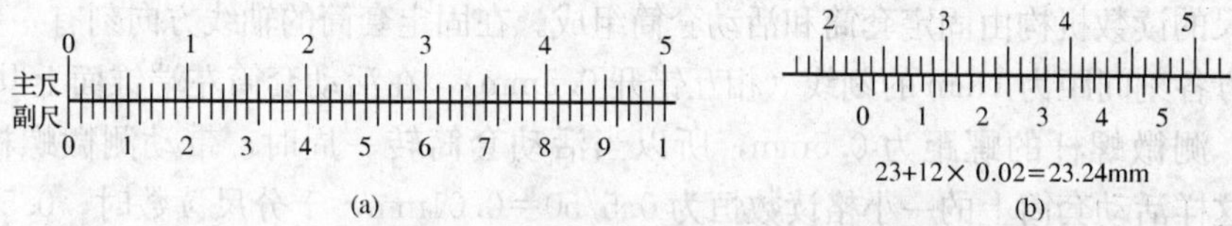

图 1-19　0.02mm 精度游标卡尺的刻线原理及读数方法

(a) 对零时；(b) 测量时

刻线原理如图 1-19（a）所示，当主尺和副尺的卡脚始合时，主尺上的零线对准副尺上的零线。主尺上的每一小格为 1mm，取主尺 49mm 长度在副尺上等分为 50 个格。即

$$副尺每格长度 = \frac{49}{50}\text{mm} = 0.98\text{mm}$$

$$主、副尺每格之差 = 1\text{mm} - 0.98\text{mm} = 0.02\text{mm}$$

读数方法如图 1-19（b）所示，游标卡尺的读数可分为三步。

第一步：根据副尺零线以左的主尺上的最近刻度读出整数；

第二步：根据副尺零线以右与主尺某一刻线对准刻线数乘以 0.02 读出小数；

第三步：将上面的整数和小数两部分相加，即得总尺寸。图 1-19（b）中的读数为 23＋12×0.02＝23.24（mm）。

2. 游标卡尺使用注意事项

(1) 使用前应擦净卡脚，将两卡脚闭合，检查主、副尺零线是否重合，若不重合，应送计量中心校正或测量后根据其误差加以修正。

(2) 测量时，应使卡脚逐渐与工件靠近，测量压力不能过大，以免卡脚变形及磨损加

剧，影响测量精度，同时注意游标卡尺必须放正，以免测量不准。

(3) 从工件上取下卡尺读数时，应沿测量方向轻轻取出，或从工件上取下卡尺前先旋紧游标制动螺钉，以免读数前卡脚位置变动。

(4) 表面粗糙或正在运动的工件不宜用游标卡尺测量。

(5) 使用完毕，应擦干净置于游标卡尺盒中保存。

千分尺是一种比游标卡尺测量精度更高的量具，其精度为 0.01mm。按用途分外径千分尺、内径千分尺、深度千分尺、公法线千分尺等。其中最常用的是外径千分尺，按其测量范围分有 0～25mm、25～50mm、50～75mm 几种规格。外径千分尺的结构形式如图 1-20 所示。测微螺杆与活动套筒装配在一起，当转动活动套筒时，二者一起左右移动。

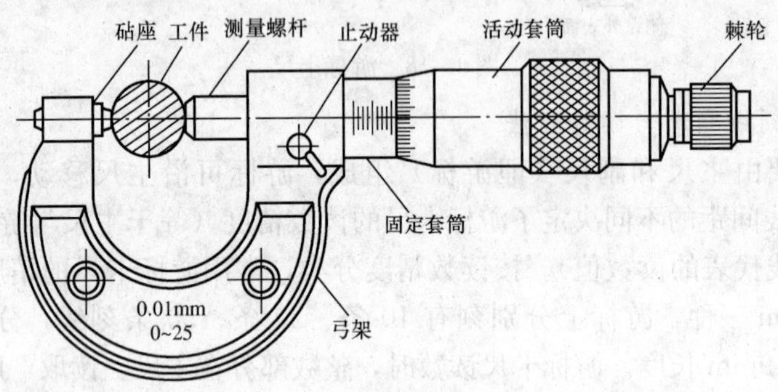

图 1-20　外径千分尺

3. 千分尺刻线原理与读数方法

千分尺的读数机构由固定套筒和活动套筒组成。在固定套筒的轴线方向刻有一条中线，中线上、下方各刻间距为 1mm 的刻线（相互错开 0.5mm），在活动套筒左端锥面上共有 50 条等分刻度线。测微螺杆的螺距为 0.5mm，所以当活动套筒转一周时，带动测微螺杆轴向移动 0.5mm，这样活动套筒上的一小格读数恒为 0.5/50＝0.01mm。千分尺读数时，0.5mm 的整数倍在固定套筒刻线上读取，其余尾数在活动套筒刻线上读取。先读固定套筒上露出的刻线值，然后看活动套筒上哪一格与固定套筒中线对齐并读取其刻线值，这样，读数值＝固定套筒刻线值（0.5 的整数倍）＋活动套筒刻线值×0.01。千分尺刻线原理及读数方法举例如图 1-21 所示。

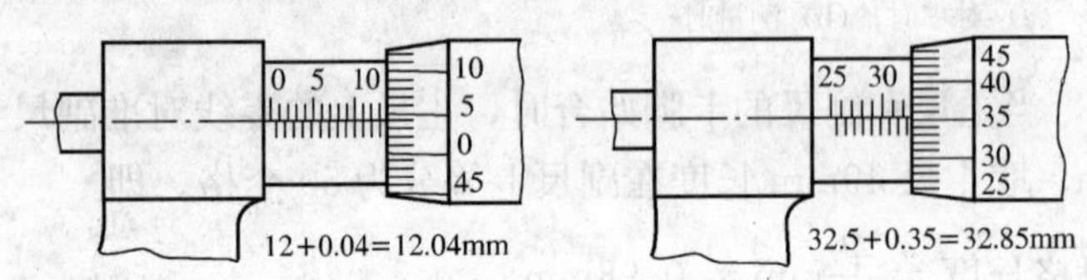

图 1-21　千分尺刻线原理及读数方法

4. 千分尺使用注意事项

(1) 使用前先将测量砧座与螺杆擦干净，然后使二者正常接触（对测量范围在 25mm 以上的千分尺，应采用标准量棒校对），看活动套筒刻度零线是否与固定套筒中线对齐，若未对齐，可记住误差值，测量后修正，但最好及时送计量中心校正。

(2) 测量时先将工件被测表面擦净，并准确放在测量砧面之间，不得倾斜，测量螺杆快接触工件时应转动端部棘轮，待其发出“哒哒”声打滑时，表明测量力合适，应停止转动。

(3) 读数时要特别注意不要读漏中线下方的 0.5mm。

(4) 千分尺不得用来测量粗糙表面或正在运动的表面尺寸。

(5) 使用后置于千分尺盒内保存，切忌放在有较强振动、磁场及高温的地方。

三、直角尺

直角尺是检验 90°角用的非刻线量尺。宽座直角尺在生产中较常用，如图 1-22 所示。直角尺精度等级有 00、0、1、2、3 五级，其精度依次降低。前三级主要用于精密量具检验及工具的制造，后两级的直角尺主要用于零件表面垂直度测量、工件划线等。

图 1-22 直角尺

四、百分表

百分表是一种测量精度为 0.01mm 的机械式量表。百分表是精度较高的比校量具，它只能测出相对数值，而不能测出绝对数值。因此，主要用于测量工件的形状、位置误差及工件找（校）正。

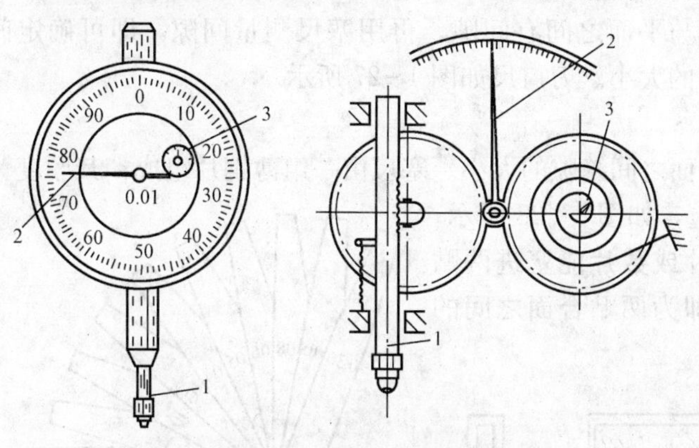

图 1-23 百分表的结构原理

1—测量杆；2—大表盘指针；3—小表盘指针

1. 百分表的结构原理

百分表的结构原理如图 1-23 所示。它通过内部机械传动系统将测量杆相对位移转变为表盘大、小指针的角位移，大指针每一格读数为 0.01mm，小指针每格读数为 1mm，其刻度范围即为百分表的测量范围。百分表有 0～3mm、0～5mm、0～10mm 三种规格。

2. 百分表使用注意事项

（1）测量前轻推测量杆，检查其在套筒内移动是否灵活，表盘指针转动是否灵活。

（2）百分表需安装在百分表架上使用，安装时测量杆应垂直被测表面，如图 1-24 所示。

（3）测量时，测量杆应有适当预先压缩量（0.3～1mm），但为读数方便，可在测量杆预先压缩后，转动刻度盘把指针调零后再开始测量。

五、塞规与卡规

塞规与卡规是用于成批大量生产的一种专用量具。

塞规用于测量孔径或槽宽，其长度较短的一端叫“不过规”或“止规”，用于控制工件的最大极限尺寸；其长度较长的一端叫“过规”，用于控制工件的最小极限尺寸。塞规及其使用方法如图 1-25 所示。用塞规

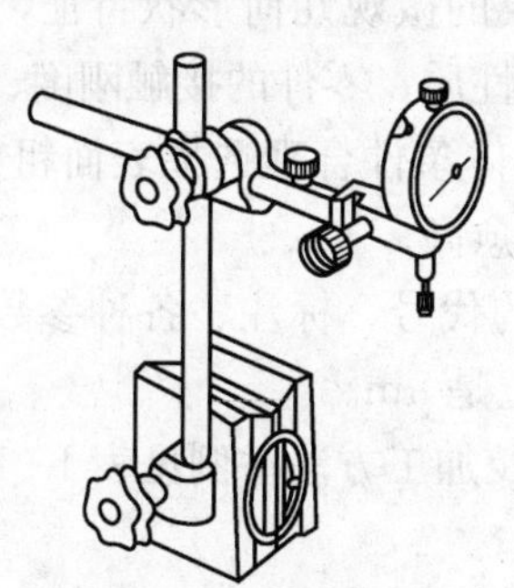

图 1-24 百分表座

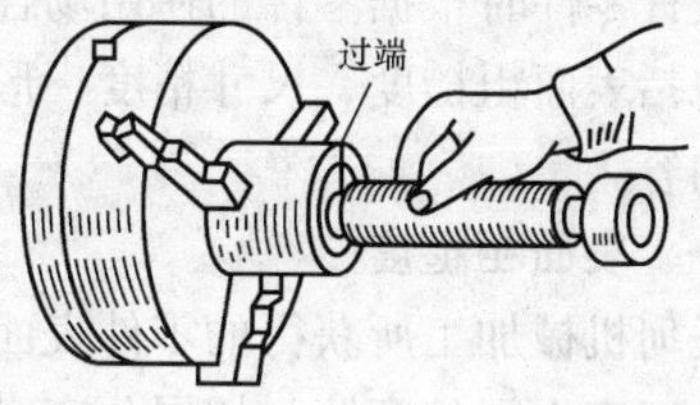

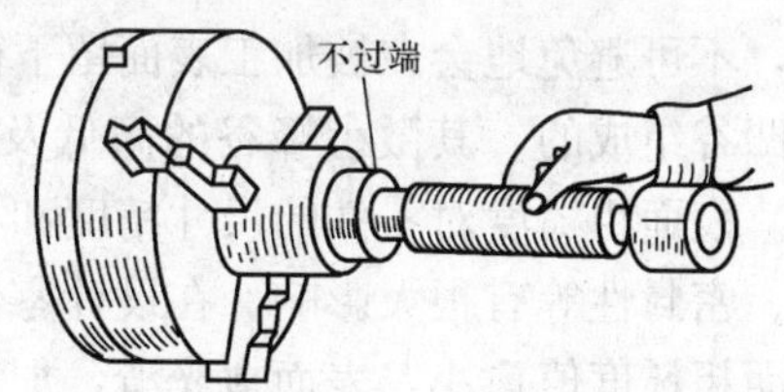

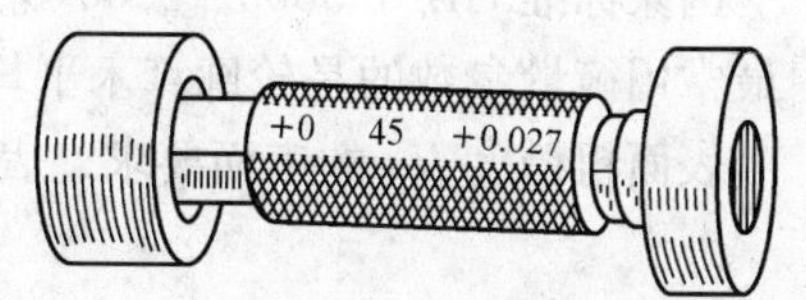

图 1-25 塞规及其应用

测量时，只有当过规能进去、不过规不能进去，才能说明工件的实际尺寸在公差范围之内，是合格品，否则就是不合格品。

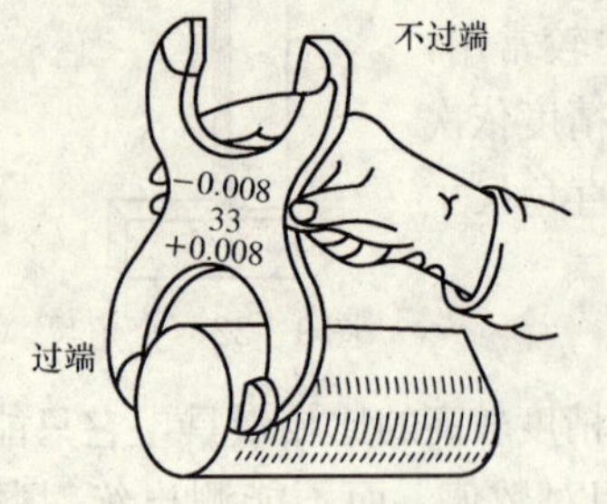

图 1-26 卡规及其应用

卡规用于测量外径或厚度，与塞规类似，一端为“过规”，另一端为“不过规”，使用方法也与塞规相同，卡规及其使用方法如图 1-26 所示。

六、刀口尺

刀口尺用于检查平面的平、直情况。如果平面不平，则刀口尺与平面之间有间隙，再用塞尺测量间隙，即可确定间隙数值的大小。刀口尺如图 1-27 所示。

七、塞尺

塞尺又称厚薄规，用于检查贴合面之间缝隙的大小。塞尺由一组薄钢片组成，其厚度为 0.03～0.3mm，标记在每个薄钢片上，如图 1-28 所示。测量时用塞尺直接塞进间隙，当一片或数片能塞进两贴合面之间时，则一片或数片的厚度即为两贴合面之间的间隙值。

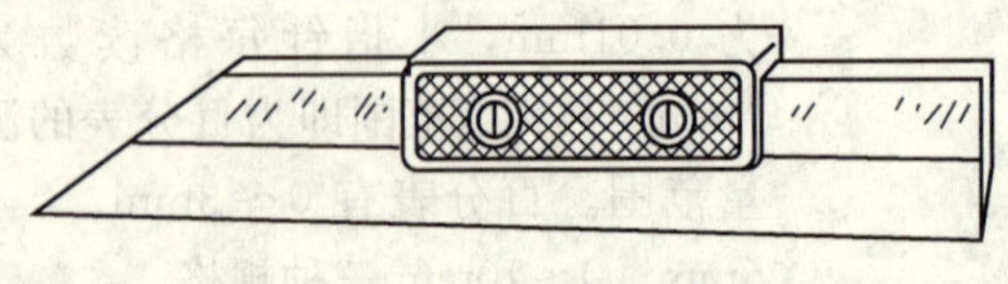
图 1-27 刀口尺

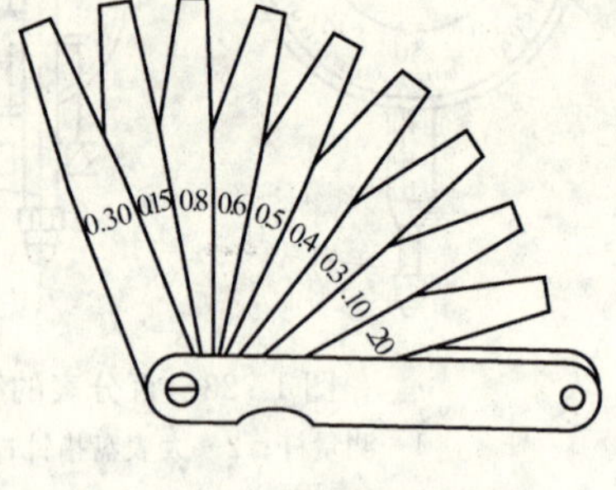

图 1-28 塞尺

第五节 零件的技术要求

设计零件时根据零件的使用场合提出的合理要求，统称为零件的技术要求。零件的技术要求包括表面粗糙度、尺寸精度、形状精度、位置精度以及零件的材料、热处理、表面热处理等内容。

一、表面粗糙度

任何机械加工所获得的零件表面都不是绝对理想的表面。在机械加工过程中，由于刀具与被加工表面间的摩擦、切屑分离时的塑性变形和金属撕裂以及工艺系统中的高频振动等原因，不可避免地会在被加工表面留下微小的凸凹不平的痕迹。这些痕迹是由许多微小的凸峰和凹谷组成的，其微小峰谷的高低及细密程度所构成的微观几何形状特征，称为表面粗糙度。表面粗糙度对零件的尺寸精度和零件之间的配合性质、零件的接触刚度、耐蚀性、耐磨性、密封性等有很大影响。在设计零件时，要根据具体条件合理选择表面粗糙度的允许值，表面粗糙度值愈小，表面愈光滑，加工愈困难，成本愈高。

国家标准 GB/T 3505—2000 规定了表面粗糙度的代号、标注、各种参数及数值等，其中最常用衡量参数的是轮廓算术平均偏差 Ra，其单位是 μm。

表面粗糙度 Ra 的表面要求、表面特征、允许值及加工方法举例见表 1-1。

表 1-1　不同表面特征的表面粗糙度

表面要求	表面特征	Ra/允许值	加工方法举例
不加工	毛坯表面清除毛刺		钳工
粗加工	明显可见刀痕	50	钻孔、粗车、粗铣、粗刨、粗镗
	可见刀痕	25	
	微见刀痕	12.5	
半精加工	可见加工痕迹	6.3	半精车、精车、精铣、精刨、精磨、精镗、铰孔、拉削
	微见加工痕迹	3.2	
	不见加工痕迹	1.6	
精加工	可辨加工痕迹的方向	0.8	精铰、刮削、精拉、精磨
	微辨加工痕迹的方向	0.4	
	不辨加工痕迹的方向	0.2	
精密加工	按表面光泽判别	0.1～0.008	精密磨削、珩磨、研磨、抛光、超精加工、镜面磨削

表面粗糙度的测量方法有很多种，生产中常用的是比较法。比较法是将加工后零件的表面与表面粗糙度比较样板进行比较而得出数值的一种测量方法，适合于测量零件的内外圆表面及平面。

二、尺寸精度

尺寸精度是指零件的实际尺寸相对于理想尺寸的准确程度。尺寸精度是用尺寸公差来控制的。尺寸公差是切削加工中零件尺寸允许的变动量，在基本尺寸相同的情况下，尺寸公差越小，则尺寸精度越高。如图 1-29 所示，尺寸公差等于最大极限尺寸与最小极限尺寸之差，或等于上偏差与下偏差之差。

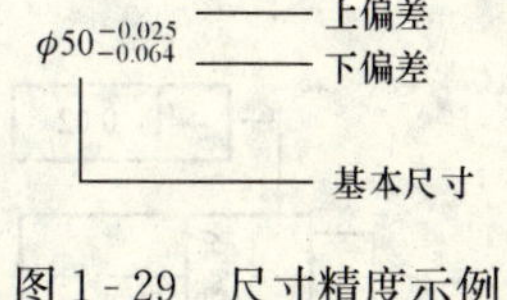

图 1-29　尺寸精度示例

$$最大极限尺寸 = 50 - 0.025 = 49.975(\text{mm})$$

$$最小极限尺寸 = 50 - 0.064 = 49.936(\text{mm})$$

$$尺寸公差 = 最大极限尺寸 - 最小极限尺寸 = 49.975 - 49.936 = 0.039(\text{mm})$$

或

$$尺寸公差 = 上偏差 - 下偏差 = -0.025 - (-0.064) = 0.039(\text{mm})$$

GB/T 1800.1—1997 将确定尺寸精度的标准公差等级分为 20 级，分别用 IT01、IT0、IT1、…、IT20 表示，其中 IT01 的公差值最小，尺寸精度最高。

切削加工所获得的尺寸精度一般与所使用的设备、刀具、切削条件等密切相关。在一般情况下，若尺寸精度愈高，则零件工艺过程愈复杂，加工成本也愈高。因此在设计零件时，在保证零件使用性能的前提下，应尽量选用较低的尺寸精度。

三、形状精度

形状精度是指零件上线、面要素的实际形状相对于理想形状的准确程度。形状精度是用形状公差来控制的。为了适应各种不同的情况，国家标准 GB/T 1182—1996 规定了六项形状公差，见表 1-2。下面简单介绍其中的直线度、平面度、圆度、圆柱度公差的标注及其误差常用的检测方法。

表 1-2　　形状公差的符号

项　目	直线度	平面度	圆　度	圆柱度	线轮廓度	面轮廓度
符　号	—	▱	○	⌭	⌒	⌓

1. 直线度

直线度指零件被测要素线（如轴线、母线、平面的交线、平面内的直线）直的程度。图 1-30（a）所示为直线度公差的标注方法，表示箭头所指的圆柱表面上任一母线的直线度公差为 0.02mm；图 1-30（b）所示为小型零件直线度误差的一种检测方法，将刀口形直尺（或平尺）与被测直线直接接触，并使两者之间最大缝隙为最小，此时最大缝隙值即为直线度误差。误差值根据缝隙测定：当缝隙较小时，按标准光隙估读；当缝隙较大时，可用塞尺测量。

2. 平面度

平面度指零件被测平面要素平的程度。图 1-31（a）所示为平面度公差的标注方法，表示箭头所指平面的平面度公差为 0.01mm；图 1-31（b）所示为小型零件平面度误差的一种检测方法，将刀口形直尺的刀口与被测平面直接接触，在各个不同方向上进行检测，其中最大缝隙值即为平面度误差。其缝隙值的确定方法与刀口形直尺检测直线度误差相同。

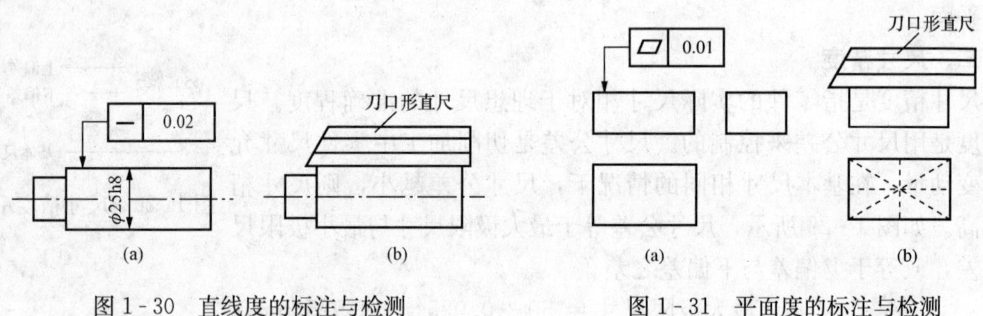

图 1-30　直线度的标注与检测
（a）标注直线度；（b）测量直线度

图 1-31　平面度的标注与检测
（a）标注平面度；（b）测量平面度

3. 圆度

圆度指零件的回转表面（柱面、圆锥面、球面等）横剖面上的实际轮廓线圆的程度。图 1-32（a）所示为圆度公差的标注方法，表示箭头所指圆柱面的圆度公差为 0.007mm；图 1-32（b）所示为圆度误差的一种检测方法，将被测零件放置在圆度仪工作台上，并将被测表面的轴线调整到与圆度仪的回转轴线重合，测量头每回转一周，圆度仪即可显示出该测量截面的圆度误差。测量若干个截面，其中最大的圆度误差值即为被测表面的圆度误差。圆度误差值实际上是包容实际轮廓线的两个同心圆的最小半径差值，如图 1-32（c）所示。

4. 圆柱度

圆柱度指零件上被测圆柱轮廓表面的实际形状相对理想圆柱相差的程度。圆柱度公差的标注如图 1-33（a）所示。检测方法与圆度误差的检测大致相同，不同的是测量头一边回转，一边沿工件轴向移动，如图 1-33（b）所示。圆柱度误差值实际上是包容实际轮廓面的两个圆柱的最小半径差值，如图 1-33（c）所示。

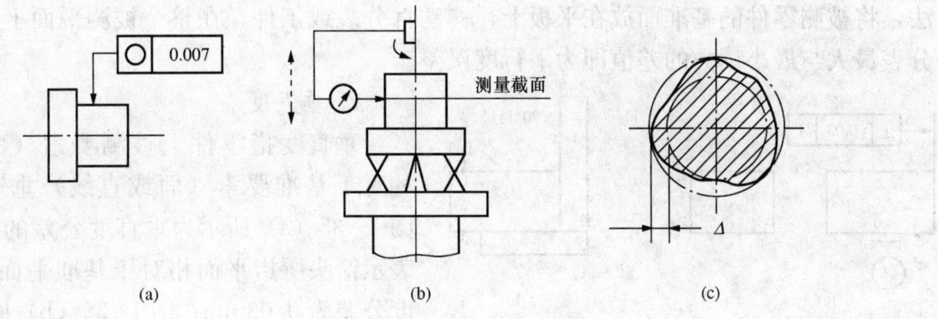

(a) (b) (c)

图 1-32 圆度的标注与检测

(a) 标注圆度；(b) 测量圆度；(c) 圆度误差的含义

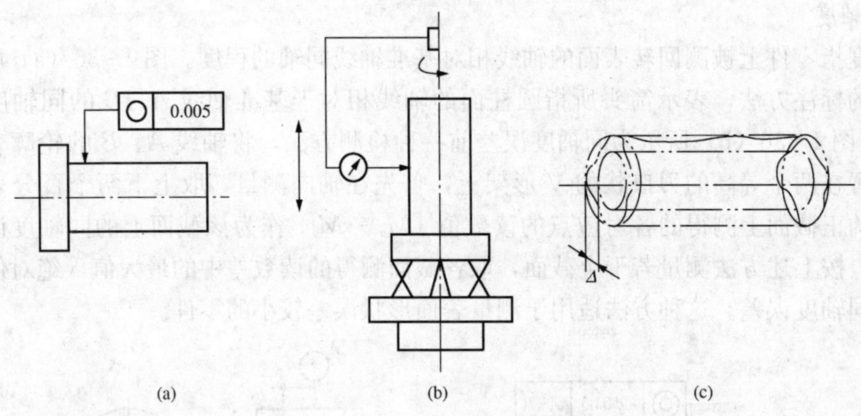

(a) (b) (c)

图 1-33 圆柱度的标注与检测

(a) 标注圆柱度；(b) 检测圆柱度；(c) 圆柱度的含义

四、位置精度

位置精度是指零件上点、线、面要素的实际位置相对于理想位置的准确程度。位置精度是用位置公差来控制的。国家标准 GB/T 1182—1996 规定了 8 项位置公差，见表 1-3。下面仅简单介绍平行度、垂直度、同轴度和圆跳动公差的标注及其常用的误差检测方法。

表 1-3 **位 置 公 差 符 号**

项 目	平行度	垂直度	倾斜度	位置度	同轴度	对称度	圆跳动	全跳动
符 号	//	⊥	∠	⌖	◎	⌯	↗	⌰

1. 平行度

平行度指零件上被测要素（面或直线）相对于基准要素（面或直线）平行的程度。图 1-34（a）所示为平行度公差的标注方法，表示箭头所指平面相对于基准平面 A 的平行度公差为 0.02mm。图 1-34（b）所示为平行度误差的一种检验

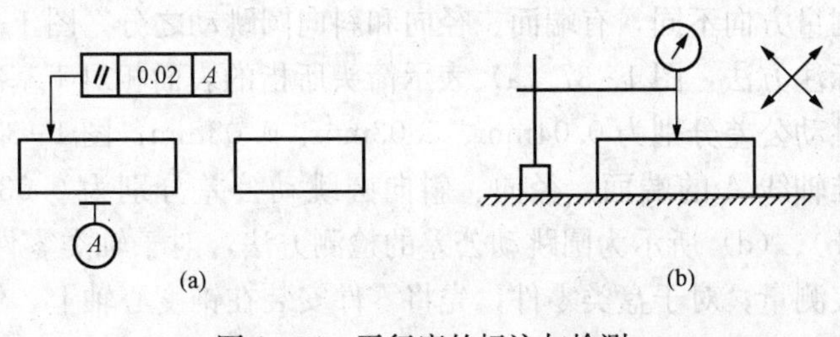

(a) (b)

图 1-34 平行度的标注与检测

(a) 标注平行度；(b) 测量平行度

方法，将被测零件的基准面放在平板上，移动百分表或工件，在整个被测平面上进行测量，百分表最大与最小读数的差值即为平行度误差。

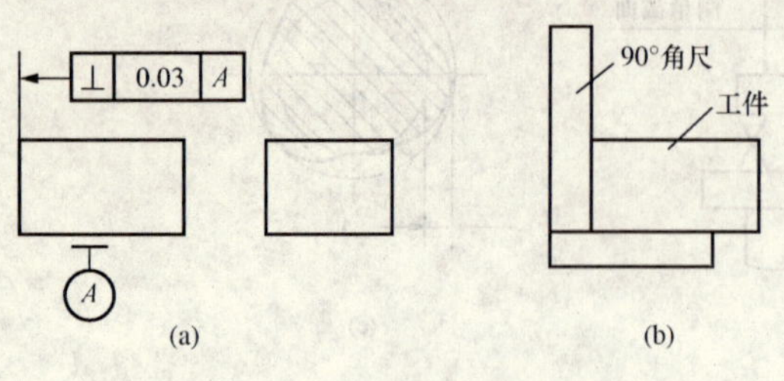

图 1-35 垂直度的标注与检测

(a) 标注垂直度；(b) 测量垂直度

2. 垂直度

垂直度指零件上被测要素（面或直线）相对于基准要素（面或直线）垂直的程度。图 1-35（a）所示为垂直度公差的标注方法，表示箭头所指平面相对于基准平面 A 的垂直度公差为 0.03mm；图 1-35（b）所示为垂直度误差的一种检测方法，其缝隙值用光隙法或塞尺读出。

3. 同轴度

同轴度指零件上被测回转表面的轴线相对基准轴线同轴的程度。图 1-36（a）所示为同轴度公差的标注方法，表示箭头所指圆柱面的轴线相对于基准轴线 A、B 的同轴度公差为 0.03mm。图 1-36（b）所示为同轴度误差前一种检测方法，将轴线 A、B 的轮廓表面的中间截面放置在两个等高的刃口状的 V 形架上，首先在轴向测量，取上下两个百分表在垂直基准轴线的正截面上测得的各对应点的读数值 $|M_a - M_b|$ 作为该截面上的同轴度误差；再转动零件，按上述方法测量若干个截面，取各截面测得的读数差中的最大值（绝对值）作为该零件的同轴度误差。这种方法适用于测量表面形状误差较小的零件。

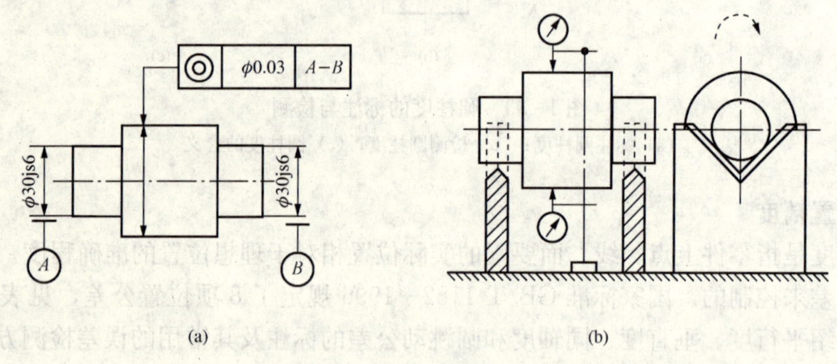

图 1-36 同轴度的标注与检测

(a) 标注同轴度；(b) 测量同轴度

4. 圆跳动

圆跳动指零件上被测回转表面相对于以基准轴线为轴线的理论回转面的偏离程度。按照测量方向不同，有端面、径向和斜向圆跳动之分。图 1-37（a）、（c）所示为圆跳动公差的标注方法，图 1-37（a）表示箭头所指的表面相对于基准轴线 A、B 的端面、径向、斜向圆跳动公差分别为 0.04mm、0.03mm、0.03mm；图 1-37（c）表示箭头所指的表面相对于基准轴线 A 的端面、径向、斜向圆跳动公差分别为 0.03mm、0.04mm、0.04mm。图 1-37（b）、（d）所示为圆跳动公差的检测方法，对于轴类零件，支撑在偏摆仪两顶尖之间用百分表测量；对于盘类零件，先将零件安装在锥度心轴上，然后支撑在偏摆仪两顶尖之间用百分表测量。

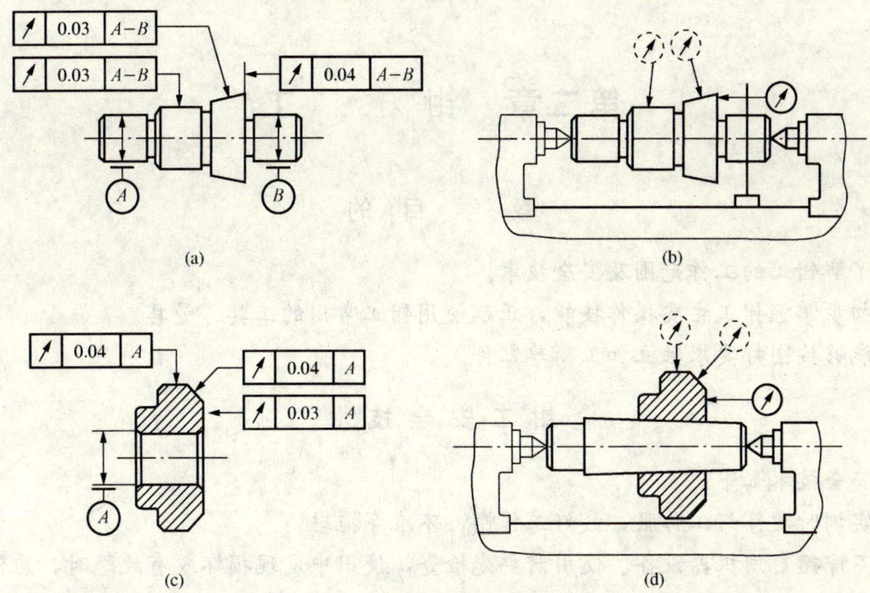

图 1-37 圆跳动的标注与检测

（a）标注端面圆跳动；（b）测量端面圆跳动；（c）标注端面、径向、斜向圆跳动；

（d）测量端面、径向、斜向圆跳动

复 习 思 考 题

1-1 简述机械制造过程中各种工艺方法的名称、内容和主要适用的零件。

1-2 简述在实习过程中见到的各类机床的主运动和进给运动。

1-3 切削加工时，切削用量包含哪些内容？

1-4 刀具具有哪些基本角度？它们的选用原则和范围各是什么？

1-5 金属材料具有哪些主要的力学性能，各自的衡量指标是什么？

1-6 除了书中所介绍的量具外，你还了解哪些量具？它们的测量原理和适用范围分别是什么？

1-7 使用量具前为什么要检查零点或零线？

1-8 游标卡尺使用时需注意哪些问题？

1-9 百分表的测量值与游标卡尺和千分尺的测量值有何区别？

1-10 零件加工完毕后，如何衡量是否满足要求？

第二章　钳　　工

教学目的

(1) 了解钳工的工作范围及安全技术。

(2) 初步掌握钳工主要操作技能，正确使用钳工常用的工具、量具。

(3) 能够按图样要求独立加工简单零件。

钳工安全技术

钳工安全技术如下：

(1) 实训时要穿好工作服，戴好工作帽，不准穿拖鞋。

(2) 不许擅自用机器设备。使用前要先检查，使用中发现损坏或有故障时，应停止使用并报告指导老师。

(3) 多人共用钳台进行操作时，要相互照应、相互配合，以防发生意外。

(4) 使用电器设备时，应严格遵守操作规程。钻孔时严禁戴手套。

(5) 要用刷子清除铁屑，禁止用手直接清除或用嘴吹，以防碎屑伤人。

(6) 要做文明实训，工作场地保持清洁，使用的工具、工件和原材料应分别摆放整齐。

第一节　钳工常用设备

以手工工具为主，多在台虎钳上对金属材料进行切削加工，完成零件的制作，以及机器的装配、调试和修理的工种称为钳工。

在科学技术飞速发展的今天，数控设备和先进的加工方法不断涌现，钳工虽然以手工操作为主，但仍具有广泛的适用性和灵活性。单件或精密零件的制作（如锉削样板、制作模具等），机器的装配、调试、修理及机具的改进都需要钳工完成。在电力建设和生产中，电力设备的安装、正常的设备检修和设备缺陷的处理是由电力安装、电力检修工程技术人员和技术工人完成的。凡是从事以上工作的人员，要胜任本职工作，不仅要学习掌握本专业（工种）的专业技能，而且应掌握钳工基本操作技能。

钳工基本操作技能包括钳工常用设备、划线、锯削、錾削、锉削、钻孔、锪孔、铰孔、攻螺纹与套螺纹、平面刮削、装配等。

钳工的常用设备包括钳台、台虎钳、砂轮机和钻体。

一、钳台

钳台是钳工专用的工作台，台面上装有台虎钳和安全网。钳台多为钢木结构，高度为800～900mm，长、宽根据需要而定，如图2-1所示。

二、台虎钳

台虎钳简称虎钳，是用来夹持工件的一种设备，有固定式和回转式两种，其构造如图2-2所示。台虎钳的规格用钳口的宽度表示，常用的有125mm、150mm、200mm等。

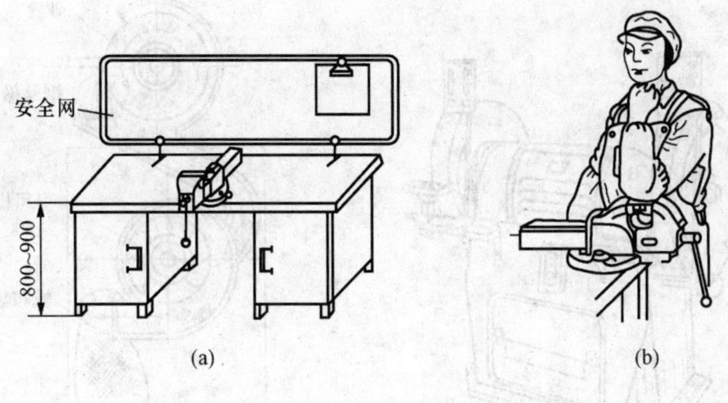

图 2-1　钳台

(a) 钳台外形；(b) 确定钳台高度的方法

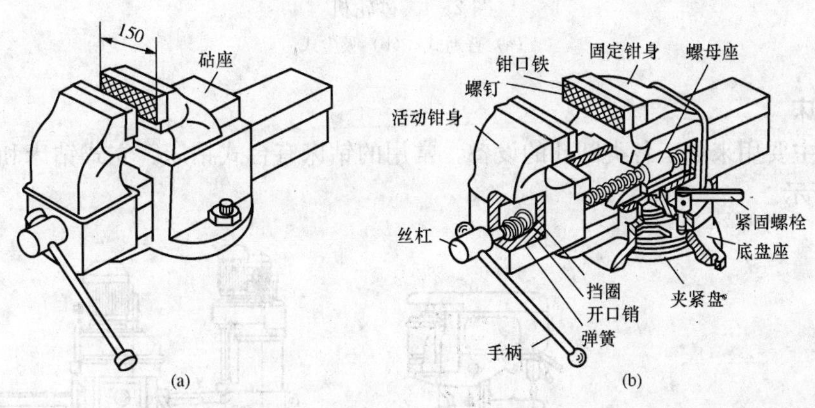

图 2-2　台虎钳

(a) 固定式；(b) 回转式

使用和保养台虎钳时应注意下列问题。

(1) 台虎钳必须牢固地固定在钳台上，工作时不能松动，以免损坏台虎钳或影响加工质量。

(2) 夹紧或松卸工件时，严禁用手锤锤击或套上管子转动手柄，以免损坏丝杠和螺母。

(3) 不允许用大锤在台虎钳上锤击工件。带砧座的台虎钳，只允许在砧座上用手锤轻击工件。

(4) 用手锤进行强力作业时，锤击力应朝向固定钳身，如图 2-3 所示；否则，易损坏丝杠和螺母。

(5) 螺母、丝杠及滑动表面应经常加润滑油，保证台虎钳使用灵活。

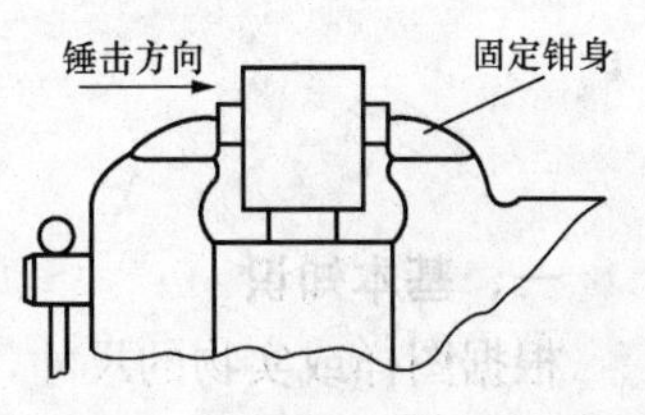

图 2-3　锤击力方向

三、砂轮机

砂轮机是主要用来磨削各种刀具和工具的设备，如修磨钻头、錾子、刮刀、划规、划针、样冲等，有普通式和吸尘式两种，如图 2-4 所示。

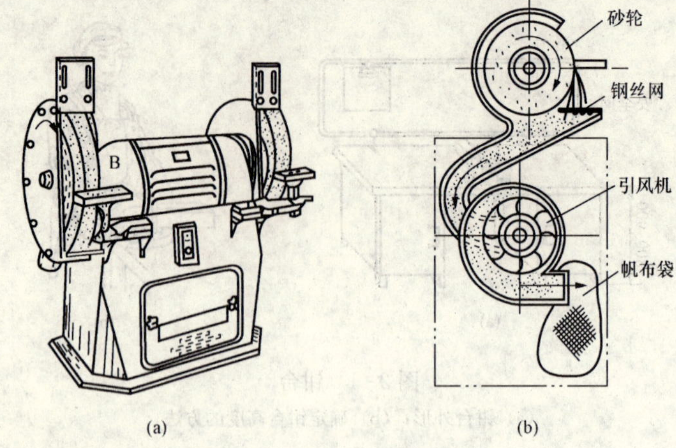

图2-4 砂轮机

(a)普通式;(b)吸尘式

四、钻床

钻床是主要用来加工各类圆孔的设备。常用的钻床有台式钻床、立式钻床和摇臂钻床，如图2-5所示。

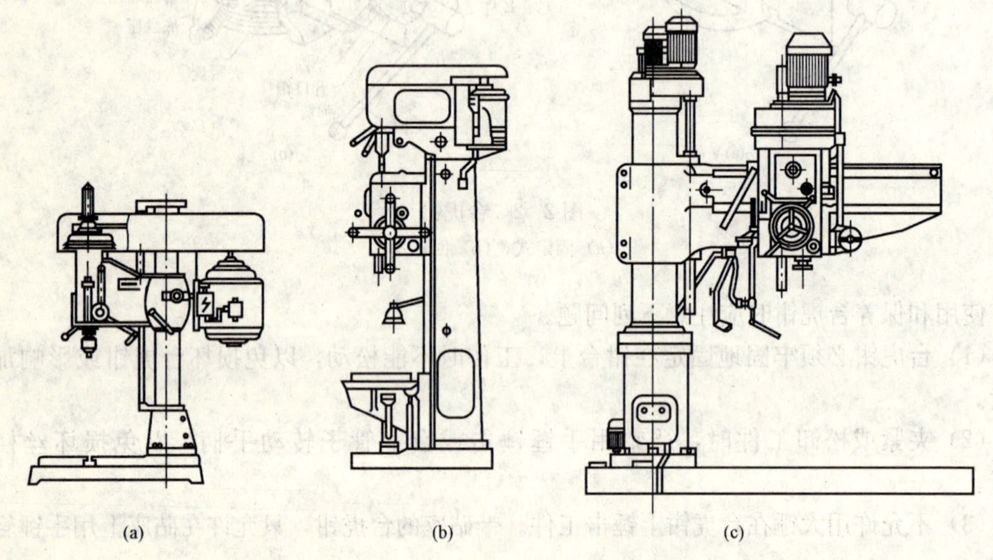

图2-5 钻床

(a)台钻;(b)立钻;(c)摇臂钻

第二节 划 线

一、基本知识

根据图样或实物的尺寸，在工件表面上准确地划出加工界线的操作称为划线。划线分平面划线和立体划线(见图2-6)。只需在工件的一个表面上划线的操作叫平面划线；同时在工件几个不同方向的表面上划线的操作叫立体划线。

划线的作用主要有以下几点：

（1）确定加工位置、加工余量，使加工有明确的标志，以便指导加工。

（2）发现和淘汰不符合图样要求的毛坯件。

（3）通过“借料”方法，补救有某些缺陷的毛坯工件。

（4）在板料上合理排料，充分利用材料。

此外，划线还便于复杂工件在机床上找正、定位。

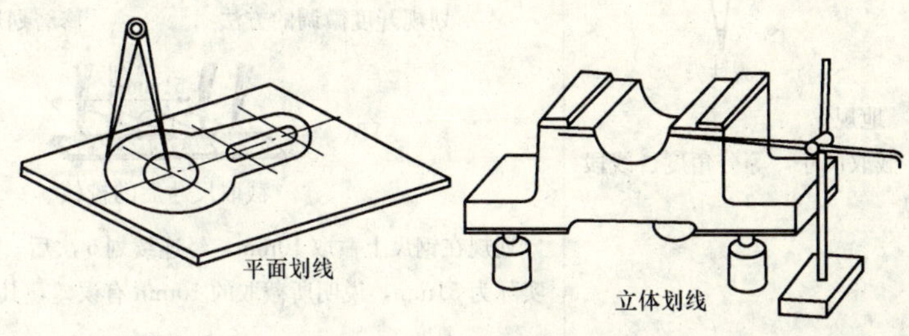

图 2-6 划线

二、平面划线

1. 常用的划线工具及其使用方法

常用的划线工具及其使用方法见表 2-1。

表 2-1 划线工具及其使用方法

工具名称及用途	使用方法
划针 (a) A A 15°~20° (b) A-A(几种断面形状) （a）直划针；（b）弯头划针 在工件表面上沿导向工具（如钢尺、角尺、样板等）划线 直划针用碳素工具钢制成（尖部磨锐后淬硬）或用高速钢制成（尖部磨锐后不需淬硬）	15°~20° 45°~75° 1. 紧靠导向工具的边缘； 2. 用力均匀，线一次划成； 3. 划线方向应自左向右、自上向下； 4. 不用时，针尖处套上塑料套管
划规 普通划规	向圆心用力 划小圆的方法 划大圆的方法

续表

<table>
<tr><th>工具名称及用途</th><th>使用方法</th></tr>
<tr><td>划规
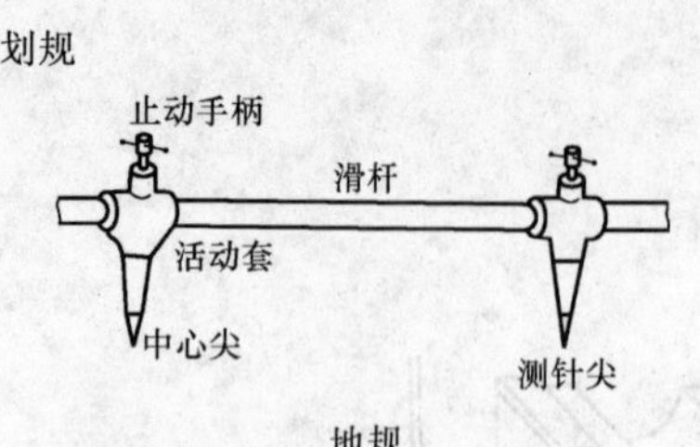

地规
用来划圆、圆弧，截取尺寸，等分角度、线段等，划大圆时用地规</td><td>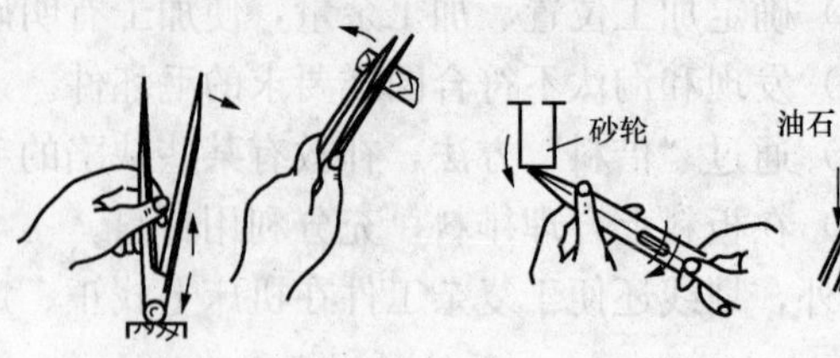

划规开度微调的方法　修磨划规尖的方法
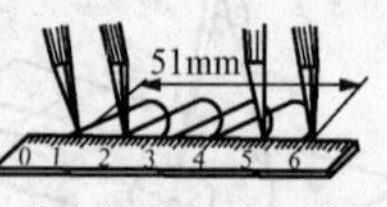

截取尺寸后的校核
划规在钢尺上截取 10mm，经连续划 5 次后，其尺寸应用 50mm，实际为 51mm，说明所截取的 10mm 有误差，其误差值为 0.20mm</td></tr>
<tr><td>划线盘
立柱　划针　紧固件　底座
立柱　划针　紧固件　立柱紧固件　微调螺钉
(a)　(b)
（a）普通划线盘；（b）可调划线盘
划针直头端常用来划线，弯头端多用于工件找正</td><td>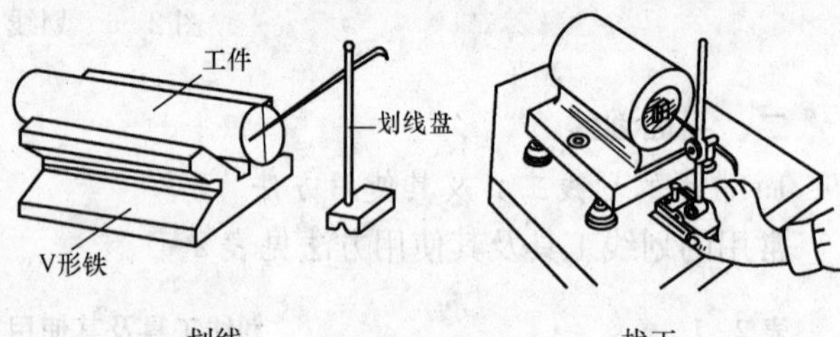

划线　找正
1. 划针倾斜角度不要太大；
2. 划针伸出部分尽量短，并要夹持牢固；
3. 底座应与划线平板贴紧拖动，划针沿划线方向与划线平面成 40°～60°夹角进行划线</td></tr>
<tr><td>高度尺
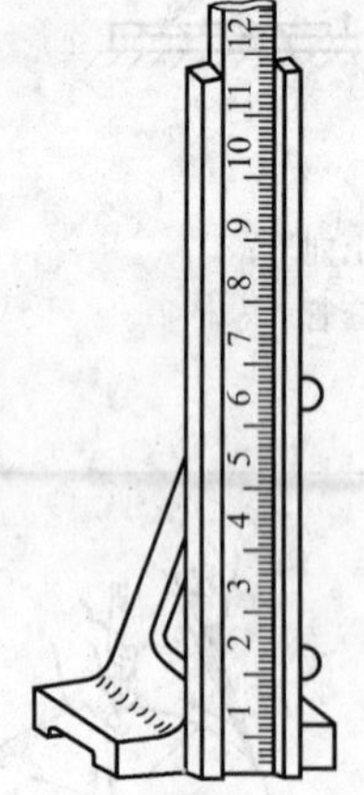
配合划线盘量取高度尺寸</td><td>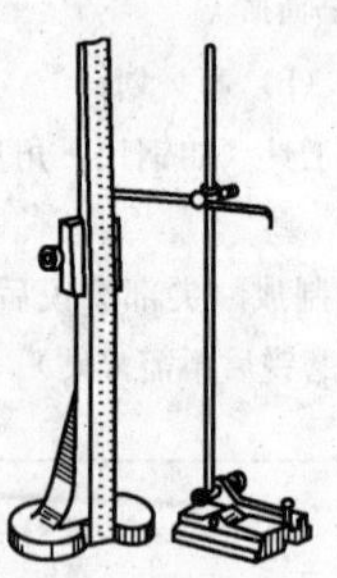
使用时，可先用划针找准工件的基准后，再将高度尺上钢尺的某一整数调到划针尖的高度，这样便于划线的计算</td></tr>
</table>

续表

<table>
<tr><th>工具名称及用途</th><th>使用方法</th></tr>
<tr><td>样冲
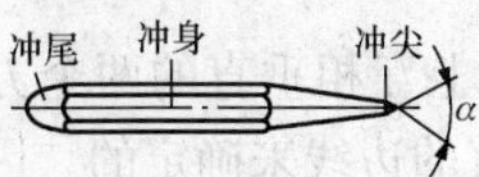

在所划加工界线上和圆、圆弧的中心上冲眼，其目的一是加强划线标记；二是便于划圆、划圆弧；三是钻孔时易定中心。用工具钢制成后淬硬，或用高速钢锻后刃磨成形（尖部磨锐后不需淬硬）</td><td>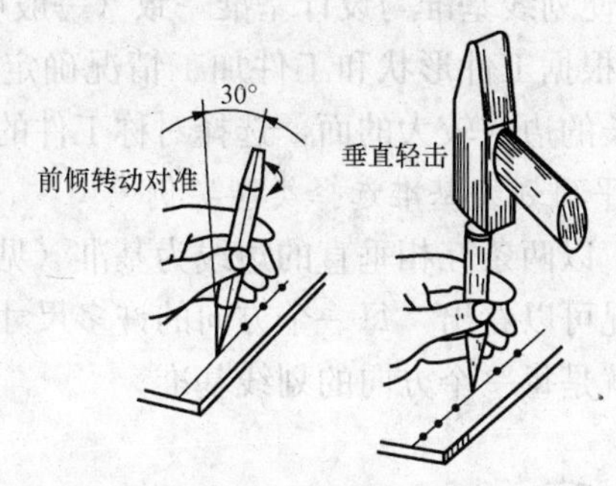

1. 用于加强划线标记时，冲尖磨成 45°～60°，用于钻孔定中心时，磨成 60°～90°；
2. 锤击样冲时，样冲与工件表面须垂直；
3. 冲眼位置不正确时，须修正</td></tr>
</table>

2. 划线前的准备工作

(1) 工、量具的准备。

根据划线图样的要求，合理选择所需要的工量具，并认真检查有无缺陷。

(2) 工件的清理。

清除铸、锻件上的泥沙、浇冒口、飞边、毛刺、氧化皮和半成品件上的污垢、浮锈等。

(3) 工件的涂色。

为了使划出的线条清晰，在工件的划线部位涂上一层薄而均匀的涂料。常用划线涂料及应用场合见表 2-2。

表 2-2　　划线涂料及应用场合

名　称	配制方法	应用配合
粉笔	外购	用于工件小、数量少的铸锻毛坯件
石灰水	白石灰、乳胶和水调成稀糊状	用于铸、锻毛坯件
硫酸铜溶液	硫酸铜和水并加少量硫酸溶液	用于精加工工件
品紫	将紫颜料（青莲、普鲁士蓝）2%～4%、漆片 3%～5% 加入酒精中（93%）	用于已加工工件

3. 划线基准的选择

(1) 划线基准。

在划线时，预先选定工件上某个点、线、面为划线出发点（或依据）。选定的点、线、面就是划线基准（见图 2-7）。

正确地选择和确定划线基准，能使划线方便、准确、迅速。

（2）选择划线基准的原则和类型。

划线基准要根据工件的具体情况，遵循下列原则选择。

1）使划线基准与设计基准一致（一般可根据图样尺寸标注情况确定设计基准）。

2）根据工件形状和工件加工情况确定。例如，选择已加工且加工精度最高的边和面，选择较长的边或较大的面，选择对称工件的对称轴线等为划线基准。

4. 平面划线基准选择类型实例

（1）以两条互相垂直的边线为基准（见图2-8）。从工件上互相垂直的两个方向的尺寸标注情况可以看出，每一个方向的许多尺寸都是依据互相垂直的边线来确定的。因此，这两条边线就是每一个方向的划线基准。

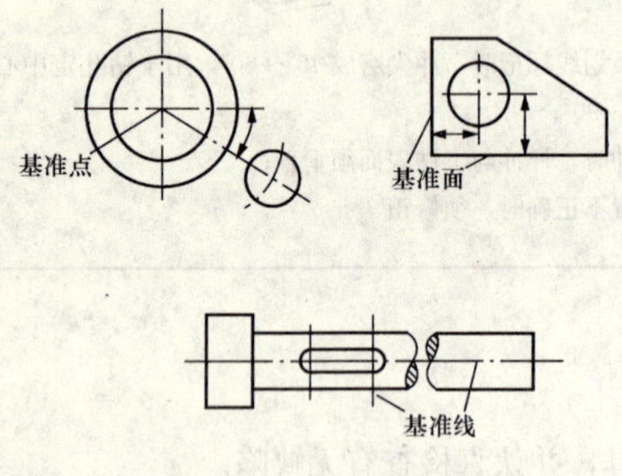

图2-7 划线基准

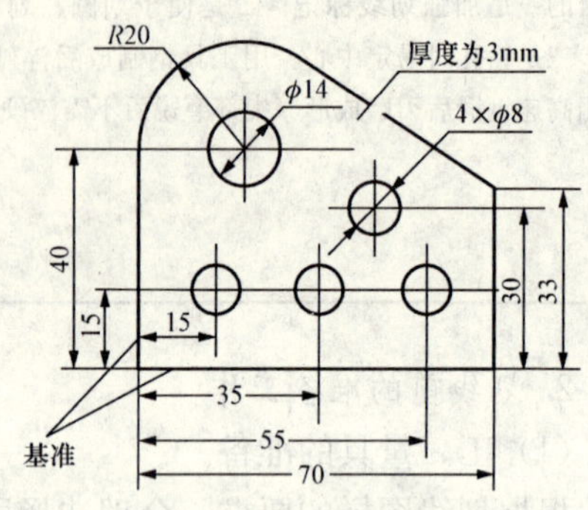

图2-8 以两条互相垂直的边线为基准

（2）以两条中心线为基准（见图2-9）。该工件上的尺寸与两条中心线对称，并且其他尺寸也是以中心线为依据确定的。因此，这两条中心线是该工件的划线基准。

（3）以一条边线和一条中心线为基准（见图2-10）。该工件高度方向的尺寸是以底线为依据的，而宽度方向的尺寸与中心线对称。所以，底线与中心线是该工件的划线基准。

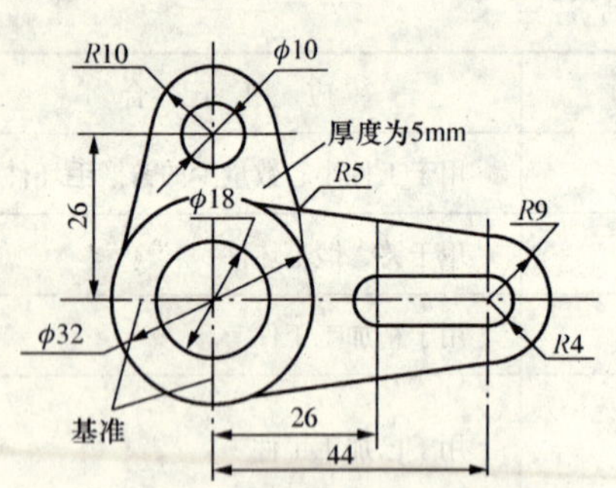

图2-9 以两条中心线为基准

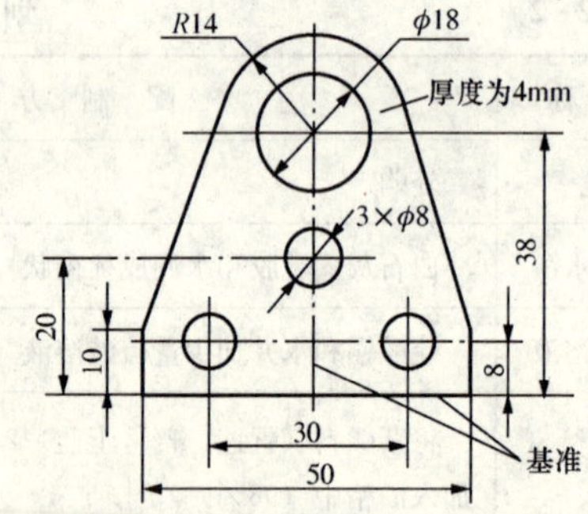

图2-10 以一条边线和一条中心线为基准

（4）平面划线时基准的选择。在平面划线时，一般只要选择两个划线基准，即确定两条互相垂直的线为基准线，就可以将平面上其他点、线的位置确定下来。

（5）基本线条和图形的划线。

基本线条和图形的划法见表2-3。

表 2-3　　基本线条和图形的划法

名称	图　　示	划　　法
平行线	(a)　(b)　(c)　(d)	1. 用钢直尺划平行线见图（a） 先划已知直线 AB，然后用钢直尺直接量取平行线间距，找出 C、D 两点，直线 CD∥直线 AB 2. 用划规划平行线见图（b） 取已知直线上任意两点 a、b 为圆心，用一半径 R 划短弧后，再用钢直尺作两弧的公切线，所划直线与已知直线平行 3. 用角尺划平行线见图（c） 用角尺沿工件的已加工侧面推移，可划出相互平行的线 4. 用划线盘（或游标高度尺）划平行线见图（d） 将划线盘的划针调到需要的高度，在平板上进行划线，所划各线与平板平行
垂直线	(a)　(b)　(c)	1. 几何划法（垂直平分线）见图（a） 分别以线段两端点 a、b 为圆心，适当长度为半径划弧，交于 c、d 两点，连接 c、d，则 cd 垂于 ab，且等分 ab 线段 2. 用样板角尺划垂直线见图（b） 将角尺的一边与已知直线重合，沿角尺的另一边划线，所划直线与已知直线垂直 3. 用方箱划垂直线见图（c） 将工件夹持在方箱上，用划线盘校准已知直线，将方箱翻转 90°，所划线条与已知直线垂直
角度线	(a)　(b)　(c)　(d)	1. 角的二等分划法见图（a） 以 O 点为圆心，适当长度为半径划弧，交角的两边于 a、b 两点。分别以 a、b 点为圆心，适当长度为半径划弧，交于 f 点，连接 Of，则 Of 为 $\angle AOB$ 的平分线 2. 45°角的划法见图（b） 过 O 点作直线 AB 的垂线 CO，以 O 点为圆心，适当长度划弧，交两直角边于 A、C 点，连接 AC，则 $\angle A=\angle C=45°$ 3. 30°、60°角的划法见图（c） 以线段 AB 的中点 O 为圆心，$r=\frac{AB}{2}$ 为半径划一半圆，再以 B 点为圆心，用同一半径 r 划弧，交圆上于 C 点，连接 AC、BC，则 $\angle BAC$ 为 30°，$\angle ABC$ 为 60° 4. 15°、30°、60°、75°角的划法见图（d） 作 OB 的垂线 AO，以 O 点为圆心，适当长度 r 为半径划弧，交两直角边于 a、b 两点，再以 a、b 点为圆心，用同一半径 r 划弧，交于弧上两点 C 和 D，则 $\angle BOD=60°$，$\angle AOD=30°$，若平分 $\angle COB$ 可得 15°和 75°

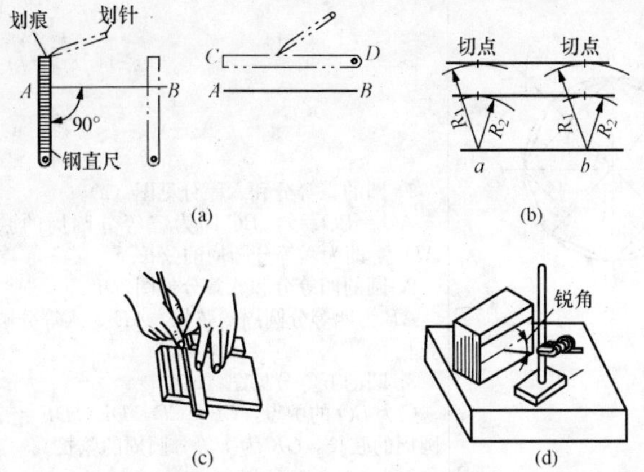

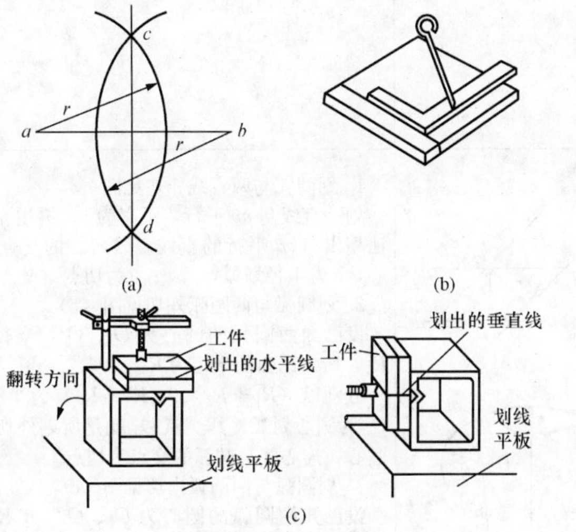

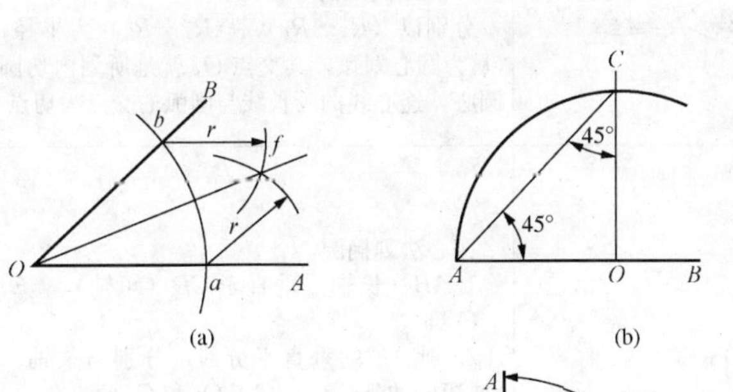

续表

名称	图示	划法
圆的等分线	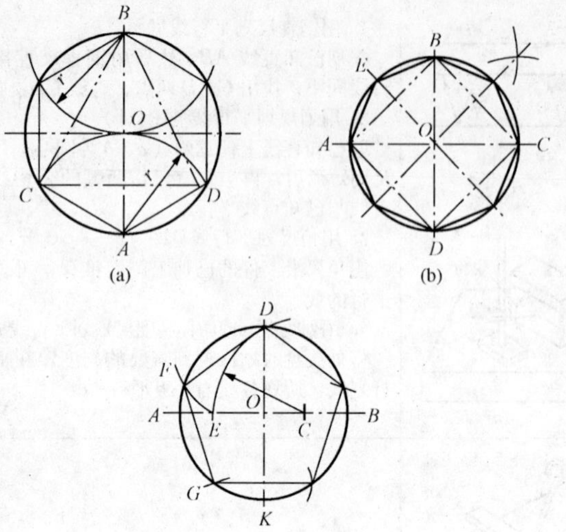 (a) (b) (c)	1. 圆的三等分和六等分见图（a） $AO=BO=r$，BC 即为三等分圆周的弦长，$AD=r$ 即为六等分圆周的弦长 2. 圆的四等分和八等分见图（b） AB 为四等分圆周的弦长，AE 为八等分圆周的弦长 3. 圆的五等分见图（c） C 为 BO 的中点，$CE=CD$，$DE=DF=$ 五等分圆周的弦长，GK 为十等分圆周的弦长
相切圆弧线	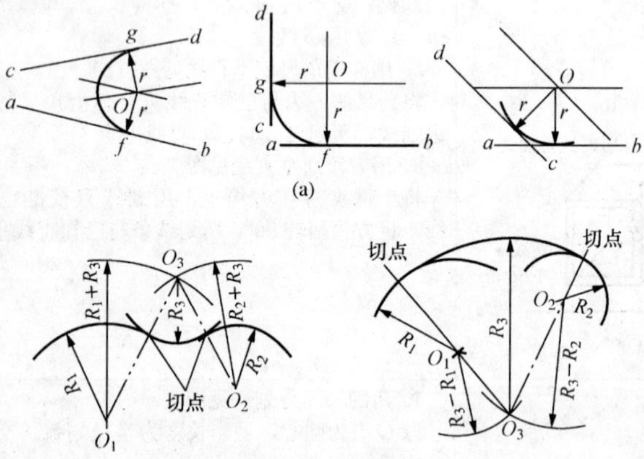 (a) (b) (c)	1. 划圆弧与两直线相切见图（a） 划一直线与 ab 平行，距离为 r，再用相同的方法划出与 cd 平行的直线。以两线的交点 O 为圆心，r 为半径划弧，f、g 点为切点 2. 划圆弧与两圆弧外切见图（b） 设已知两圆弧的圆心为 O_1、O_2，半径为 R_1、R_2，所划圆弧的半径为 R_3 分别以（R_1+R_3）、（R_2+R_3）为半径，O_1、O_2 为圆心划弧，其交点 O_3 就是所划外切圆弧的圆心，连心线与圆弧的交点为切点 3. 划圆弧与两圆弧内切见图（c） 设已知两圆弧的圆心为 O_1、O_2，半径为 R_1、R_2，所划圆弧的半径为 R_3 分别以（R_3-R_1）、（R_3-R_2）为半径，O_1、O_2 为圆心划弧，其交点 O_3 就是所划内切圆弧的圆心，连心线的延长线与圆弧的交点为切点
椭圆	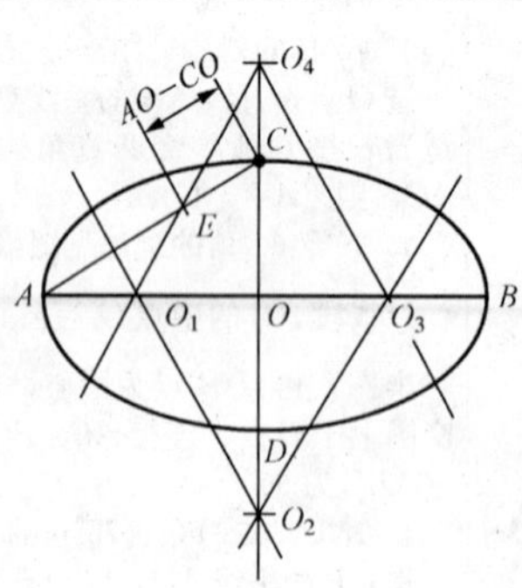	四心法划椭圆 1. AB（长轴）垂直于 CD（短轴），$CE=AO-CO$ 2. 划 AE 的垂直平分线，分别与长轴、短轴（或短轴的延长线）交于 O_1 和 O_2 两点 3. 找出 O_1 和 O_2 的对称点 O_3、O_4 4. 以 O_1、O_2、O_3、O_4 为圆心，O_1A（或 O_3B）和 O_2C（或 O_4D）为半径，分别划出四段圆弧

（6）找圆形工件圆心的方法。在各种圆形工件的圆面上划圆或等分圆周时，必须先找出圆心，其方法如图 2-11 所示。

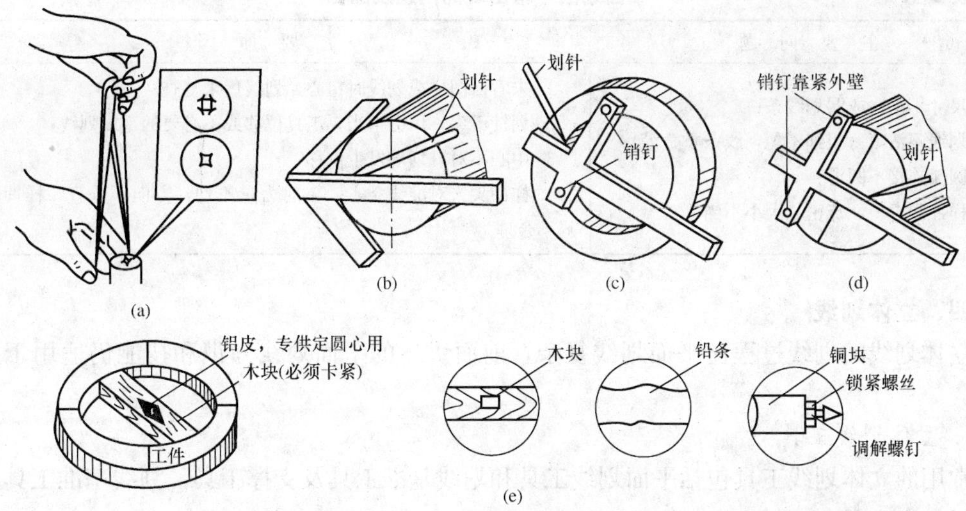

图 2-11　找圆形工件圆心的方法

(a) 用划卡找中心；(b) 用定心角尺划中心线；(c) 用定心十字尺划中心线（靠内圆壁）；(d) 用定心十字尺划中心线（靠外圆壁）；(e) 用填充法找中心

(7) 平面划线的步骤。

1) 作好划线前的准备工作；

2) 看懂图样，查明划哪些线及各部尺寸和要求；

3) 确定划线基准并划出基准线；

4) 划其他水平线、垂直线、斜线；

5) 划圆及圆弧；

6) 检查划线尺寸及是否有错划、漏划的线条，确认无误后打上样冲眼。

(8) 冲眼要求。

1) 冲眼位置准确，不可偏斜；

2) 大小适度，薄板和已加工表面上的冲眼应小些、浅些，粗糙工件表面及钻孔中心眼应大些、深些；

3) 间距均匀适当，在直线上冲眼时间距可大些（一般在十字中心线、线条交叉点和折角处均应冲眼），在曲线上冲眼时，间距应小些。

在图 2-12 中分别示出了两类正确及错误的冲眼方法。

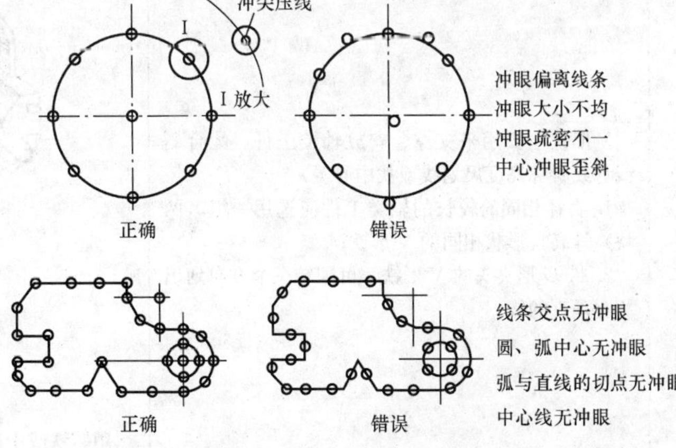

图 2-12　冲眼的要求

三、平面划线中常出现的问题及原因

平面划线中常出现的问题及原因见表 2-4。

表 2-4 平面划线中常出现的问题及原因

主要问题	主要原因
1. 尺寸不准确或漏划线条； 2. 划线不清晰（粗细不匀，线条重叠等）； 3. 圆弧连接不圆滑； 4. 样冲眼歪斜，疏密、大小不当等	1. 未看懂图样或划线时粗心，划线后未复查； 2. 划针不尖，用力不当，工具位移或不必要的重复划线； 3. 中心不对，划规发生位移； 4. 样冲尖未对准线条，锤击时力量不均，方向不垂直，样冲眼布局不合理

四、立体划线

立体划线的划线过程比平面划线复杂，前面讲述的平面划线知识和技能仍适用于立体划线。

1. 立体划线工具

常用的立体划线工具包括平面划线工具和划线基准工具及支撑工具，划线基准工具及支撑工具见表 2-5。

表 2-5 划线基准工具及支撑工具

名称	用途、使用要点	图示
划线平板（平台）	划线平板的工作面是划线操作的基准面，用来安放工件和划线工具（如划线盘、高度尺、V形铁等）。 1. 较大规格的划线平板，应安放在牢固的架子上，水平误差在 0.1/1000 以下； 2. 工作面应保持清洁，严防碰撞； 3. 使用较大规格的划线平板时，不能经常在某一局部位置上划线，以免造成局部磨损严重； 4. 用后擦拭干净，涂上机油或黄油等	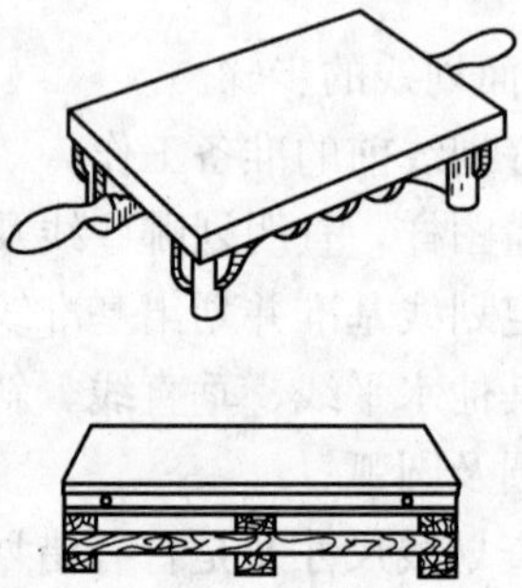 用铸铁制成，时效处理后，经过精刨、刮削等精加工，规格以平板的长、宽尺寸表示，如 100mm×600mm
V形铁（V形架）	V形铁主要用来支撑、安放轴类工件，配合划线盘或游标高度尺划线或找中心等。 1. 直径相同的较长的轴类工件应选用一组（两块）等高且形状相同的V形铁； 2. 带U形夹头的V形铁，可翻转三个方向划出相互垂直的线	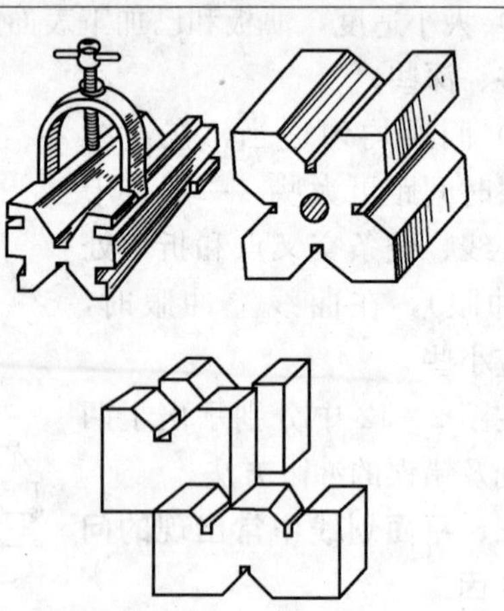 用铸铁或中碳钢制成后，经精刨、刮削或磨削等加工，V形槽一般制成 90°或 120°

续表

名称	用途、使用要点	图　示
方箱	用来支撑或夹持划线工件的工具，可以在平板上翻转划出三个方向互相垂直的线条，使用方便、准确、迅速。 1. 工件夹持在方箱上要牢固、平稳； 2. 翻转时，要轻起、轻放，以免碰伤方箱或平板； 3. 划斜线时，可将角度板垫在方箱下面或将V形铁夹持在方箱上	用铸铁制成，工作面经精刨、刮削等精加工，相邻平面垂直，相对平面平行
直角板（角铁）	用来夹持划线工件的工具，常与压板、C形夹头配合使用。 1. 工件应夹持牢固； 2. 夹持较重、较大工件时，应将直角板固定在工作台上	用铸铁制成，工作面经精刨、刮削等精加工，工作面垂直
千斤顶	用来支撑毛坯或形状不规则的工件划线。 1. 使用时三个为一组，品字形排列； 2. 支撑点的距离尽可能远些； 3. 支撑工件平稳后方可划线； 4. 调整高度时应用小铁棒插入顶尖小孔内进行，切忌用手转动	螺杆一般用中碳钢制成，顶端应局部淬火硬化

2. 划线时的找正和借料

在铸、锻加工过程中，由于种种原因造成一些铸、锻毛坯工件歪斜、偏心或厚度不均匀等缺陷，若偏差不大时，可通过找正和借料来补救。

(1) 找正。找正就是利用划线工具如角尺、划线盘、划卡等检验或校正工件上有关的表面，使所划线条与有关表面对中、平行或垂直，以合理分配加工余量，如图2-13所示。

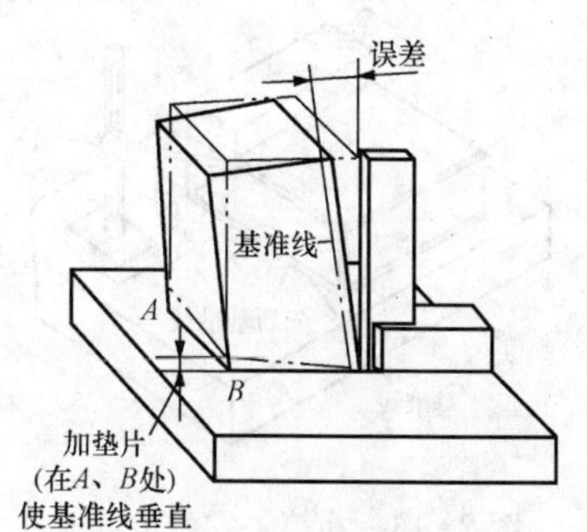

图2-13　找正

(2) 借料。借料就是通过试划和调整，使各加工表面

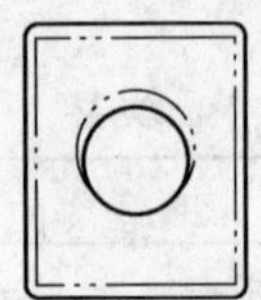

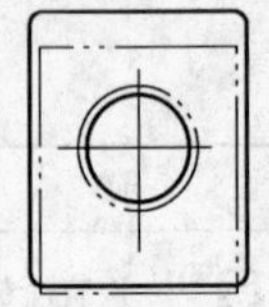

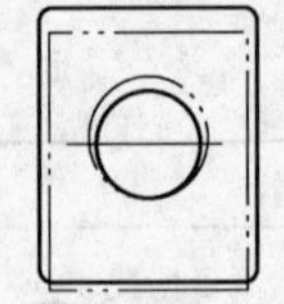

图 2-14 借料

的加工余量合理分配，互相借用，补救毛坯缺陷的划线方法，其目的是挽救按常规划线可能报废的毛坯，如图 2-14 所示。因此，通过借料划线后的加工余量不均匀，但应反映到次要部位。

通常，划线的找正与借料是结合进行的。

3. 立体划线时基准的选择

在立体划线过程中，一般要在工件的长、宽、高三个方向上进行划线。因此，划线时要选择三个基准，即工件的长、宽、高三个位置中的三个互相垂直的平面（或中心面）为划线基准。

4. 立体划线的步骤

（1）做好划线前的准备工作。

（2）根据工件图样和加工工艺，找出应划线的尺寸及尺寸间的相互关系，如图 2-15 所示。

（3）确定划线基准。

（4）划线。

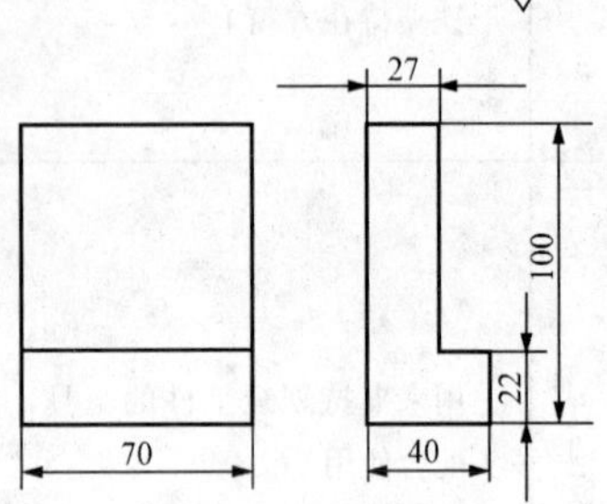

图 2-15 工件图

五、划线操作注意事项

（1）看懂图纸，了解零件的作用、加工程序和加工方法。

（2）工件夹持或安放要平稳，以防滑出或移动。

（3）在一次支撑中应把需要划的平行线全部划出，以免再次支撑补划造成误差。

（4）应正确使用划针、划针盘及有关量具。划出的线条要求准确、清晰，样冲眼的位置要准确，距离大小要适当。

（5）划线时要认真仔细，划完后要反复检查划出的线是否正确，直到确认无误后再打样冲眼。

操作示例 1 长方体工件的立体划线

在第一安放位置上划线的步骤如下（见图 2-16）：

（1）将长方体的大平面平稳地安放在平板上（在第一安放位置上划线时，应将工件的最大平面或已加工表面安放在平板上）。

（2）划出基准线。

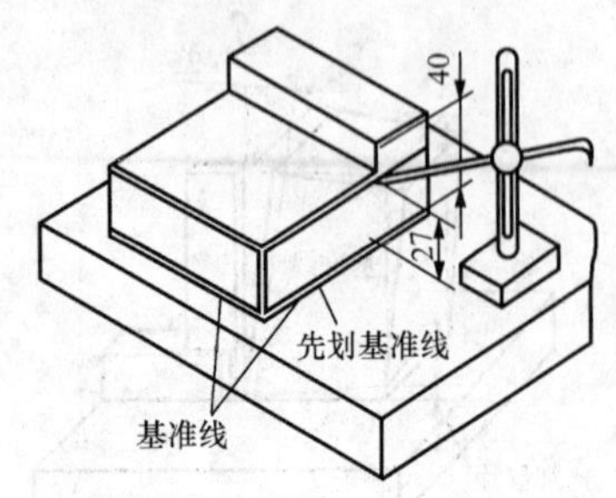

图 2-16 在第一安放位置上划线（步骤一）

（3）根据图样厚度尺寸要求，以基准线为依据分别划出 27mm 与 40mm 加工线。

在第二安放位置上划线的步骤如下（见图 2-17）：

（1）将工件按图 2-17 所示安放平稳，以第一位置划出的基准线为依据，利用角尺找正第二条线位置。

（2）划出第二基准线。

（3）根据图样尺寸要求，以第二划线基准为依据分别划出 22、100mm 加工线。

在第三安放位置上划线的步骤如下（见图 2-18）：

(1) 将工件按图 2-18 所示安放平稳，以前两次划出的基准线为依据，仍用角尺找正第三基准线。

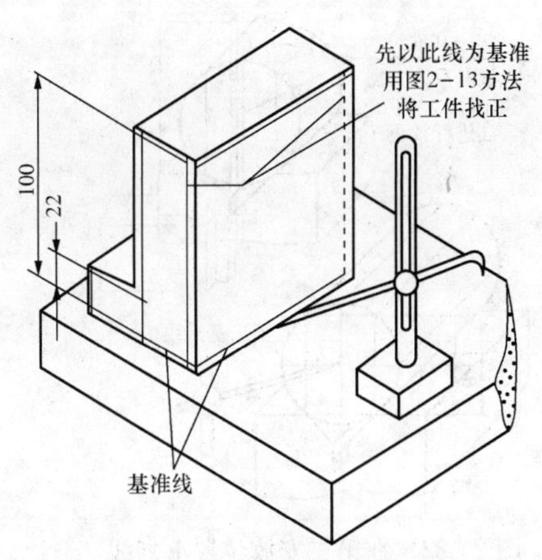

图 2-17 在第二安放位置上划线（步骤二）

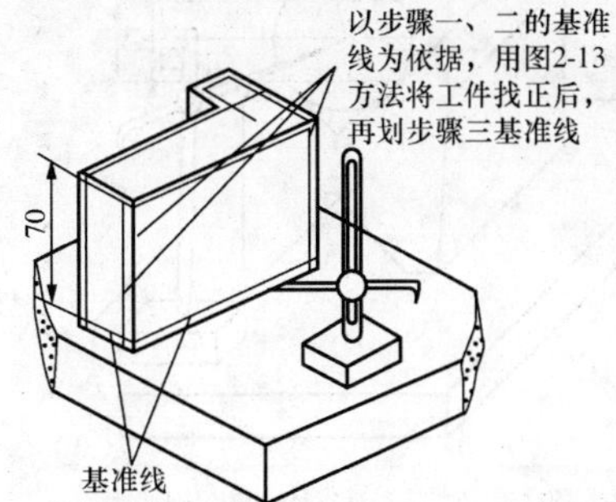

图 2-18 在第三安放位置上划线（步骤三）

(2) 划出第三基准线。

(3) 根据图样尺寸要求，以第三基准为依据划出 70mm 加工线。

(4) 复查全部划线尺寸，无误后按要求打上样冲眼。

操作示例 2 圆柱体工件的立体划线

划线前的准备工作与长方体相同，工件如图 2-19 所示。

(1) 按图 2-11 (a) 找圆心的方法，找出 ϕ40 圆钢两端面的中心，并打上中心样冲眼。再用划规复查该中心是否是圆面中心，若中心眼有误差，应将中心眼修正，直至符合要求，如图 2-20 所示。

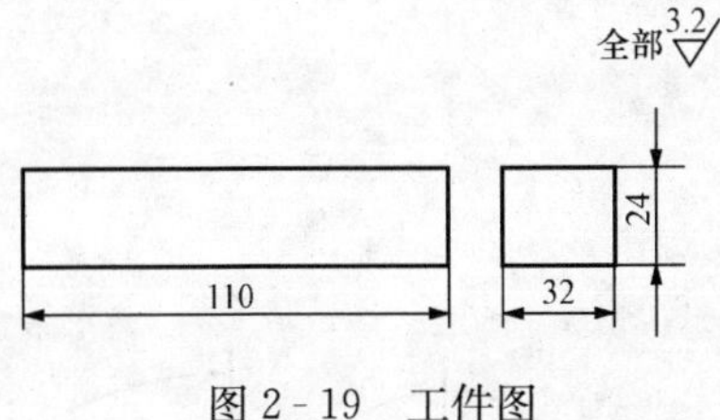

图 2-19 工件图

图 2-20 找中心

(2) 在第一安放位置上划线（见图 2-21）。

1) 将圆钢放在 V 形铁的 V 形槽内；

2) 用划线盘检查两端面的中心眼是否在同一平面上，若不在同一平面上，则在较低的一端用垫片垫在 V 形槽斜面上调整，直至符合要求；

3) 根据圆钢端面中心，划出第一条划线基准水平中心线；

4) 以第一划线基准为依据，划出 24mm 加工线。

(3) 在第二安放位置上划线（见图 2-22）。

1) 将工件旋转 90°，使第一划线基准处于垂直平板位置，并用角尺找正；

2) 用划线盘检查两端面中心样冲眼；

3) 根据圆钢端面中心，划出第二划线基准线；

4) 以第二划线基准为依据，划出 32mm 加工线。

(4) 复查全部划线尺寸，无误后按要求打上样冲眼。

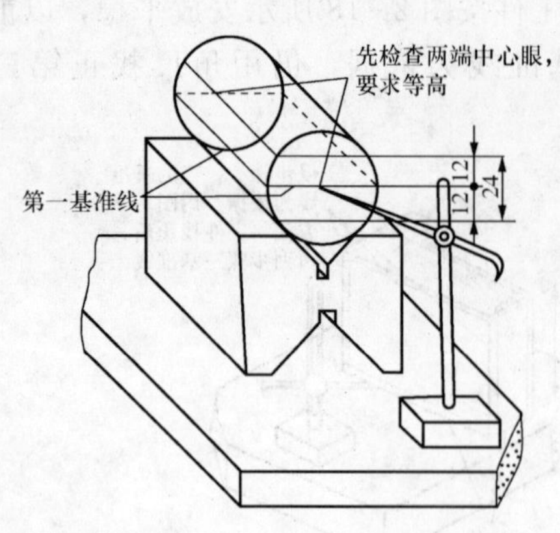

图 2-21 在第一安放位置上划线

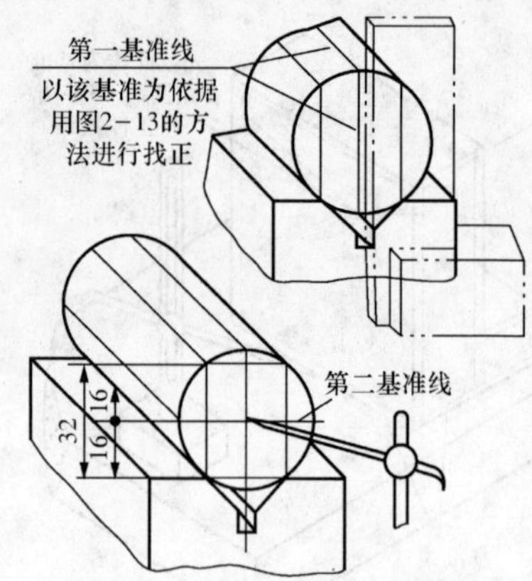

图 2-22 在第二安放位置上划线

实训操作 1 平面划线

1. 训练要求

(1) 正确使用划线工具。

(2) 正确选定划线基准。

(3) 认真分析图样，所划图形正确，分布合理，线条清晰，圆弧连接圆滑，划线误差不大于 0.3mm。

(4) 样冲眼准确，疏密均匀、适当，排列整齐。

2. 工具、量具及辅具

划针、划规、钢直尺、样冲、手锤、白粉笔等。

3. 备料

300mm×200mm 铁板（厚度为 2mm 或 3mm）。

4. 工件图

平面划线练习图如图 2-23 和图 2-24 所示。

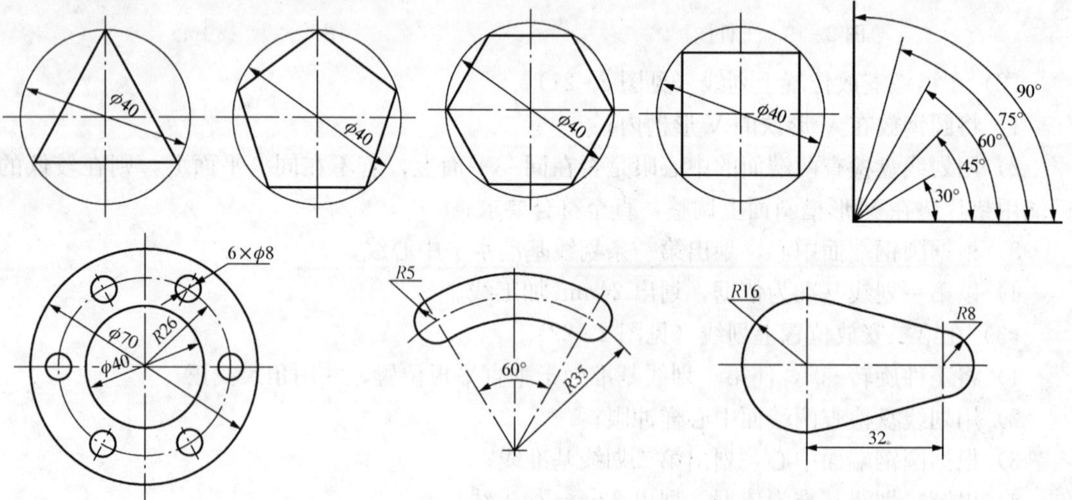

图 2-23 平面划线练习图（一）

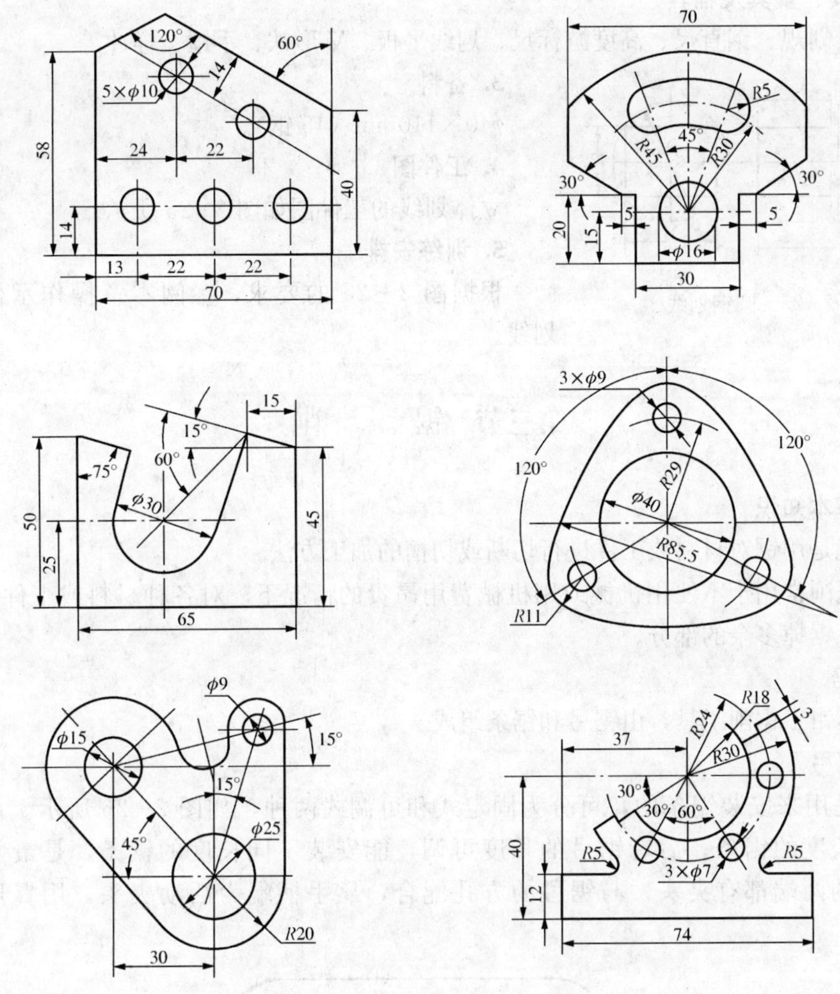

图 2-24　平面划线练习图（二）

5. 训练安排

（1）准备划线工具。

（2）在工件上涂色。

（3）划线（图 2-23 为必划图，图 2-24 为选划图）。

（4）复查各图尺寸，无误后打上样冲眼。

训练前，可在纸上对所划图样进行一次练习。

实训操作 2　立体划线

1. 训练要求

（1）工件清理工作认真，正确使用涂料。

（2）工件安放平稳，找正方法正确。

（3）划线尺寸误差不大于 0.2mm，同一平面内线条不能有错位现象，线条清晰。

（4）冲眼准确、整齐。

2. 工具、量具及辅具

划针、划规、钢直尺、高度游标尺、划线平板、V形铁、手锤、样冲等。

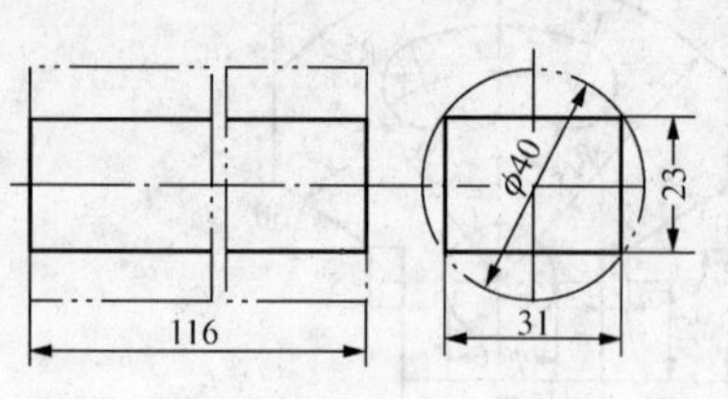

图 2-25 圆钢划线

3. 备料

ϕ40×110mm（45 钢）。

4. 工件图

立体划线的工件图如图 2-25 所示。

5. 训练安排

根据图 2-25 的要求，参阅本章操作示例 2 进行划线。

第三节 锯 削

一、基本知识

锯削就是用锯对材料或工件进行切断或切槽的加工方法。

手工锯削常用于不便用机械或用机械费用昂贵的情况下，对各种材料或工件切断、切割、切槽、锯掉多余的部分。

1. 手锯

手锯是钳工锯削工具，由锯弓和锯条组成。

（1）锯弓。

锯弓是用来安装锯条的，可分为固定式和可调式两种，如图 2-26 所示。前者只能安装一种长度的锯条；后者锯弓的长度可调，能安装不同长度的锯条，是最常用的一种。锯弓的两端都有夹头，与锯弓的方孔配合，靠手柄端为活动夹头，用翼形螺母拉紧锯条。

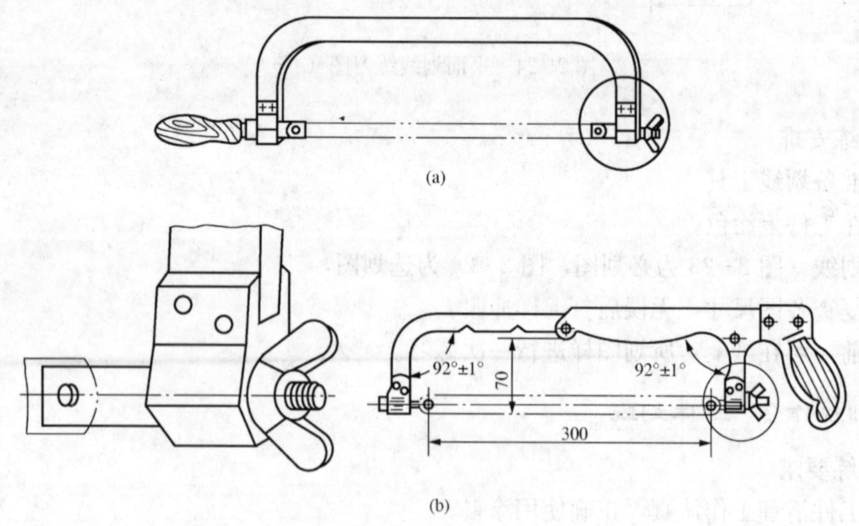

图 2-26 锯弓种类

（a）固定式；（b）可调式

(2) 锯条。

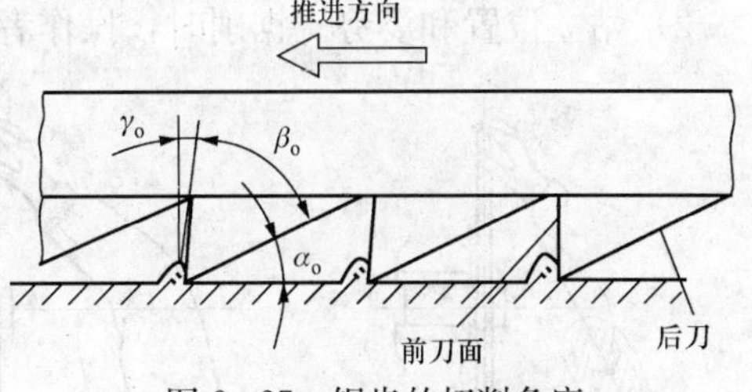

图 2-27　锯齿的切削角度

锯条一般是由渗碳软钢冷轧制成，经热处理淬火。钳工常用的锯条长度是指两安装孔中心距的尺寸，常用长度为300mm。

锯条的齿近似于前后排列的许多錾子（楔角为β_o），在工作时形成前角γ_o和后角α_o，如图2-27所示。

制作锯条时，将锯齿按一定规律左右相互错开，称为锯路。锯路有交叉形和波浪形两种，如图2-28所示。锯条有了锯路，在锯削时，工件上锯缝宽度A大于锯条背部的宽度B，从而减少了锯缝两侧与锯条的摩擦，避免夹锯和产生过热，减少磨损或折断。

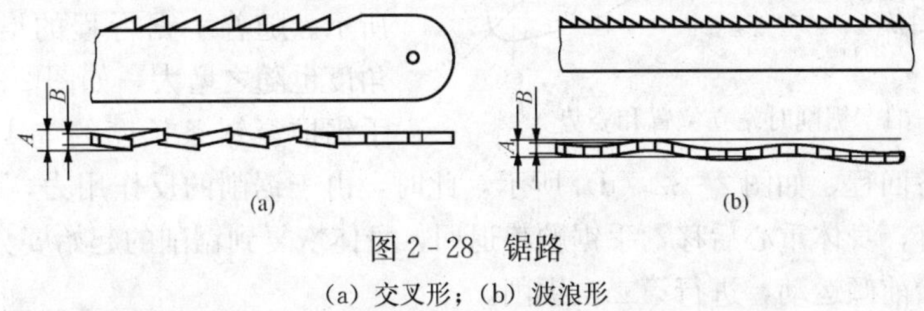

图 2-28　锯路
(a) 交叉形；(b) 波浪形

(3) 锯条的选用原则。

选用锯条时，主要是根据锯削材料的性质、锯缝的深度来选择锯齿的粗细。锯齿的粗细以齿距（t）的大小来表示，一般分粗齿（t=1.4～1.8mm）、中齿（t=1～1.2mm）、细齿（t=0.8mm）三种。粗齿锯条齿距大，锯齿的容屑槽大，适用于锯削铜、铝、铸铁、中碳钢、低碳钢等软材料或锯缝深、厚度大的材料；细齿锯条适用于锯削管子、型钢（角铁、槽钢等）、薄板料、工具钢、合金钢等硬材料，细齿锯条的锯路一般为波浪形。

2. 锯削方法

(1) 锯条的安装。

锯削时，手锯向前推进为切削运动，所以安装锯条时，要注意锯齿应向前倾斜，如图2-29所示。锯条一侧面应紧贴在安装销轴的端面上，保证锯条平面与锯弓中心平面平行，然后由翼形螺母调节锯条的松紧。用手拨动锯条时手感硬实，并略带弹性，则锯条松紧适宜。若翼形螺母的拧紧力过大，会将锯条绷得太紧，锯削时，切削阻力略有增加，锯条就会崩断；拧紧力过小，锯条太松，锯削时，锯条容易扭曲而折断，同时锯缝也容易歪斜。

(2) 锯削姿势。

1) 握锯方法。如图2-30所示，右手满握锯柄，左手轻扶在锯弓前端，双手将手锯扶正，放在工件上准备锯削。

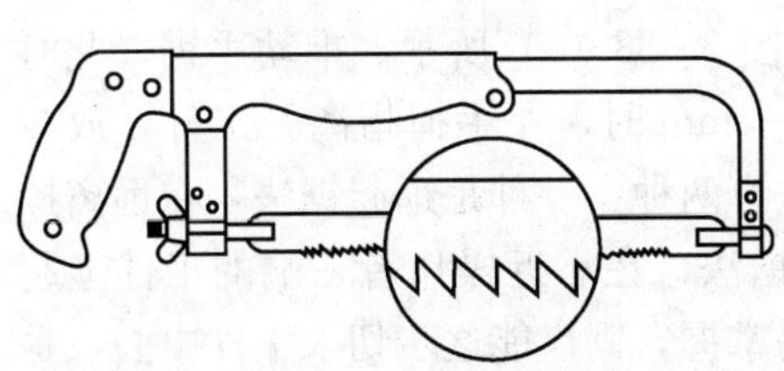
图 2-29　锯条的安装

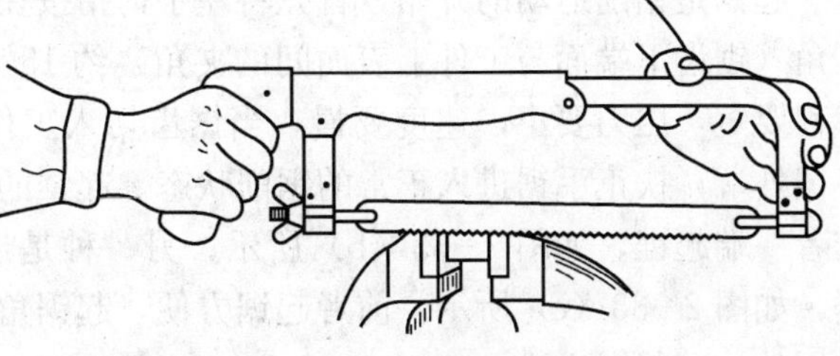
图 2-30　握锯方法

2）站立位置和姿势。锯削时，操作者的站立位置和姿势，如图 2-31 所示。

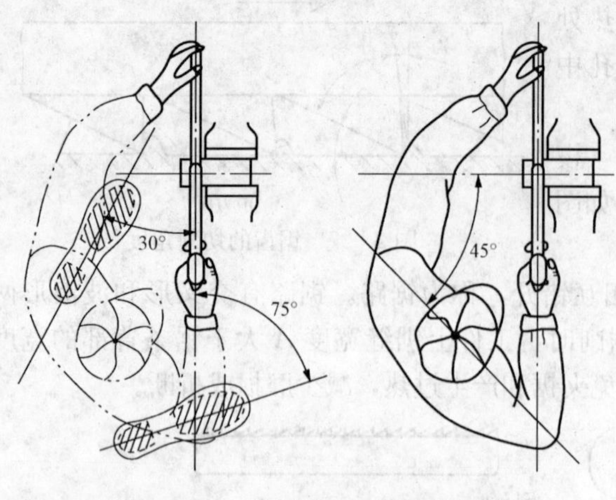

图 2-31　锯削时站立位置和姿势

3）锯削动作。锯削前，左脚跨前半步，左膝盖处略有弯曲，右腿站稳伸直，不要太用力，整个身体保持自然。双手握正手锯放在工件上，左臂略弯曲，右臂要与锯削方向基本保持平行，顺其自然，如图 2-32（a）所示。向前锯削时，身体与手锯一起向前运动，此时，右腿伸直向前倾，身体也随之前倾，重心移至左腿上，左膝盖弯曲，如图 2-32（b）所示。随着手锯行程的增大，身体倾斜角度也随之增大，如图 2-32（c）所示。手锯推至锯条长度的 3/4 时，身体停止运动，手锯准备回程，如图 2-32（d）所示，此时，由于锯削的反作用力，使身体向后倾，带动左腿略伸直，身体重心后移，手锯顺势退回，身体恢复到锯削的起始姿势。当手锯退回后，身体又开始前倾运动，进行第二次锯削。

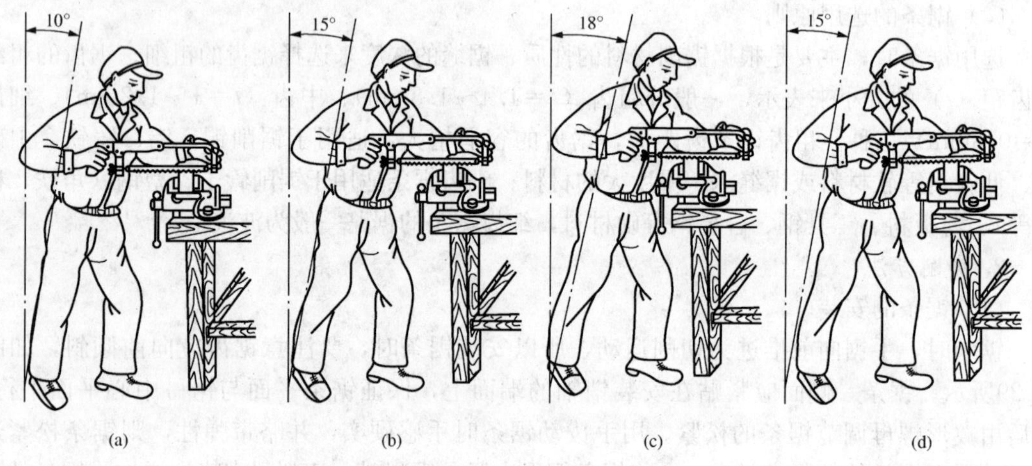

图 2-32　锯削动作

（a）锯削前；（b）锯削小行程；（c）锯削大行程；（d）回锯

（3）起锯方法。

起锯是锯削运动的开始，首先将左手拇指按在锯削的位置上，使锯条侧面靠住拇指，起锯角（锯齿下端面与工件上表面间的夹角）约 15°，如图 2-33（a）所示。推动手锯，此时行程要短，压力要小，速度要慢。当锯齿切入工件 2～3mm 时，左手拇指离开工件，放在手锯外端，扶正手锯进入正常的锯削状态。起锯的方法有两种：一种是远起锯法，在远离操作者一端起锯，如图 2-33（b）所示；另一种是近起锯法，在靠近操作者一端的工件上起锯，如图 2-33（c）所示。前者起锯方便，起锯角容易掌握，锯齿能逐步切入工件中去，是常用的一种起锯方法。

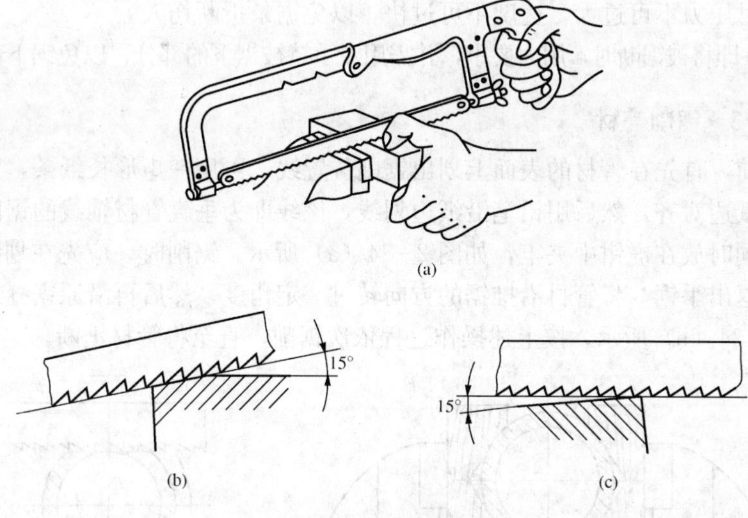

图 2-33 起锯方法

（a）起锯开始；（b）远起锯法；（c）近起锯法

起锯时要注意：锯条侧面必须靠紧拇指，或手持一物代替拇指靠紧锯条侧面，保证锯条在某一固定的位置起锯，并平稳地逐步切入工件，不会跳出锯缝。起锯角的大小要适当，起锯角太大时，会被工件棱边卡住锯齿，将锯齿崩裂，并会造成手锯跳动不稳；起锯角太小时，锯条与工件接触的齿数太多，不易切入工件，还可能偏移锯削位置，而需多次起锯，出现多条锯痕，影响工件表面质量。

（4）锯削运动要领。

1）锯削用力方法。锯削时，对锯弓施加的压力要均匀，大小要适宜，右手控制锯削时的推力和压力，左手辅助右手将锯弓扶正，并配合右手调节对锯弓的压力。锯削时，对锯弓施加的压力不能太大，推力也不能太猛，推进速度要均匀，快慢要适中。手锯退回时，锯条不进行切削，不能对锯弓施加压力，应跟随身体的摆动，手锯自然拉回。工件将锯断时，要目视锯削处，左手扶住将锯断部分材料，右手推锯，压力要小，推进要慢、速度要低，行程要短。

2）手锯的运动方式。锯削时，手锯的运动方式有两种：一种是锯削时，手锯做小幅度的上下摆动，即右手向前推进时，身体也随之向前倾，在左右手对锯弓施加压力的同时，右手向下压，左手向上翘，使手锯做弧形的摆动。手锯返回时，右手上抬，左手随其自然跟随，并携同手锯离开工件并退回。这种运动方式，可以减少锯削时的阻力，锯削省力，提高锯削效率，适用于深缝锯削或大尺寸材料的锯断。另一种是手锯做直线运动，这种运动方式，参加锯削的齿数较多，锯削费力，适用于锯削底平面为平直的槽子、管子和薄板材料等。

3）锯削运动的速度。锯削运动的速度要均匀、平稳、有节奏、快慢适度，否则容易使操作者加快疲劳，或造成锯条过热，加快损坏。一般锯削速度为 40 次/min，硬度高的材料锯削速度低一些；软的材料锯削速度可稍快一点；锯条返回时要比工进时快一些。

二、锯削操作注意事项

（1）锯削前要检查锯条的安装是否正确。

（2）锯削时，两手握锯弓，身体直立站稳，锯条平直往复移动，切忌摆动，注意锯缝的平直情况。

（3）锯削时压力不可过大，速度不可过快，以免锯条折断伤人。

（4）当工件即将被锯断时，用力要小，并需用左手持被锯下的部分，以免锯下部分落下砸脚。

操作示例 3 锯削管材

锯削管材前，首先在管材的表面上划出锯削位置线，可用一矩形长纸条，紧紧地裹在管材的表面上，纸边对齐，然后用铅笔沿纸边划线，该线即为垂直管材轴线的锯削线；再用两木块夹起来，同时放在虎钳中夹牢，如图 2-34（a）所示。锯削时，应先在划线处起锯，锯至管内壁后，退出手锯，将管材沿推锯的方向转过一定角度，然后再沿原锯缝继续锯削至管内壁，如图 2-34（b）所示，按上述操作过程依次锯削，直至将管材锯断。

(a) (b)

图 2-34 管材锯削

（a）管材夹持方法；（b）管材转位锯削

锯削管材时还应注意以下几点。

（1）当第一次锯削结束后，管材要沿手锯的推进方向旋转，再沿原锯缝进行下一次锯削。若管材背离推进方向旋转，锯削时，管内壁会卡住锯齿，将锯齿崩裂或使手锯猛烈跳动，使锯削不平稳。

（2）管材转角不宜太大，否则下一次锯削时会脱离原锯缝，经几次转动锯断后，锯削表面不平，影响断面质量，必须再进行加工。

（3）管材要夹持牢固、可靠、安全，要防止管材变形。精度较高或大直径的管材，应垫带 V 形槽的木块，然后同时夹入虎钳中。

操作示例 4 锯削板材

锯削薄板材时，板材容易产生颤动、变形或将锯齿钩住等，因此，一般采用图 2-35（a）中的方法，将板材夹在虎钳中，手锯靠近钳口，用斜推锯法进行锯削，使锯条与薄板接触的齿数多一些，避免钩齿现象产生。也可将薄板夹在两木板中间，再夹入台虎钳中，同时锯削木板和薄板，这样增加了薄板的刚性，不易产生颤动或钩齿，如图 2-35（b）所示。

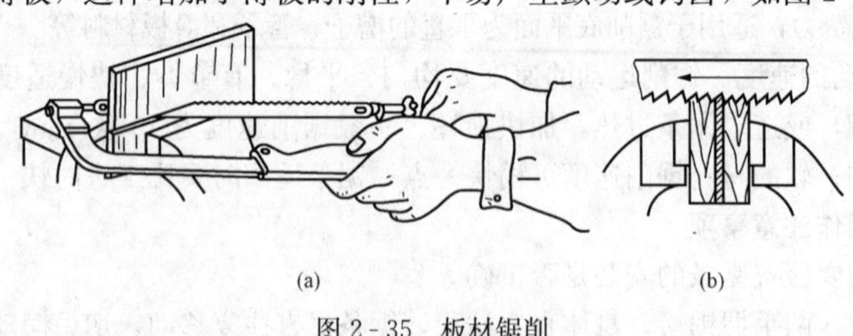

(a) (b)

图 2-35 板材锯削

（a）斜推锯法；（b）夹在木板中

操作示例 5　锯削深缝

深缝锯削经常出现锯缝深度大于锯弓高度的情况，如图 2 - 36（a）所示。此时，可将锯条转过 90°再重新安装，使锯弓在工件的外侧，如图 2 - 36（b）所示；或将锯弓转过 180°，锯弓放置在工件底部，然后再安装锯条，继续进行锯削，如图 2 - 36（c）所示。

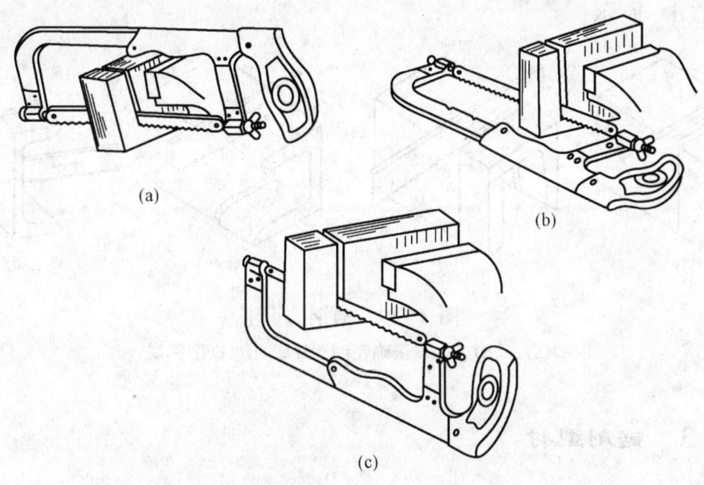

图 2 - 36　深缝锯削

（a）锯缝深度大于锯弓高度；（b）锯弓转 90°；（c）锯弓转 180°

操作示例 6　锯削棒料

棒料的锯削方法如图 2 - 37 所示。其中锯削尺寸较大的圆钢、方钢时，按图中顺序号锯削，省时、省力；直径较大的脆性棒料，锯一深缝和一浅缝后击断。

操作示例 7　锯削扁钢

应从扁钢宽的一面进行锯削，如图 2 - 38（a）所示，这样锯缝较长，同时参加锯削的锯齿多，锯往复的次数较少，因此可减少锯齿被钩住和折断的危险，并且锯缝较浅，锯条不会被卡住，从而延长了锯条的寿命。如果从扁钢窄的一面起锯，如图 2 - 38（b）所示，则锯缝短，参加锯削的锯齿少，锯缝深，都会使锯齿迅速变钝，甚至折断。

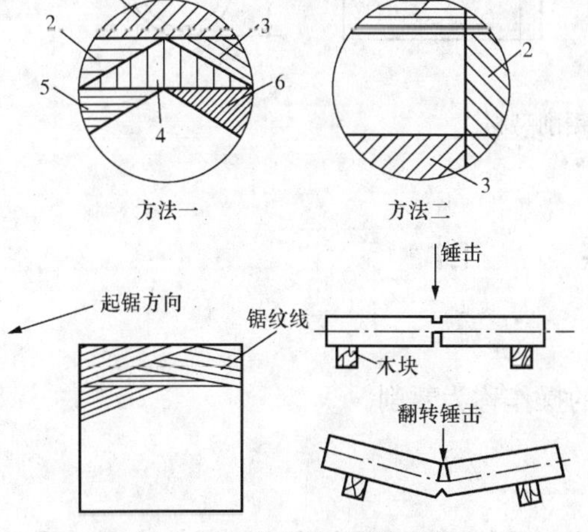

图 2 - 37　圆钢的锯削方法

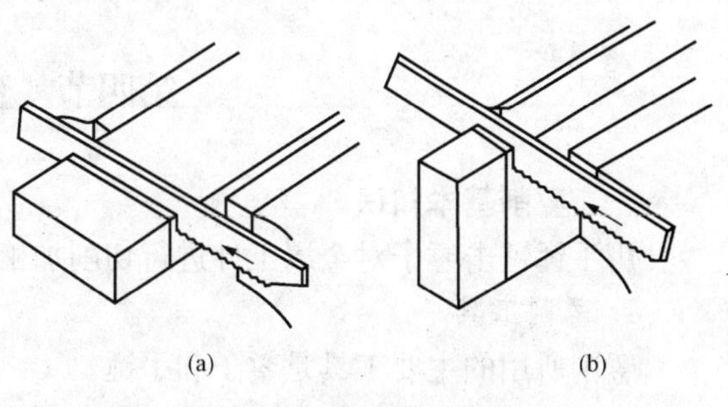

图 2 - 38　扁钢的锯削

操作示例8 锯削槽钢

锯削槽钢时，也应尽量在宽的一面进行锯削，因此必须将槽钢从三个面方向锯削，如图2-39（a）、（b）、（c）所示，这样才能得到较平整的断面，并能延长锯条的使用寿命。若将槽钢装夹一次，从上面一直锯到底，这样锯削的效率低，锯缝深而不平整，锯齿也容易折断，如图2-39（d）所示。

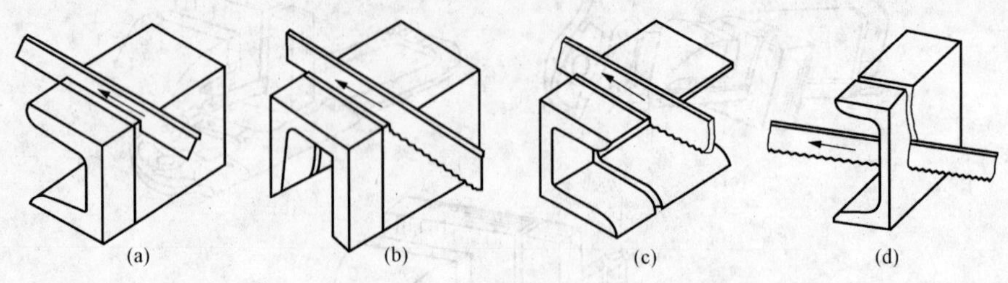

图2-39 槽钢的锯削

（a）、（b）、（c）正确锯削顺序；（d）锯削错误

实训操作3 锯削型材

1. 训练要求

工时2h；工件要求如图2-40所示，工件材料是Q235钢。

2. 技术要求

锯削管子时应避免将管子夹变形。

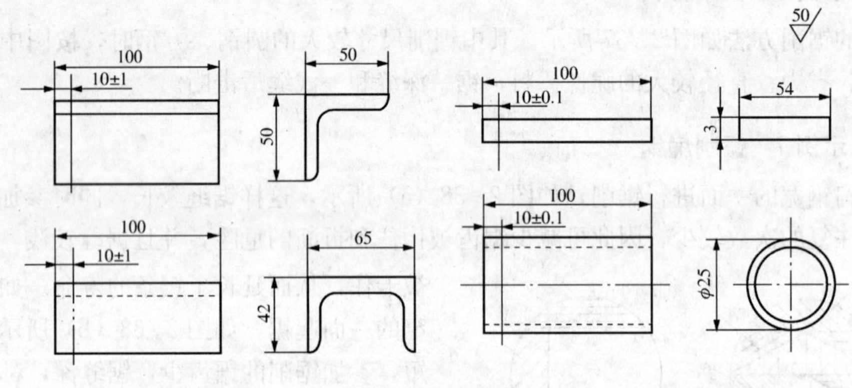

图2-40 锯削型材

第四节 錾 削

一、錾削基本知识

用手锤锤击錾子对金属工件进行切削加工的操作称为錾削。

1. 錾削工具

錾削所用的主要工具是錾子和手锤。

（1）錾子。錾子是錾削工件的刀具，用碳素工具钢（T7A或T8A）锻打成形后再进行刃磨和热处理而成。钳工常用錾子主要有扁錾、尖錾、油槽錾和扁冲錾四种，如图 2-41 所示。

扁錾主要用于錾切平面，分割板材和去毛刺、凸缘。尖錾主要用于开槽及分割曲线形板材。油槽錾主要用于錾切油槽。扁冲錾主要用于打通两个钻孔之间的间隔。

錾子的楔角主要根据加工材料的硬软来决定。錾子的柄部一般做成八棱形，如图 2-42（c）所示，便于控制錾刃方向。头部做成圆锥形，顶端略带球面，使锤击时的作用力易与刃口錾切方向一致。

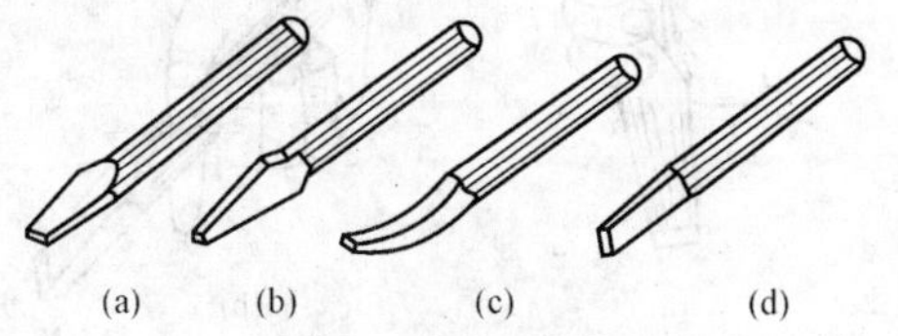

图 2-41 常用錾子

（a）扁錾；（b）尖錾；（c）油槽錾；（d）扁冲錾

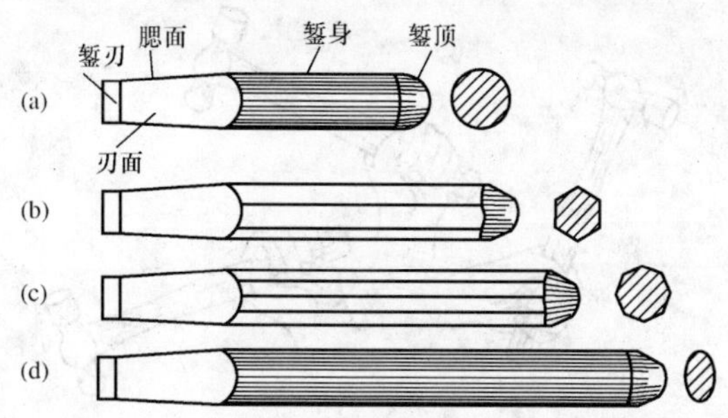

图 2-42 扁錾的结构

（2）手锤。手锤是钳工常用的敲击工具，由锤头、木柄和楔子组成，如图 2-43 所示。手锤规格以锤头的质量来表示，有 0.46kg、0.69kg、0.92kg 等多种。锤头用 T7A 钢制成，并经热处理淬硬。木柄用比较坚韧的木材制成，常用的 0.69kg 手锤柄长约 350mm。木柄装入锤孔后用楔子楔紧，以防锤头脱落，如图 2-44 所示。

图 2-43 手锤

2. 錾削姿势

（1）手锤握法。

1）紧握法。用右手五指紧握锤柄，大拇指合在食指上，虎口对准锤头方向（木柄椭圆的长轴方向），木柄尾端露出约 15～30mm。在挥锤和锤击过程中，五指始终紧握，如图 2-45 所示。

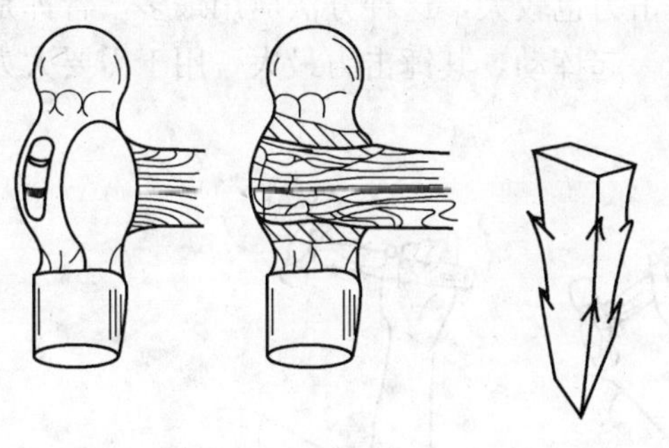

图 2-44 锤柄端打入楔子

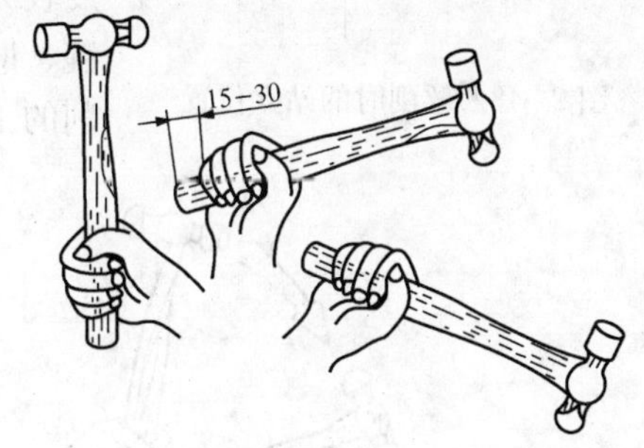

图 2-45 手锤紧握法

2）松握法。只用大拇指和食指始终握紧锤柄。在挥锤时，小指、无名指、中指则依次放松；在锤击时，又以相反的次序收拢握紧，如图 2-46 所示。这种握法的优点不易疲劳，且锤击力大，比较自然。

3）错误的握法：①手过远地握在柄端，大拇指放在锤柄上面，易握不稳，打不准；

②手过近地握在锤头，这样不能利用手腕的运动，锤击时软弱无力。

(2) 錾子的握法。

1) 正握法。手心向下，腕部伸直，用中指和无名指握住錾子，小指自然合拢，食指和大拇指自然伸直地松靠，錾子头部伸出约20mm，如图2-47 (a) 所示。

2) 反握法。手心向上，手指自然捏住錾子，手掌悬空，如图2-14 (b) 所示。

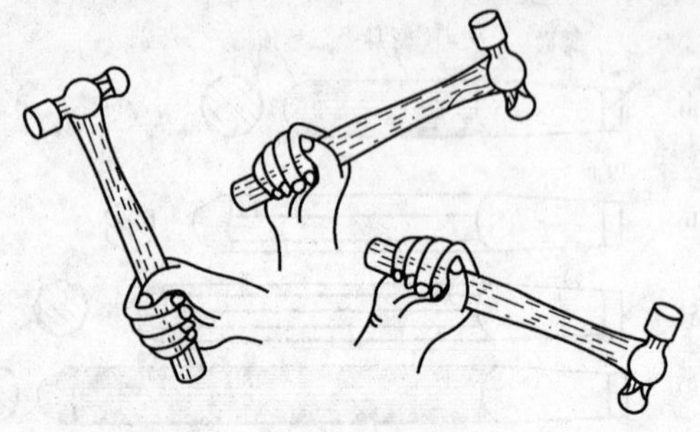

图2-46 手锤松握法

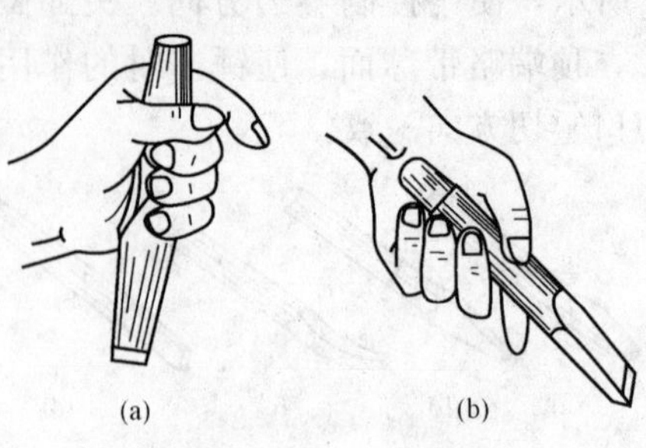

图2-47 錾子握法

(a) 正握法；(b) 反握法

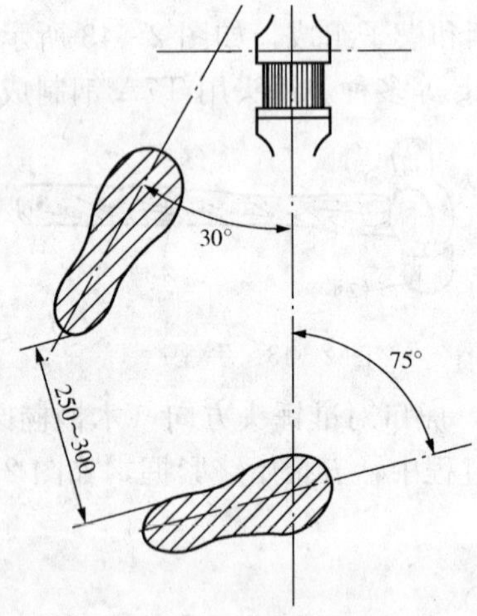

图2-48 錾削时的站立位置

(3) 站立姿势。

操作时的站立位置如图2-48所示。身体与台虎钳中心线大致成45°角，且略向前倾，左脚跨前半步，膝盖处稍有弯曲，保持自然，右脚要站稳伸直，不要过于用力。

(4) 挥锤方法。

挥锤有腕挥、肘挥和臂挥三种方法，如图2-49所示。腕挥是仅用手腕的动作进行锤击运动，采用紧握法握锤，一般用于錾削余量较少及錾削开始或结尾。肘挥是用手腕与肘部一起挥动做锤击运动，采用松握法握锤，因挥动幅度较大，故锤击力也较大，这种方法应用最多。臂挥是手腕、肘和全臂一起挥动，其锤击力最大，用于需要大力錾削的工件。

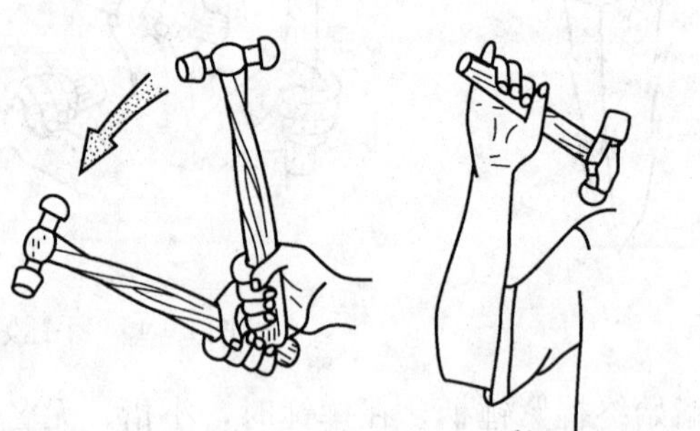

图2-49 挥锤方法

(a) 腕挥；(b) 肘挥；(c) 臂挥

（5）锤击速度。

錾削时的锤击要稳、准、狠，其动作要一下一下有节奏地进行，一般在肘挥时约 40 次/min 左右，腕挥时约 50 次/min。

（6）锤击要领。

1）挥锤：肘收臂提，举锤过肩；手腕后弓，三指微松；锤面朝天，稍停瞬间。

2）锤击：目视錾刃，臂肘齐下；收紧三指，手腕加劲；锤錾一线，锤走弧形；左脚着力，右腿伸直。

3）要求：稳——速度节奏 40 次/min；准——命中率高；狠——锤击有力。

二、錾削操作注意事项

（1）技能练习件在台虎钳中必须夹紧，伸出高度一般以离钳口 10～15mm 为宜，同时工件下面要加木衬垫。

（2）发现手锤木柄有松动或损坏时，要立即装牢或更换；木柄上不应沾有油，以免使用时从手中滑出。

（3）若錾子头部有明显的毛刺，应及时磨去。

（4）手锤应放置在台虎钳右边，柄部不可露在钳台外面，以免掉下砸伤脚；錾子应放在台虎钳的左边。

（5）要正确使用台虎钳，夹紧时不应在台虎钳的手柄上加套管子扳紧或用手锤敲击台虎钳手柄，工件要夹紧在钳口中央。

（6）使用无刃口錾子练习时，视线要对着錾子的刃口和工件錾切部位。不可把视线对着錾子的锤击头部。挥锤锤击要稳健有力，锤击时手锤落点的准确，主要应靠掌握和控制好手的运动轨迹及其位置来达到。

（7）初次练习錾削时，可能会出现手上起泡、被手锤敲破手、手臂酸痛等情况，应作好思想准备，树立克服困难的决心和信心。

（8）左手握錾子时，前臂要平行于钳口，肘部不要下垂或抬高过多。

（9）避免下面所列几种错误姿势：

1）握手锤柄握得过紧、过短及挥锤速度太快；

2）挥锤时，手锤不是向后挥而是向上举；

3）挥锤幅度太小，锤击无力；

4）挥锤时由于手指、手腕、肘部动作不协调，造成锤击力小，操作易疲劳；

5）手锤锤击力的作用方向与錾子轴线方向不一致，使手锤偏离錾子，容易敲到手上；

6）锤击时不靠腕、肘的挥动，而单纯用手臂向前推，动作不自然，锤击力也小；

7）站立位置和身体姿势不正确，而使身体向后仰或向前弯；

8）锤击时过于紧张使面部出现各种不自然的表情。

三、錾子的刃磨和热处理

1. 扁、尖錾的刃磨要求

錾子的几何形状及合理的角度值要根据用途及加工材料的性质而定。

錾子的楔角 β_0 的大小（见图 2-50），要根据被加工材料的硬软来决定。錾削较软的金属，β_0 可取 30°～50°；錾削较硬的金属，β_0 可取 60°～70°；一般硬度的钢件或铸铁，β_0 可取 50°～60°。

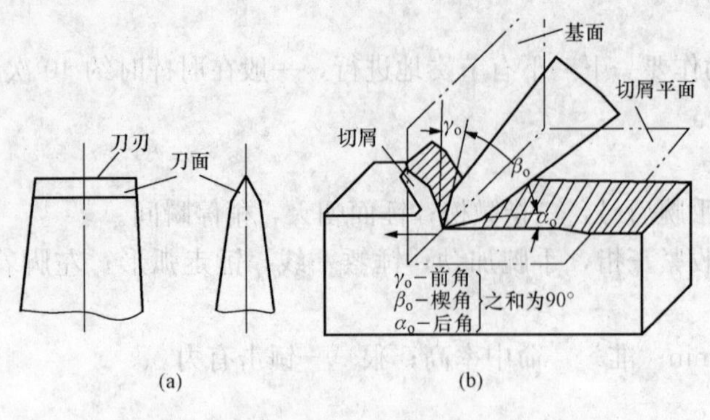

图 2-50 錾子的切削部分

(a) 刀面和刀刃；(b) 切削角度

尖錾的切削刃的长度应与槽宽相对应，两个侧面间的宽度应从切削刃起向柄部逐渐变狭窄，使錾槽时能形成 1°～3°的副偏角，以避免錾子在錾槽时被卡住，同时保证槽的侧面錾削平整。

切削刃要与錾子的几何中心线垂直，且应在錾子的对称平面上。扁錾的切削刃可略带弧形，其作用是：在平面上錾去微小的凸起部分时，切削刃两边的尖角不易损伤平面的其他部分。前、后刀面要光洁、平整。

2. 錾子刃磨方法

(1) 双手握持錾子，两手一前一后，前端用手的大拇指和食指捏住，其他三指自然弯曲，小指下部支持在固定的托板上，另一手的五指轻轻捏住錾身，如图 2-51 所示。先刃磨两个刃面，后磨两腮面，全宽移动要平稳，如图 2-52 所示。

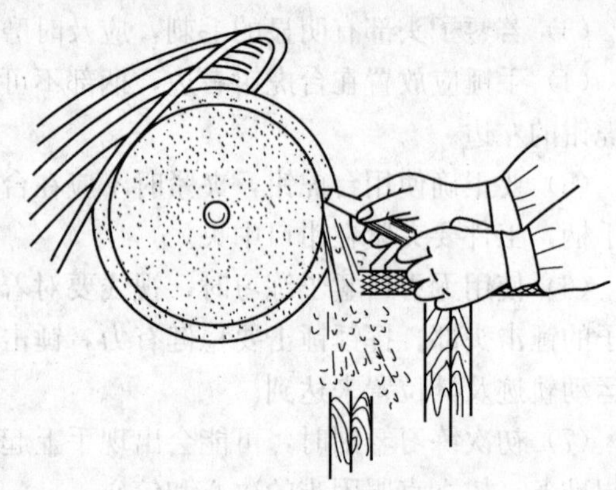

图 2-51 錾子刃磨握持法图

(2) 磨刃口时，切削刃应高于砂轮水平中心线，在砂轮全宽上左右移动，并要控制錾子的方向和位置，保证磨出所需要的楔角值 β_o。刃磨时，加在錾子上的压力不宜过大，左右移动要平稳、均匀，并要经常蘸水冷却，以防切削刃退火，如图 2-53 所示。

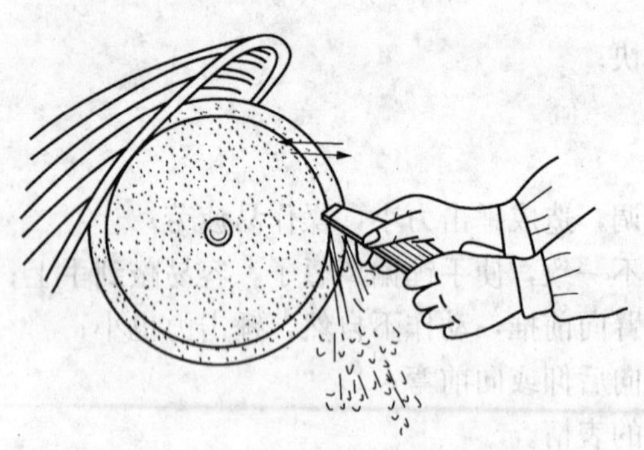

图 2-52 錾子刃面和腮面的刃磨

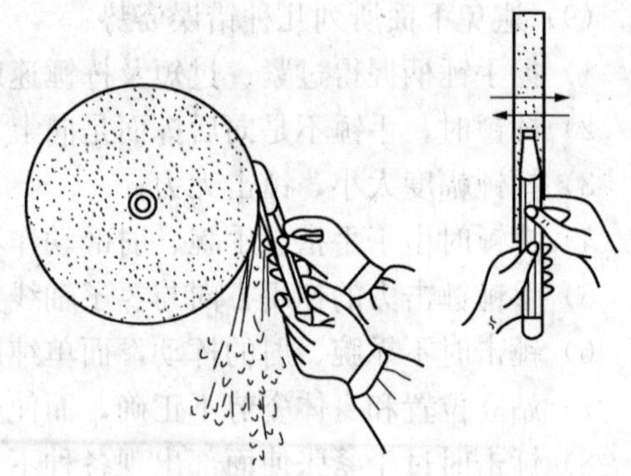

图 2-53 錾子刃口的刃磨

3. 热处理方法

錾子的热处理包括淬火和回火两个过程，其目的是使錾子切削部分具有较高的硬度和一定的韧性。

(1) 淬火。若錾子的材料为 T7A 或 T8A 钢时，可把錾子切削部分约 20mm 长的一端，均匀加热到 750～780℃（呈樱红色）后迅速垂直地把錾子放入冷水中冷却（浸入深度约 5～6mm），即完成淬火，如图 2-54 所示。

注意事项：錾子放在水中冷却时，应沿着水面缓慢地移动。

目的：加速冷却，提高淬火硬度；使淬硬部分与不淬硬部分不致有明显的界线，避免錾子在此线上断裂。

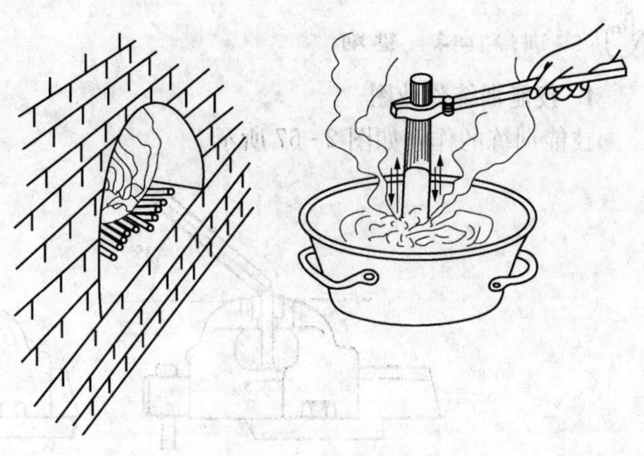

图 2-54　錾子的淬火

（2）回火。錾子的回火是利用本身的余热进行的。当淬火的錾子露出水面的部分呈黑色时即由水中取出，迅速擦去氧化皮，观察錾子刃部的颜色变化，如图 2-55 所示，开始出水时呈白色，由于刃口温度逐渐上升，颜色也按以下规律变化：白色→黄色→红色→暗蓝色→浅蓝色。当錾子刃口部分的颜色呈紫红色与暗蓝色之间（紫色），尖錾刃口部分呈黄褐色与红色之间（褐红色）时，将錾子再放在水中冷却，如图 2-56 所示，至此即完成了錾子的淬火—回火处理的全部过程。

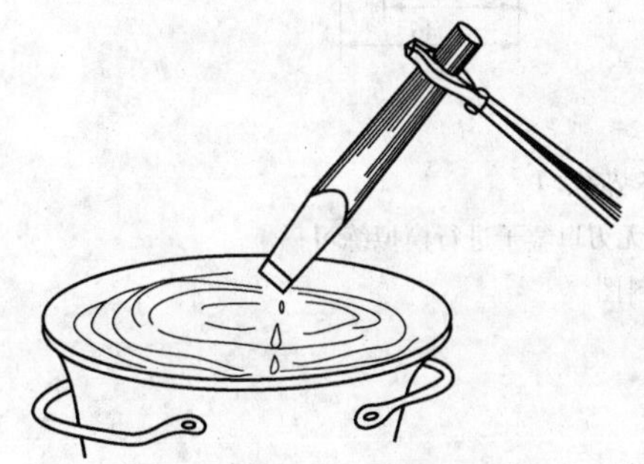

图 2-55　水中取出观色变图

图 2-56　再次投入水中冷却

四、錾子刃磨和热处操作注意事项

（1）不可用棉纱裹什錾子进行刃磨。

（2）砂轮机前刃磨时，必须戴好防护眼镜，防止切屑飞溅伤害眼睛。

（3）砂轮机上刃磨錾子时，必须遵守砂轮机的安全操作规则，以免发生人身、设备事故。

（4）必须仔细观察教师在刃磨錾子的演示动作，包括淬火时加热到什么颜色（控制加热温度）；淬火时淬入水中深度和动作；何时取出；在錾子刃部出现何种颜色时再次放入水中以及刃磨錾子的动作过程等。做到心中有数，才能在实际操作时避免盲目性。

（5）加热时，錾子的颜色往往与炉火颜色分辨不清，应适时取出观看，防止加热温度过高，不能达到淬火要求。同时，要注意不要多看炉子火光，使眼睛发花，出现辨不清回火颜色的情况。

（6）刃磨錾子时，左右压力控制不匀，使錾子刃口倾斜是操作中常见的问题，要注意避免。

（7）使用砂轮时，要防患于未然，千万不能疏忽大意，防止事故的发生。

实训操作 4　錾削

1. 技能训练作业图

技能训练的作业如图 2-57 所示。

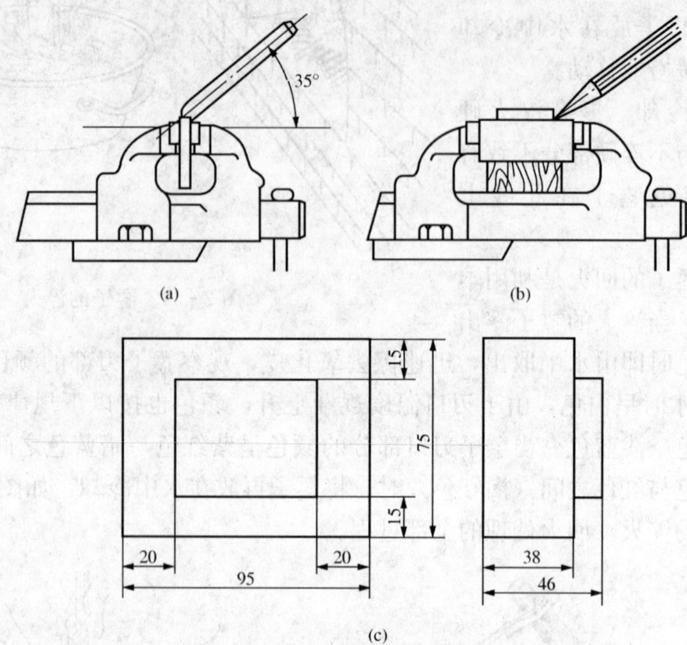

图 2-57　錾削姿势练习

(a) 用呆錾子进行锤击练习；(b) 用无刃口錾子进行模拟练习；

(c) 实习件备料图

2. 训练准备

训练准备见表 2-6。

表 2-6　训练用工具及工件

训练工件名称	材　料	材料来源	件　数	工　时
呆錾子	Q235	备料（锻）	1	
无刃口錾子	T7A 或（T8A）	备料（锻）	1	
长方铁坯件	HT150	备料（铸）	1	

(1) 每人准备一把手锤和木衬垫。

(2) 每人一块有台阶长方铁铸件，如图 2-59 (c) 所示，做无刃口錾削练习和錾削平面的练习。

3. 训练步骤

錾削姿势的训练分三步进行。

第一步将呆錾子夹紧在台虎钳的中间位置作锤击练习，如图 2-57 (a) 所示。左手按握錾要求握住呆錾子柄部，做两小时的挥锤和锤击练习。要求采用松握法挥锤，达到站立位置和挥锤的姿势动作基本正确，并有较高锤击命中率。

第二步将长方铁毛坯夹紧在台虎钳中间，下面垫好木垫［见图 2-57（b)］，用无刃口錾于对着凸肩部份进行模拟錾削姿势的练习。统一采用正握法握錾，松握法挥锤。要求站立位置、握錾方法和挥锤的姿势动作正确规范，锤击力量逐步加强。

第三步錾削，必须在握錾，挥锤的姿势动作和锤击力量达到实际錾削技能时，才可以用刃磨好的錾子，把长方铁的凸台錾平。

实训操作 5 刃磨和热处理扁、尖錾

1. 作业图

技能训练的作业图如图 2-58 所示。

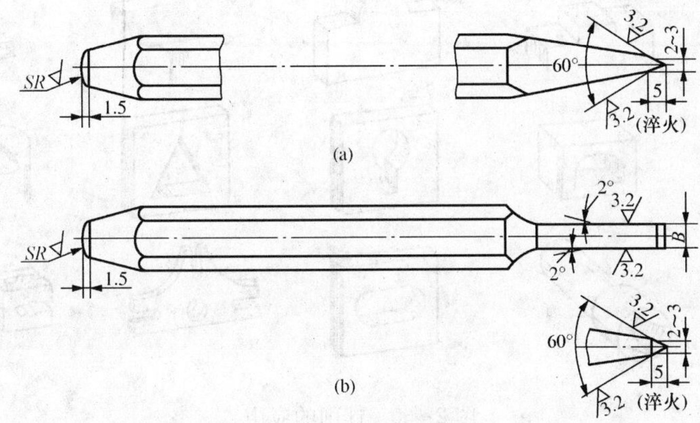

图 2-58 刃磨和热处理扁、尖錾

（a）扁錾；（b）尖錾

2. 实训准备

（1）工具：扁錾 2 把，尖錾 2 把，淬火用具准备。

（2）训练件规格及要求见表 2-7。

表 2-7 训练件规格及要求

训练件名称	材 料	材料来源	件 数	工 时
扁錾	T7A	备料（锻）	2	
尖錾	T8A	备料（锻）	2	

3. 训练步骤

（1）首先用 4mm 扁铁在砂轮机上作刃磨楔角的练习。

（2）刃磨扁錾，其楔角可用角度样板检查，如图 2-59 所示。

（3）刃磨尖錾，刃口宽度尺寸可按加工槽的宽度再放大些。

（4）在火炉上加热錾子，然后在水中对錾子进行淬火和回火。

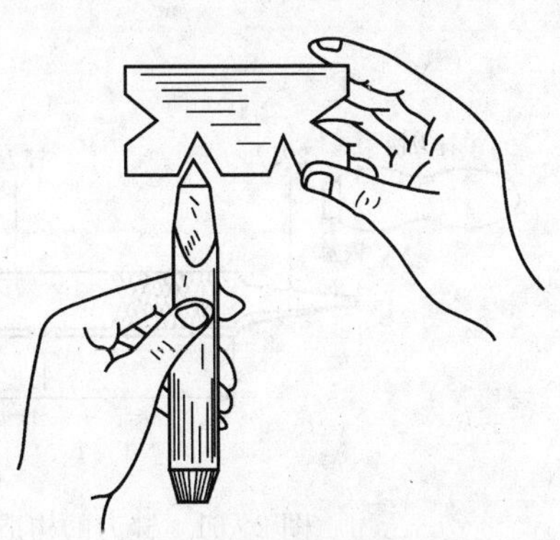

图 2-59 用角度样板检查錾子楔角

第五节 锉 削

一、基本知识

用锉刀对工件表面进行切削加工，使其尺寸、形状、位置和表面粗糙度达到要求的操作称为锉削。锉削精度可高达0.01mm，表面粗糙度可达$Ra0.8\mu m$。

锉削的应用很广，如锉削平面、曲面、内外角度，以及各种复杂形状的表面、锉配等，如图2-60所示。

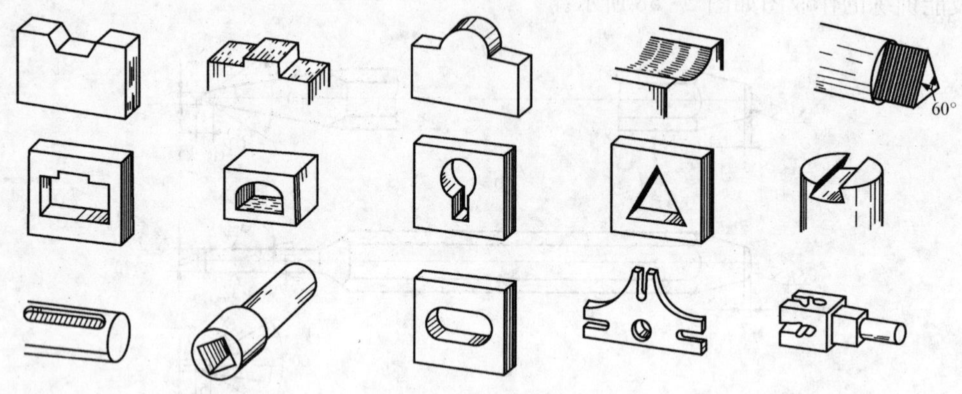

图2-60 锉削的应用

1. 锉刀

(1) 锉刀的构造。

锉刀用碳素工具钢T12或T13制成，经热处理后切削部分的硬度可达HRC62～67。锉刀的构造如图2-61所示。一般锉刀边一边有齿，一边无齿。无齿的边称为光边或安全边。

(2) 锉刀面的齿纹。

锉刀面上的齿纹有单齿纹和双齿纹两种。

在锉刀面上只有一个方向齿纹的锉刀称为单齿纹锉刀，如图2-62所示。单齿纹锉刀，锉齿正前角切削，齿的强度弱，全齿宽参加切削，增大了切削阻力，切屑不易破碎，故多用于锉削软金属，如铝、铜等。

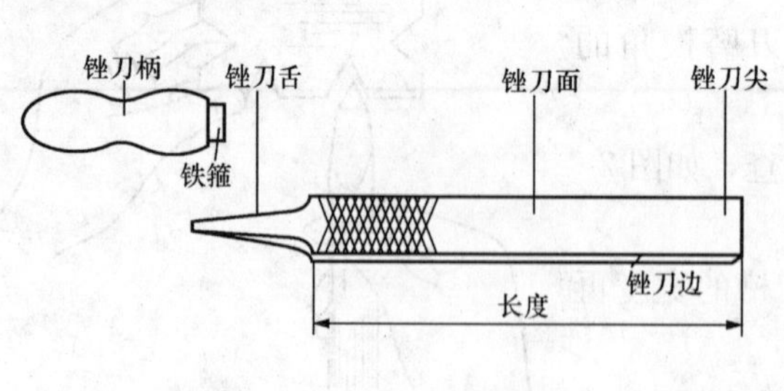

图2-61 锉刀的构造

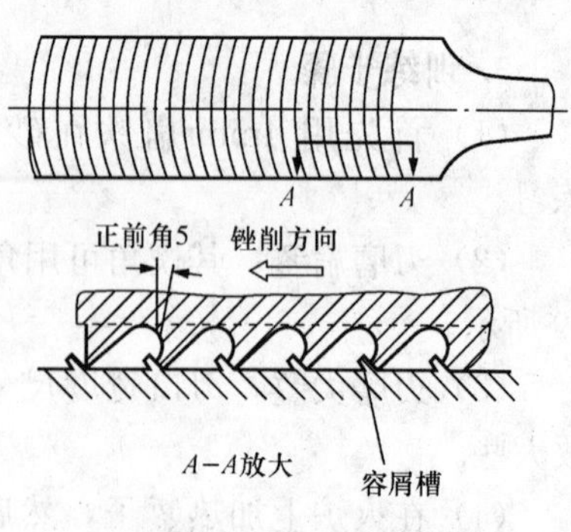

图2-62 单齿纹锉刀

在锉刀面上排有两个方向齿纹的锉刀称为双齿纹锉刀，如图2-63所示。双齿纹锉刀由面齿纹和底齿纹组成。面齿纹与底齿纹交叉成一定角度，形成许多前后交错排列的小齿和容屑槽。锉削时，切屑可碎断，故锉削省力。同时，由于每个齿的锉痕交错而不重叠，锉削面较光滑。锉齿具有负前角，齿的强度高，适用于锉削硬材料。

（3）锉刀的种类和规格。

1）锉刀的种类。根据锉刀的用途，一般将锉刀分为三类，即普通锉、整形锉和特种锉，如图2-64所示。

2）锉刀的规格。锉刀的规格分尺寸规格和粗细规格：①尺寸规格，圆锉以直径表示，方锉以边长表示，其余以锉刀长度表示；②粗细规格，按锉纹号分，一般分五个等级，见表2-8。

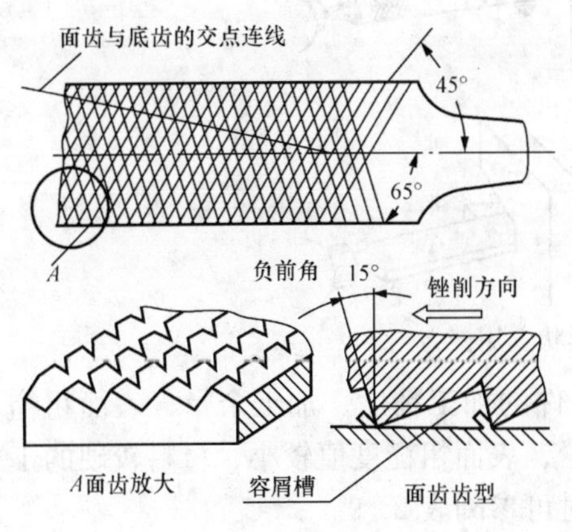

图2-63 双齿纹锉刀

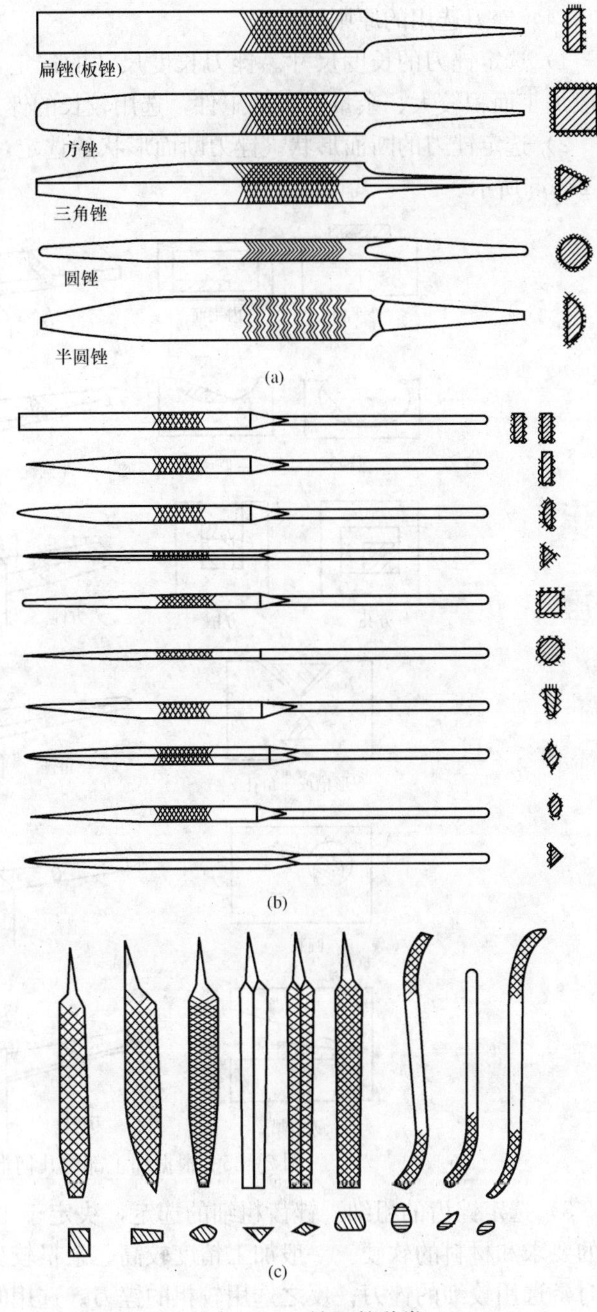

图2-64 锉刀的种类

(a) 普通锉；(b) 整形锉（什锦锉、组锉）；(c) 特种锉

表2-8 锉刀的粗细规格

锉纹号	1	2	3	4	5
习惯称呼	粗	中	细	双细	油光
齿距（mm）	2.3～0.8	0.77～0.42	0.33～0.25	0.25～0.2	0.2～0.16

（4）锉刀选用的原则。

1）选定锉刀的长度尺寸。锉刀长度尺寸的选定，决定于工件的加工面积和加工余量。一般加工面积较大、余量较多的工件，选用较长的锉刀。

2）选定锉刀的断面形状。锉刀断面形状的选定，决定于工件加工部位的几何形状，如图 2-65 所示。

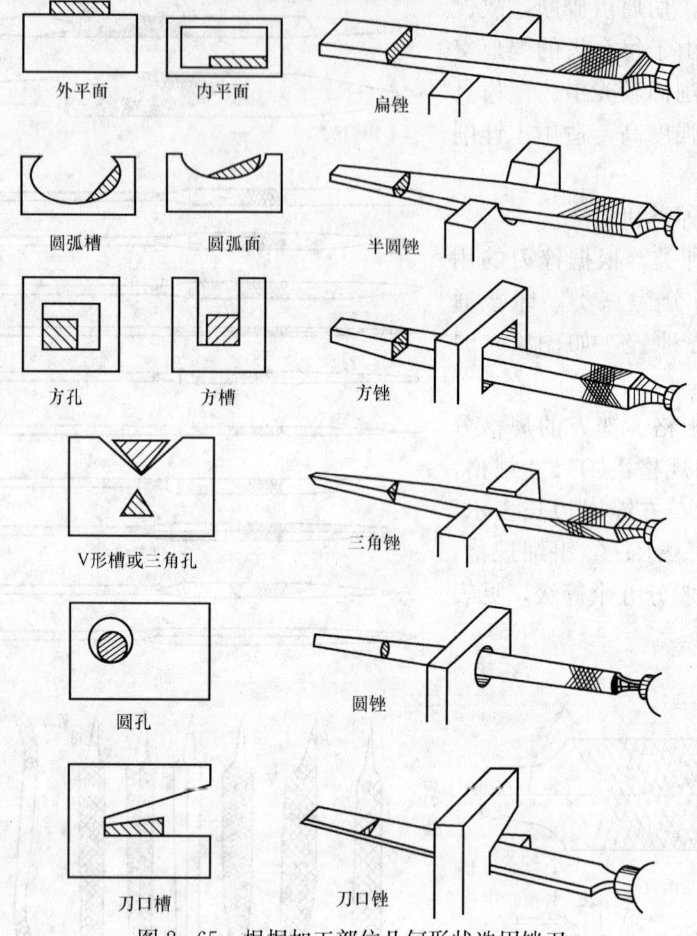

图 2-65 根据加工部位几何形状选用锉刀

3）选定锉齿的粗细。锉齿粗细的选定，决定于工件的加工精度、加工余量、表面粗糙度的要求和材料的软硬。一般加工精度较高、余量较少、表面粗糙度值较小、材料较硬的工件时，选用较细的锉刀；反之选用较粗的锉刀。选用时可参阅表 2-9。

表 2-9　常用锉刀的适用范围

锉　刀	加工余量（mm）	尺寸精度（mm）	表面粗糙度（μm）
粗　齿	0.5～1	0.2～0.5	Ra100～25
中　齿	0.2～0.5	0.05～0.2	Ra12.5～6.3
细　齿	0.05～0.2	0.01～0.05	Ra6.3～3.2

（5）锉刀的保养。

为了延长锉刀的使用寿命，应严格按照下列规则使用和保养锉刀。

1）不用新锉刀锉削锻、铸工件表面和淬过火的工件。如果需要锉削锻、铸件，应先用錾子或旧锉刀去掉硬皮。

2）使用新锉刀时，应作上记号，先使用一面，锉钝后再用另一面。

3）锉刀严禁接触水或油，锉削时不许用手摸锉刀面。

4）锉刀放置应稳当、整齐、不能叠放，也不能同其他工具堆放。

2. 锉削动作基本操作

（1）锉刀柄及其装卸方法。

锉削时，为了控制锉刀便于用力，锉刀尾部必须要装锉刀柄。如图 2－66 所示，锉刀柄的规格分大、中、小三号，可根据锉刀的长度规格进行选用。一般 300mm 以上的锉刀选用大号，200mm 和 250mm 的锉刀选用中号，100mm 和 150mm 的锉刀选用小号较为适宜。锉刀柄的装卸方法如图 2－67 所示。

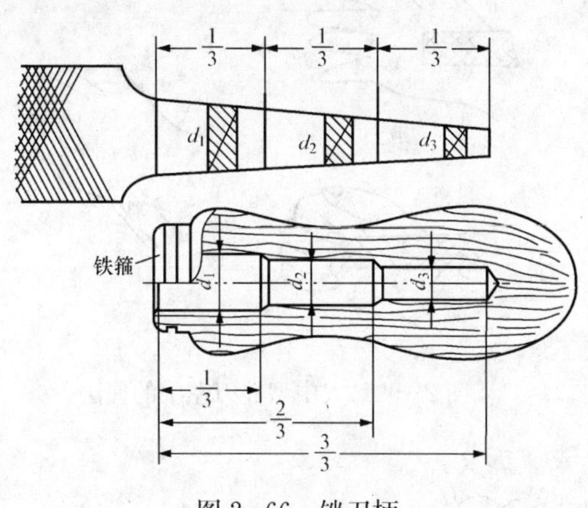

图 2－66　锉刀柄

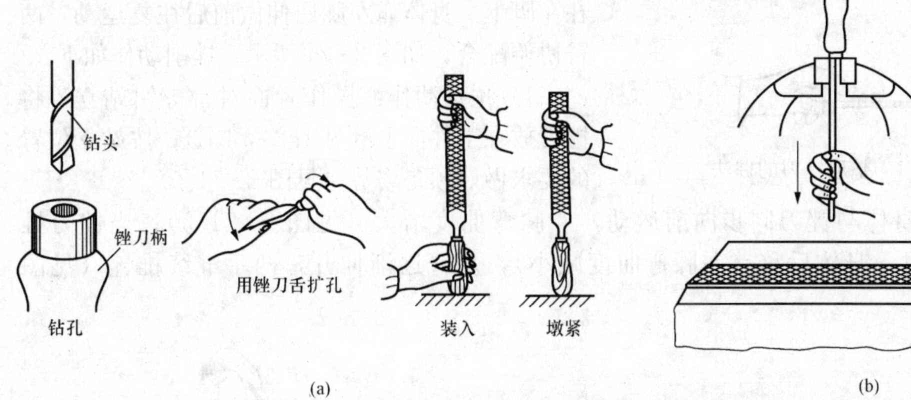

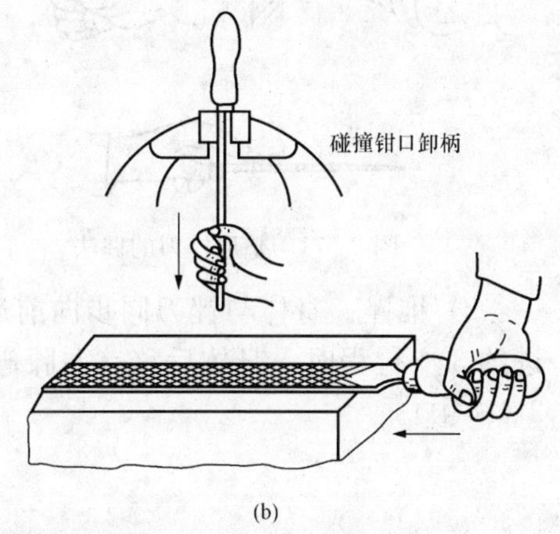

图 2－67　锉刀柄的装卸方法

（a）装法；（b）卸法

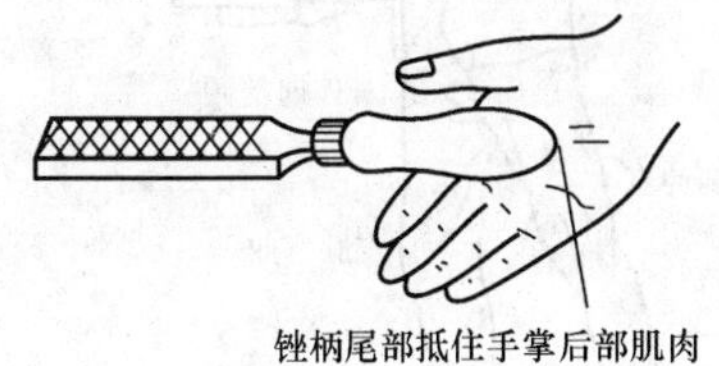

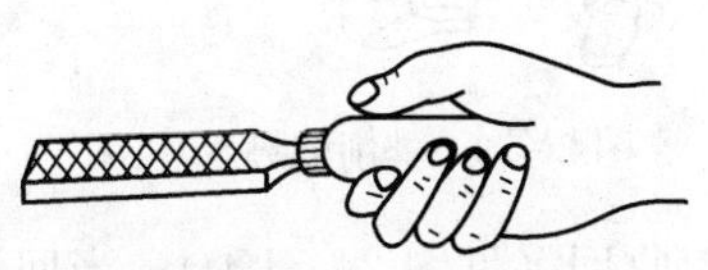

图 2－68　右手握锉的方法

（2）锉刀的握法。

锉削时，一般右手握住锉刀柄，左手握住（或压住）锉刀。右手的握法如图 2－68 所示；左手的握锉方法较多，具体采用哪一种握法，应根据锉刀的长短规格、锉削时行程的长短、锉削余量的多少和使用的场合选择。大中型锉刀左手（前手）的握法如图 2－69 所示，中小型锉刀常见的握法如图 2－70 所示，整形锉的握法如图 2－71所示。

（3）锉削站立姿势。

在台虎钳上锉削时，操作者面对台虎钳，站立在台虎钳中心线的左侧，两脚的站立位置如图 2－72 所示。锉削站立姿势如图 2-73 所示。站立时两肩自然放平，目视锉削面。右小臂同锉刀呈一直线，并与锉削面平行；左臂弯曲，左小臂与锉削面基本保持平行。

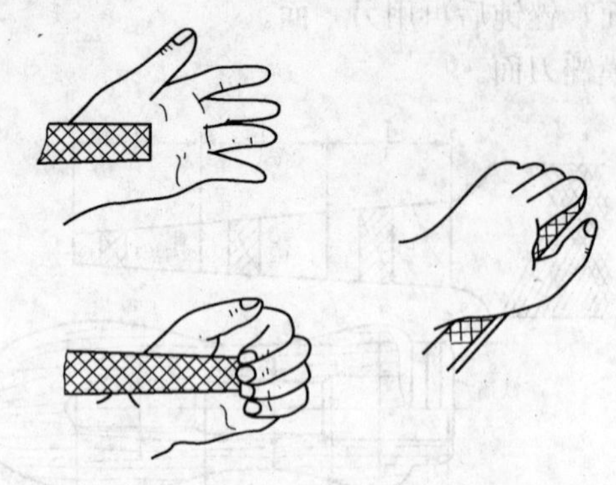

图 2-69 大中型锉刀左手的握法

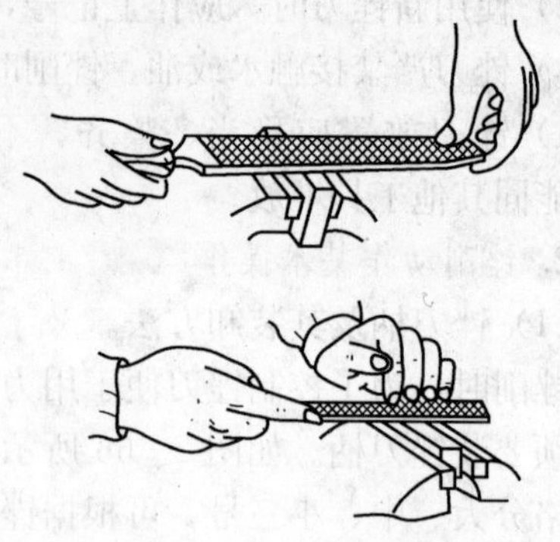

图 2-70 中小型锉刀的握法

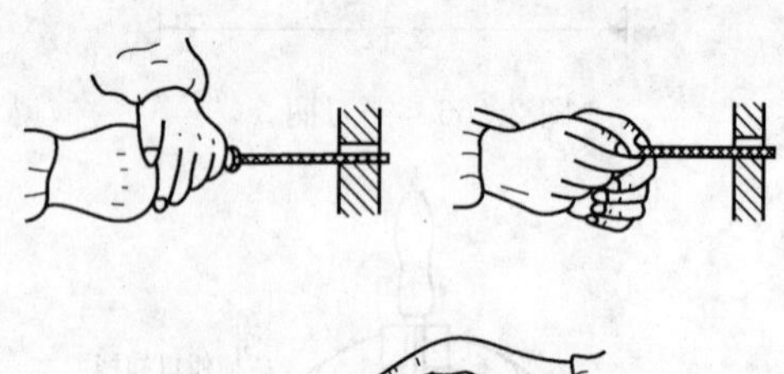

图 2-71 整形锉刀的握法

(4) 锉削动作要领。

锉削一般包括推锉和回锉两个连续动作。其动作要领是：两脚站稳，身体稍向前倾，重心放在左脚上。身体靠左膝屈伸做前后往复运动，两臂协调配合。如图 2-74 所示，锉削动作如下：

1) 预备动作：操作者面对台虎钳站立，将锉刀放在工件面上（见图 2-74①）；按站立位置的要求做好预备姿势（见图 2-74②）。

2) 推锉：身体与锉刀同步向前运动，左膝弯曲度增大（见图 2-74③）；当锉刀推进约 3/4 行程时，身体后移（左膝弯曲度减小），左臂逐渐伸开，两手继续推锉（见图 2-74④）。

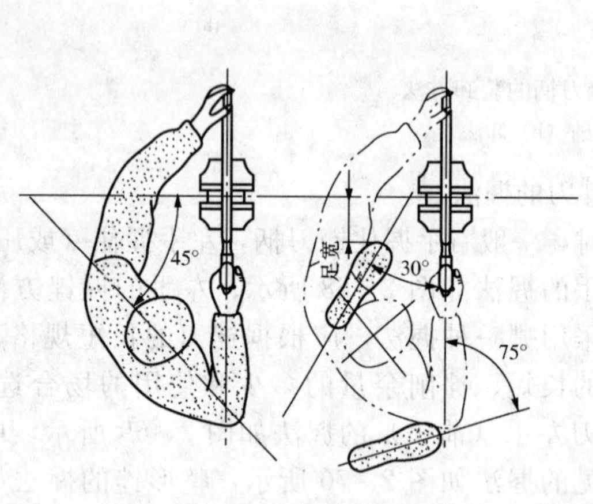

图 2-72 削站立位置

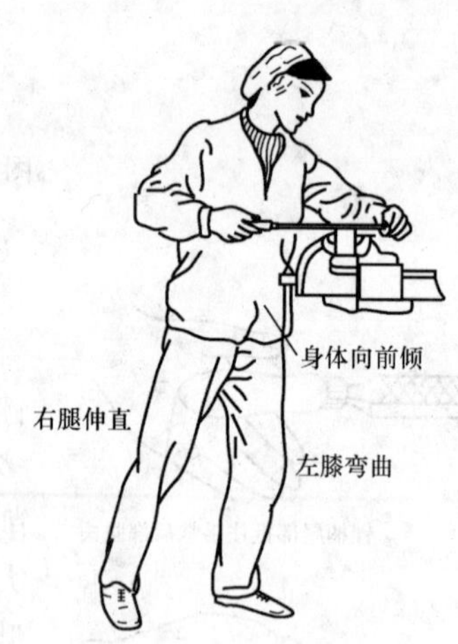

图 2-73 锉削姿势

3) 回锉：当锉刀锉完最后 1/4 行程时，两手顺势将锉刀收回（见图 2-74④）；当回锉将要结束时，身体前倾准备的第二次推锉动作（见图 2-74⑤）。

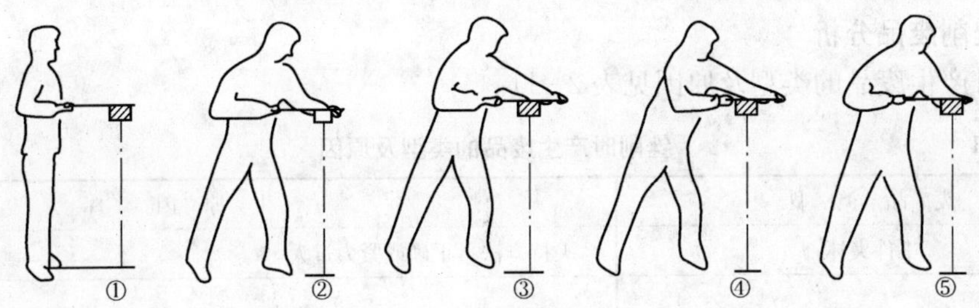

图 2-74　锉削动作要领

（5）锉削力的运用。

在锉削平面时，要锉出平整的平面，必须在推锉过程中保证锉刀平稳而不上下摆动，始终保持平直运动。要做到这一点，在锉削过程中两手的用力应随锉刀位置的改变进行相应的调整。两手压力调整变化的情况，随锉刀的推进，后手压力逐渐增加，前手压力逐渐减小，如图 2-76 所示。回锉时，两手不加压力，以减少锉齿的磨损，如图 2-76 所示。

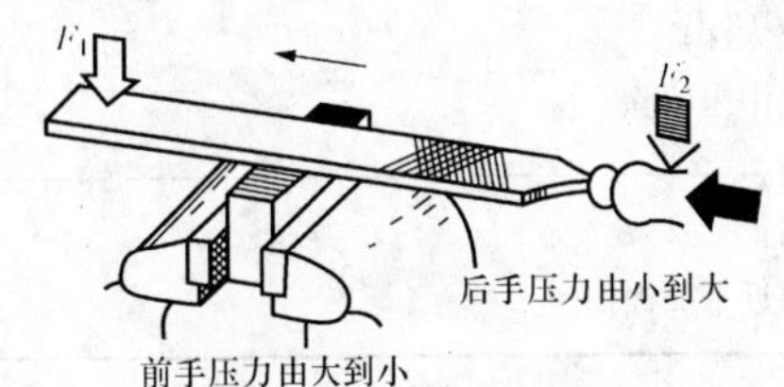

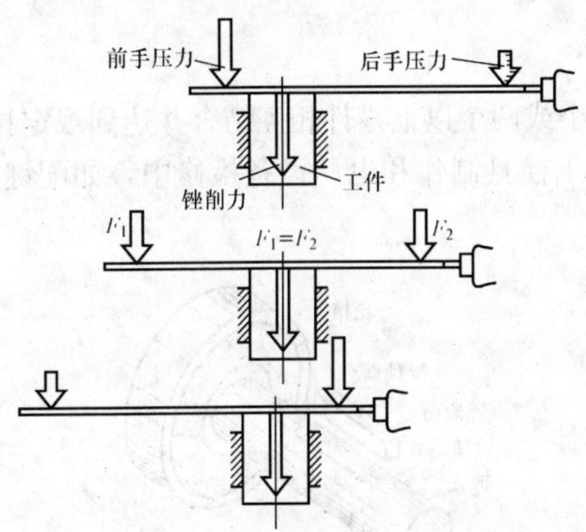

图 2-75　锉削力的运用

（6）锉削速度。

锉削速度过快，直接影响锉刀的使用寿命和锉削质量；过慢，则效率不高。一般锉削速度控制在 40 次/min 左右较为适宜。同时，要求推锉时的速度稍慢，回锉时的速度可稍快些。

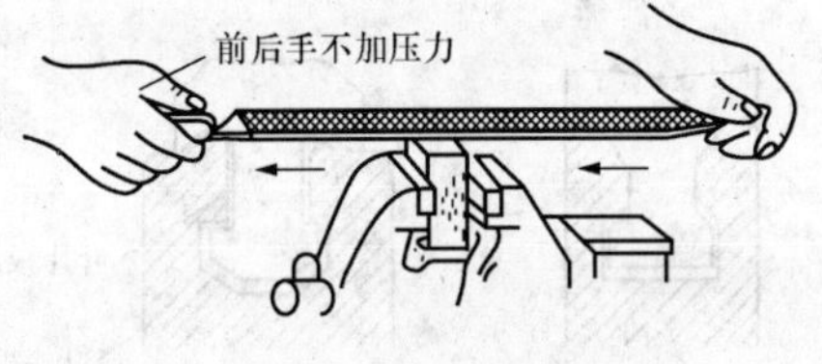

图 2-76　回锉

二、锉削面不平的类型及原因

锉削平面时，锉削面常出现的缺陷及原因见表 2-10。

表 2-10　　**锉削面不平的类型及原因**

类　　型	主要原因
平面中凸	1. 未掌握锉削动作要领； 2. 两手用力不当，锉刀摆动； 3. 锉刀本身中凹
对角扭曲	1. 左手或右手施加压力时，重心偏向锉刀的一侧； 2. 工件夹持歪斜； 3. 锉刀面本身扭曲
平面横向中凸或中凹	锉削时，锉刀左右移动不均匀

三、锉削废品分析

锉削时产生废品的类型及原因见表2-11。

表2-11 锉削时产生废品的类型及原因

废品类型	产生原因
工件夹坏	夹持方法不正确或紧力过大
尺寸超差	1. 划线时产生错误； 2. 操作不熟练，超出加工线； 3. 测量、检查不及时，方法不正确
表面粗糙度不符合要求	1. 锉刀选用不当； 2. 粗锉时，锉纹太深； 3. 锉屑嵌在锉纹中未清除
锉伤了不应锉的表面	1. 锉刀选用不当； 2. 锉刀打滑把邻近平面锉伤

四、锉配

1. 锉配及其应用

所谓锉配，是指利用锉削加工的方法，完成两个或两个以上零件相互结合并达到规定技术要求的操作。锉配加工广泛地应用在机器装配、工模具制作和电厂设备检修中，如配键、锉配汽轮机叶片根部等工作，如图2-77所示。

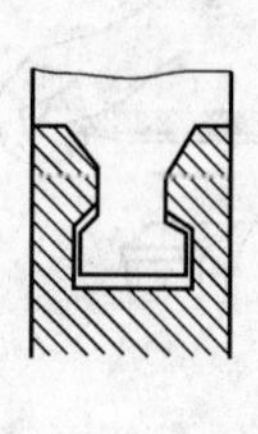

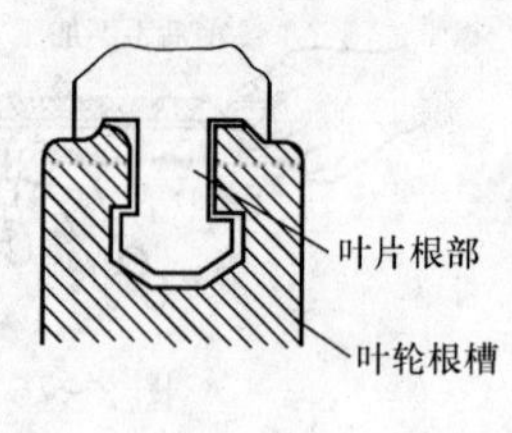

(a)

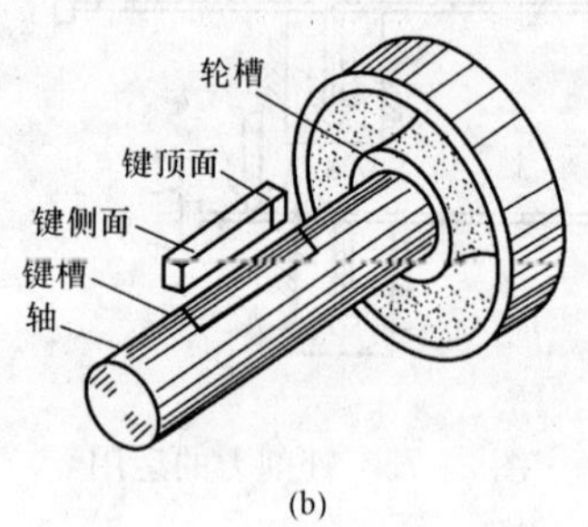

(b)

图2-77 锉配实例

(a) 锉配汽轮机叶片根部；(b) 锉配平键

2. 锉配的种类和方法

(1) 锉配的种类。

按照配合件的结构分，可分为封闭式锉配（见图2-78）和开放式锉配（见图2-79）；按照配合件的加工工艺分，又可分为试配锉配和不试配锉配（盲配）。通常，在设备检修中试配锉配应用较多，如配健、锉配汽轮机叶片根部等均属试配锉配。

(2) 试配锉配的基本方法。

首先把相配合的两个零件中的一件加工至符合图样要求，然后根据已锉好的零件来锉配另一件。

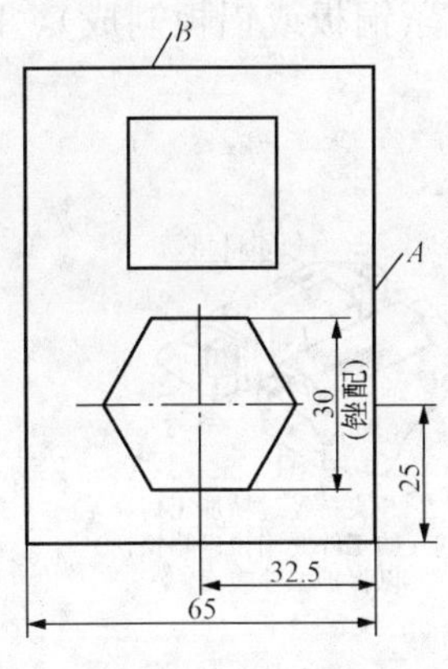

图 2-78　封闭式锉配

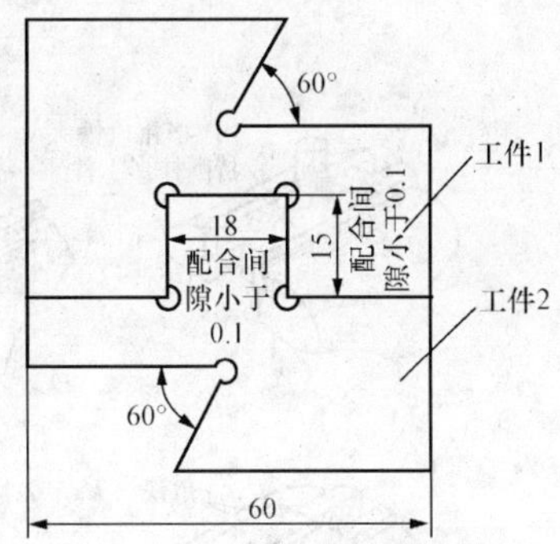

图 2-79　开放式锉配

在锉配时，由于外表面比内表面容易加工，便于测量，易获得较高的加工精度，故一般先加工凸件，再锉削凹件。在锉削凹件外表面时，为了控制加工精度，一般选择凹件的有关外形表面为测量基准。

所以，在加工内表面前应对凹件的外形基准面进行加工，并达到较高精度要求。在进行配合时，可采用透光法或涂色研点法检查凸凹件的配合情况，确定锉削部位和加工余量，使其逐步达到配合要求。

五、锉削操作注意事项

（1）不准使用无柄、无箍或破损的锉刀。

（2）使用小规格锉刀时，用力不可过大。

（3）清除工件上的锉屑应使用毛刷，不可用嘴吹，也不可用手清除。

（4）清除锉刀上的锉屑应使用钢丝刷，如图 2-80 所示。

（5）严禁用锉刀代替手锤或撬杠进行使用。

（6）锉刀放置应稳妥，不准伸出工作台边。

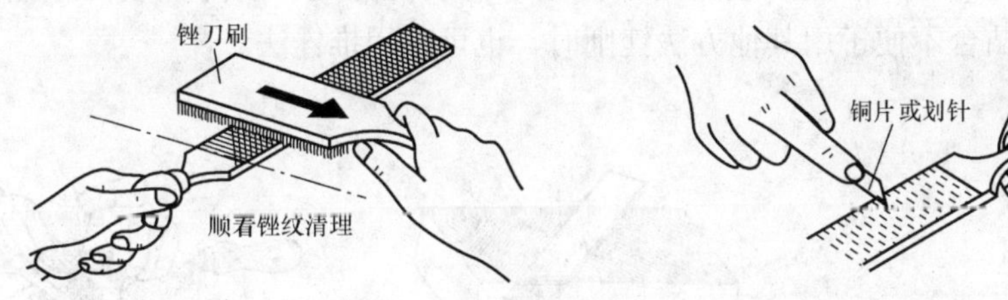

图 2-80　清除锉屑的方法

操作示例 9　锉削

1. 工件的夹持

锉削时，不同工件的夹持方法如图 2-81 所示，其具体要求如下。

（1）工件应夹持在钳口中间部位。

（2）工件夹持应牢固，但不能使其变形。

（3）工件伸出钳口部分不易过高或过低，伸出过高工件易振动，过低易伤手。

（4）夹持精加工表面时，必须使用钳口垫铁（铁板、紫铜板或铝板制成），以防夹伤工件表面。

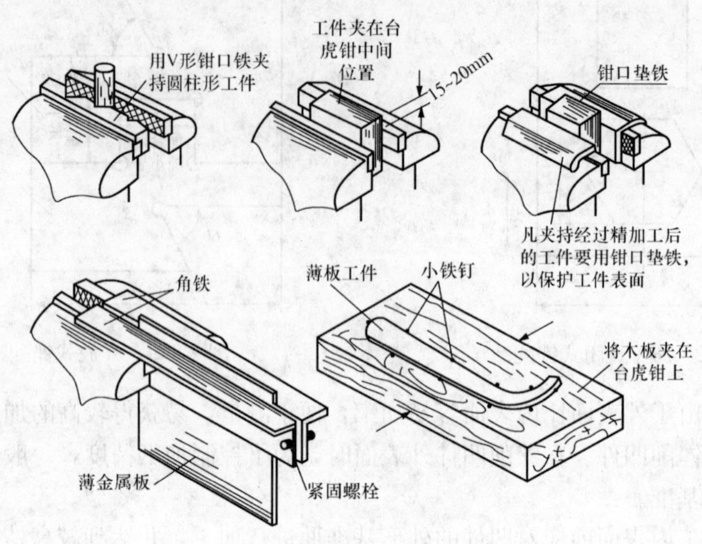

图 2-81　锉削工件的夹持方法

2. 平面锉削方法

（1）顺向锉法。顺向锉法是基本的锉削方法，如图 2-82 所示。锉削时，锉刀始终沿一个方向锉削。推锉的同时应均匀地做横向运动。

（2）交叉锉法。交叉锉法是在顺向锉法的基础上，交叉变换锉削方向，如图 2-83 所示。在锉削较大平面时，无论采用顺向锉法，还是交叉锉法，锉刀应均匀地做横向运动，每次移动 5～10mm。

（3）推锉法。推锉法就是两手横握锉刀（手不要离工件太远），沿工件表面平稳地做推、拉运动，如图 2-84 所示。推锉法主要用于修整工件表面锉纹，以降低表面粗糙度值。此外，狭长工件上有凸台不便于用其他方法锉削时，也可采用推锉法。

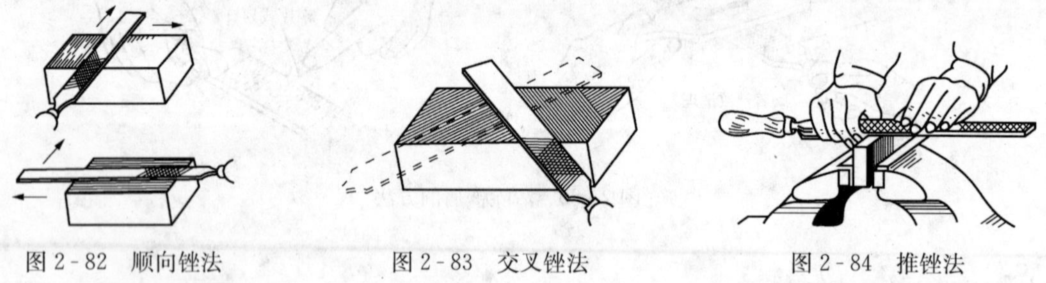

图 2-82　顺向锉法　　图 2-83　交叉锉法　　图 2-84　推锉法

3. 曲面锉削方法

（1）外曲面的锉削方法。

锉削外曲面的方法有以下两种。

1）沿圆弧面摆动锉法，如图 2-85（a）所示。这种锉削方法锉出的外曲面圆滑、光洁，但锉削效率较低。一般在加工余量较小及精锉时使用此方法。

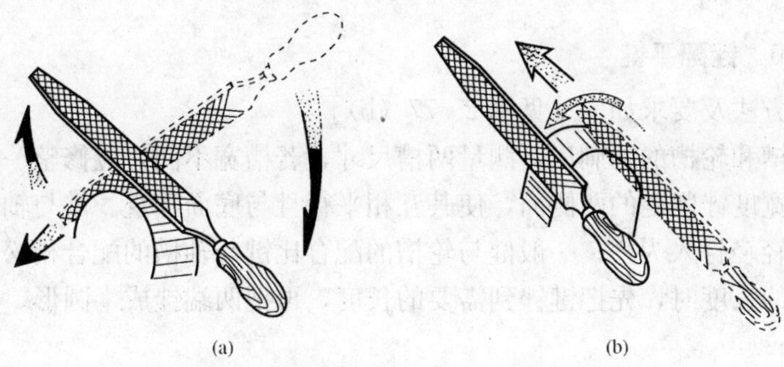

图 2-85　外曲面的锉削方法

（a）沿圆弧面摆动锉法；（b）沿圆弧面顺向锉法

2）沿圆弧面顺向锉法，如图 2-85（b）所示。此方法易掌握且加工效率高，但只能锉削成近似圆弧面的多棱面。在加工余量较大及粗锉时使用此方法。

（2）内曲面的锉削方法。

锉削内曲面的动作要领是，在推锉时锉刀向前运动，同时控制锉刀完成沿圆弧面向左或向右的移动，而且右手手腕做同步的转动动作。以上三个动作要求同时完成。回锉时，两手将锉刀稍微提起放回原来位置，如图 2-86（a）所示。锉削圆孔的方法与上述方法相同，如图 2-86（b）所示。

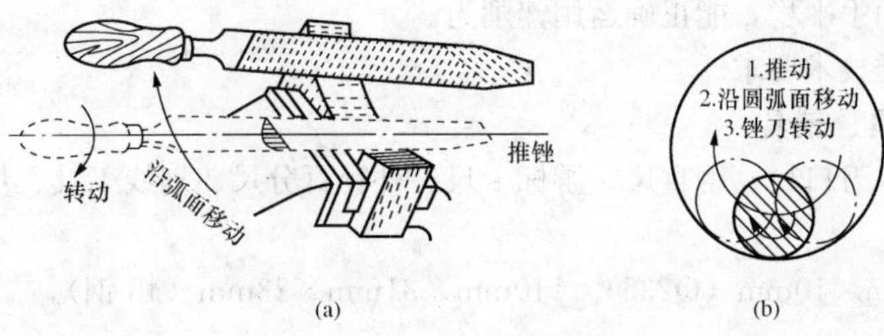

图 2-86　内曲面的锉削方法

（a）锉削内曲面；（b）锉削圆孔

（3）球面的锉削方法。

锉削圆柱形工件端部的球面时，要结合采用锉削外曲面时的两种锉法，如图 2-87 所示。

（4）曲面锉削的质量检查。

外曲面轮廓度的检查，可制作曲面样板，通过光隙法检查。单向内、外曲面与邻面的垂直度用角尺检查，如图 2-88 所示。

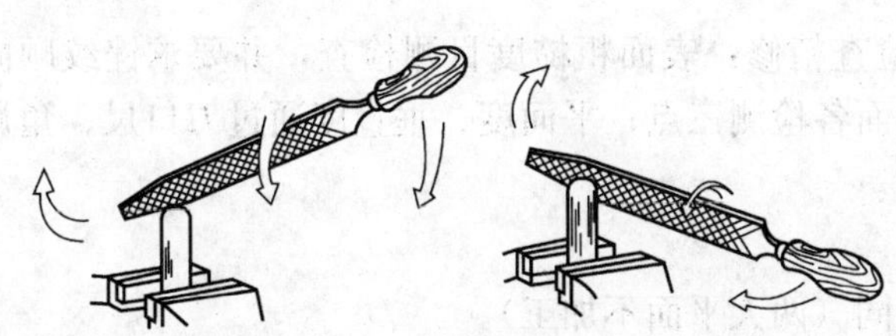

图 2-87　球面的锉削方法

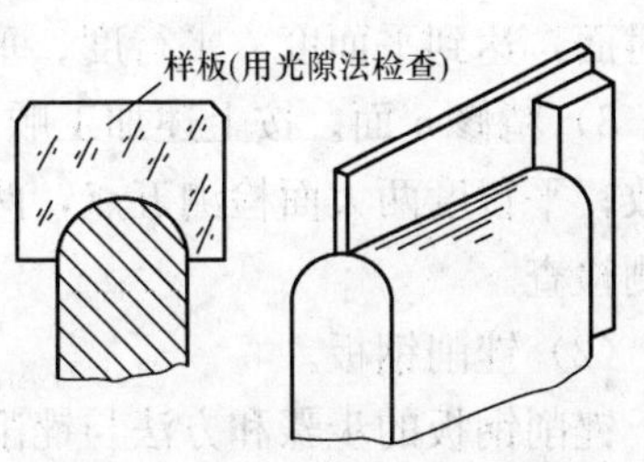

图 2-88　曲面锉削的质量检查方法

操作示例 10 锉配平键

平键的锉配方法及要求如下［见图 2－77（b）］。

（1）去掉轴槽和轮槽的毛刺后，测量两槽尺寸，若槽宽不同，应修整一致。

（2）按键槽宽度锉削键的两侧面，使其互相平行且与底面垂直。键与轴槽配合时，其松紧程度以用手锤轻轻打入为宜；一般健与轮槽的配合比键与轴槽的配合稍松。

（3）锉削键的长度时，先把键锉到需要的长度，再把两端锉成半圆形。键的长度应比轴槽长度小 0.1mm。

（4）锉削键的厚度时，要求键与轮槽顶部之间有明显的间隙（其间隙值查机械手册）。

（5）将键打入轴槽，再与轮槽试配。若键与轮槽配合过紧，可修锉轮槽两侧面发亮的部位，直至达到配合要求。

实训操作 6 平面锉削

1. 训练要求

（1）正确选用锉刀。

（2）锉削姿势（包括站立位置、握锉方法）正确规范，动作协调、自然。

（3）根据不同的锉削方法，控制锉削速度。

（4）推锉时两手平稳，能正确运用锉削力。

（5）达到图样技术要求。

2. 工具、量具、辅具

扁锉、角尺、刀口尺、钢直尺、游标卡尺、外径百分尺、划线工具、垫铁等。

3. 备料

71mm×71mm×10mm（Q235）。110mm×31mm×23mm（45 钢）。

4. 工件图

锉削工件如图 2－89 所示。

5. 训练安排

（1）锉削方钢。

1）锉削大平面：①锉削基准面 *A*，达到平面度要求；②锉削 *A* 面的对面，达到平面度、平行度及尺寸要求。

2）锉削窄平面：①锉削 *B* 面，达到平面度、垂直度要求；②锉削 *B* 面的对面，达到平面度、平行度、垂直度及尺寸要求；③锉削 *C* 面，达到平面度、垂直度要求；④锉削 *C* 面的对面，达到平面度、平行度、垂直度要求。

3）精修 6 面。按上述加工顺序全面检查精修：表面粗糙度目测检查，并要求锉纹顺向一致；平行度两大面检测五点，两组窄平面各检测三点；平面度、垂直度通过刀口尺、角尺目测检查。

（2）锉削钢板。

锉削钢板的步骤和方法与锉削方钢相同（两大平面不加工）。

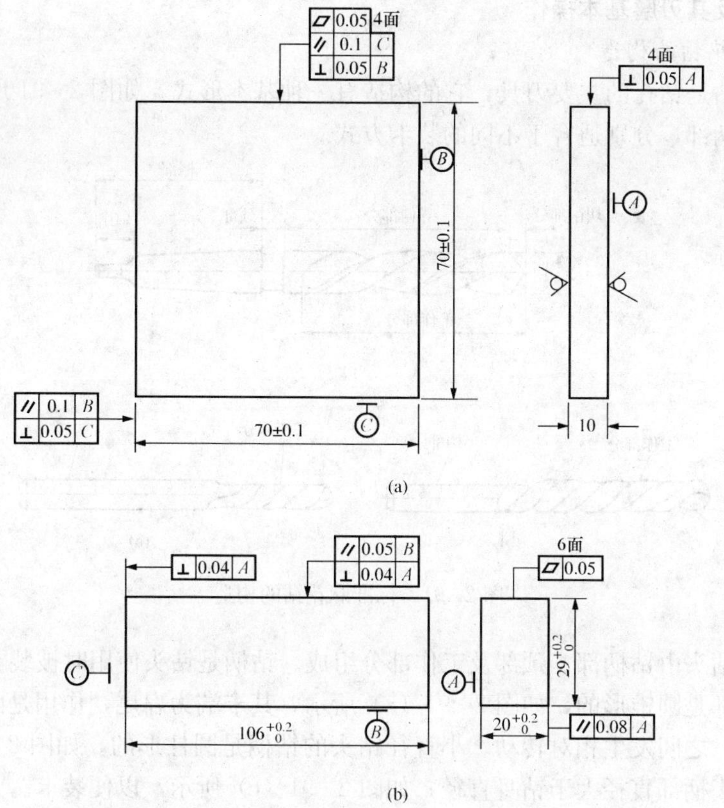

图 2-89　平面锉削工件图
(a) 锉削钢板；(b) 锉削方钢

第六节　钻孔、扩孔、锪孔与铰孔

一、孔加工基本知识

钳工工作范围内的孔加工，主要的是指钻孔、扩孔、锪孔和铰孔。用钻头在实心工件上加工孔称为钻孔。用扩孔钻对工件上原有的孔进行加工称为扩孔。用铰刀提高原有孔的尺寸精度和表面粗糙度精度的加工称为铰孔。扩孔和铰孔都可以视为钻孔的进一步加工。

钻孔、扩孔和铰孔时，刀具相对工件同时进行两种运动：刀具绕本身轴线进行连续旋转，称为主切削运动，如图 2-90 所示；刀具沿轴线方向运动，称为进给运动。

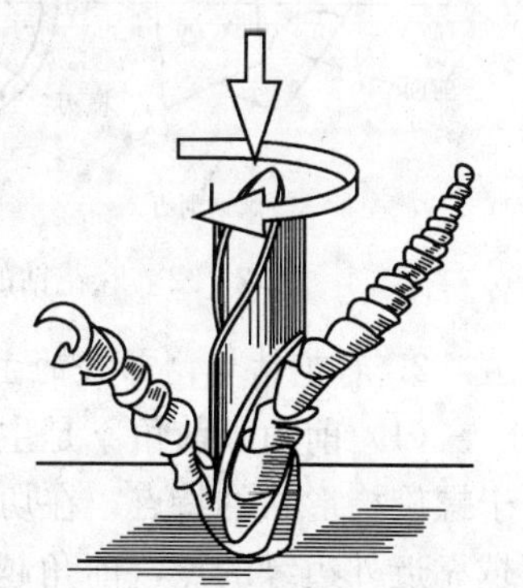

图 2-90　主切削运动

常用钻孔机械有手电钻、台式钻床、立式钻床、摇臂钻床。此外，手扳钻、手摇钻属于手动钻孔工具，效率较低，但其构造简单，携带方便，易于操作，在远离作业场所、缺乏动力源等特殊作业条件下，得到广泛应用。

二、钻头及其刃磨基本操作

1. 标准麻花钻的构造

标准麻花钻是钻孔的主要刀具，它的构造有三种基本形式，如图 2-91 所示。这三种形式的区别在于柄部，分别适合于不同的装卡方式。

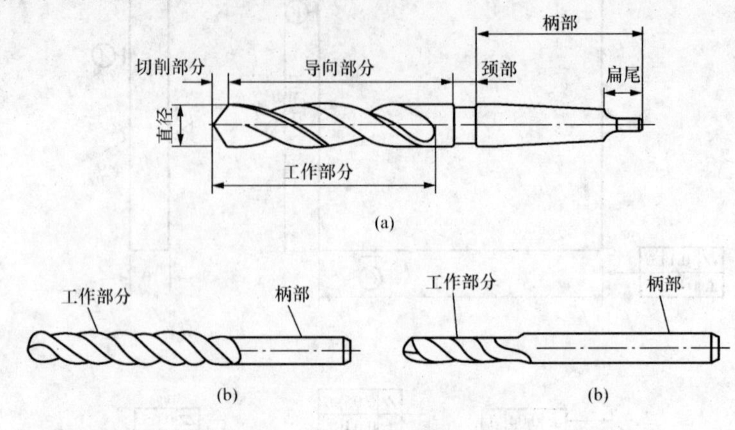

图 2-91 标准麻花钻的构造

标准麻花钻头由钻柄部、颈部及工作部分组成。钻柄是钻头使用时被装卡的部分，大直径钻头的钻柄都是圆锥形的，如图 2-91（a）所示，其末端为扁尾，作用是防止钻头与主轴锥孔（或钻套）之间发生相对转动。小直径钻头的钻柄是圆柱形的，如图 2-91（b）所示。更小直径的钻头柄部直径大于钻身直径，如图 2-91（c）所示，以便装卡。大直径钻头的颈部是磨削钻头外径时的砂轮越程槽。

钻身包括导向部分和切削部分，导向部分的两端存在直径差，在每 100mm 长度上为 0.03～0.1mm，近切削部分端为大端，称为倒锥。近似圆柱体上有两道对称的螺旋槽，沿螺旋槽有两条狭长的刃带。螺旋槽的作用是容纳和排除切屑、导入冷却液和润滑液，刃带的作用是减少钻头和孔壁的摩擦，并引导钻头沿着轴线的方向前进。

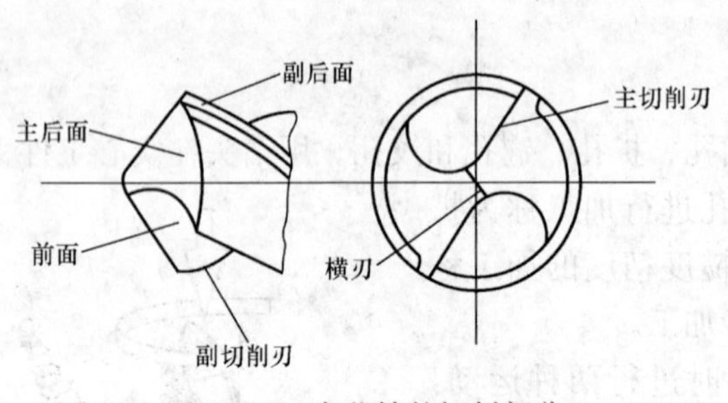

图 2-92 麻花钻的切削部分

如图 2-92 所示，切削部分由前面、主后面、副后面、主切削刃、副切削刃、横刃等组成。前面就是螺旋槽表面，主后面是与待加工的孔底相对的面，副后面是刃带表面，前面和主后面的交线为主切削刃，前面与副后面的交线为副切削刃，两个主后面的交线为横刃，又称为钻心尖，位于钻头的最前端。

2. 麻花钻切削部分的主要几何角度

（1）前角。前角 γ 是主切削刃上任一点的基面与前面之间的夹角，如图 2-93 所示。由于螺旋槽形状的特点，在切削刃各个点上，前角的数值不同，越靠近中心的点，前角越小，越靠近外边缘的点，前角越大。前角越大，切屑层的变形越小，摩擦越小，所以切削越省力，切屑越容易流出。一般情况下，最靠近中心处，前角约为 0°，最靠近边缘处，前角在 18°～30°。

(2) 后角。后角 α 是主切削刃上任一点的切削平面与主后面之间的夹角，如图 2-93 所示。由于工件材料的弹性变形，使钻头主后面与工件已加工表面之间有一部分接触，从而造成了刀具和工件之间的摩擦，因此后角 α 越大，这种摩擦就越小。一般情况下后角在 10°～15°之间。后角 α 的大小在主切削刃的各个点上不同，越靠近中心处 α 越大，一般所给数值是靠近外圆周处的 α。

(3) 锋角。如图 2-94 所示，锋角是两主切削刃之间的夹角，标准麻花钻头的锋角为 118°±2°。

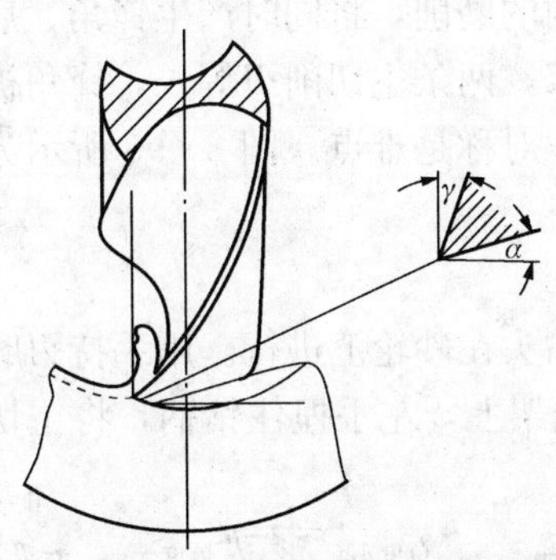

图 2-93 麻花钻前角和后角

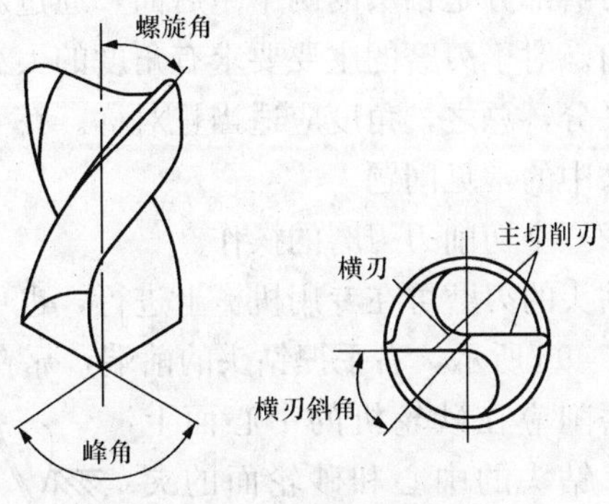

图 2-94 锋角

(4) 横刃斜角。如图 2-94 所示，横刃斜角是横刃和主切削刃之间的夹角，横刃斜角越大，横刃越短，强度越低，越易磨损，但钻孔时阻力越小。

(5) 螺旋角。如图 2-94 所示，螺旋角是钻头轴线和刃带切线之间的夹角，即形成刃带的螺旋线升角，相当于钻头最近边缘处的前角。螺旋角越大，切削越容易，但强度越低。

钻头的几何角度，既取决于钻头的构造又与钻头的刃磨有关。几何角度的选择要考虑钻孔的质量要求、效率、钻头的强度和寿命、被加工材料的性质等多方面的因素，并通过合理的刃磨获得最佳角度。刃磨时，工件的材料是首先考虑的因素，表 2-12 是一些经验数据供参考。

表 2-12 麻花钻头几何形状和加工材料的关系

加工材料	锋角(°)	后角(°)	横刃锋角(°)
一般材料	116～118	12～15	35～45
一般硬材料	116～118	6～9	25～35
软黄铜和青铜	118	12～15	35～45
铜和铜合金	110～130	10～15	35～45
软铸铁	90～118	12～15	30～45
冷(硬)铸铁	118～135	5～7	25～35
锰钢(7%～13%Mn)	150	10	25～35
高速钢	135	5～7	25～35
木料	70	12	35～45
硬橡皮	60～90	12～15	35～45

3. 麻花钻的刃磨

钻头的切削部分，尤其是主切削刃和横刃，对于钻孔的质量和效率有直接的影响。在材质、热处理等条件确定后，切削部分几何形状的正确性决定钻头的切削性能。因此，钻头的刃磨是一项很重要的操作。切削部分是钻头最容易磨损的部分，通过刃磨可以方便地恢复其锋利状态。所以，刃磨又是一项经常性的操作，是钳工必须掌握的一项技能。

(1) 钻头刃磨部分的要求。

刃磨部分是钻头的两个主后面，通过对钻头主后面的磨削，将同时产生锋角、后角和横刃斜角。对于刃磨的主要要求有角度的大小应符合要求，两条主切削刃等长，锋角被钻头的轴线平分，总之，角度应适当且对称。在手持刃磨时，对称是难点。图 2-95 所示为麻花钻头刃磨中的常见问题。

(2) 主切削刃刃磨的操作。

钻头的刃磨可在专用机械上进行，也可以用手持钻头在砂轮上进行。用手持刃磨的方法如图 2-96 所示，右手捏钻头的前端，靠在砂轮机的托架上，左手捏住钻柄，将主切削刃摆平，磨削应在砂轮机的中心面上进行，钻头的中心和砂轮面的夹角等于 1/2 锋角，如图 2-96 (a) 所示。刃磨时右手使刃口接触砂轮，左手使钻头柄部向下摆动，所摆动的角度即是钻头的后角，当钻头柄部向下摆动时，右手捻动钻头绕自身的中心线顺时针旋转。这样磨出的钻头钻心处的后角会大些，有利于钻削。刃磨好一条主切削刃后，使钻头回转 180°，按上述方法磨出另一个切削刃。

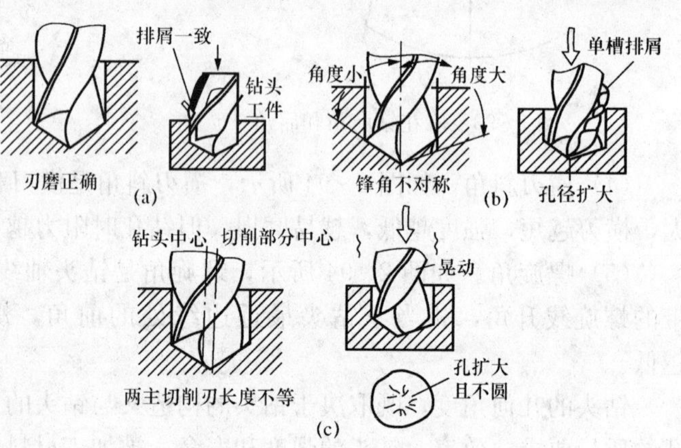

图 2-95 磨偏的钻头钻孔

(a) 刃磨正确；(b) 锋角不对称；(c) 切削中心偏离钻头中心

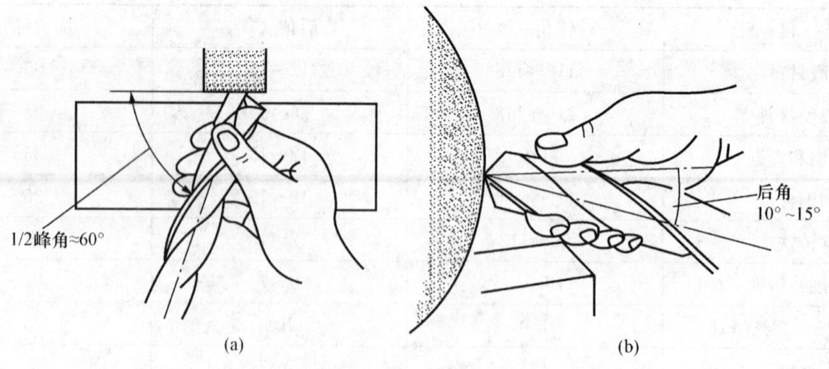

图 2-96 磨主切削刃

上述操作方法称为顺转法，是从主切削刃磨起。另一种操作方法称为逆转法，捻动方向与上述相反，其主要缺点是容易产生主切削刃退火。无论何种方法，刃磨过程中都应防止钻头过热。注意保持砂轮锋利，刃磨压力不可过大，采用合适的冷却措施。

刃磨过程中，应及时对刃磨的结果进行检查，发现错误及时纠正，应尽可能在磨削量最小的情况下磨好钻头，以延长钻头的使用寿命。检查的方法很多，最简便的方法是样板检查法和隙角检查法。用铜皮、铁皮、硬纸壳都可以制成简易的锋角样板，其检查方法如图 2-97 所示。隙角检查法是通过观察来完成，因此准确程度较差，但用作初步检查十分方便，如图 2-98 所示。

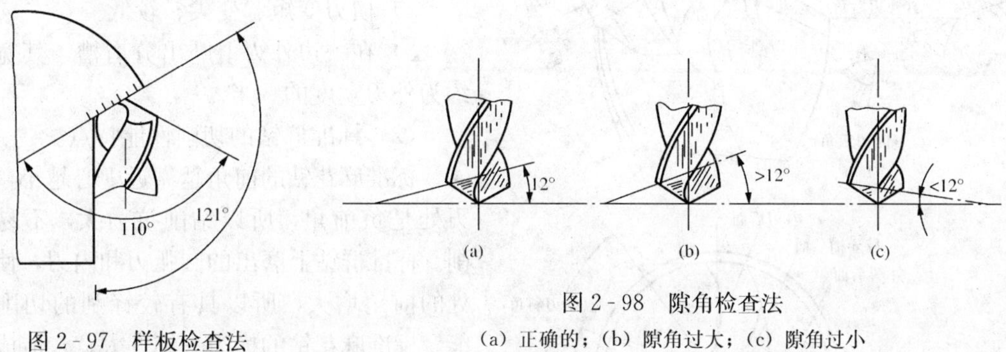

图 2-97 样板检查法

图 2-98 隙角检查法

(a) 正确的；(b) 隙角过大；(c) 隙角过小

(3) 修磨横刃的操作。

对于较大尺寸的钻头，修磨横刃可以有效地减小钻削过程中的轴向抗力，从而提高切削效率。另一方面，磨短横刃便于起钻时钻头的正确定心。一般 5mm 以下的钻头不修磨横刃。横刃的修磨如图 2-99 所示，把横刃磨短到原来的 1/5～1/3，靠近钻心处的切削刃磨成内刃，内刃斜角为 20°～30°，内刃前角为 0°～15°，这样，可以获得很好的效果。

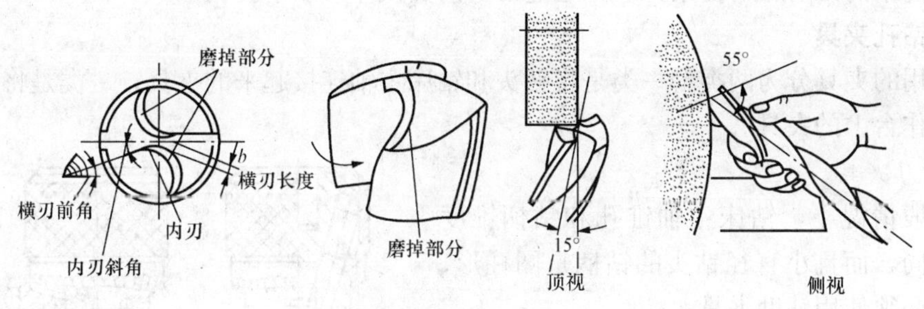

图 2-99 横刃的修磨

修磨横刃用砂轮的棱边，因此棱边要完好且有适当的圆角，必要时应先用适当的工具修整砂轮。修磨横刃时，磨削点大致在砂轮水平中心面以上，钻头与砂轮的相对位置如图 2-99 所示，钻头与砂轮侧面构成 15°角（向左偏），与砂轮中心面约构成 55°角。刃磨开始时钻头刃背与砂轮圆角接触磨削点逐渐向钻心处移动，直至磨出内刃前面。修磨中，钻头略有转动，磨削量由大到小，当磨至钻心处时，应保证内刃前角、内刃斜角、横刃长度准确。磨削动作要轻、准，防止磨过。

4. 通过刃磨改进钻头的性能

上述麻花钻的构造及其参数属于基本钻型，通过刃磨的方法改进麻花钻切削部分形状与参数可以获得更佳的切削效果，这样的钻型为改进钻型，最有代表性的一种称为标准群钻，如图 2-100 所示。标准群钻主要用来钻削各种钢材，如碳钢和各种合金结构钢。

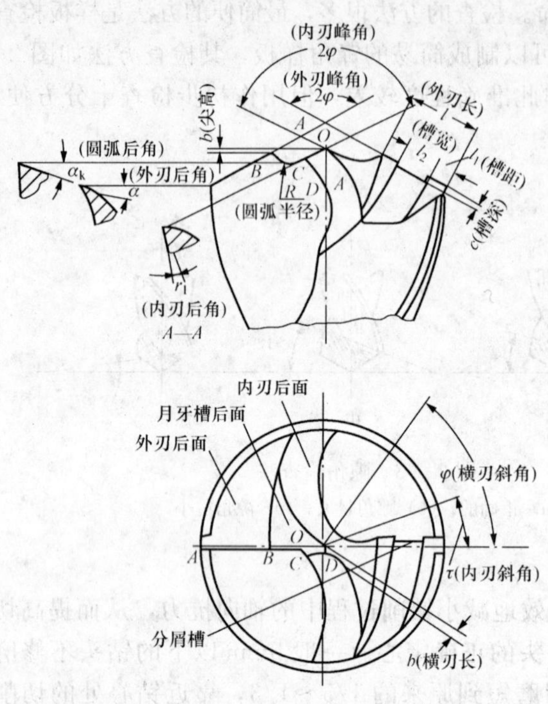

图 2-100 中型标准群钻（直径 15～40mm）

(1) 标准群钻的构造特点。

1) 主切削刃分成三段，并形成三个尖。三段切削刃分别为外刃、圆弧刃和内刃；三个尖分别为钻心尖和两边的刃尖。

2) 横刃变短、变尖、较低。

3) 在一边外刃上磨出分屑槽，其宽度约为外刃宽度的一半。

(2) 标准群钻的切削性能特点。

标准麻花钻的前角越靠近中心越小，横刃处是负前角，所以钻削抗力大，不易切削。标准群钻上磨出的圆弧刃和内刃，使该处的前角增大，所以具有较锋利的切削性能。标准麻花钻的横刃太钝、太宽，造成很大的轴向钻削力。标准群钻将横刃磨尖、磨窄，同时又把尖高尽量磨低，使钻心尖得到保护。大直径钻头一侧外刃上磨出分屑槽，能使切屑自动折断而顺利排出，并有利于冷却液流入，因此减小了切削力和切削热，避免长屑对钻削操作的影响。

标准群钻的刃磨相对复杂一些，通过必要的实践才可以掌握。

三、钻孔夹具

钻孔用的夹具分为两类：一类是将钻头和钻床主轴连接起来的夹具；一类是将工件固定在钻床工作台上的夹具。

1. 装刀夹具

在一般情况下，钻床主轴锥孔和钻柄锥度的大小不同，而且小直径钻头的钻柄是圆柱形，装夹时都必须使用辅助夹具。

(1) 钻夹头。用来夹持圆柱钻柄的钻头，钻夹头的构造如图 2-101 所示。钻夹头的上端为莫氏锥度的锥形插尾，依靠锥形插尾与锥孔的摩擦力可以把钻夹头紧定在钻床主轴的刀具定位孔内。常用的三爪钻夹头，夹爪装在夹头体的三个斜槽内，夹爪上的螺纹和外部套环的螺纹配合，旋动套环可推动夹爪张开或闭合。

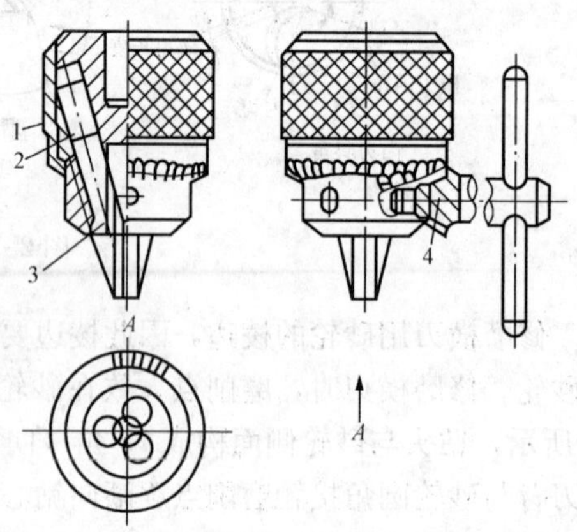

图 2-101 钻夹头

1—外套；2—螺母；3—夹爪；4—扳手

（2）过渡套。如图 2 - 102 所示，当钻头锥柄或钻夹头的插尾和钻床主轴锥孔大小规格不同而不能直接插入连接时，利用过渡套做过渡连接。过渡套内为莫氏锥孔，外为莫氏锥体。一般过渡套都按锥度大小的不同成套制备，在钻头锥柄与主轴锥孔尺寸相差较大的情况下，还可以用两个以上过渡套过渡连接。过渡套上端接近扁尾处的长圆通孔，用于从过渡套上卸下钻头时，打入楔铁，利用其斜面作用使钻头退下。

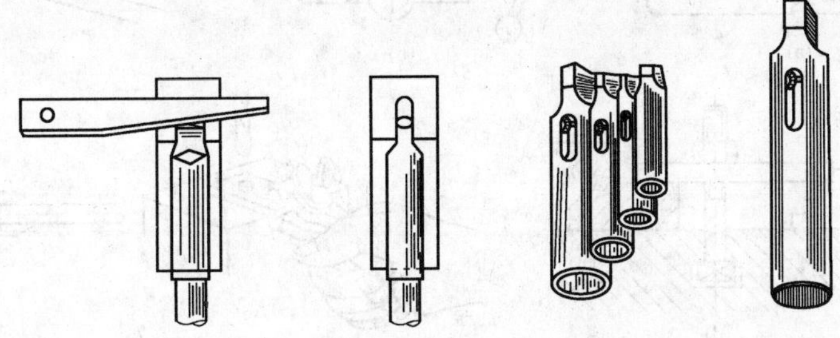

图 2 - 102　钻套

（3）快换夹头。在钻床上加工孔时，往往需用不同的刀具经过几次更换和装夹才能完成，如使用钻头、扩孔钻、铰刀等。在这种情况下，采用快换夹头，能在主轴旋转的时候，更换刀具，装卸迅速，减少更换刀具的时间。图 2 - 103 所示即为快换夹头，更换刀具时，只要将外环 1 向上提起，钢珠 2 受离心力的作用就跑到外环下部槽中，可换套筒 3 不再受到钢珠的卡阻，而和刀具一起自动落下，这时立即用手接住，然后再把另一个装有刀具的可换套筒装上，放下外环，钢珠又落入可换套筒的凹入部分，于是更换过的刀具便跟着插入主轴内的锥柄 5 一起转动，继续进行加工。钢丝 4 用来限制外环的上下位置。

2. 工件的装夹

大型工件直接放在工作台上进行钻孔，中小型工件则必须使用夹具固定后，才可以进行钻孔，否则不但容易将孔钻偏，而且可能发生工件飞转、打出，造成人身或机械事故。

常用夹具有平口虎钳、弯板、V 形铁、压板、螺杆、手虎钳、平行压板等，经适当组合，可以实现工件的固定与夹持，如图 2 - 104 所示。

平口虎钳适用于中小型平整工件；手虎钳适用于小型工件和薄板工件；V 形铁适用于支撑圆柱形工件并和压板配合使用；中型或较大型的工件，可以直接用压板固定，使用压板时，支架压板的垫铁应与工件被压处等高，压紧螺钉应尽可能地靠近工件，并避免松动。

在成批或大量生产中，使用专用夹具固定工件进行钻孔，不但钻孔的效率和质量可以大大提高，并可取消在工件上划线的工序。

无论用哪种夹紧定位工件的夹具，都要注意夹持松紧度。过松时，夹持不牢；过紧时，易于损伤工件或造成工件的变形，影响钻孔质量。

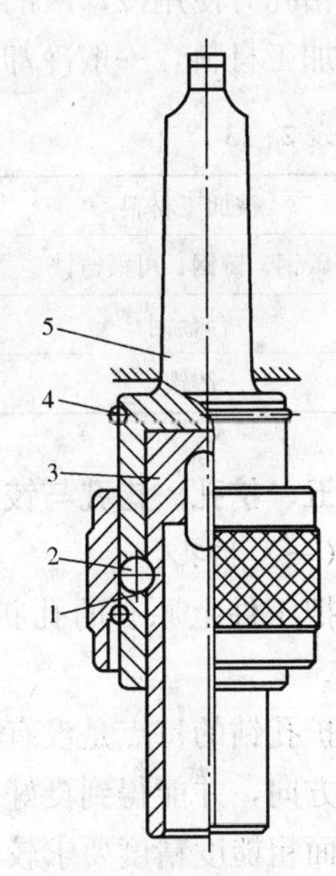

图 2 - 103　快换夹头

1—外环；2—钢珠；3—可换套筒；4—钢丝；5—锥柄

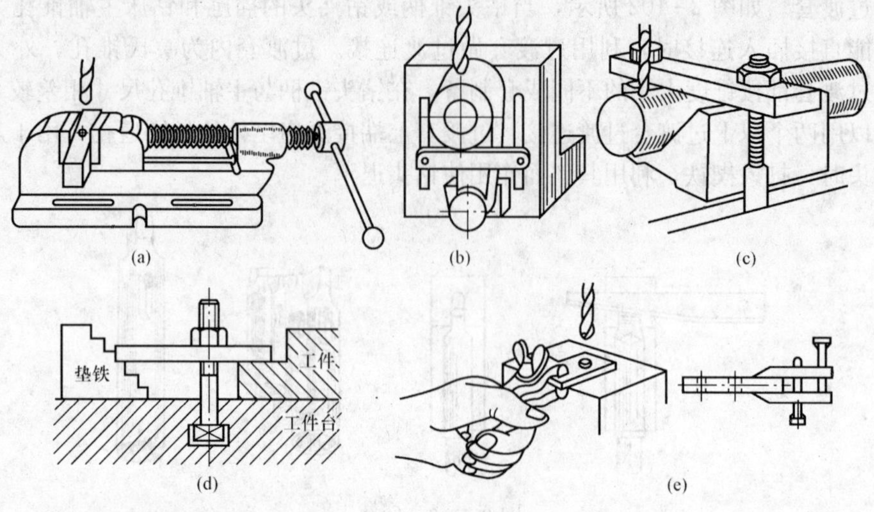

图 2-104 常用夹具

(a) 平口虎钳；(b) 弯板；(c) V形铁；(d) 压板；(e) 手虎钳和平行夹板

四、冷却液的合理选用

钻削温度对于切削用量的提高起着阻碍作用，因为随着切削用量的加大，摩擦及切屑变形所产生的热量也不断增加，从而使钻头和工件的温度急剧上升，其结果是一方面造成钻头的快速磨耗甚至使钻头退火而失去切削能力，另一方面还会造成工件的变形，降低钻孔的质量。

钻孔时使用冷却液的目的，就是降低钻削温度以提高切削用量。合理选用冷却液的依据是被加工材料，一般冷却液还具有润滑和防锈作用，可参考表 2-13 选择。

表 2-13　冷却液的选用

被加工材料	所用冷却液	被加工材料	所用冷却液
碳钢、铸钢、可锻铸铁	乳化液	黄铜、青铜、铝	干钻或乳化液
合金钢	硫化油	硬橡皮、电木、赛璐珞、硬纸板	干钻
铸铁	干钻或乳化液		

五、扩孔、锪孔与铰孔

（一）扩孔

把工件上原有的孔扩大称为扩孔，扩孔中使用的刀具是扩孔钻，也可以用麻花钻扩孔。

扩孔钻的特点是没有横刃，但有较多的切削刃，因此有较好的导向性能，能保证正确的扩孔方向，并能得到良好的表面质量，如图 2-105 所示。在工件上加工 IT9～IT11 级精度和表面粗糙度精度要求较高的孔，单用麻花钻直接钻孔已达不到要求，所以在钻孔时，留扩孔余量，然后再扩孔。

用扩孔钻扩孔一般都在钻床上进行，其操作与钻孔时基本相同，但由于刀具和加工的特点，扩孔钻扩孔时的切削速度约为钻孔时的 0.5 倍，走刀量为钻孔的 1.5～2 倍。

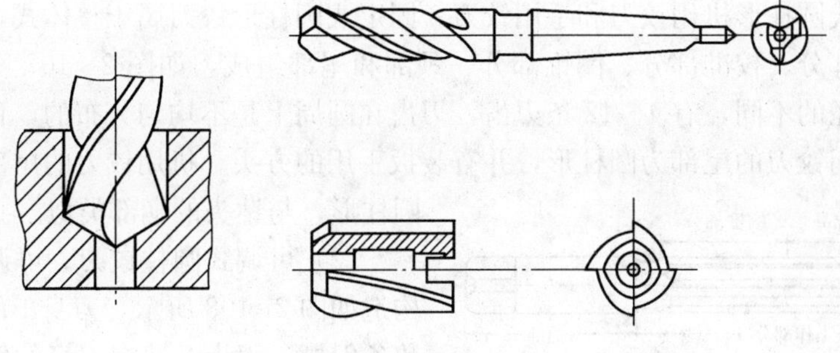

图 2-105　扩孔钻

（二）锪孔

锪孔是对孔口的加工，例如加工倒角、螺钉头的沉孔、孔口的平面。锪孔一般在钻床上进行，其操作与钻孔、扩孔类似。锪孔用的刀具是锪孔钻，锪孔的切削速度是钻孔的 1/2～1/3，一般采用手动进刀。锪孔的深度可以使用钻床的进给深度标尺和挡块控制，也可以用深度尺直接测量。

（1）圆锥形锪孔钻。用来加工螺钉或铆钉的锥形埋头孔。圆锥形锪孔钻具有 6～12 个刃齿，其顶角有 60°、90°、120°等几种，如图 2-106（a）所示。

（2）圆柱形埋头孔锪孔钻。用来加工螺钉的柱形埋头孔。为了保证埋头孔和原有的孔同轴，其切削部分的前端带有导柱，图 2-106（b）所示。导柱和锪钻本身可以是一体的，也可以是两体的。

（3）加工端面的锪孔钻。仅在端面上具有切削刃，加工大的端面时，还可以将刀片镶在刀杆上，为保证端面和孔垂直，端面锪孔钻也带有导柱，如图 2-106（c）所示。锪孔钻上的导柱，必须和原孔成适当的配合，才能真正起到保证同轴和垂直的作用。使用中，导柱和原来的孔壁之间，因配合间隙甚小，故应加以润滑。

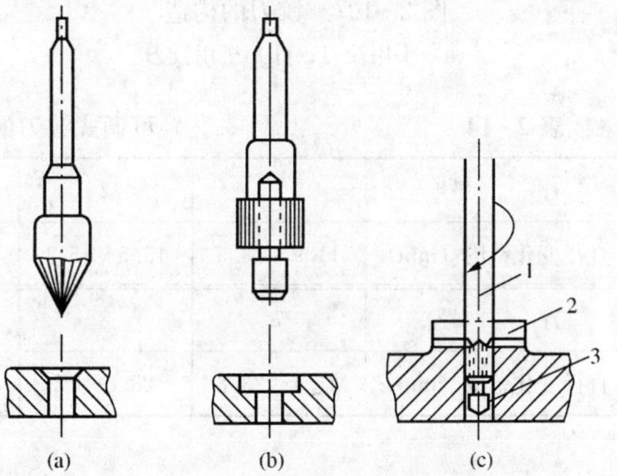

图 2-106　锪钻的应用

（a）圆锥形锪孔钻；（b）圆柱形埋头锪孔钻；（c）端面锪孔钻

1—刀杆；2—刀片；3—工件

（三）铰孔

在钻孔或扩孔之后，为了进一步提高孔的尺寸精度和表面粗糙度精度，需用铰刀进行铰孔。铰孔加工后，尺寸精度可达 IT7～IT8 级，表面粗糙度可达 $Ra3.2\mu m$ 以下。铰孔时，按加工余量大小的不同及孔的精度、表面粗糙度要求的不同，一般可分为粗铰、精铰和极精铰三种，极精铰所达到的尺寸精度最高和表面粗糙度 Ra 值最小。铰孔分为机铰和手铰。

1. 铰刀的种类和构造

铰刀按使用方法分为机用铰刀和手用铰刀两种；按装卡方法分为柄式铰刀和套式铰刀两种；按铰刀构造分为整体铰刀和镶齿铰刀，固定铰刀和可调铰刀；按用途可分为圆柱形铰刀和圆锥形铰刀，精铰刀和粗铰刀等。

(1) 固定式圆柱形机用铰刀和手用铰刀。固定式圆柱形铰刀属于整体式，是整体材料制成的，由切削部分、校准部分、倒锥部分、颈部和尾部组成，如图 2-107 所示。铰刀的切削部分，按直径的不同，有 4～12 条刃齿，刃齿在圆周上是不均匀分布的，目的是减少铰孔时的颤动。手用铰刀的尾部为圆柱形，并有装扳手用的方头。机用铰刀的尾部为莫氏锥柄或圆柱形，与钻头的柄部类似。

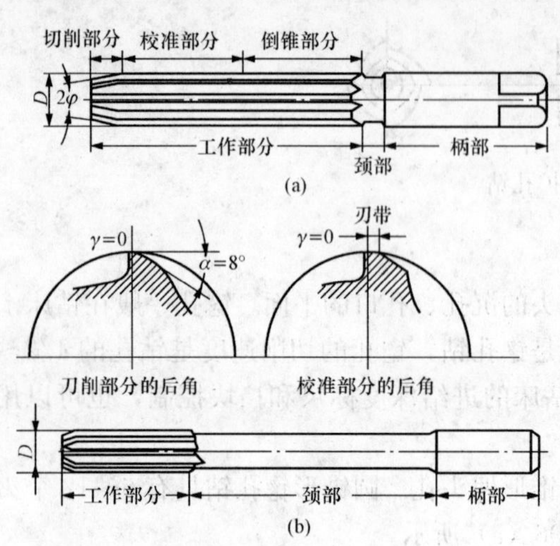

图 2-107　铰刀的构造

(a) 手用铰刀；(b) 机用铰刀

(2) 可调式圆柱铰刀。可调式圆柱铰刀的构造如图 2-108 所示。刀身 1 的圆周上，开有数条斜槽，刃齿 2 装在刀身的斜槽中，用调节螺母 3 将刃齿卡紧在刀身上。拧动调节螺母，使刃齿沿着刀身上的斜槽升降，刃齿外径即可扩大或缩小。其扩大和缩小的范围为 2～4mm，见表 2-14。

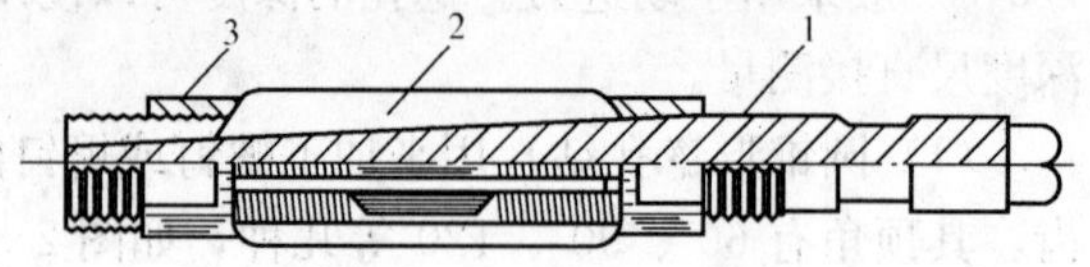

图 2-108　可调式圆柱铰刀

1—刀身；2—刀齿；3—调节螺母

表 2-14　可调式铰刀的直径变化范围表

序　号	1	2	3	4	5	6
直径变化范围 (mm)	11.9～13.5	13.5～15.1	15.1～16.7	16.7～18.3	18.3～19.8	19.8～21.4
序　号	7	8	9	10	11	
直径变化范围 (mm)	21.4～23.8	23.8～27	27～30.2	30.2～34.1	34.1～38.1	

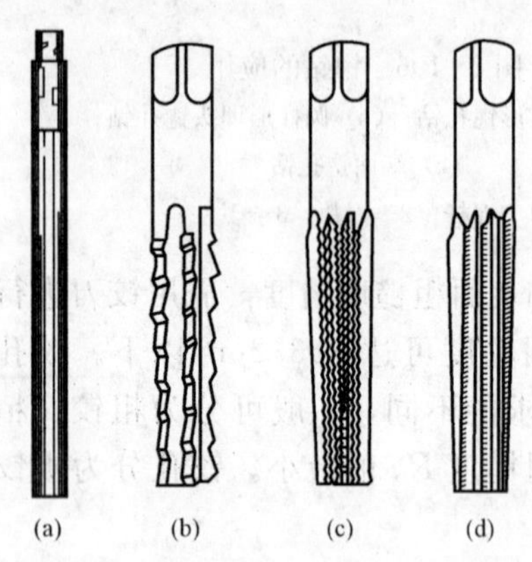

图 2-109　圆锥形铰刀

(a) 常用的圆锥形铰刀；

(b)、(c)、(d) 成组圆锥形铰刀

可调式铰刀的优点是能调整或保持其尺寸，使用范围广，使用寿命长。固定式铰刀就不具备这些优点，它每次刃磨后，减小的尺寸都无法弥补，因此使用寿命很短。

(3) 圆锥形铰刀。如图 2-109 所示，圆锥形铰刀用于在柱形孔的基础上铰出锥形孔，需切削较厚的金属层。圆锥铰刀切削部分的锥度可以按照要求制作，常用的锥度是 1∶50。

(4) 铰杠。铰杠是在手铰时用来夹持铰刀柄部的方头，以扳动铰刀旋转。最常用的是活动式铰杠，如图 2-110 所示。这种铰杠的方孔是可以调节的，即通过手柄 6 的转动，带动滑块 3 前后移动，使方孔扩大或缩小，以适于夹持不同方头尺寸的铰刀。

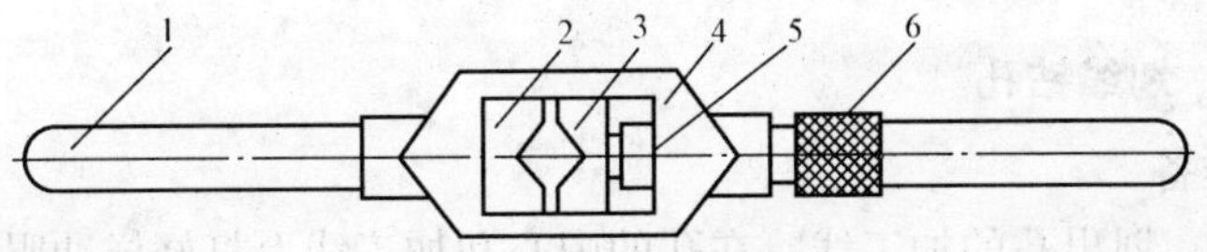

图 2-110　活动式铰杠

1—固定手柄；2—固定块；3—滑块；4—框架；5—接头；6—活动手柄

2. 铰孔操作

(1) 正确地选择铰孔余量。选择铰孔余量是铰孔工作中重要的一环，余量太小，不能通过铰孔消除上道工序所留下的刀痕，达不到整形和减小粗糙度的目的；余量太大，要增加铰削次数（铰削次数一般不超过 3 次），降低了铰孔的效率，影响铰孔的尺寸精度并加大了铰刀的磨耗。合理的铰孔余量见表 2-15。

(2) 合理冷却与润滑。铰刀在工作时和孔壁有较大的摩擦，应不断地加以冷却和润滑，以保证孔壁表面粗糙度精度，延长铰刀寿命，防止孔的扩张。钢件适用的润滑液为机油、菜油；铝和铝合金适用的润滑液为煤油和柴油；加工紫铜时的润滑液为肥皂水。

(3) 操作要点。使用手用铰刀时，铰刀在孔中要正，手的压力要均匀，要始终使铰刀正向旋转。即使在退出铰刀时，也不可反转，否则铰刀和孔壁之间易挤住切屑，造成孔壁划伤或刀刃崩裂。使用机用铰刀时，铰孔和铰孔前的钻孔或扩孔，最好在同一工位进行，以保持刀具的轴心不变。在不能同工位加工时，铰刀应安装在浮动夹头内，使铰刀能自动调心。

表 2-15　**铰　孔　余　量**　mm

孔的公称直径	<5	5～20	21～32	33～50	51～70
加工余量	0.1～0.2	0.2～0.3	0.3	0.5	0.8

六、孔加工操作注意事项

(1) 操作者衣袖要扎紧，严禁戴手套，女同学必须戴工作帽。

(2) 必须将工件、钻头牢固夹紧。紧固钻头时，要使用钻夹头紧固扳手，不要用扁铁或手锤等物敲击，以免损坏钻夹头。

(3) 钻小孔时，转速可高些，进给量要小些；钻大孔时，转速要低些；钻硬材料时，转速要低些，进给量也要小一些；钻软材料时，转速要高些，进给量要大些。

(4) 钻通孔时，工件底面应放垫块或将钻头对准工作台的 T 形槽。将要钻通时，进给量要小，以防钻头在钻穿的瞬间发生抖动（出现啃刀现象），影响加工质量，甚至折断钻头。

(5) 不可用手抹或用嘴吹钻屑，以防铁屑伤手或伤眼。

(6) 孔径超过 30mm 时，分两次钻成，先钻一个小孔，小孔直径应超过大钻头的横刃宽度，以减少轴向力。

(7) 钻盲孔前，应按照所需要的深度调整钻床主轴上的挡铁，或在钻头上套装一个定位环。

(8) 材料较硬或钻孔较深时，应在工作过程中不断将钻头抽出孔外，以便排屑和钻头散热。

操作示例 11 划线钻孔

1. 钻孔前的准备

(1) 在工件上，划出孔的加工线，在孔的中心和加工线上打好样冲眼。

(2) 检查钻床的各部分是否正常，调整好所需的转速。

(3) 在钻床上，安装钻头及工件。

(4) 选择切削用量及冷却液。

2. 钻孔操作

(1) 使钻头对准钻孔中心的样冲眼，开动钻床先锪一个浅窝，检查是否偏斜。

(2) 若窝的中心在孔的十字中心线上，继续钻并进一步检查是否偏斜。

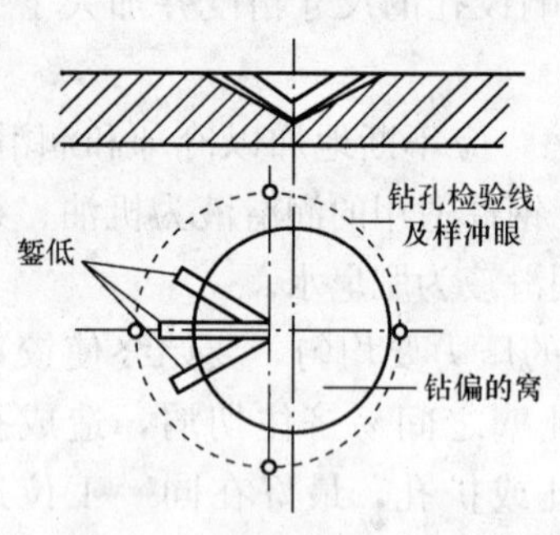

图 2-111 钻孔移位的修正

(3) 若发生偏斜，要进行纠正。纠正时，对于较大的孔可用尖錾在孔偏差相反方向錾低一些；较小的孔可以用样冲眼纠正，如图 2-111 所示。再继续钻，并进一步检查是否偏斜，反复纠正，直至正确定心。

(4) 定心后启动自动进给或匀速手动进给，进给中适当加冷却液。如果发生长屑缠绕或卡屑现象，注意不要用手在钻削进行当中清理，应间歇进给断屑或停钻处理。

(5) 钻较深孔时，往往产生排屑受阻的问题，严重时会卡钻，造成钻头损坏。应采用多次退钻，多次进给，不断加深的方法完成整个钻孔，退钻时一般不需停转。

(6) 当钻通孔即将钻透时，必须减少进刀量。若为自动进刀，应改为手动进刀。

3. 钻孔质量的测量检验

(1) 目测孔的边缘是否与加工线圆重合，若加工线不清时通过样冲眼判别。

(2) 测量孔直径是否在公差之内。

(3) 对比表面粗糙度样板评定孔的表面粗糙度等级。

(4) 若不符合要求，确定原因及时纠正。

操作示例 12 斜面钻孔

在斜面上钻孔时，为防止钻头在钻孔时切削刃受力不均，必须在钻孔前先錾出（或铣出）一个与钻头相垂直的平面，如图 2-112 所示。或先将工件表面安装成水平位置，钻出一个浅窝后，再把工件表面装夹成原来的倾斜位置，然后再进行钻孔。

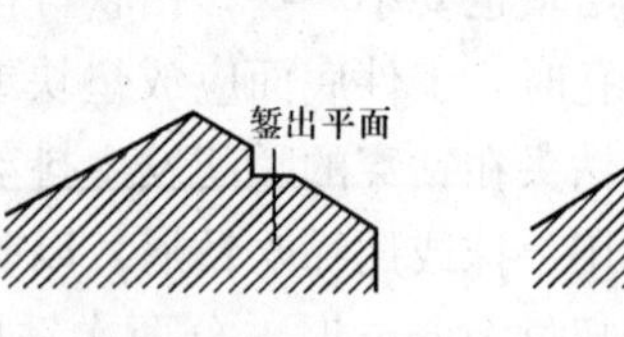

图 2-112 在斜面上钻孔

斜面钻孔的关键是定心，只有钻头的切削部分全部进入工件的材料中，两个主切削刃开始对称切削，才能进入正常钻削。

操作示例 13 钻半孔

为了在工件上钻出半圆孔，可用同样材料的物体与工件合在一起，如图 2-113 (a) 所示，并在两件的接合处找出中心，然后钻出一个圆孔。或先用同样材料嵌入工件内，与工件同钻一个圆孔。去掉这块材料后，工件上就留下了缺圆孔，如图 2-113（b）所示。

操作示例 14　薄板钻孔

在薄板上钻孔，一般不能采用普通麻花钻。这是因为薄板的厚度小于钻头切削部分的高度。钻孔时会出现钻头切削部分没有全部进入工件材料，钻尖已穿透板料，钻头不能定心，致使所钻孔不同程度变形，很容易发生卡钻等事故。

将普通麻花钻刃磨成薄板钻型可以很好地适应薄板钻孔，如图 2-114 所示。这种钻型具有三个刃尖，两条主切削刃为凹圆弧状，中心刃尖起定心作用，两个凸出的外圆刃尖起分割作用。中心刃尖比外圆刃尖突出 0.5～1mm，圆弧刃的深度略大于板厚。钻孔时，薄板工件垫在软钢或硬木平面上，钻孔高效且安全。

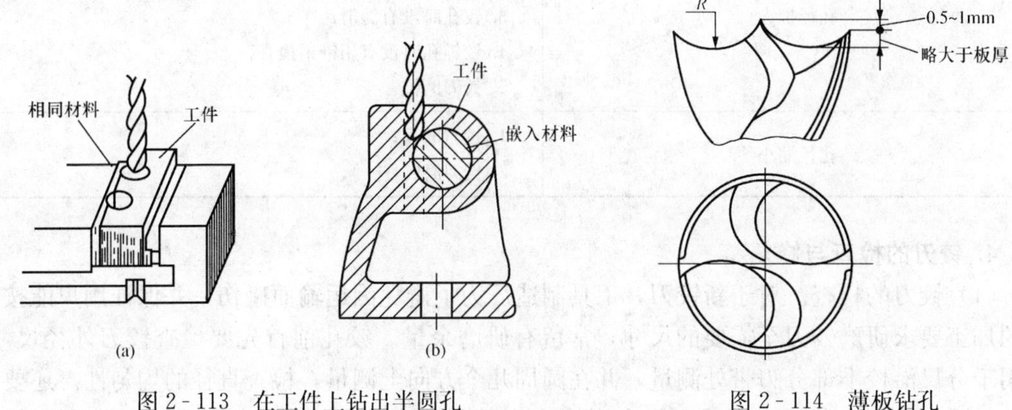

图 2-113　在工件上钻出半圆孔　　图 2-114　薄板钻孔

操作示例 15　铰孔

1. 铰孔前的准备

（1）根据孔径和孔的精度要求（包括尺寸精度和表面粗糙度精度要求），确定孔的加工方法和工序间的加工余量。对于精度较高的孔要经过钻孔、扩孔、粗铰、精铰几个步骤。

（2）准备好铰孔工具，并检查铰刀质量，将绞刀夹在铰杠上。将工件夹持牢固，夹持不能引起工件的变形。

2. 铰孔操作

（1）铰孔时，铰刀的中心线与孔的中心线必须重合。

（2）两手要用力均匀，按顺时针转动铰刀。任何时候铰刀不能倒转，否则会造成铰出的孔不圆、尺寸不准、切屑挤住铰刀、划伤孔壁或铰刀刃崩裂。

（3）铰孔过程中，如果转不动，不要硬扳，应小心抽出铰刀，检查铰刀是否被切屑卡住或遇到硬点。否则会使刀刃崩裂或使铰刀折断。

（4）铰孔时，进刀量大小要适当，转动要均匀，并不断地加冷却润滑剂。

（5）铰完孔后，要顺时针转动着退出铰刀。

3. 铰孔后的测量检验

铰孔属于孔的精加工，必须保证加工孔的尺寸精度、形状精度、表面粗糙度精度。铰孔的常见质量问题及原因见表 2-16。

表 2-16　铰孔常见质量问题及原因

质量问题	产生的原因
表面粗糙度精度达不到要求	1. 铰孔余量太大或太小； 2. 铰刀的切削刃不锋利； 3. 不用润滑液或用不适合的润滑液； 4. 铰刀退出时反转； 5. 切削速度太高
孔呈多角形	1. 铰削量太大，铰刀振动； 2. 铰孔前钻孔不圆
孔径扩大	1. 铰刀与孔中心不重合； 2. 铰孔时两手用力不均匀； 3. 铰孔时没有润滑； 4. 铰锥孔时没有用锥销检查； 5. 铰刀磨钝
孔径缩小	1. 铰刀磨损； 2. 铰刀磨钝

4. 铰刀的检查与修复

（1）铰刀的检查。对于新铰刀，工具制造厂为了避免因运输而碰伤，并保证用户能按自己的加工要求研磨铰刀至需要的尺寸，常留有研磨余量。铰孔前首先要检查铰刀外径尺寸，可用千分尺沿校准部分刃带处测量，并在圆周几个方向上测量，检查直径的均匀性。还要检查铰刀是否锋利，切削刃有无碰伤和裂纹。选择合适的铰刀后要进行试铰，试铰所用的材料、铰孔余量和铰孔方法要与正式铰孔时相同，试铰达到图样要求后即可进行正式铰孔。如果孔的精度和表面粗糙度精度要求较高，又难以选取合适的铰刀时，就必须选择比要求直径尺寸大的铰刀进行修磨。

（2）铰刀手工修磨方法。

1）用什锦三角油石刃磨铰刀的前面，以提高表面粗糙度精度并使刃口锋利。

2）研磨铰刀的外径。图 2-115 所示为一种用研磨套研磨的方法，研磨套是铸铁制成的，其长度约等于铰刀校准部分长度的 2/3，套的开口缝与轴心线成一倾斜角，以防止铰刀齿落入缝中，研磨套的孔可以用车床精车，但是最可靠的方法是在车床精车后，用相应的铰刀铰出，然后再锯出开口缝。研磨套装在外套的 3 个螺钉上，调整螺钉可以使研磨套有极微量的收缩，与铰刀直径相适应，研磨绞刀用的磨料，可以用氧化铝研磨膏与煤油调和后，涂在研磨套的孔壁上，研磨时，研磨套相对于铰刀旋转，并做轴向均匀移动，研磨当中，应经常测量铰刀尺寸，防止将铰刀尺寸研磨小。

3）用油石修磨铰刀后面，使刃带的宽度在一定尺寸内，注意修磨时切勿碰伤刃口。

4）用油石沿着锥度方向修磨铰刀的切削部分，铰刀在铰孔时，负担最大的部分是在切削部分与校准部分的过渡处，也就是刃口最容易磨钝的地方，如图 2-116 中标记处。所以，必须使这一部分刃口恢复锋利。可用油石修磨切削部分的后面，修磨时，要使切削部分与校准部分的过渡处各刃口的直径都相等，并细心地用油石磨成小圆角，使铰出的孔壁光滑。

5）经过刃磨修整的铰刀，在正式铰孔前，也应进行试铰。铰孔质量经检验符合要求后方可在工件上正式铰孔。为了保持铰刀的刃齿锋利，用完的铰刀必须经清洁后妥善保存。

6）圆锥孔在铰孔前，一般是按小端钻孔，若锥孔较深时，可采用分段钻孔法钻阶梯孔。

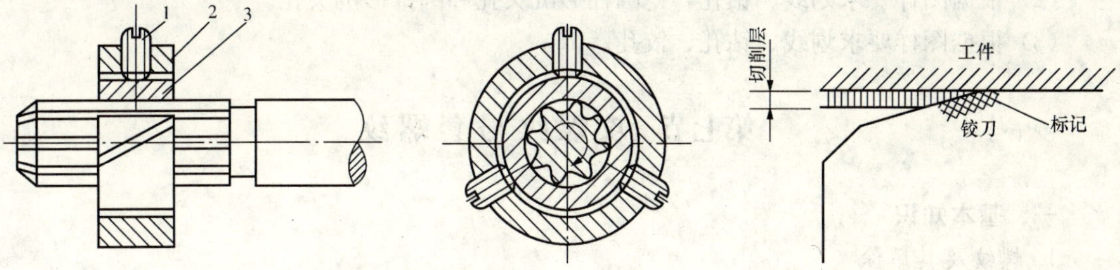

图 2-115　用研磨套研磨铰刀外径

1—调整研磨套用螺钉；2—外套；3—可微量调整孔径的研磨套

图 2-116　铰刀易磨钝的部分

实训操作 7　钻孔、锪孔、铰孔

1. 训练要求

（1）正确使用钻孔夹具。

（2）掌握钻孔、锪孔、铰孔的操作步骤和方法。

（3）遵守安全操作规程。

（4）按工件图样要求，独立完成作业。

2. 设备、工具、量具及辅具

钻床、划线工具、钻头、锪钻、铰刀等。

3. 备料

83mm×83mm×25mm（工件材料 HT150）。

4. 工件图（参考）

钻孔、锪孔、铰孔练习工件如图 2-117 所示。

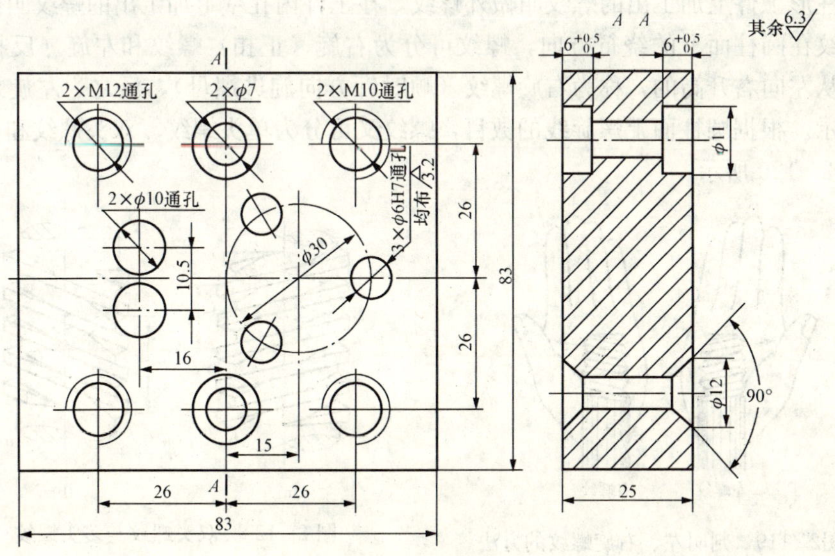

图 2-117　工件图样

5. 训练安排（工时 6h）

（1）钻头装夹练习。

（2）根据图样要求划线、钻孔，锪圆柱形沉头孔和圆锥形沉头孔。

（3）根据图样要求划线、钻孔、铰孔。

第七节　攻螺纹与套螺纹

一、基本知识

1. 螺纹及其用途

利用螺纹起连接作用的零件，例如螺栓、螺母等，一般是标准件，用专用设备生产，其螺纹部分用滚丝机、搓丝机、攻螺纹机等设备加工。对于非标准机械零件上的较大尺寸或精密螺纹，常用普通车床、普通镗床、螺纹磨床、数控车床、加工中心等机床加工。此外，还常用手工方法加工螺纹，称为攻螺纹和套螺纹。

用丝锥在孔的内表面切削出内螺纹的操作称为攻螺纹，俗称攻丝。

用板牙在圆杆外表面切削出外螺纹的操作称为套螺纹，俗称套丝。

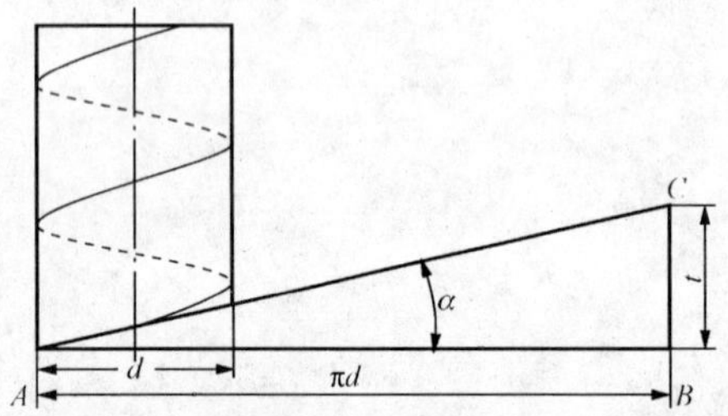

图 2-118　螺旋线的形成

2. 螺纹的形成

如果将一底边为 AB，长度等于 πd 的直角三角形 ABC，裹绕在一直径为 d 的圆柱体上，且使底边与圆柱体的底边相重合，则其斜边 AC 在圆柱表面上，便形成一螺旋线，如图 2-118 所示。如果在圆柱表面上沿螺旋线加工成一定形状的凹槽，则在圆柱面上便形成了螺纹。常见的螺纹按牙型分有三角形螺纹、矩形螺纹、梯形螺纹、锯齿形螺纹、圆形螺纹等。

在圆柱形工件上加工出的螺纹叫做外螺纹，在工件内孔壁上加工出的螺纹叫做内螺纹。

按螺纹在圆柱面上的绕行方向，螺纹可分为右旋（正扣）螺纹和左旋（反扣）螺纹两种。螺纹从左向右升高的，称为右旋螺纹（顺时针方向旋进螺母），反之为左旋螺纹，如图 2-119 所示。根据圆柱面上螺旋线的数目，螺纹又可分为单头螺纹、双头螺纹和多头螺纹几种，如图 2-120 所示。

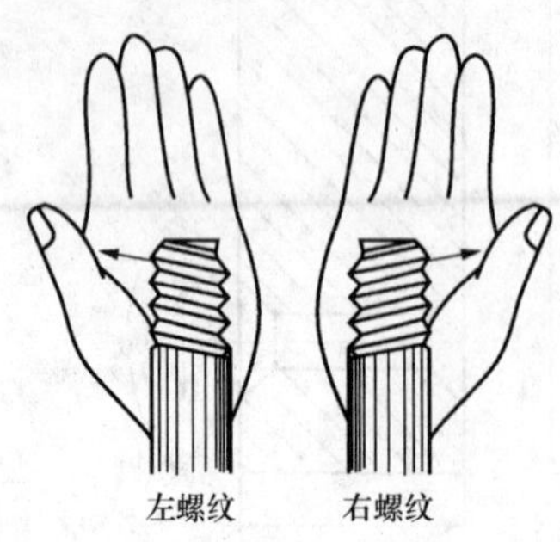

图2-119　判明左、右旋螺纹的方法

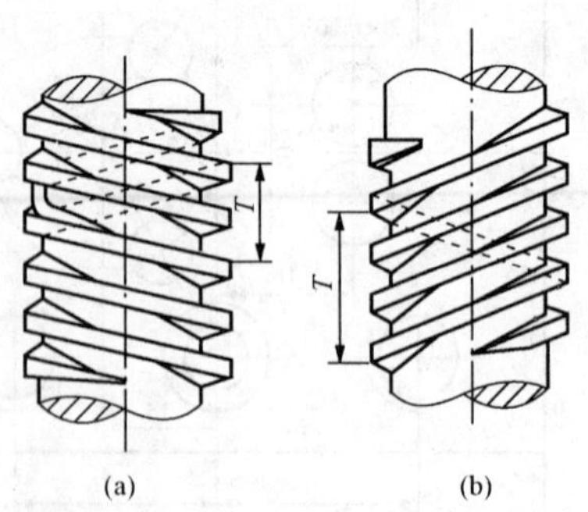

图 2-120　双头螺纹与多头螺纹

(a) 双头螺纹；(b) 多头螺纹

3. 螺纹的种类

有多种螺纹标准应用于不同国家和地区，例如国标螺纹、英标螺纹、统一标准螺纹等。我国主要应用国标螺纹。进出口产品中，也用其他标准的螺纹。国标螺纹的主要种类如图2-121所示，其他标准的螺纹种类与国标类似。

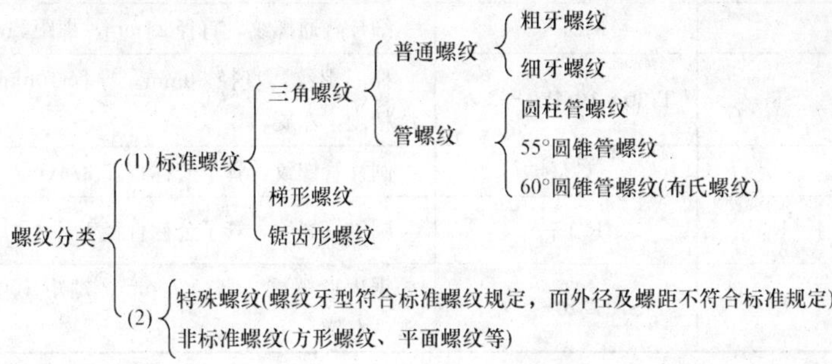

图 2-121　国标螺纹的主要种类

钳工攻螺纹和套螺纹所形成的螺纹，多为三角螺纹，这种螺纹有较高的强度和较好的自锁性，主要用于连接件。各种螺纹的断面形状如图 2-122 所示。

(1) 普通螺纹。指国标公制螺纹，用途最广，其牙型角为 60°，螺距单位为 mm，螺纹间具有径向间隙，以补偿刀具的磨损和储存润滑油。普通螺纹又分为粗牙螺纹和细牙螺纹，同一外径的细牙螺纹其螺距比粗牙螺纹小。细牙螺纹用字母 M 及公称直径乘以螺距来表示，如 M16×1.5；粗牙螺纹用字母 M 及公称直径来表示，如 M16、M24。

(2) 英制螺纹。牙型角为 55°，为了提高强度，其牙底和牙顶都制成平的或圆的。这种螺纹的公称直径以英寸（in）为单位，其螺距是用一英寸长度内的牙数来表示，如 3/16－24，即公称直径为（3/16）in(1in＝25.4mm)，螺距为每英寸 24 牙。

(3) 管螺纹。是一种螺纹深度较浅的特殊细牙螺纹，其牙型角为 55°，螺纹旋合后没有径向间隙。它是专门用来连接水、气管线的螺纹，螺纹规格以管子的内径表示，以 in 为单位。例如 G3/4 等。

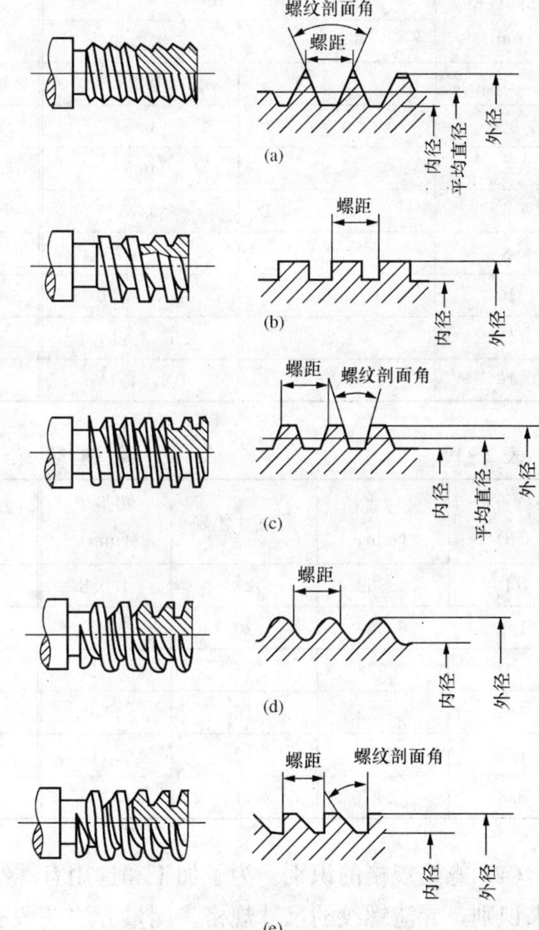

图 2-122　各种螺纹断面形状
(a) 三角螺纹；(b) 矩形螺纹；c) 梯形螺纹；
(d) 半圆形螺纹；(e) 锯齿形螺纹

螺纹种类及代号见表2-17，普通螺纹直径与螺距见表2-18，英制螺纹尺寸见表2-19。

表2-17 螺纹种类及代号

螺纹种类	牙型符合	代号示例	说明
粗牙普通螺纹	M	M24	粗牙普通螺纹，直径24mm，右旋
细牙普通螺纹	M	M24×2	细牙普通螺纹，直径24mm，螺距2mm，右旋
梯形螺纹	Tr	Tr30×10(P5)－3左	梯形螺纹，直径30mm，导程10mm、螺距为5mm、3级精度，左旋
圆柱管螺纹	G	G3/4	圆柱管螺纹，管子公称直径3/4(in)
圆锥内螺纹	R_c	$R_c1\frac{1}{4}$	圆锥管螺纹，管子公称直径$1\frac{1}{4}$(in)
锯齿形螺纹	S	S70×10－2左	锯齿形螺纹，直径70mm、螺矩10mm，2级精度、单头、左旋

表2-18 普通螺纹直径与螺距

公称直径(mm)	螺距P(mm)		公称直径(mm)	螺距P(mm)	
	粗牙	细牙		粗牙	细牙
3	0.5	0.35	20	2.5	2，1.5，1
4	0.7	0.5	24	3	2，1.5，1
5	0.8	0.5	30	3.5	2，1.5，1
6	1	0.75	36	4	3，2，1.5
8	1.25	1，0.75	42	4.5	3，2，1.5
10	1.5	1.25，1，0.75	48	5	3，2，1.5
12	1.75	1.5，1.25，1	56	5.5	4，3，2，1.5
16	2	1.5，1	64	6	4，3，2，1.5

表2-19 英制螺纹尺寸

公称直径(m)	公称直径(mm)	每英寸牙数	螺距P(mm)	公称直径(m)	公称直径(mm)	每英寸牙数	螺距P(mm)
3/16	4.762	24	1.058	3/4	19.05	10	2.54
1/4	6.350	20	1.270	7/8	22.23	9	2.822
5/16	7.938	18	1.411	1	25.40	8	3.175
3/8	9.525	16	1.588	11/8	28.58	7	3.629
1/2	12.7	12	2.117	11/4	31.75	7	3.629
5/8	15.875	11	2.309	11/2	38.10	6	4.233

(4) 螺纹规格的识别。为了加工和选用有螺纹零件，可以通过测量螺纹大径、螺距、牙型来识别，弄清螺纹的尺寸规格。测量方法一般有如下几种：①用游标卡尺测量螺纹大径，如图2-123所示；②用螺纹样板测量螺距及牙型，如图2-124所示；③用钢板尺测量英制螺纹每英寸的牙数，如图2-125所示；④用已知螺杆或丝锥放在被测量的螺纹上，测出是哪一种规格的螺纹，如图2-126所示。

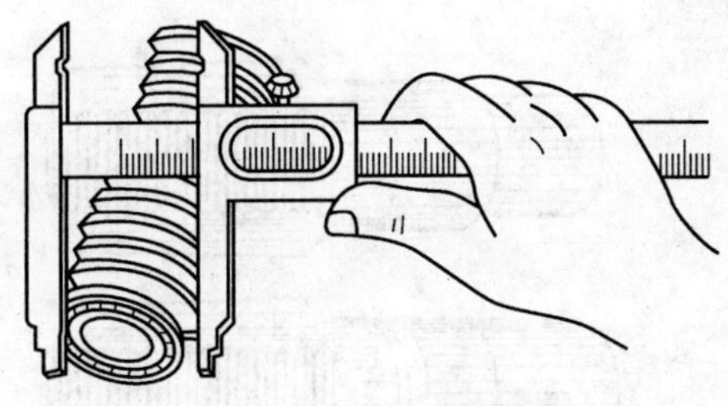

图 2-123 用游标卡尺测量螺纹外径

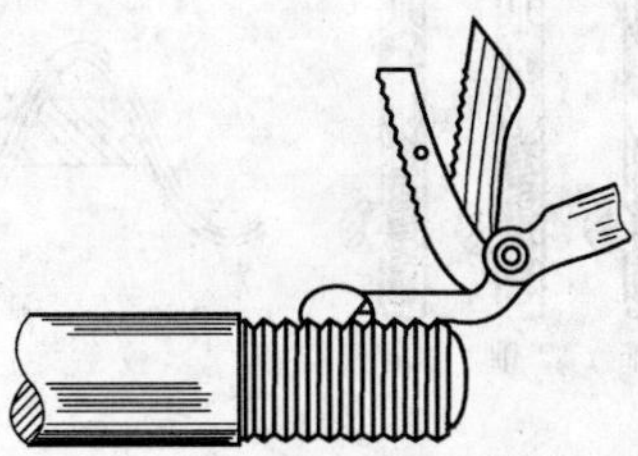

图 2-124 用螺纹样板量螺距及牙型

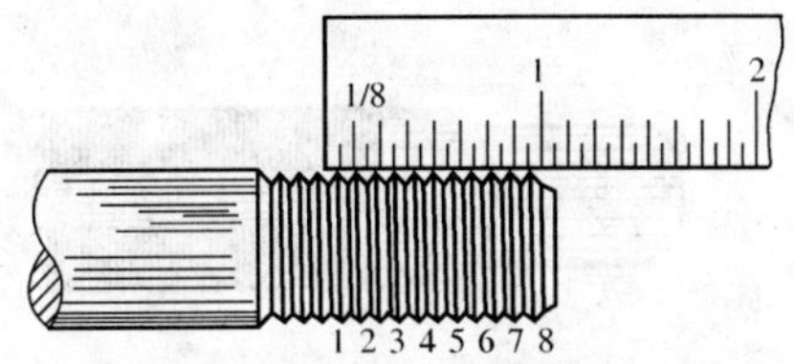

图 2-125 用钢板尺测量英制螺纹牙数

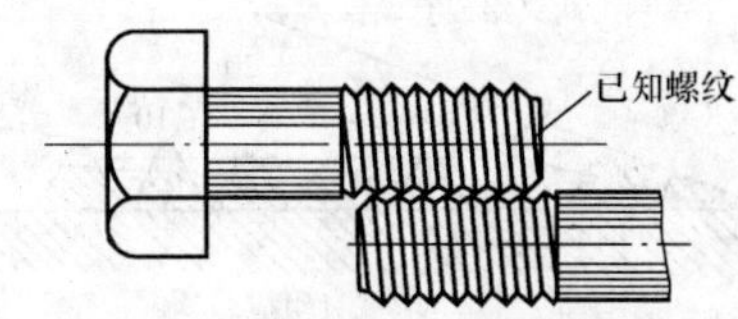

图 2-126 用已知螺纹测定螺纹

二、攻螺纹

(一) 丝锥的构造及种类

丝锥是攻内螺纹的一种刀具，也称螺丝攻，用工具钢或高速钢制成。如图 2-127 所示，丝锥由切削部分、导向部分、柄部组成。切削和导向部分有数道纵槽（或螺旋槽）而形成切削刃，其中切削部位的前角为 5°～10°，后角为 6°～8°，导向部分其切削刃前角等于零。柄部呈圆柱形，末端有方头，用以安装在扳手上并传递力矩。

丝锥一般分为手用丝锥、管螺纹丝锥、机用丝锥三种。

(1) 手用丝锥。

使用手用丝锥时，安装在扳手上，用手工攻螺纹。由于考虑到丝锥的切削能力，同时也为了减少攻螺纹时的阻力，可把一个螺纹孔的攻螺纹工作，分成两次或三次进行，所以手用丝锥，一般是由两只或三只组成一套，如图 2-128 所示。

同一套丝锥的头锥、二锥、三锥的大径不同，切削部分的斜角角度也不同。一般头锥为 4°，二锥为 10°，三锥为 20°。切削部分所占的螺纹扣数，头锥一般为五扣，二锥是三扣半，三锥是两扣。在攻螺纹时，头锥所切削的金属约占 60%，二锥占 30%，三锥起定径和修光作用，切削的金属较少，约占 10%。

(2) 管螺纹丝锥。

使用管螺纹丝锥时，安装在扳手上，用手工攻螺纹，常用一个丝锥，也有用两个丝锥组成一副的，如图 2-129 所示。

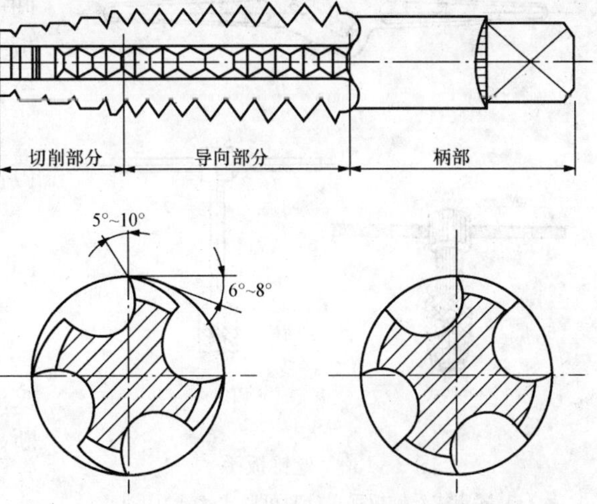

图 2-127 丝锥的构造

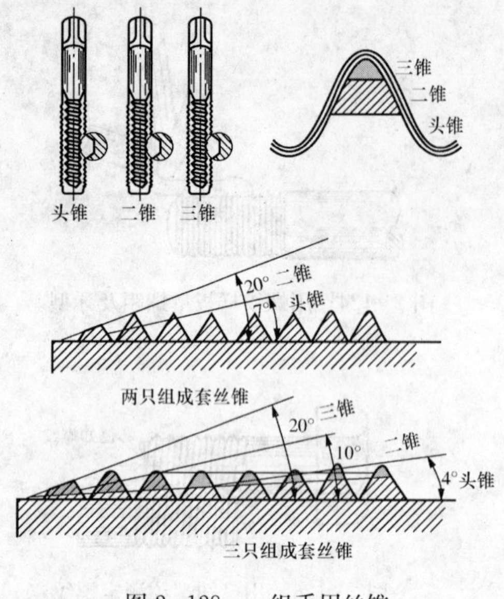

图 2-128 一组手用丝锥

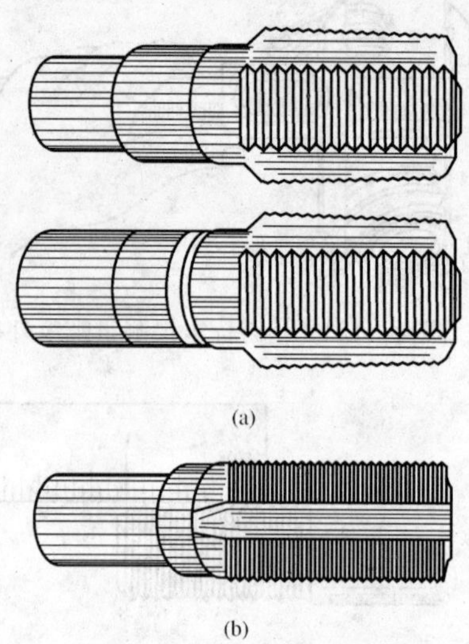

图 2-129 管螺纹丝锥

(a) 圆柱管螺纹丝锥；(b) 圆锥管螺纹丝锥

(3) 机用丝锥。

要装在机械上，靠机械来攻螺纹。为了装卡方便，这种丝锥有较长的柄，切削部分也比手用丝锥长。利用钻床机动攻螺纹时，可将机用丝锥装在快换防折断攻螺纹夹头上进行。

各种丝锥的规格，都刻在丝锥的柄部，如 M8、M10 等。

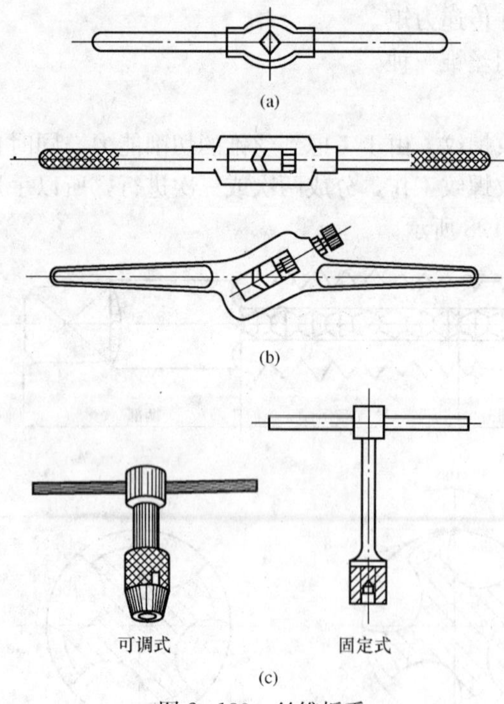

图 2-130 丝锥扳手

(a) 固定式丝锥扳手；(b) 可调式丝锥扳手；

(c) 丁字形丝锥扳手

(二) 丝锥扳手

手工攻螺纹必须利用丝锥扳手（也叫铰杠），夹住丝锥的柄部方头处，转动扳手而带动丝锥旋转。常用的丝锥扳手有以下几种，如图 2-130 所示。

(1) 固定式丝锥扳手。两端是手柄，中间制有四方孔，可以插入丝锥的方头。这种扳手制造方便，适用于经常攻一定大小的螺纹孔的场合。

(2) 调节式丝锥扳手。它的方孔尺寸可以调整，使用方便。

(3) 丁字形丝锥扳手。又可分为调节式、固定式等。用于攻螺纹部位较深的场合。

(三) 攻螺纹前底孔直径和深度的确定

攻螺纹前首先钻孔，钻头的直径应比螺纹的小径略大些，否则丝锥容易在孔中扭断。相反，如果大得太多，会使攻出的螺纹牙型高度不够而成为废品。钻头的直径应按被加工螺纹的公称直径和螺距，通过查表或简单计算来确定。

1. 公制螺纹底孔直径的计算

（1）在塑性材料上攻螺纹时，在丝锥的螺纹槽会内挤压出一部分金属，这部分金属容易挤住丝锥，所以攻螺纹前钻孔的直径要比螺纹的小径稍大一些，从而能形成完整螺纹，且又不挤住丝锥。塑性材料在攻螺纹前钻底孔的钻头直径可用下式计算：

$$P<1\text{时}，\quad d'=D-P$$

$$P>1\text{时}，\quad d'=D-(1.04\sim1.06)P$$

式中　P——螺距，mm；

d'——攻螺纹前钻头直径，mm；

D——螺纹公称直径，mm。

（2）在脆性材料上攻螺纹时，不会挤压出金属，所以钻底孔直径虽然比螺纹小径大，但大得不如钻塑性材料时多，否则攻出的螺纹形状不完整。其钻头直径，可用下式计算：

$$d'=D-1.1P$$

公制螺纹攻螺纹前，钻底孔用钻头直径也可从表 2-20 中直接查出。

表 2-20　　公制螺纹钻底孔用钻头直径表

螺纹公称直径 D(mm)	螺距 P(mm)	钻头直径 d'(mm)		螺纹公称直径 D(mm)	螺距 P(mm)	钻头直径 d'(mm)	
		铸铁、青铜、黄铜	钢、可锻铸铁、紫铜、层压板			铸铁、青铜、黄铜	钢、可锻铸铁、紫铜、层压板
2	0.4	1.6	1.6	14	2	11.8	12
	0.25	1.75	1.75		1.5	12.4	12.5
2.5	0.45	2.05	2.05		1	12.9	13
	0.35	2.15	2.15	16	2	13.8	14
3	0.5	2.5	2.5		1.5	14.4	14.5
	0.35	2.65	2.65		1	14.9	15
4	0.7	3.3	3.3	18	2.5	15.3	15.5
	0.5	3.5	3.5		2	15.8	16
5	0.8	4.1	4.2		1.5	16.4	16.5
	0.5	4.5	4.5		1	16.9	17
6	1	4.9	5	20	2.5	17.3	17.5
	0.75	5.2	5.2		2	17.8	18
8	1.25	6.6	6.7		1.5	18.4	18.5
	1	6.9	7		1	18.9	19
	0.75	7.1	7.2	22	2.5	19.3	19.5
10	1.5	8.4	8.5		2	19.8	20
	1.25	8.6	8.7		1.5	20.4	20.5
	1	8.9	9		1	20.9	21
	0.75	9.1	9.2	24	3	20.7	21
12	1.75	10.1	10.2		2	21.8	22
	1.5	10.4	10.5				
	1.25	10.6	10.7		1.5	22.4	22.5
	1	10.9	11		1	22.9	23

2. 英制螺纹底孔直径的计算

英制螺纹底孔直径的计算公式见表 2-21。

表 2-21 英制螺纹底孔直径的计算公式

螺纹公称直径	铸铁与青铜	钢与黄铜
$\frac{3}{16}\sim\frac{5}{8}$	$d'=25\left(D-\frac{1}{n}\right)$	$d'=25\left(D-\frac{1}{n}\right)+0.1$
$\frac{3}{4}\sim1\frac{1}{2}$	$d'=25\left(D-\frac{1}{n}\right)$	$d'=25\left(D-\frac{1}{n}\right)+0.2$

注 d'为攻螺纹前钻头直径，mm；D为螺纹公称直径，mm；n为每英寸牙数。

英制螺纹攻螺纹前钻底孔用钻头直径也可从表 2-22 中直接查出。

表 2-22 英制螺纹攻螺纹前钻底孔用钻头直径

螺纹公称直径（in）	钻头直径 d'(mm)		螺纹公称直径（in）	钻头直径 d'(mm)	
	铸铁及脆性材料	钢及塑性材料		铸铁及脆性材料	钢及塑性材料
$\frac{3}{16}$	3.8	3.9	$\frac{5}{8}$	13.6	13.8
$\frac{1}{4}$	5.1	5.2	$\frac{3}{4}$	16.6	16.8
$\frac{5}{16}$	6.6	6.7	$\frac{7}{8}$	19.5	19.7
$\frac{3}{8}$	8	8.1	1	22.3	22.5
$\frac{1}{2}$	10.6	10.7			

3. 管螺纹底孔直径的计算

管螺纹钻底孔用钻头直径可从表 2-23 中直接查出。

表 2-23 管子螺纹钻底孔用的钻头直径

螺纹公称直径（in）	钻头直径 d'(mm)	螺纹公称直径（in）	钻头直径 d'(mm)
$\frac{1}{8}$	8.8	1	30.6
$\frac{1}{4}$	11.7	$1\frac{1}{4}$	39.2
$\frac{3}{8}$	15.2	$1\frac{3}{8}$	41.6
$\frac{1}{2}$	18.9	$1\frac{1}{2}$	45.1
$\frac{3}{4}$	24.4		

4. 攻螺纹前底孔深度的确定

在盲孔（不通孔）上攻螺纹时，由于丝锥起切削作用的部分，不能切制出完整的螺纹，所以钻孔深度至少要等于需要的螺纹长度加上丝锥切削部分的长度，这段长度大约等于螺纹公称直径 D 的 0.7 倍，即

$$钻孔深度 = 有效螺纹长度 + 0.7D$$

5. 攻螺纹用润滑液的选择

攻螺纹时，在孔和丝锥之间使用润滑液可以减少摩擦，起冷却作用，提高螺纹的表面粗

糙度精度，延长丝锥的使用寿命。润滑液的选择主要根据被攻螺纹材料，例如，铸铁用煤油或不用润滑液；钢用机油、乳化液、菜子油；青铜或黄铜用菜子油；紫铜或铝合金用煤油。

三、套螺纹

用板牙在圆杆上切削出外螺纹，称为套螺纹或套扣。

1. 板牙的构造和种类

(1) 板牙的构造。

板牙是一种切削外螺纹的刀具，一般用工具钢或高速工具钢制成。板牙由切削部分、修光（定径）部分、排屑孔组成，如图 2-131 所示。板牙与工件首先接触的一段有锥度，到第三牙才是全齿。板牙上有排屑孔，其作用主要是形成刀刃，并排除切屑。排屑孔的数量由螺纹直径的大小来决定，一般为 3～8 个。

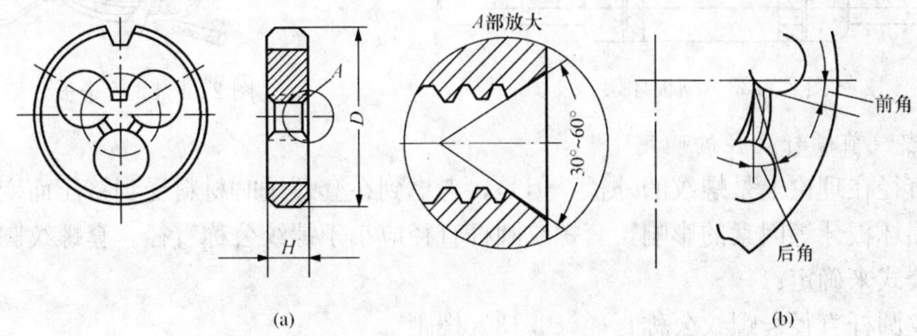

图 2-131　板牙的构造

(a) 板牙的构造；(b) 板牙的切削角度

切削部分是螺纹孔两端的锥形孔口部分，它的锥度角一般为 30°～60°。锥度角越小，切削齿越少；锥度角越大，切削齿就越多，但容易损坏板牙。切削部分前角一般为 15°～25°，后角为 7°～9°；修光部分的前角比切削部分的前角小 4°～6°，后角为 0°。板牙圆周上的一条深槽或几个锥坑用于定位和紧固板牙。

(2) 板牙的种类。

如图 2-132 所示，板牙分为圆板牙和活络管子板牙。圆板牙又分为可调式和固定式两种。活络管子板牙是 4 块为一组。镶嵌在可调管子板牙架内。

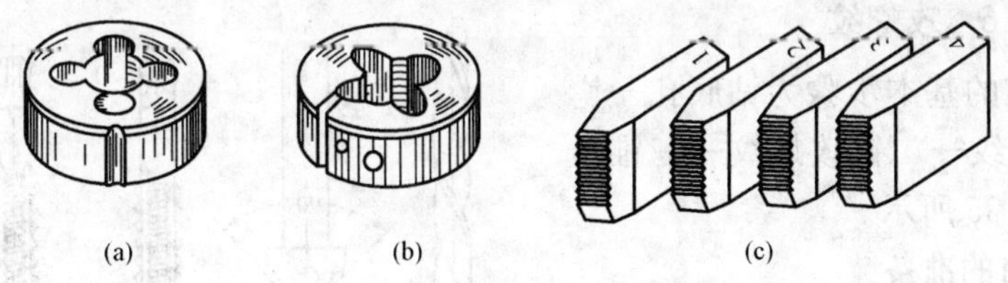

图 2-132　板牙的种类

(a) 固定板牙；(b) 可调节圆板牙；(c) 活络管子板牙

2. 板牙架

板牙架是装夹板牙的工具，它分为圆板牙架和管子板牙架。圆板牙架如图 2-133 所示。使用圆板牙架时，将板牙装入架内，板牙上的锥坑与架上的紧固螺钉要对准，然后紧固。可调式活动板牙装入架内后，旋转调整螺钉，使板牙尺寸微量调整。管子板牙架如图 2-134

所示，可装三组不同规格的活络管子板牙，扳动手柄能使每组的 4 块板牙同时合拢或张开，以适应切削不同直径的螺纹。在板牙架内还有 3 块导丝板，以保证板牙稳定在管子上，并引导板牙套进。套螺纹时，应通过蜗杆不断调整（一般 2～3 次）管子板牙的位置。

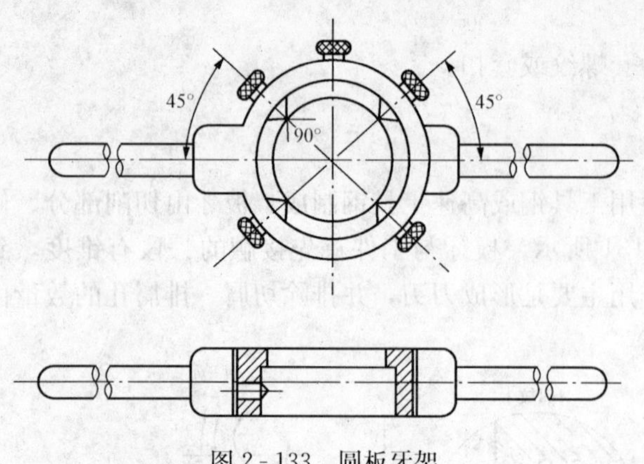

图 2-133　圆板牙架

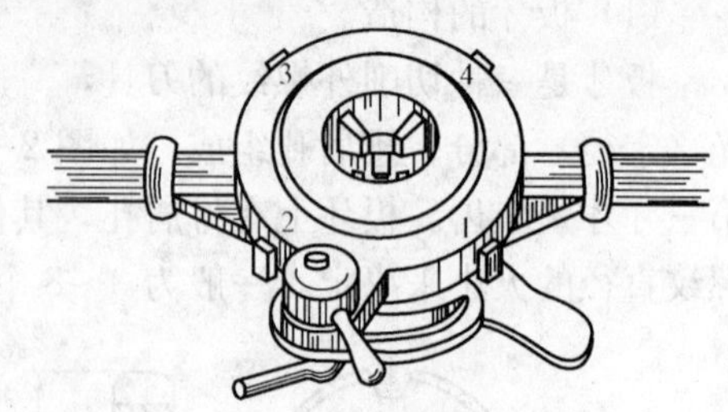

图 2-134　管子板牙架

3. 套螺纹前圆杆直径的确定

圆杆直径在理论上是螺纹的外径。但是，考虑到在套螺纹时材料受到挤压而变形，切削阻力大而损坏板牙等因素的影响，套螺纹圆杆直径应小于螺纹公称直径。套螺纹圆杆直径也可用经验公式来确定：

套螺纹圆杆直径≈螺纹公称直径－0.13×螺距

一般硬质材料直径可稍大些，软质材料要稍小些。

四、攻螺纹操作注意事项

(1) 头锥攻入底孔后，继续攻入时，旋转阻力是均匀的。若旋转阻力不匀，不能强行攻入，及时找出原因，避免造成丝锥折断的严重后果。

(2) 底孔直径要合适。如果孔径过大，则造成牙型不全，可能成为废品；孔径过小不好攻，易折断丝锥。

(3) 退出丝锥时，避免单手急速拨转扳手，要靠惯性自转退出，以免失控损坏丝锥和工件。

(4) 用可调活动扳手攻螺纹时，要一只手掌握丝锥方向又给以压力，另一只手旋转扳手，以避免把丝锥扳歪，保证切削工作顺利进行。

操作示例 16　攻螺纹

手工攻螺纹的基本步骤为钻底孔→锪倒角→头锥攻螺纹→二锥攻螺纹→三锥攻螺纹，如图 2-135 所示。

1. 攻螺纹前的准备

(1) 确定螺纹底孔直径，选择钻头并钻孔。

(2) 用锪孔钻将孔口锪成 90°倒角。倒角时若无锪孔钻，可用大于底孔直径的钻头代替。锪倒角最大直径应和螺纹公称直径相等。倒角的目的是便于攻螺纹起

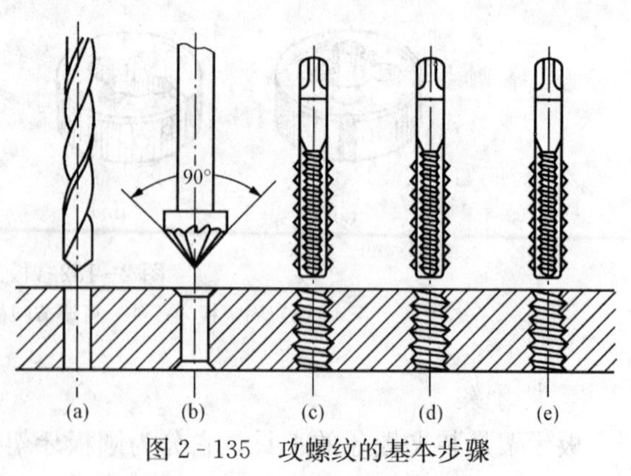

图 2-135　攻螺纹的基本步骤

(a) 钻底孔；(b) 锪倒角；(c) 攻头锥；
(d) 攻二锥；(e) 攻三锥

削，防止孔口出毛边或孔口崩裂。

（3）选择丝锥、攻螺纹扳手、润滑液。

2. 攻螺纹操作

（1）攻螺纹时，头锥装夹在扳手的方孔内，将工件的切削部分插入工件底孔中，使丝锥的中心线与底孔的中心线相重合，或使丝锥的中心线垂直于孔口表面。不然，攻出的螺纹会偏斜。检查方法如图2-136所示，用角尺找正丝锥。先靠一边测量，然后再转约90°的位置进行测量。也可用导向螺母逼正丝锥。

（2）丝锥攻入时，两手以适当而均匀的压力和旋转力，把丝锥拧入孔内，让丝锥能着实地切削下去，如果压力不足，孔的一端会攻出锥形的大口。材料较硬的工件，在攻出2、3牙后，还要继续加压力，不然工件的抵抗力会使丝锥转不下去，而使已经攻出的2、3牙被推掉。这种现象通常称为滑牙。当攻4、5个牙后，就不必再加压力，只需继续旋转即可。

（3）丝锥拧入孔内时，就从孔壁上切出切屑，因切屑越来越长，特别是塑性材料会把丝锥挤住不能转动，所以在攻螺纹时，要不断地把丝锥反向旋转超过90°，如图2-137所示，使切屑折断掉出。在盲孔中攻螺纹时，还必须随时旋出丝锥，清除丝锥和孔底内的切屑（孔内的切屑可用带磁性的钢丝吸出或用压缩空气吹出，禁止用嘴吹）。

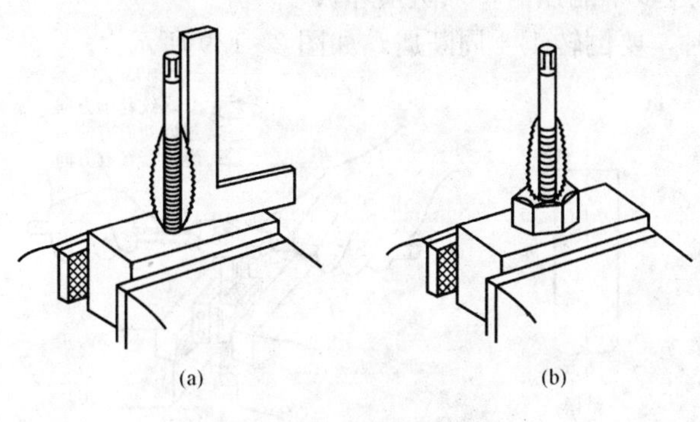

图2-136　丝锥找正方法

（a）角尺找正丝锥；（b）导向螺母逼正丝锥

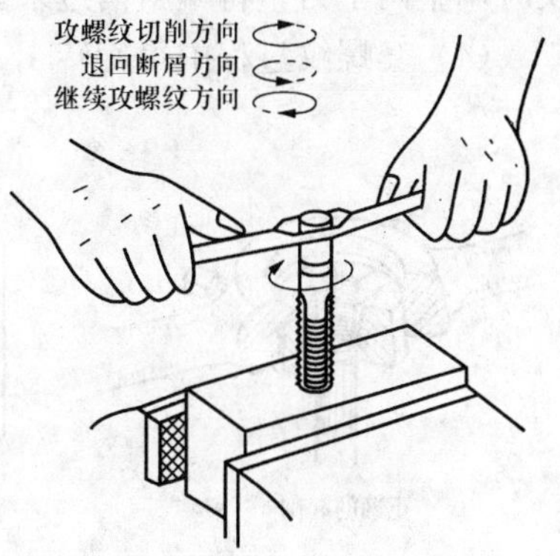

图2-137　攻螺纹操作

（4）攻盲孔时注意攻入深度。根据工件材料适当润滑。头锥攻到深度后，再用二锥、三锥扩大和修光螺纹。如果在较硬的材料上攻螺纹，可将头锥、二锥交替使用，以防扭断丝锥。

3. 折断丝锥的处理方法

如丝锥折断，应仔细观察，分析情况，采用适当方法谨慎操作，退出螺孔中的断锥。

（1）用比丝锥纵槽略细的钢丝，插入丝锥的槽中，拧出丝锥，这种方法适用于直径较大的丝锥。

（2）用特制的尖錾子，慢慢地转着敲出丝锥，这种方法适用于折断部分与孔口平齐、直径较小的丝锥。

（3）如果折断部分露在孔外，可小心地用钢丝钳子拧出。

（4）对难以取出的丝锥，可先用气焊加热把折断在孔内的丝锥退火。退火后，选择合适的钻孔方法将断丝锥钻去。

（5）用电火花打孔的方法打掉断丝锥。

操作示例 17 套螺纹

1. 套螺纹前的准备

（1）测量套螺纹圆杆直径，确定杆直径符合经验公式。一般要比螺纹公称直径小0.2～0.4mm。

（2）砂轮磨削或锉削，将圆杆端部倒成30°角，以便于板牙套螺纹起削与找正，如图2-138所示。倒角锥体的小头应比螺纹内径小些。

（3）选择合适的板牙，安装在板牙架中，并调整板牙（适用于可调板牙）。

2. 套螺纹操作

（1）套丝前将圆杆夹持在软虎钳口内，夹正、夹牢。为了防止套螺纹时由于力矩过大使圆杆变形，工件不要露出过长。

（2）板牙起削时，要注意检查和找正，使板牙与圆杆保持垂直。两手握持板牙架手柄并加上适当压力，然后按顺时针方向（右旋螺纹）扳动板牙架旋转起削。当板牙切入到修光部分的1～2牙时，两手只用旋转力，即可将螺纹套出。

（3）套螺纹中两手用的旋转力矩要始终保持平衡，以避免螺纹偏斜。如发现稍有偏斜要及时调整两手力量将偏斜借过来。但偏斜过多不能强借，以防损坏板牙。

（4）套螺纹过程中每旋转1/2～1周时，要倒转1/4周断屑，如图2-139所示。

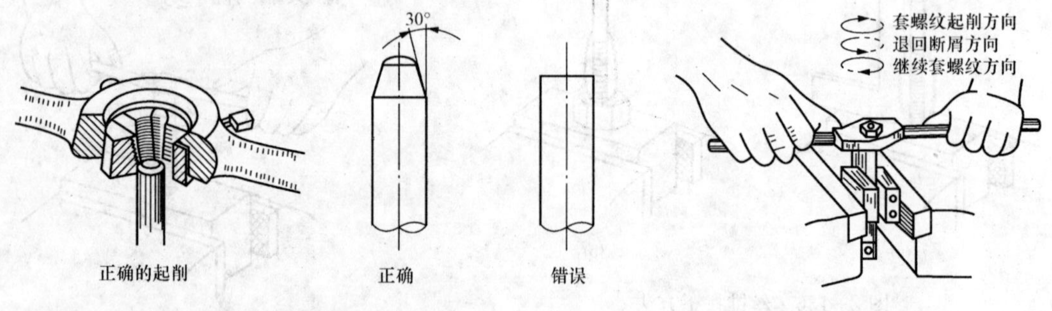

图2-138 板牙在螺杆上起削　　图2-139 套螺纹操作

（5）套公称直径12mm以上的螺纹时，为了防止板牙扭裂，最好用可调节式的板牙，分2、3次套成。

（6）为了保护板牙，提高螺纹的表面粗糙度精度，套螺纹时，应加适当的润滑液。

操作示例 18 套管螺纹

套管螺纹用管子板牙架加工外螺纹。管子板牙架由板牙架体、4块平板牙及3个引导板组成。引导板的作用是在套螺纹时使板牙架在工件上保持稳定。

在管子上套螺纹时，先用夹具把管子夹紧，用润滑液润滑管子需要套螺纹的部位，然后在管子的一端套上板牙架，将板牙合拢，转动板牙架数遍，即可在管子上套出外螺纹，如图2-140所示。

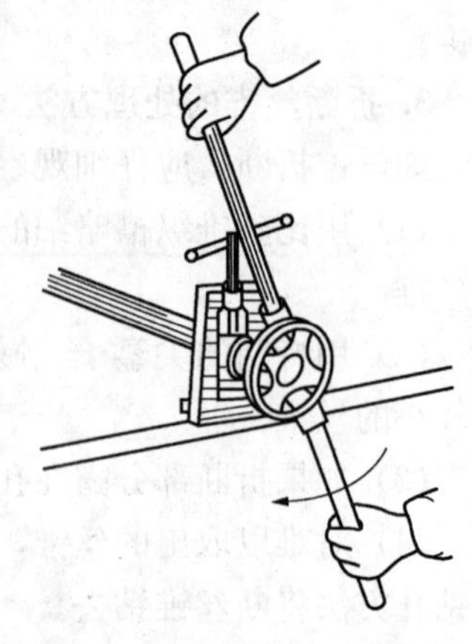

图2-140 用管子板牙架套螺纹

凡直径 1in 以下的螺纹套两遍可成，直径 1in 以上的螺纹须套 3 遍才能套出良好的螺纹。在每次重复套螺纹前，必须用刷子仔细地清除管子上及板牙内的切屑，并重新用润滑液润滑。板牙架绕管子旋转一周，一般分 4 次动作，即每一次动作最多转 90°。

实训操作 8　攻螺纹、套螺纹

1. 训练要求

（1）掌握攻螺纹底孔直径的计算方法和套螺纹圆杆直径的确定方法。

（2）掌握攻螺纹、套螺纹操作方法和要领。

2. 工具、量具及辅具

丝锥、丝锥扳手、圆板牙、板牙架、扁锉、角尺、游标卡尺等。

3. 备料

（1）83mm×83mm×25mm（工件材料 HT150）一件，如图 2-117 所示。

（2）套螺纹材料 ϕ12×150mm（Q235）两件。

4. 工件图（参考）

（1）攻螺纹工件如图 2-117 所示。

（2）套螺纹工件如图 2-141 所示。

5. 训练安排

（1）攻螺纹练习。

1）对攻螺纹底孔孔口倒角；

2）依次攻出 2×M10、2×M12 螺孔，并用 M10、M12 螺栓配检（检验螺栓长 60mm）。

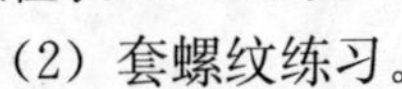

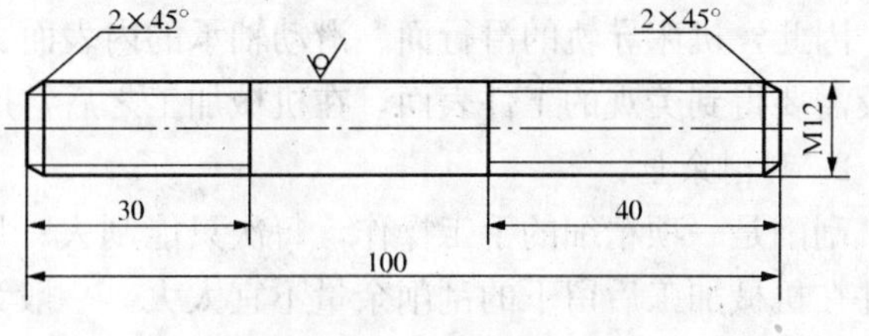

图 2-141　套螺纹工件图

（2）套螺纹练习。

1）检查备料尺寸；

2）按图样尺寸要求，锉削圆杆两端面，且对圆杆端部倒角；

3）完成两件 M12 双头螺栓的套螺纹工作。

第八节　平　面　刮　削

一、基本知识

用刮刀从已加工表面上刮去一层薄金属，以提高工件的加工精度、降低工件表面粗糙度的操作称为刮削。其原理是在工件或校准工具上涂一层显示剂，经过对研，使工件较高的部位显示出来，然后用刮刀刮去较高部位的金属层。经过反复的显示和刮削，工件表面的接触点不断增加。这样，工件的加工精度和表面粗糙度就可以达到预期的要求。

根据加工表面的形状不同，刮削分为平面刮削和曲面刮削（见图 2-142）。本节主要介绍平面刮削。

1. 刮削的特点及应用

（1）刮削属于精加工，具有切削力小、切削量小、切削热少、切削变形小等特点。不存在机械加工中的热变形现象，所以能获得较高的尺寸精度、形状位置精度、传动精度和很小

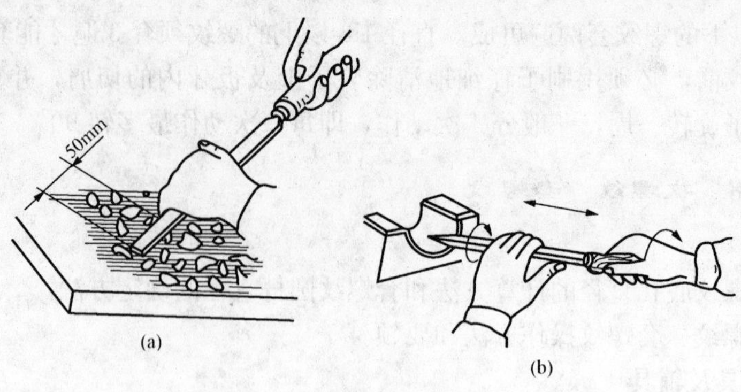

图 2-142 刮削

(a) 平面刮图；(b) 曲面刮削

的表面粗糙度值。

(2) 刮削时，刮刀对工件反复挤压，使工件表面紧密，从而提高其耐磨性能。

(3) 刮削后的工件表面形成了许多均匀分布的微浅凹坑，提供了良好的储油条件，改善了机构相对运动的润滑情况。

(4) 刮削时工件表面在光线反射下显示出层次分明、明暗对比丰富的花纹，使工件外形美观。

因此，机床导轨的滑行面、滑动轴承的内表面、工具和量具的接触面、设备的密封表面以及需要得到美观的工件表面，在机械加工之后常用刮削的方法加工。

2. 刮削余量

刮削是一项精细的手工操作，每次只能刮去一层很薄的金属，其劳动强度很大。所以，工件在机械加工后留下的刮削余量不宜太大。一般为 0.05～0.4mm。刮削余量可参阅表 2-24 确定。

表 2-24　　平面刮削余量　　mm

平面宽度	平面长度				
	100～500	500～1000	1000～2000	2000～4000	4000～6000
100 以下	0.10	0.15	0.20	0.25	0.30
100～500	0.15	0.20	0.25	0.30	0.40

3. 显示剂

显示剂就是在刮削中，为了清楚地显示工件误差的位置和大小所使用的一种涂料。

对显示剂的要求是：使用显示剂经对研后，应保证显点光泽、明显，点子清晰；不磨损、不腐蚀工件；不损害人体健康。

(1) 常用显示剂的特点及应用见表 2-25。

表 2-25　　常用显示剂的特点及应用

名　称	特点及应用
红丹粉	红褐色，颗粒细，显示清晰，不反光，价格低廉，与机油调合使用，是最常用的显示剂
普鲁士蓝油	深蓝色，对研后点小，清楚，价格昂贵，与蓖麻油及适量机油调合而成，应用于精密工件、有色金属工件和合金工件

（2）显示剂的使用方法和要求。以红丹粉为例，如图 2-143 所示。红丹粉与机油的调合浓度应适当。粗刮时，调得稍稀些；精刮时，调得稍干些。显示剂应涂抹得薄而均匀。涂得过厚，研点易模糊成团。

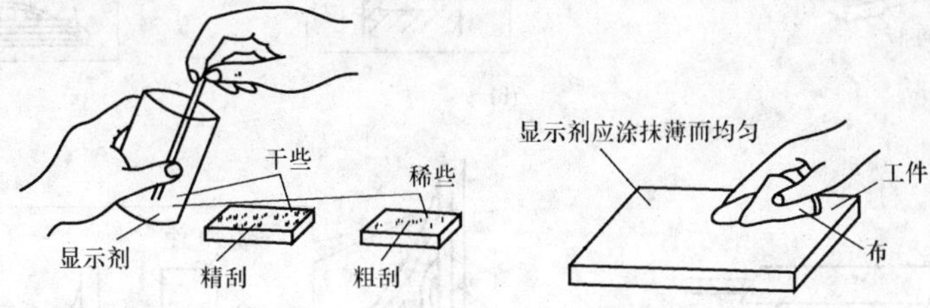

图 2-143 显示剂的使用要求和方法

二、平面刮削工具及操作

（一）刮削工具

1. 平面刮刀

平面刮刀是平面刮削工作中的主要工具，用来刮削平面或刮花，如图 2-144 所示。平面刮刀的刀头要有足够的硬度，刃口锋利，刀身有一定的弹性。通常使用的刮刀用 T10A 或 T12A 钢锻制成形，经刃磨后刀头需淬火硬化。当工件表面较硬时，可焊接高速钢或硬质合金刀头。

平面刮刀按刮削平面的精度要求分，有粗刮刀、细刮刀和精刮刀。刮刀头部形状如图 2-145 所示，其尺寸规格见表 2-26。

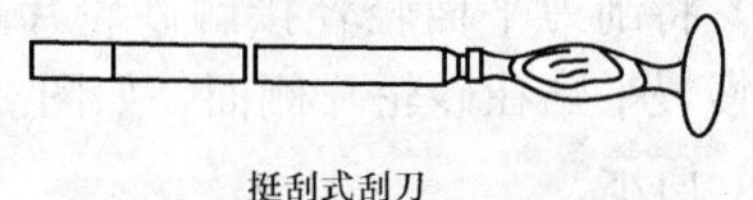

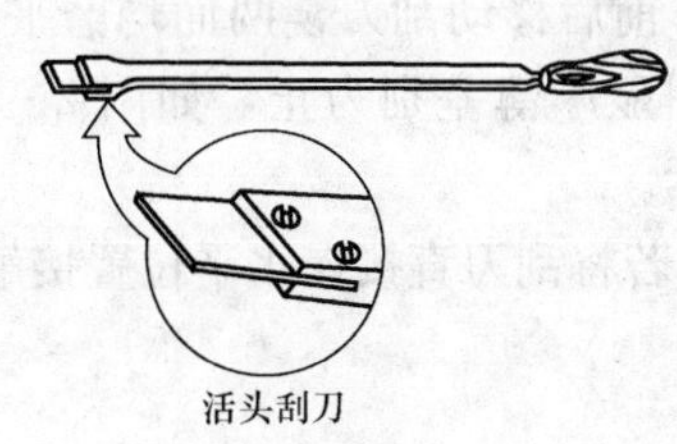

图 2-144 平面刮刀

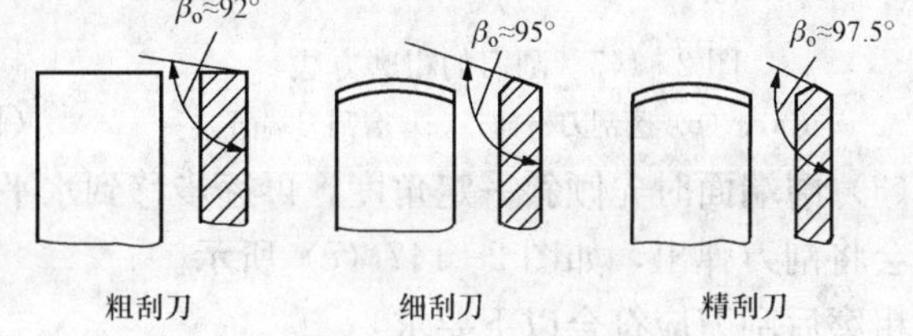

图 2-145 刮刀头部形状

表 2-26 平面刮刀规格 mm

种类 \ 尺寸	全长 L	宽度 B	厚度 t
粗刮刀	450～600	25～30	3～4
细刮刀	400～500	15～20	2～3
精刮刀	400～500	10～12	1.5～2

2. 基准工具（研具）

基准工具是用来推磨研点和检查刮削平面准确性的工具。常用的有标准平板、工形平尺、桥形平尺、角度平尺、直角板等如图 2-146 所示。

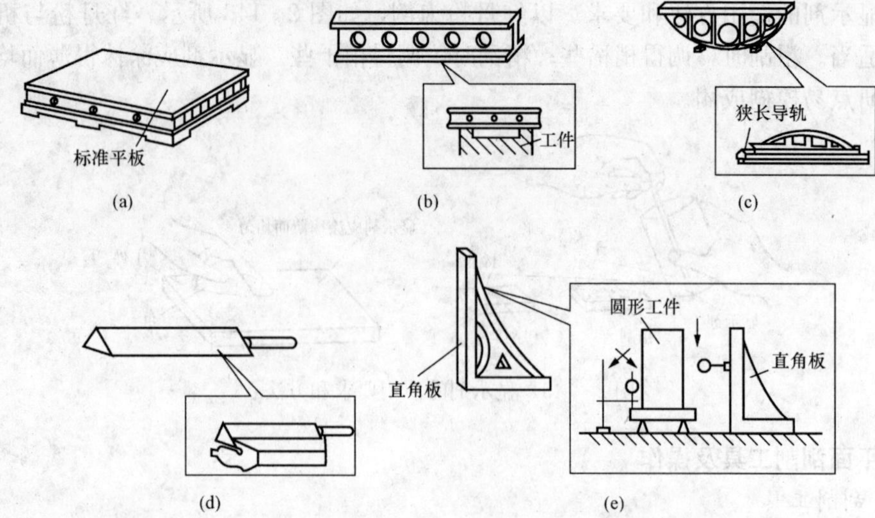

图 2-146 基准工具
(a) 标准平板；(b) 工形平尺；(c) 桥形平尺；(d) 角度平尺；(e) 直角板

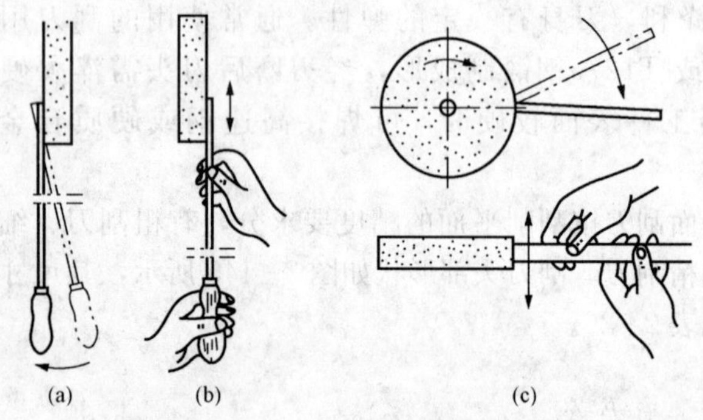

图 2-147 刮刀的粗磨方法
(a)、(b) 磨刮刀平面；(c) 磨刮刀端面

（二）平面刮刀的刃磨

1. 粗磨

锻制成形后的刮刀毛坯，在淬火前应先在砂轮上进行粗磨。

(1) 将刮刀平面轻轻接触砂轮片边缘，再慢慢平贴在砂轮片侧面，如图 2-147 (a) 所示。

(2) 前后移动刮刀，两面均磨平整，目视无明显厚薄差别为止，如图 2-147 (b) 所示。

(3) 磨端面时先倾斜一定角度，再逐步移到水平位置，若将刮刀直接在水平位置接触砂轮，会将刮刀弹出，如图 2-147 (c) 所示。

粗磨后刮刀应符合以下要求：

(1) 刮刀的厚度及宽度应符合要求，基本上除掉刀身上的氧化皮。

(2) 刀头部分的两大平面，基本平整且平行。其端部与刮刀中心线垂直。

(3) 刮刀切削部分的几何角度正确。

2. 细磨

刮刀的细磨工作，在淬火前和淬火后分别进行。其刃磨部位是刀头的两大平面和刀头的端面。如图 2-148 所示，两大平面的刃磨方法如下：后手端平刮刀，前手压紧刀尖，使刮刀刃磨平面与油石面完全接触，作横向往复运动。端面的刃磨方法如图 2-149 所示。方法一［见图 2-149 (a)］，刃磨时，由前至后拉动刮刀，拉到油石后部后，将刮刀提起移至油石前部，再往后拉动（磨时应加机油）。方法二［见图 2-149 (b)］，刮刀直立或前倾（前倾角根据刮刀后角确定），刃磨时，刮

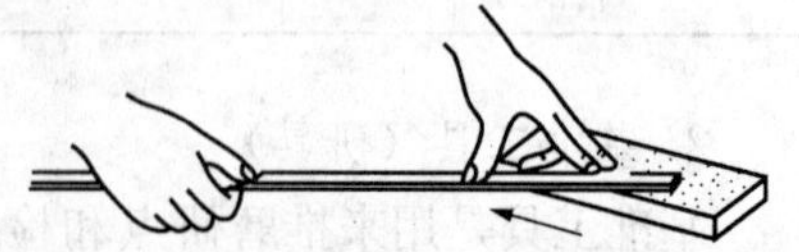

图 2-148 刮刀两大平面的磨法

刀向前推动，拉回时刀身略微提起。

淬火前细磨时，应在粒度较粗的油石上进行。淬火后细磨时，应选用粒度较细的油石刃磨端面。

刮刀细磨后，要求平面平整光洁，几何角度正确，刃口锋利，无缺陷。

图 2-149　刮刀端面的刃磨方法

(a) 方法一；(b) 方法二

3. 刮刀的修磨

在刮削过程中，刮刀刃变钝后要及时修磨。修磨的方法与淬火后的细磨方法相同，但需要注意以下事项：

(1) 新油石使用前，应先用机油浸泡几天后再使用。使用中应保持清洁、平整。若发现金属屑嵌入油石表面，应用煤油洗净；若磨出凹槽，应在砂轮上或磨床上修平。使用后，应浸入油盘中。油石的使用和保养如图 2-150 所示。

(2) 淬火后，第二次细磨刮刀时，如果发现刮刀刃口上有缺口，应在细砂轮片上磨去缺口（注意蘸水冷却）。如发现裂纹，应将裂纹部分去掉，磨后重新淬火。

(三) 平面刮削的操作姿势和动作要领

1. 操作姿势

常用的操作姿势有手刮式和挺刮式两种。

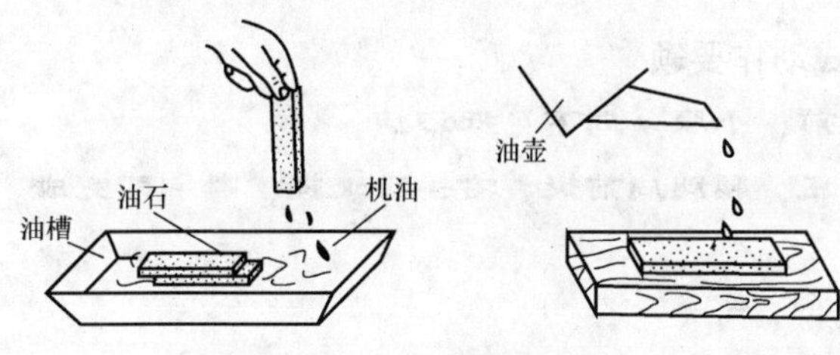

图 2-150　油石的使用和保养

(1) 手刮式。手刮式的操作姿势如图 2-151 所示，其优点是：操作方便，动作灵活，适应性强，可在各种工作位置上进行，对刮刀长度要求不太严格。其缺点是手易疲劳，不适于加工余量较大的场合。

(2) 挺刮式。挺刮式的优点是刮削力量大，工作效率较高，适合加工余量较大的场合。挺刮式的操作姿势如图 2-152 所示。两手动作和握刀方法如图 2-153 所示。

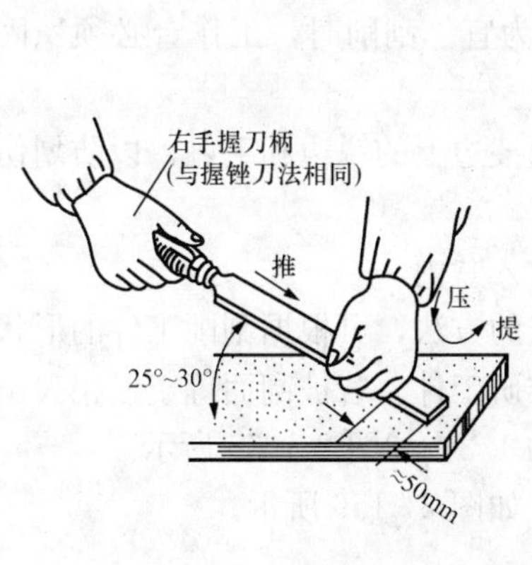

图 2-151　手刮式刮削

图 2-152　挺刮式刮削

2. 动作要领

刮削平面时，无论采用手刮式还是挺刮式，均由下压、前推和上提三个有机动作组成，并且三个动作是协调配合完成的。

下面以挺刮式为例，简述其动作要领。

如图 2-154 所示，开始刮削时，刮刀刃口接触被刮削平面，落刀的角度为 15°～25°为宜。落刀时的部位由右手控制，且要求落刀平稳，将刮刀轻轻放下。落刀后两手用力下压（下压动作主要由左手完成），与此同时，通过腰部和左腿完成前推运动，紧接着右手迅速提刀。

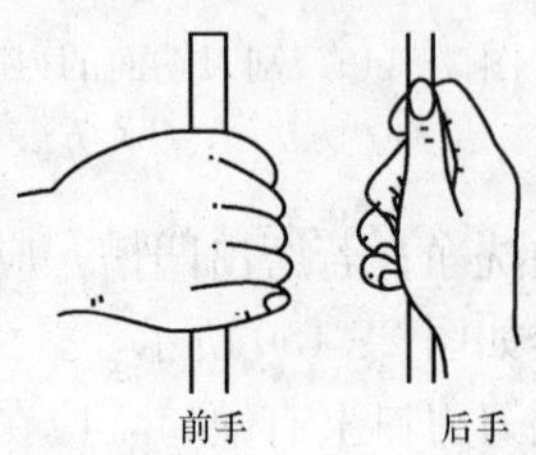

图 2-153 挺刮式两手的握刀方法

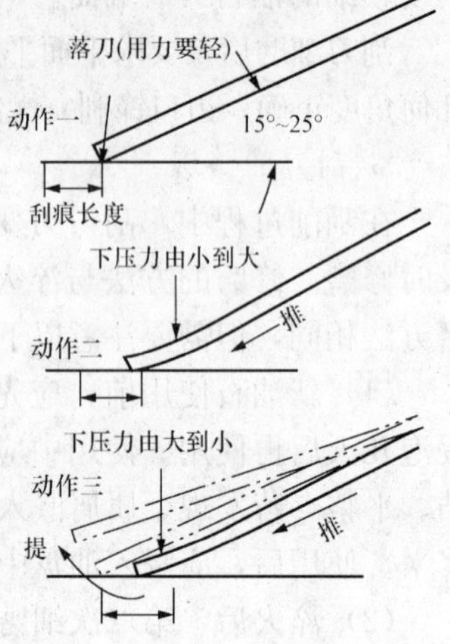

图 2-154 挺刮式动作要领

在下压、前推和上提三个动作中，左手的压力，腰、腿的前挺与右手的提刀相配合，控制刀迹的深浅、长短和形状。

挺刮式动作要领

双脚要站稳，弯腰身前倾。双手握刀前，小腹（向下）抵刀柄。

右手控制刀，落刀平又轻。左手向下压，腰腿向前挺。右手迅速提，瞬间即完成。

三、平面刮削方法

（一）刮削前的准备工作

（1）刮削工量具的准备。根据刮削要求，准备好所需要的刮刀、校准工具、量具等。

（2）刮削场地和工件安放。刮削场地的光线和室温应适宜。刮削平板时，应将平板平稳地安放在刮削工作台上。刮削工作台的高度要根据操作者的身高和工件确定。通常，用挺刮式操作时，刮刀柄所处的位置距刮削平面约 150mm 为宜。刮削时，工作台必须稳固，不能有晃动现象。

（3）工件的准备。刮削前，先用锉刀倒掉刮削面棱边上的锐边和毛刺，以防划伤手指或对研时划伤刮削面。然后，再将刮削面擦拭干净。

（4）显示剂的准备。将红丹粉与机油调匀后，放入盒内。

（5）对研和显点。刮削工件与基准工具对研显点的方法，可根据刮削工件的形状和刮削面的大小确定：中小工件研点时，基准工具不动，推研工件。若被刮面等于或稍大于基准工具，推研时工件伸出部分的长度不能超过工件长度的 1/3，如图 2-155 所示。

推研时，要经常调换方向和位置，压力要均匀，如图 2-156 所示。

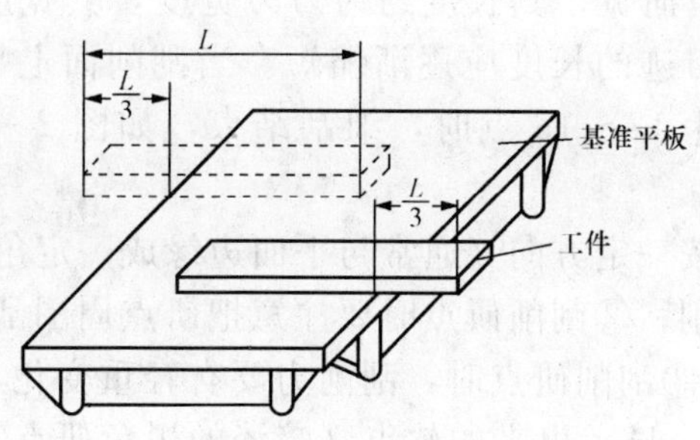

图 2-155 中小工件的研点方法

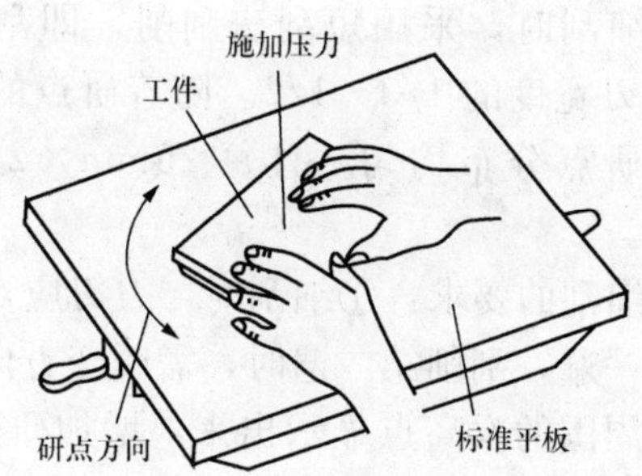

图 2-156 推研方法

若前后两次显示情况出现矛盾时（见图 2-157），应认真分析，找出原因再对研。

大型工件（如机床导轨面）研点时，工件不动，推研基准工具。推研时，基准工具超出被刮面的长度应小于基准工具长度的1/5，如图 2-158 所示。

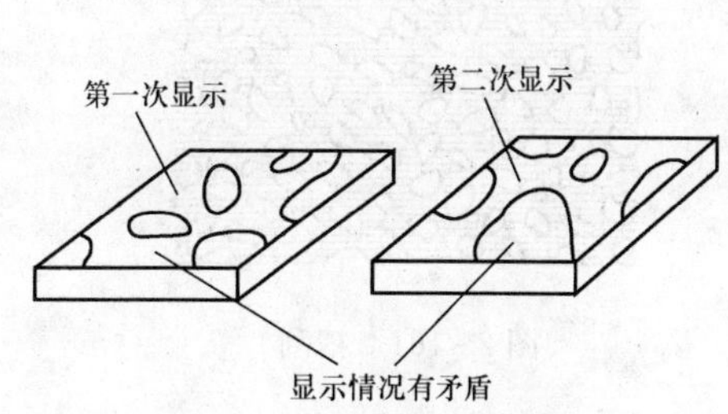

图 2-157 分析比较研点

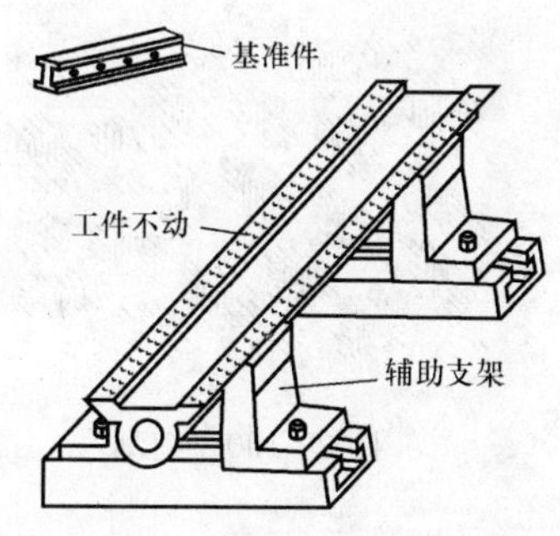

图 2-158 大型工件的研点方法

（二）刮削步骤和方法

平面刮削一般要经过粗刮、细刮、精刮和刮花四个步骤。

1. 粗刮

粗刮的目的是消除较大缺陷，如较深的加工刀纹、锈斑、较大面积的凹凸不平等缺陷。

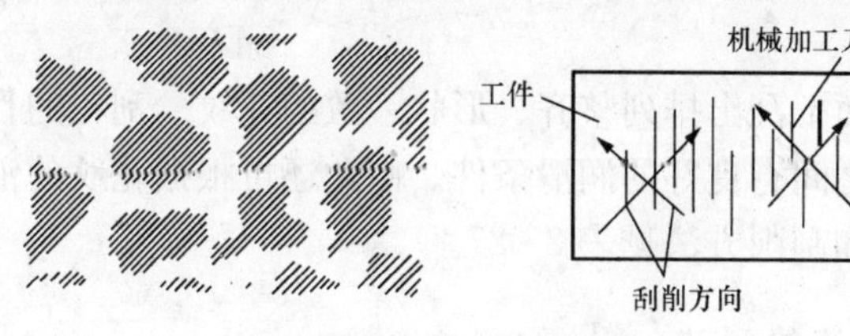

图 2-159 粗刮

粗刮的方法是，先采用长刮法刮削，即刮削刀迹较长（约 15～30mm），且连成一片而不重刀，刀迹的宽度应为刀刃宽度的 2/3～3/4。然后涂抹显示剂，对研后刮削研点。当粗刮到每 25m 内有 4～6 点时，粗刮结束，如图 2-159 所示。

粗刮的要求：①刮削时先顺机械加工刀纹方向（或与工件成45°角的方向）刮削第一遍，如图 2-159 所示，然后调转 90°，从另一个方向刮削第二遍；②整个刮削面要均匀，不能出现中间低、边缘高的现象；③刮削不能出现重刀、漏刀的现象，也不允许出现过深的落刀痕迹和沟槽。

2. 细刮

细刮的目的在于增加接触点，进一步改善刮削面不平的现象。

细刮时，采用短刮法刮削，即刮削刀迹短而宽，其长度约为刀刃宽度，其宽度约为刀刃宽度的1/3～1/2。随着研点的增多，刀迹的长度应逐渐缩短。当刮削面上显示出的研点分布均匀，且每25mm×25mm内达12～15点时，细刮结束，如图2-160所示。

细刮的要求：①细刮时，刀刃应对准研点按一定方向（通常与平面边缘成一定角度）刮削一遍，刮削第二遍时，需改变方向交叉刮削；②刮削研点时要注意把研点周围刮去，使其周围的次高点显示出来，增加研点数目；③刮削研点时，刮削力要有轻重变化，对研后显示出来的硬点（发亮的研点）应刮重些，显示出来的软点（暗淡的黑色研点）应刮轻些。

3. 精刮

精刮的目的是进一步增加研点数目，提高工件的表面质量，使刮削面精度和表面粗糙度达到要求。精刮后，每25mm^2内有20～25个研点如图2-161所示。

图2-160 细刮

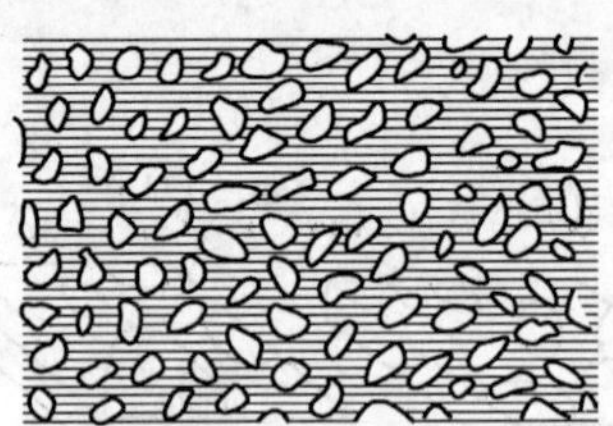

图2-161 精刮

精刮时采用筛选刮点法刮削。刮削刀迹的长度约为5mm，宽4mm，刮削精度愈高时，刀迹愈狭、愈短。筛选研点的方法是：刮大点，挑中点，留小点，即最大、最亮的研点重刮，中等研点轻刮，小点留下不刮。

精刮的要求：①刮削时，压力要轻，提刀要快，每个研点只刮一刀，不允许重刀；②自始至终交叉刮削；③在精刮结束前的最后二、三遍，应注意到刀迹交叉、大小一致，排列整齐，增加刮削面的美观。

4. 刮花

所谓刮花，就是在已刮好的工件外露表面上刮出排列整齐、形状一致的花纹。刮花的目的，一是增加刮削面的美观，二是使滑动件之间有良好的润滑条件。由此还可根据花纹的消失程度判别刮削面的磨损情况。常见的花纹和刮削方法见表2-27。

表2-27 常见刀花的刮法

刀花名称	刀花图形	刮削的方法
月牙花		1. 用铅笔按刀花的间格在要刮花的平面上划格线。 2. 沿划好的格线刮花。其要领：右手握刀柄向前推，同时左手握刀杆扭动刮刀。刃口右边先接触工件，逐渐向左压平。而后再逐渐扭向右边，接触工件后抬起刮刀。这样就完成了一个刀花的动作

续表

刀花名称	刀花图形	刮削的方法
链条花	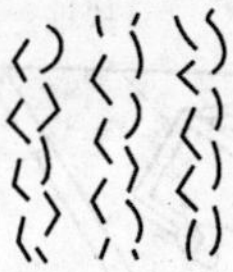	1. 同月牙花。 2. 沿划好的格线连续刮一串月牙花。 3. 再按相反的方向，与前一串刀花错半个花距，沿同一方向刮一串月牙花，即刮成链条花
地毯花		1. 同月牙花。 2. 用平刃口刮刀，刀宽依花的宽度而定。 3. 先沿纵向按划好的格线，每隔一格刮一方块花。方块花角与角相接，形成没刮花的角与角相接的空白方块。 4. 再沿横向在空白方块中刮方块花。 5. 每一方块花平行刮 2～3 次。横纵方向刀花刮完即为地毯花
波形花		1. 同月牙花。 2. 用小圆弧刃口刮刀，沿划好的格线刮花，要右手握刀柄，左手握刀杆向下压刮刀，并控制方向。刮刀沿划好的线向前推，同时连续左右摆动刮刀即刮出波形花

（三）刮削原始平板的方法

前面讲述的基准平板也称为标准平板。在没有标准平板的情况下，可以用三块机械加工后的平板通过互研互刮的方法刮削成原始的标准平板。

如图 2-162 所示，刮削前，先将三块平板依次编号为 A、B、C，并进行单独粗刮，去掉机加工刀纹。然后按下列加工步骤进行刮削。

以 A 平板为过渡基准进行第一次对研刮削：①A、B 对研互刮，使 A、B 平板贴合；②A、C 对研，只刮 C 平板，并与 A 贴合；③B、C 对研互刮，并贴合，以 B 平板为过渡基准进行第二次对研刮削；④B、A 对研，只刮 A 平板，并与 B 贴合；⑤C、A 对研互刮，并贴合，以 C 平板为过渡基准进行第三次对研刮削；⑥C、B 对研，只刮 B 平板，并与 C 贴合；⑦A、B 对研互刮，至完全贴合。三次刮完后，再依次从头循环，直至任意两块对研每 $25mm^2$ 内有 12 点以上即可。

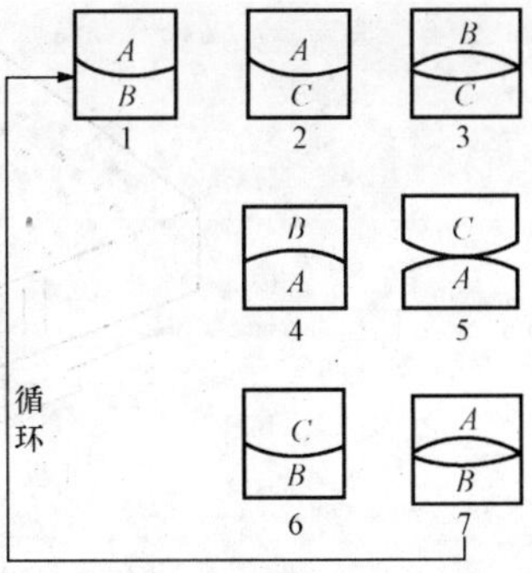

图 2-162 原始平板的刮削步骤

刮削原始平板时，采用合研方法对研显点。合研法有正研法和对角研法两种，如图 2-163 所示。正研法的缺点是，有时显点出现假象，即三块平板出现同向扭曲。为了消除其扭曲现象，可采用对角研法，即高角对高角，低角对低角的对角研法。

（四）刮削质量的检查

刮削质量检查的内容主要包括：尺寸精度、形状和位置精度、接触精度及表面粗糙度等。

检查刮削质量的常用方法如图 2-164 所示。检查时，用边长 25mm 的正方形方框放在被检查面上，根据方框内的研点数目来决定接触精度。各种平面接触精度研点数的要求见表2-28。检查刮削平面平行度和垂直度的方法分别如图2-165所示。

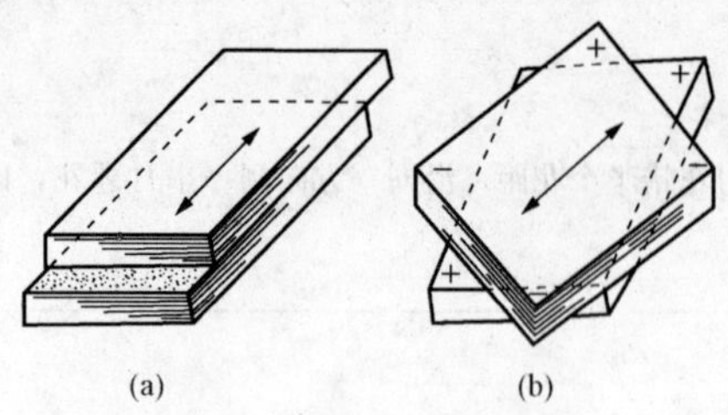

图2-163 合研方法
(a) 正研法；(b) 对角研法

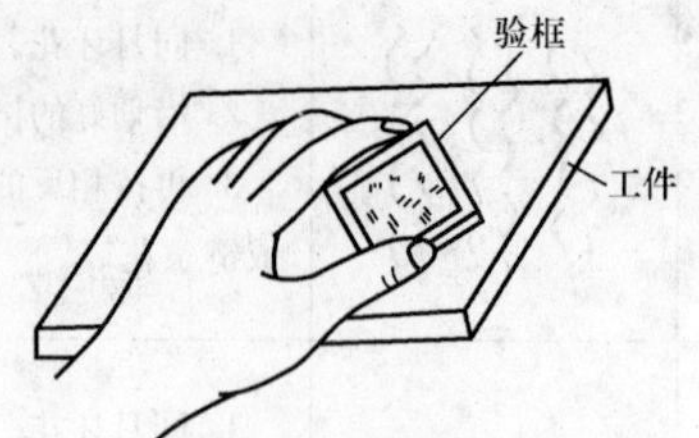

图2-164 刮削质量检查方法之一

表2-28 各种平面接触精度的研点数

平面种类	每25mm×25mm内的研点数	应用
一般平面	2～5	较粗糙机件的固定结合面
	5～8	一般结合面
	8～12	机器台面，一般基准面，机床导向面，密封结合面
	12～16	机床导轨及导向面，工具基准面，量具接触面
精密平面	16～20	精密机床导轨，直尺
	20～25	1级平板，精密量具
超精密平面	>25	0级平板，高精度机床导轨，精密量具

注 表中1级平板、0级平板系指通用平板的精度等级。

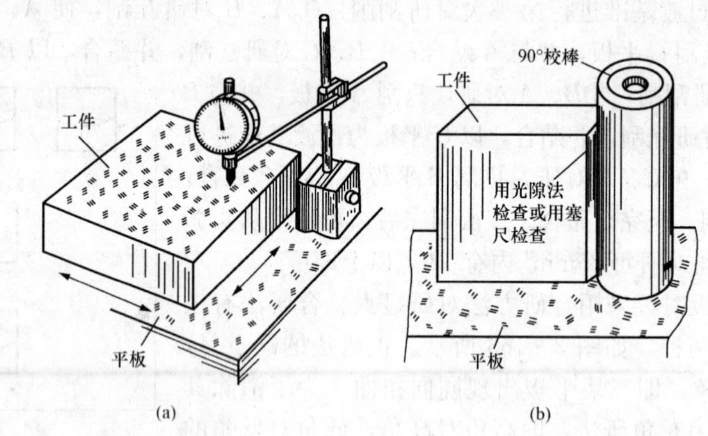

图2-165 刮削质量检查方法之二
(a) 检查工件平行度；(b) 检查工件垂直度

(五) 刮削的缺陷分析

刮削缺陷及其产生的原因见表2-29。

表 2-29 刮削缺陷及产生的原因

刮削缺陷	特 征	产 生 原 因
振痕	刮削面上出现有规则的波纹	多次同向刮削，刀迹没有交叉
撕纹	刮削面上有粗糙的刮削刀纹	刀刃有缺口或有裂纹
刀痕	落刀时的痕迹，较正常刀迹深	落刀时的角度过大，刀落过重
沟槽	较深的沟纹	操作时，刮刀未能平稳地接触刮削平面
划道	刮削面上划出深浅不一的直线	研点时，夹有砂粒、铁屑等杂质或显示剂不干净
深凹	刮削面上研点局部稀少或刀迹与显示点高低相差太多	1. 粗刮时，用力不均，局部落刀太重或多次刀迹重叠； 2. 刀刃弧形磨得过大
刮削不精确	显点情况无规律地改变	1. 合研时压力不均，或工件伸出太长出现假点； 2. 校准工具本身不精确

四、刮削操作注意事项

（1）在砂轮机上修磨刮刀时，应站在砂轮机的侧面，压力不可过大。

（2）刮削前必须将工件的锐边、锐角去掉，以防伤手。

（3）刮削工件与校准工具对研接触时，要轻而平稳，并且要擦拭干净，防止损坏工件或工具。

（4）刮削工件边缘时，刮削方向应与边缘呈一定角度，且用力不可过猛，以防人冲出去发生事故。

（5）刮刀用后，要放置平稳，妥善保管，严禁拿刮刀开玩笑。

实训操作 9 平面刮削与刮刀刃磨

1. 训练要求

（1）初步掌握平面刮刀的刃磨方法，要求角度正确，刃口锋利、无缺陷。

（2）初步掌握挺刮式的动作要领。

（3）初步掌握磨点对研刮削技能。

（4）刮削面达到细刮要求（每 25mm² 内有 12～15 点），表面粗糙度不大于 *Ra*1.6。

2. 设备、工具及辅助材料

砂轮机、标准平板、刮削工作台、平面刮刀、红丹粉、油石、机油、棉纱等。

3. 备料

200mm×200mm×50mm（HT150）刮削练习平板（每人一块）。

4. 训练安排

（1）平面刮刀刃磨练习。

（2）刮削小平板。

1）作好练习前的准备工作。

2）粗刮：刮削到每 25mm² 内有 4～6 点时转入细刮。

3）细刮：当研点分布均匀，每 25mm² 内有 12～15 点时结束。

第九节 装 配

一、装配工作的基本知识

（一）装配工作的重要性

按照一定的技术要求，将零件连接或固定起来，使之成为产品的过程，称为装配。

装配工作对产品的质量有很大的影响，例如，装配时零件表面碰伤或者配合面不清洁等，机器运行时都会产生摩擦，使零件损坏，从而降低机器的使用寿命；装配时油路堵塞不通，运行后零件就可能很快地被磨坏等。因此，装配是一项非常重要而细致的工作，是获得整机质量的关键性环节。

（二）装配的基本程序

1. 装配前的准备

（1）研究和熟悉装配图的技术要求，了解产品的结构、零件的作用以及相互间的连接关系。

（2）确定装配的方法、步骤和所需的工具。

（3）领取并清洗零件，清洗时，可用柴油、煤油去掉零件上的锈蚀、切屑、油污及其他脏物，然后涂一层润滑油。有毛刺时，应用油石磨去，但应注意不要损伤零件表面的精度。

2. 装配的两个阶段

（1）部件装配。将两个以上的零件装配成一体，使其成为完整的或不完整的机构，称为部件。部件装配后，应根据工作要求进行调整和试验，合格后才可进入总装配。

（2）总装配。将各部件和零件装配成产品的过程。

3. 调整和试车

对产品进行精度检验，并进行调整和试车，使产品达到质量要求。

（三）零件的连接形式

在装配过程中，零件的连接形式会直接影响产品装配的顺序和质量，在装配前，必须首先确认机器零件间的连接形式。

1. 固定连接

（1）固定可拆卸的连接，如螺纹、键、销连接等。

（2）固定不可拆卸的连接，如焊接、铆接、过盈连接等。

2. 活动连接

（1）活动可拆卸的连接，如圆柱面、圆锥面、螺旋面等间隙配合的连接。

（2）活动不可拆卸的连接，如滚动轴承等。

（四）装配工作的一般要求

（1）装配时，应检查零件与装配有关的形状和尺寸精度是否合格，有无变形、损坏等。应注意零件上的各种标记，防止装错。

（2）各种变速和变向机构的装配，必须做到位置正确，操纵灵活，手柄位置和变速表应与机器的运转要求相符合。

（3）固定连接的零部件，不允许有间隙。活动连接的零件，允许有正常间隙，并能灵活均匀地按规定方式运动。

(4) 各种运动部件的接触表面，必须保证有足够的润滑，油路必须畅通。

(5) 各种管道和密封部件，装配后不得有渗漏现象。

(6) 高速运动机构的外面，不得有凸出的螺钉头、销钉头等。

(7) 每一部件装配完后，必须仔细检查和清理干净，尤其是在封闭的箱内，例如齿轮箱等，不得有任何杂物遗留在内。

(8) 试车前，应检查各部件连接的可靠性和运动的灵活性，特别是运动部件中有无遗漏的零件或工具、防护罩是否装上等。试车时，从低速到高速逐步进行，不可一开始就开高转速。根据试车情况，进行必要的调整，使其达到运转的要求，注意不能在运转中进行调整。

二、常用工具

装配常用工具有划线工具、錾子、手锤、手锯、锉刀、刮刀、钻头、螺纹加工工具、螺钉旋具、扳手、电动工具等，现分别介绍其中的螺钉旋具、扳手类工具和电动工具，其他工具将结合相应的工作内容进行介绍。

(一) 螺钉旋具

螺钉旋具由木柄和工作部分组成，按结构分有一字槽螺钉旋具和十字槽螺钉旋具两种，如图 2-166 所示。

1. 一字槽螺钉旋具

一字槽螺钉旋具如图 2-166 (a) 所示，用来旋紧或松开头部带一字形沟槽的螺钉。其规格以工作部分的长度表示，常用规格有 100mm、150mm、200mm、300mm、400mm 等几种。应根据螺钉头部槽的宽度来选择相适应的旋具。使用时，左手扶住已放入一字槽内的旋具头部，右手握紧手柄，垂直用力并旋转，直至拧紧或松开为止。

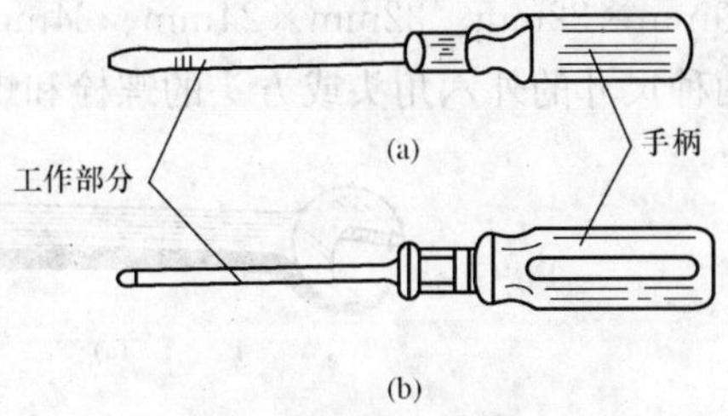

图 2-166 螺钉旋具
(a) 一字槽螺钉旋具；(b) 十字槽螺钉旋具

2. 十字槽螺钉旋具

十字槽螺钉旋具如图 2-166 (b) 所示，用来拧紧或松开头部带十字槽的螺钉。其规格有 2～3.5mm、3～5mm、5.5～8mm、10～12mm 四种。十字槽螺钉旋具能用较大的拧紧力而不易从螺钉槽中滑出，使用可靠，工作效率高，其使用方法同一字槽螺钉旋具。

(二) 扳手类工具

扳手类工具是装拆各种形式的螺栓、螺母和管件的工具，一般用工具钢、合金钢制成，常用的有活扳手、呆扳手、成套套筒扳手、钩形扳手、内六角扳手、管子钳等。

1. 活扳手

活扳手由扳手体、活动钳口和固定钳口等主要部分组成，如图 2-167 (a) 所示，主要用来拧紧外六角头、方头螺栓和螺母。其规格以扳手长度和最大开口宽度表示，见表 2-30。活扳手的开口宽度可以在一定范围内进行调节，每种规格的活扳手适用于一定尺寸范围内的外六角头、方头螺栓和螺母。

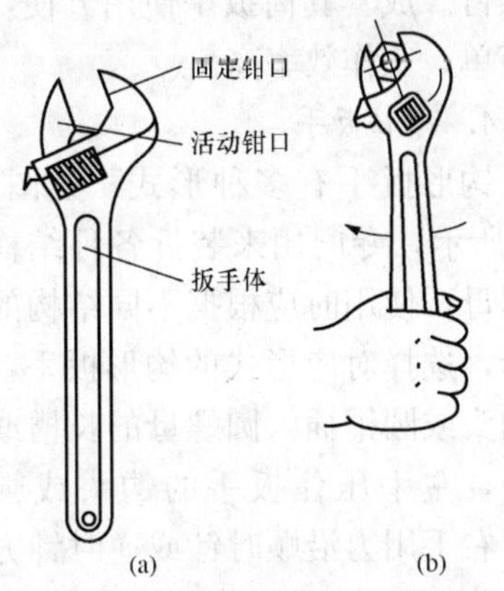

图 2-167 活扳手的结构和使用方法
(a) 活扳手的结构；(b) 活扳手的使用方法

使用活扳手应首先正确选用其规格，要使开口宽度适合螺栓头和螺母的尺寸，不能选过大的规格，否则会扳坏螺母；应将开口宽度调节得使钳口与拧紧物的接触面贴紧，以防旋转时脱落，损伤拧紧物的头部；扳手手柄不可任意接长，以免拧紧力矩太大，而损坏扳手或螺母、螺栓，活扳手的正确使用方法如图 2-167（b）所示。

表 2-30　活扳手的规格

长度	米制（mm）	100	150	200	250	300	375	450	600
	英制（in）	4	6	8	10	12	15	18	24
最大开口宽度（mm）		14	19	24	30	36	46	55	65

2. 呆扳手

呆扳手按其结构特点分为单头和双头两种，如图 2-168 所示。呆扳手的用途与活扳手相同，只是其开口宽度是固定的，大小与螺母或螺栓头部的对边距离相适应，并根据标准尺寸做成一套。常用十件一套的双头呆扳手两端开口宽度（单位为 mm）分别为 5.5mm×7mm、8mm×10mm、9mm×11mm、12mm×14mm、14mm×17mm、17mm×19mm、19mm×22mm、22mm×24mm、24mm×27mm、30mm×32mm。每把双头呆扳手只适用于两种尺寸的外六角头或方头的螺栓和螺母。

图 2-168　呆扳手

(a) 双头呆扳手；(b) 单头呆扳手

3. 成套套筒扳手

成套套筒扳手由一套尺寸不同的梅花套筒或内六角套筒组成，如图 2-169 所示。使用时将弓形手柄或棘轮手柄方榫插入套筒的方孔中，连续转动即可装拆外六角形或方形的螺母或螺钉。成套套筒扳手使用方便，操作简单，工作效率高。

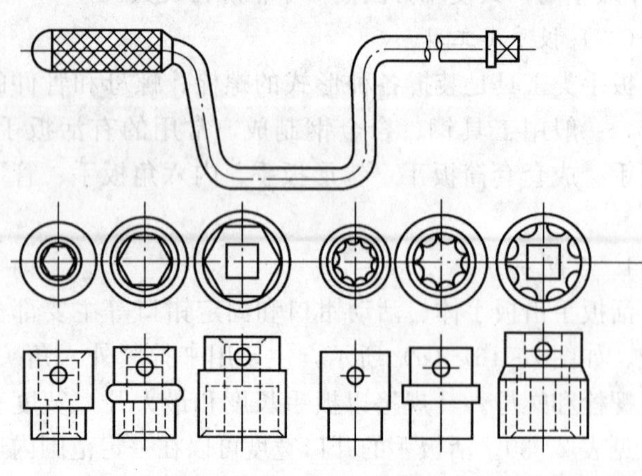

图 2-169　成套套筒扳手

4. 钩形扳手

钩形扳手有多种形式，如图 2-170 所示，专门用来装拆各种结构的圆螺母。使用时应根据不同结构的圆螺母，选择对应形式的钩形扳手，将其钩头或圆销插入圆螺母的长槽或圆孔中，左手压住扳手的钩头或圆销端，右手用力沿顺时针或逆时针方向扳动其手柄，即可锁紧或松开圆螺母。

5. 内六角扳手

内六角扳手主要用于装拆内六角螺钉，如图 2-171 所示。其规格以扳手头部对边尺寸表示，常用规格为 3mm、4mm、5mm、6mm、8mm、10mm、12mm、14mm 等。可供装拆 M4～M30 的内六角头螺钉使用。使用时，先将六角头放入内六角螺钉的六方孔内，左手下按，右手旋转扳手，带动内六角螺钉紧固或松开。

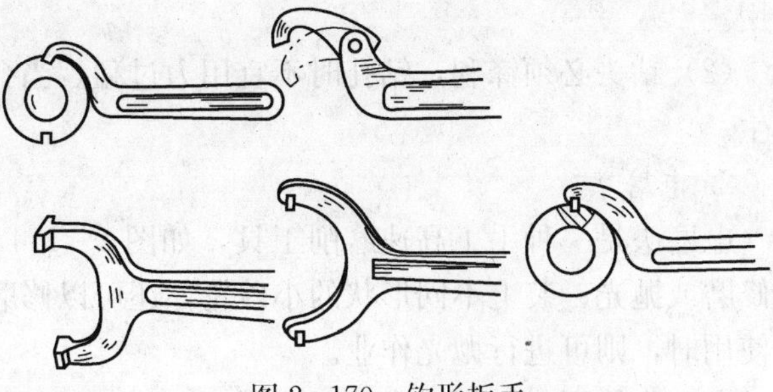

图 2-170 钩形扳手

6. 管子钳

管子钳由钳身、活动钳口和调整螺母组成如图 2-172 所示。其规格以手柄长度和夹持管子最大外径表示，如 200mm×25mm、300mm×40mm 等。主要用于装拆金属管子或其他圆形工件，是管路安装和修理工作中常用的工具。使用时，钳身承受主要作用力，活动钳口在左上方，左手压住活动钳口，右手握紧钳身并下压，使其旋转到一定位置，取下管子钳，重复上述操作即可旋紧管件。

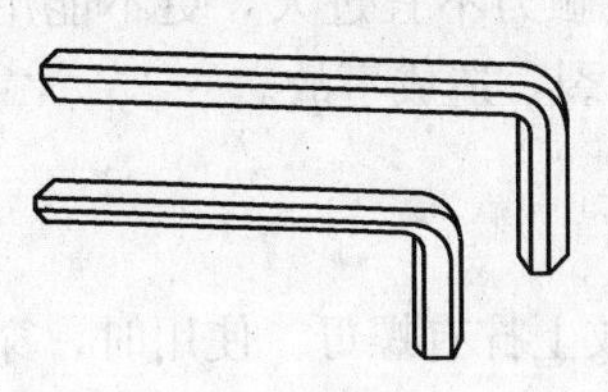

图 2-171 内六角扳手

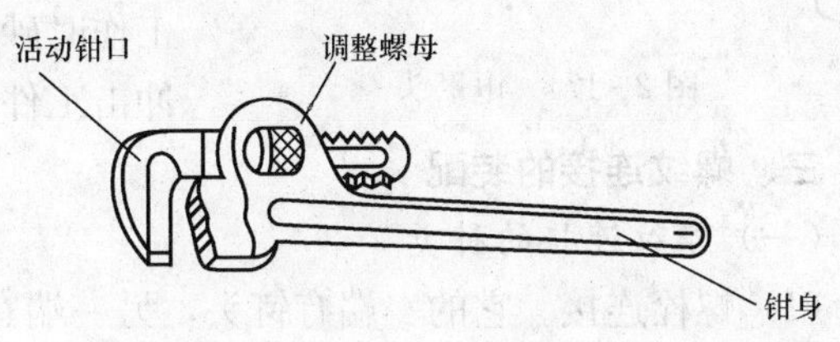

图 2-172 管子钳

（三）电动工具

1. 手电钻

手电钻是一种手提式电动工具，如图 2-173 所示。在受工件形状或加工部位的限制不能用钻床钻孔时，则可使用手电钻加工。

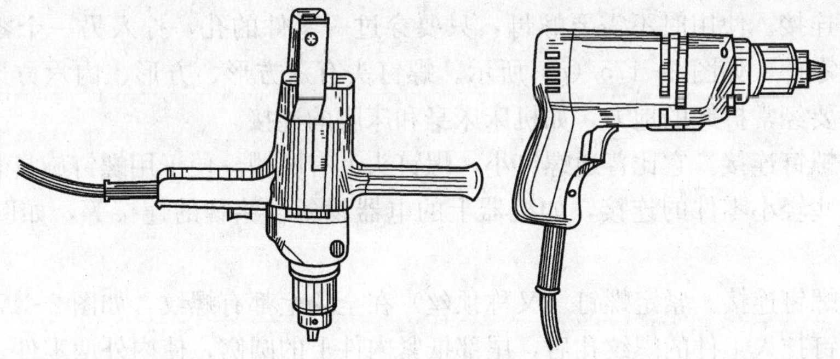

图 2-173 手电钻

手电钻的电源电压分单相（220V、36V）和三相（380V）两种。采用单相电压的电钻规格有 6mm、10mm、13mm、19mm、23mm 五种；采用三相电压的电钻规格有 13mm、19mm、23mm 三种。在使用时可根据不同情况进行选择。

手电钻使用时必须注意以下两点：

(1) 使用前，须开机空转 1min，检查转动部分是否正常，如有异常，应排除故障后再使用。

(2) 钻头必须锋利，钻孔时不宜用力过猛。当孔将钻穿时，应相应减轻压力，以防事故发生。

2. 电磨头

电磨头是一种手工高速磨削工具，如图 2-174 所示，它用来对各种形状复杂的工件进行修磨或抛光；装上不同形状的小砂轮，还可以修磨各种凸凹模的成型面；当用布轮代替砂轮使用时，则可进行抛光作业。

电磨头使用时必须注意以下事项：

(1) 使用前应开机空转 2～3min，检查旋转时声音是否正常。若有异常，则应排除故障后再使用。

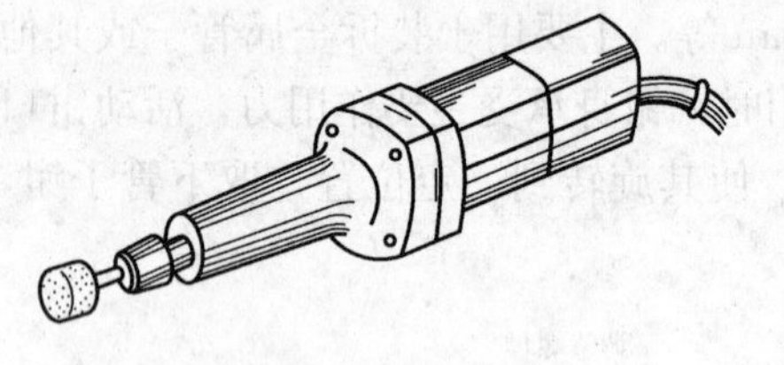

图 2-174 电磨头

(2) 新装砂轮应修整后使用，否则所产生的惯性力会造成严重振动，影响加工精度。

(3) 砂轮外径不得超过磨头铭牌上规定的尺寸。工作时砂轮和工件的接触力不宜过大，更不能用砂轮冲击工件，以防砂轮碎裂，造成事故。

三、螺纹连接的装配

(一) 螺纹连接的种类

(1) 螺栓连接。它的一端有钉头，另一端有螺纹，在螺纹上拧有螺母。使用时，穿过两零件的通孔，就可以把零件夹紧。有时在螺母下边加装垫圈。用螺栓连接零件装拆方便，结实可靠，如图 2-175 (a) 所示。

(2) 双头螺栓连接。双头螺栓没有钉头，两端都有螺纹。连接时一端拧入固定零件的螺纹孔中，再把被连接的零件穿入，然后把螺母拧到双头螺栓的另一端，将零件夹紧，如图 2-175 (b) 所示。用于被连接零件之一的厚度较大，不便使用螺栓以及需要经常拆卸的地方。

(3) 螺钉连接。使用时不需要螺母，只要穿过一零件的孔，拧入另一个零件的螺纹孔中，便能夹紧零件，如图 2-175 (c) 所示。螺钉头有六方形、方形、内六方形等。这种连接适用于不需要经常拆卸的地方，如机床床身和床脚的连接。

(4) 机用螺钉连接。它比普通螺钉小，螺钉头上有凹槽，便于用螺钉旋具装卸，适用于受力不大及一些轻小零件的连接，如机器上的电器设备、铭牌的连接等，如图 2-175 (d) 所示。

(5) 紧定螺钉连接。紧定螺钉（又称顶丝）在全长上都有螺纹，如图 2-175 (e) 所示。使用时，把螺钉拧入工件的螺纹孔后，尾部抵紧内件上的圆窝，使内外两零件之间没有相对移动，如机床上用来固定轴上的定位环、受力较小的轮毂、手柄的连接等。

此外，还有地脚螺栓，如图 2-175 (f) 所示；吊环螺钉，如图 2-175 (g) 所示。

配合螺栓用的螺母种类很多，除了常用的六角形和四方形的以外，还有圆螺母、蝶形螺母、六角槽形螺母等，如图 2-176 所示。

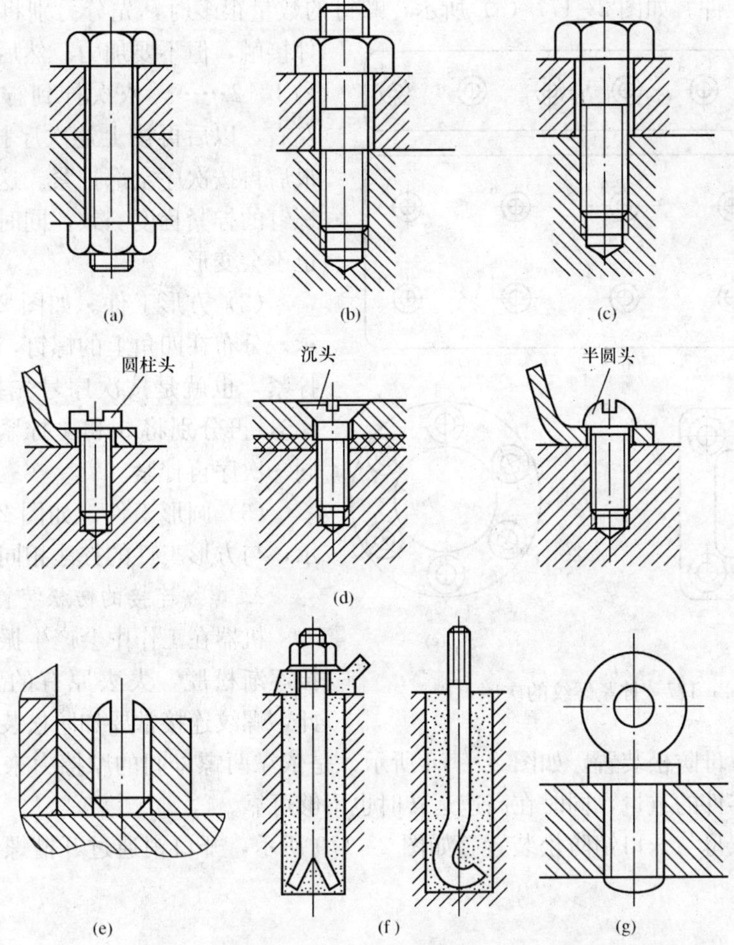

图 2-175　常见螺纹连接

(a) 螺栓连接；(b) 双头螺栓连接；(c) 螺钉连接；(d) 机用螺钉的连接；
(e) 紧定螺钉的连接；(f) 地脚螺栓；(g) 吊环螺钉

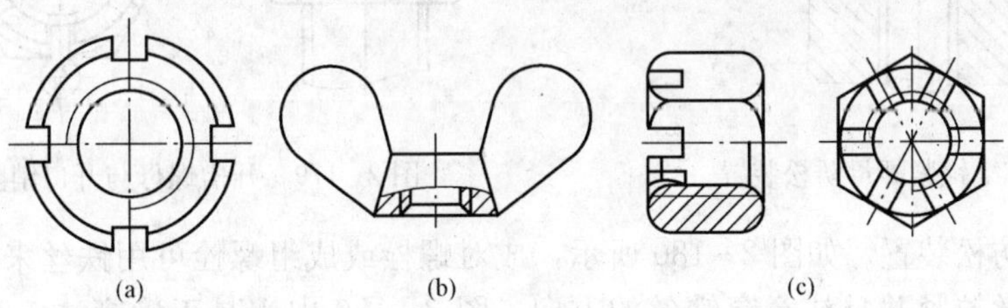

图 2-176　螺母

(a) 圆螺母；(b) 蝶形螺母；(c) 六角槽形螺母

(二) 螺纹连接的装配方法

1. 拧紧螺钉的方法

螺钉的拧紧程度和次序，对装配精度和机器寿命都有影响，因此必须采用正确的拧紧方法。

（1）条形工件。如图2-177（a）所示，螺钉的数量很多时，先分另别将螺钉拧到与工件接触，但不要加力。然后按图示的顺序号1、2……，依次拧到拧紧程度的1/3左右，以后再按上述次序拧到2/3左右，最后再按次序全部拧紧。这样才能使全部螺钉的拧紧程度一致，同时被连接的工件也不会变形。

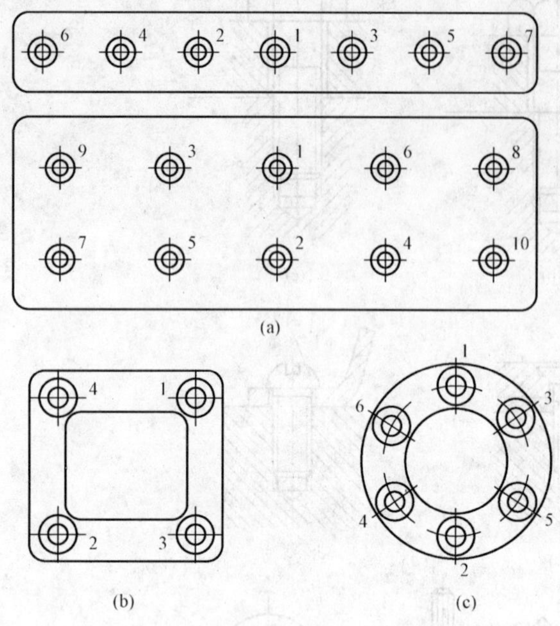

图2-177　拧紧螺纹的次序

（2）方形工件。如图2-177（b）所示，分布在四角上的螺钉，应该对称交叉拧紧，也就是按次序号先把1和2拧紧1/3，再分别将3和4拧紧1/3，然后按同一次序再拧紧。

（3）圆形工件。如图2-177（c）所示，与方形工件的拧法相同。

2. 螺纹连接的防松装置

机器在工作中会产生振动，使螺纹连接逐渐松脱，失去原有的紧固作用。因此，螺纹连接常要加防松装置。

（1）锁紧螺母防松装置。如图2-178所示，是依靠两螺母间的摩擦力来防松。缺点是会增加被连接零件的重量，同时在高速运转时也不够可靠。

（2）开槽螺母与开口销防松装置。如图2-179所示，开口销通过开槽螺母穿入螺栓孔内防松。

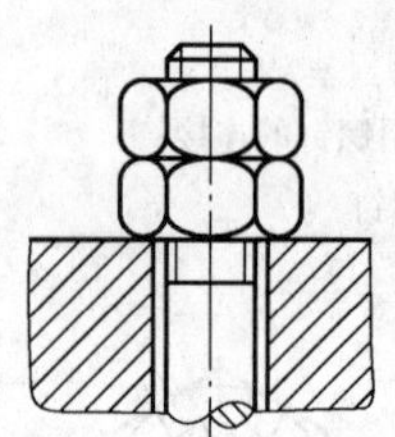

图2-178　锁紧螺母防松装置

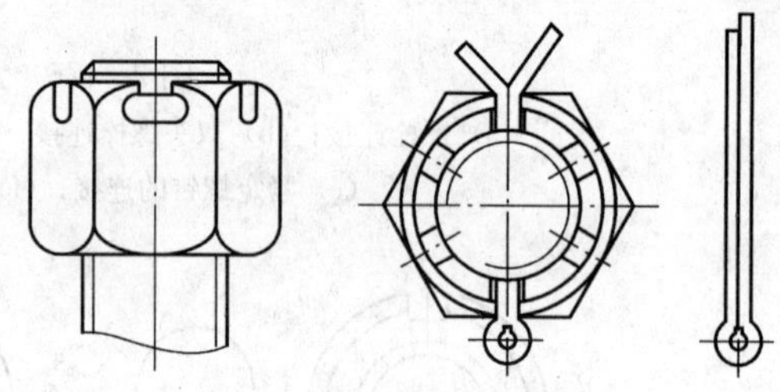

图2-179　开槽螺母与开口销防松装置

（3）铁丝防松装置。如图2-180所示，成对螺栓或成组螺栓可用铁丝来防松。拴铁丝时，必须把铁丝拉紧并且注意穿铁丝的方向。图2-180中1是正确穿法，2、3是不正确穿法。

（4）垫圈防松装置。

1）弹簧垫圈。如图2-181（a）所示，在螺母下面垫上弹簧垫圈后，垫圈的弹力使螺母稍稍偏斜，增加了螺纹之间的摩擦力，开口尖端垫圈可阻止螺母的自动回松。

2）止退垫圈。如图2-181（b）所示，拧紧螺母后，将垫圈的一边弯到螺母的侧边上，另一边弯到被连接零件的侧边，直接锁住螺母回松。

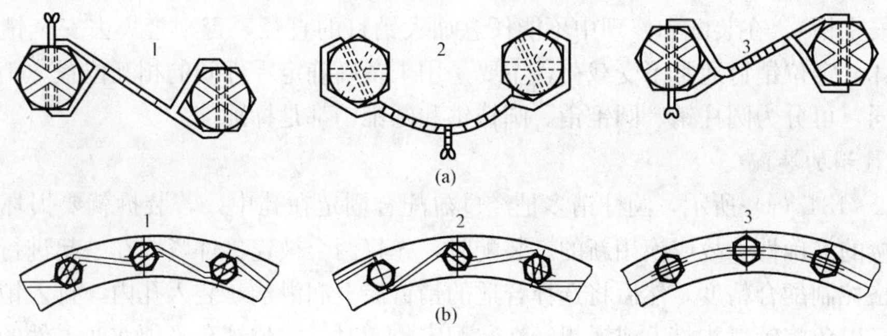

图 2－180　铁丝防松装置

3）带翅垫圈。如图 2－181（c）所示，垫圈上有个内翅，可以插入螺钉杆上预先铣好的浅槽中，圆螺母上也开有槽，螺母拧紧后，就把垫圈上的外翅弯到螺母的一个槽中。这种防松装置广泛地应用在滚动轴承的固定中。

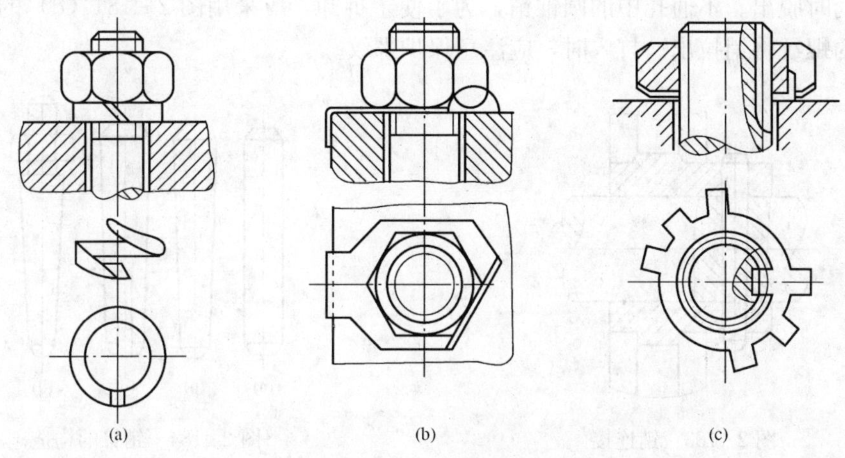

图 2－181　垫圈防松

（a）弹簧垫圈；（b）止退垫圈；（c）带翅垫圈

3. 双头螺栓的装拆方法

如图 2－182 所示，把螺栓的一端装到机体上，装配前用两个扳手把两个螺母拧在螺栓上互相压紧，再扳动上面的螺母，双头螺栓即可随螺母一起被转动。拆双头螺栓时可用类似的方法，不同的是反向拧下螺母。这种方法简单且不会损坏螺纹，被广泛采用。

四、销连接的装配

销连接是用销钉把机件连接在一起，使它们之间不能互相转动或移动，如图 2－183 所示。

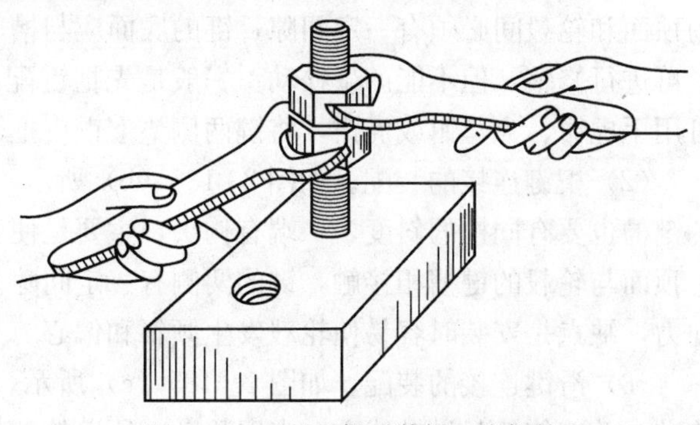
图 2－182　用双螺母装拆双头螺栓

用销钉连接的零件，能比较容易地安装和拆卸。销钉按用途分为紧固销和定位销两种。紧固销在工作中，承受一定的力或力矩，它的直径是根据要求设计的。但是，当销钉作为安全装置使用时（称为安全销），在装配和修理中不能任意加大销钉的直径，否则会失去安全销的作用而使设备损坏。定位销钉通常不受载荷，主要是用来精确确定零件间的相互位置。销钉按结构形式的不同，可分为圆柱销、圆锥销。圆柱销和圆锥销都是标准件。

1. 圆柱销的装配

如图 2-184（a）所示，圆柱销多是经过盈配合固定在孔中，若装拆就要损坏配合的坚固性和连接的准确性，故应换用新的。装配时，先将两个被连接件紧固在一起进行钻、铰销孔，并严格控制配合精度，然后将选择合适的销钉涂上润滑油，装入孔内。打入销钉时不要用力过大，以免将销钉头打毛或镦粗。在装配定位销时，定位销孔必须在两零件的位置经过精确调整并固定后，再进行钻孔和铰孔。

2. 圆锥销的装配

如图 2-184（b）所示，圆锥销本身有 1∶50 的锥度，比圆柱销连接更加牢靠，并且拆卸后仍可使用。如图 2-184（c）所示的圆锥销，在打入销孔后，可将小头端的缺口扳开，可防止振动时脱出。不通孔中的圆锥销，为了便于拆卸，应采用图 2-184（d）的结构，利用其尾部的螺纹将销拉出。打入时，应注意保护螺纹。

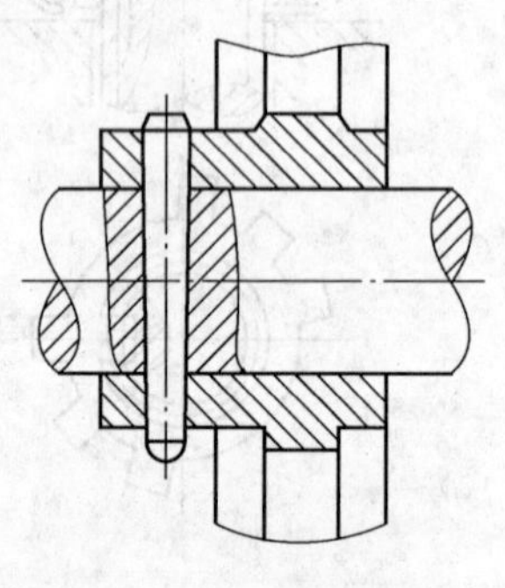

图 2-183　销连接

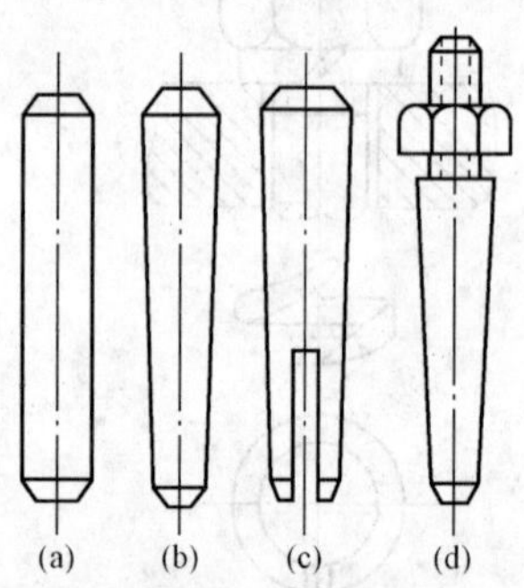

图 2-184　销钉的构造

五、键连接的装配

1. 键连接装配形式

通过键连接，可在机器的轴上装上齿轮、皮带轮、蜗轮等零部件，并使它们与轴联成一体，传递转矩。常见的键连接装配形式如图 2-185 所示。

（1）普通平键连接的装配。如图 2-185（a）所示，平键的横截面有正方形和长方形。其结构简单，容易制造，所以应用很普遍。装配平键时，在键的两侧，应有一些过盈，而键的顶面和轮毂间必须有一定间隙，键的底面应与槽底接触。轮毂、轴与键进行装配时，如过紧可进行修整，但不能产生松动。一般是先把键配入轴的键槽内，然后试装轮毂。拆键时，可用手虎钳、克丝钳或虎钳，将键两侧垫上铜皮把轴槽内的键夹出来。

（2）楔键连接的装配。如图 2-185（b）所示，楔键的上平面带有 1∶100 的斜度，轮毂的键槽也要有同样的斜度，一端有钩头，主要是便于键的拆装。装配时，用锤打入，楔键的上顶面与轮毂的键槽相接触，键的两侧有一定间隙。楔键除能传递转矩外，还能传递单向轴向力，缺点是安装时容易使轮毂发生倾斜和偏心。

（3）滑键连接的装配。如图 2-185（c）所示，滑键为平键的一种，它不仅能带动轮毂旋转，并能使轮毂沿轴线方向来回移动，所以轮毂与轴和键为间隙配合。为防止键从轴槽中跳出，可在键上加装埋头螺钉固定。滑键的拆装方法与平键相同，但是滑键本身较长，为了便于拆卸，在键上制有螺纹孔，只要把螺钉拧入孔内，便可把键顶出来。

（4）半圆键连接的装配。又称月牙键，如图 2-185（d）所示。半圆键一般用在直径较小的轴或锥形轴上，以传递不大的转矩，如机床上手轮和轴的连接等。这种键的装配方法与平键相同，但键在键槽中可以滑动，能自动适应轮毂中的斜度。

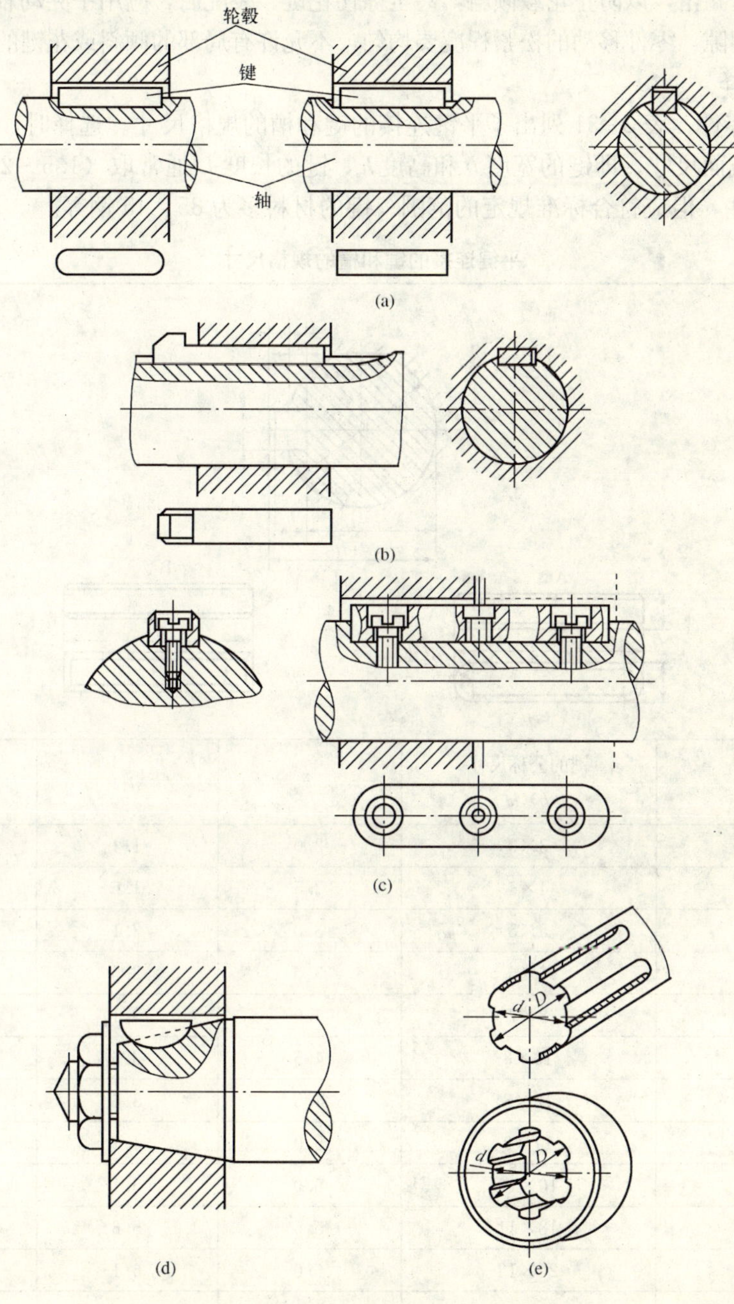

图 2-185 常见的键连接装配形式

（a）普通平键连接；（b）楔键连接；（c）滑键连接；（d）半圆键连接；（e）花键连接

（5）花键连接的装配。当用一个键不能传递足够的转矩时，就可采用花键，如图 2-185（e）所示，例如汽车、拖拉机以及切削力较大的机床传动轴等。花键连接与其他键连接相比，优点是轴上零件能正确地对准中心，适于转速高的场合；由于接触面大，所以可传递的动力也大。花键轴的齿数，是按轴径和传递的动力大小来决定，一般有 4、6、8、10 等多种，其中齿数 $Z=6$ 最为常用。在装配过程中，必须清除掉花键上的毛刺和锐边，防止发生咬住现象。禁止用手锤猛击，以防止轮毂倾斜，甚至擦伤花键。装配后，应用手晃动轴上的轮，不能感觉到有任何间隙，零件移动的松紧程度要均匀，不允许有局部的倾斜或花键的咬塞。

2. 键的选择

键是标准零件，表 2-31 列出了平键连接的键和槽的规格尺寸。选择时，根据轴的直径 d 查得键的横截面尺寸，即键的宽度 b 和高度 h，键的长度 L 通常取 $(1.5\sim2)d$，可比轴上零件的轮毂短些，但应符合标准规定的范围。键的材料多为 35、45 钢等。

表 2-31　平键连接的键和槽的规格尺寸　mm

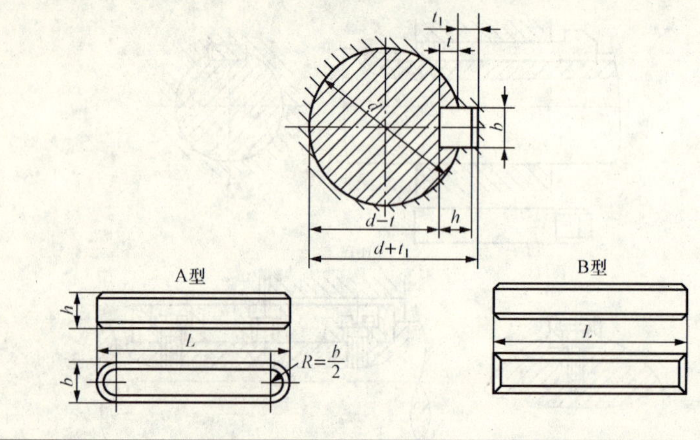

轴的直径 d	键的公称尺寸 $b\times h$	t	t_1	L
>7～10	3×3	2.0	1.1	6～28
>10～14	4×4	2.5	1.6	8～35
>14～18	5×5	3.0	2.1	10～45
>18～24	6×6	3.5	2.6	14～55
>24～30	8×7	4.0	3.1	18～70
>30～36	10×8	4.5	3.6	22～90
>36～42	12×8	4.5	3.6	28～110
>42～48	14×9	5.0	4.1	35～140
>48～55	16×10	5.0	5.1	45～180
>55～65	18×11	5.5	5.6	50～200
>65～75	20×12	6.0	6.1	55～220
>75～90	24×14	7.0	7.2	60～250

注　键长的标准系列（单位 mm）为 6，8，10，12，14，16，18，20，22，25，28，32，35，40，45，50，55，60，70，80，90，100，110，125，140，160，180，200，220，250，280，315，355，400，450。

六、联轴器的装配

1. 凸缘式联轴器的装配方法

如图 2-186 所示，先在轴 1 和轴 5 上，修配键 4 和安装圆盘，将直尺靠紧基准圆盘的凸缘，例如圆盘 2，移动轴 5 并使其与圆盘 3 也紧贴着直尺进行找正。再转动轴 5，并用塞尺测量间隙 Z，要求间隙处处相同。初步找正后，将百分表固定在圆盘 2 上，并使测头抵在圆盘 3 的凸缘上，找正圆盘 3。然后移动轴 5，使圆盘 2 的凸肩少许插进圆盘 3 的台阶孔内，最后转动轴 5，检查两个圆盘端面间的间隙，如果间隙均匀，则移动轴 5 使两圆盘端面靠紧，最后用螺栓紧固。

2. 十字滑块联轴器的装配方法

如图 2-187 所示，联轴器在工作时允许两轴线有一定的径向偏移和倾斜，所以比较容易装配。它的装配顺序是分别在轴 1 和轴 7 上修配键 3 和 6、安装套筒 2 和 5，并用直尺靠套筒外圆的方法来找正。再在两套筒间安装中间圆盘 4，并移动轴，使套筒与圆盘间留有少量间隙 Z，一般为 0.5～1mm。

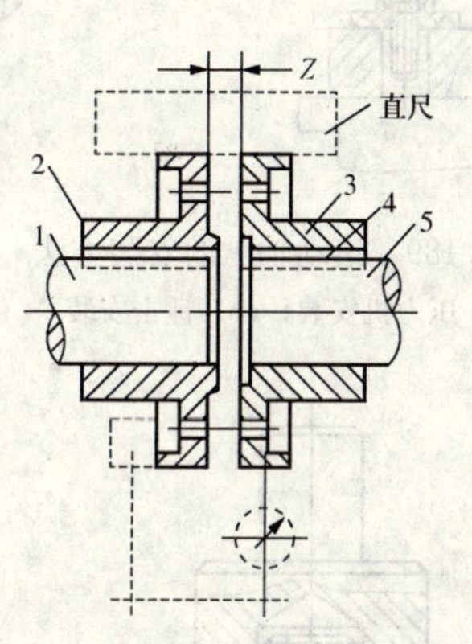

图 2-186　凸缘式联轴器的装配

1、5—轴；2、3—圆盘；4—键

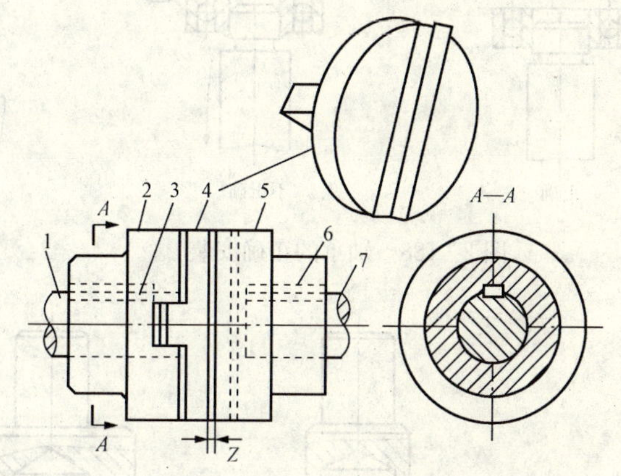

图 2-187　十字滑块联轴节的装配

1、7—轴；2、5—套筒；3、6—键；4—圆盘

七、滚动轴承的装配与拆卸

1. 滚动轴承的配合

滚动轴承内圈和轴的配合及外圈和轴承座的配合，应根据轴承的类型、尺寸、载荷的大小和方向、性质等决定。轴与轴承的配合按基孔制，轴承座与轴承的配合按基轴制。

转动的圈（内圈或外圈）一般采用过盈配合，固定的圈常采用间隙配合或过盈不大的配合。

2. 滚动轴承的装卸要求

（1）安装前，应把轴承、轴、孔、油孔等用煤油或汽油清洗干净，需用润滑脂润滑的部位要涂上清洁的润滑脂。

（2）装配时，要注意清洁，避免污物和硬的颗粒掉入轴承。

（3）装卸轴承时，应该直接在配合较紧的座圈上施力，以避免滚动体和滚道工作表面上产生凹痕，甚至损坏轴承。

（4）必须均匀地在座圈四周加力，以防止轴承歪斜和卡住，使轴承配合表面损坏，如图

2-188 所示。

（5）轴承端面应与轴肩或孔的支撑面贴紧。

3. 滚动轴承的装卸工具和方法

如图 2-189 所示，滚动轴承可用压力机或手锤敲击安装。安装轴承不要用手锤直接打击轴承，应采用心轴，图 2-189 所示为安装滚动轴承时所用的心轴。如果轴承内圈与轴配合有过盈，最好将轴承放在温度为 80～90℃的机油中加热，但轴承不能与槽底接触，因为槽底的温度超过油温时，会造成轴承过热。

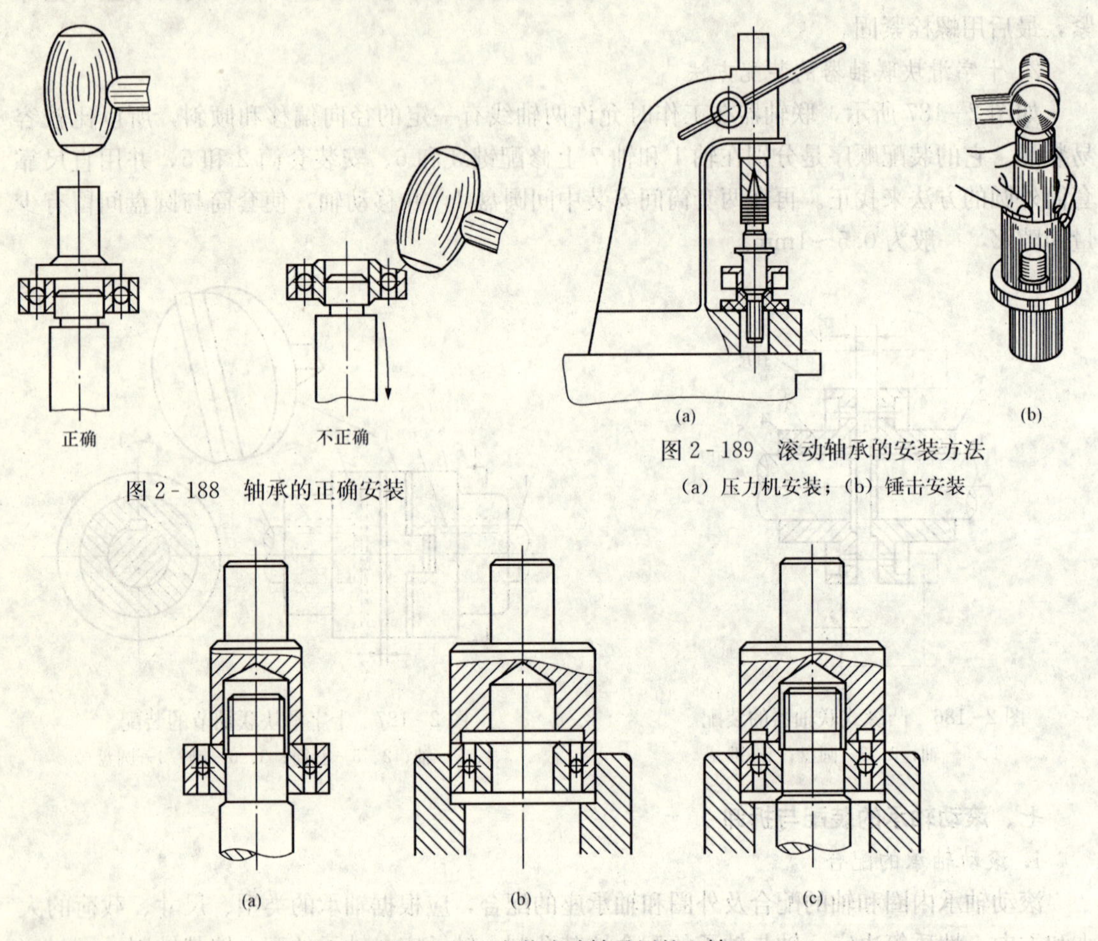

图 2-188 轴承的正确安装

图 2-189 滚动轴承的安装方法

（a）压力机安装；（b）锤击安装

图 2-190 安装滚动轴承用的心轴

（a）内圈受装配力；（b）外圈受装配力；（c）内、外圈都受装配力

轴承的拆卸是一项细致的操作，首先要注意轴承的结构与配合要求，其次要选择适当的拆卸工具，图 2-191 所示为拆卸轴承用的工具。有时，为了便于拆卸配合较紧的轴承，可用浇热油（约 100℃）的方法来加热轴承座圈，但要防止轴受热。

4. 滚动轴承的轴向固定

为了让轴承能承受轴向力，并使轴承在机器中的相对位置固定，所以在安装轴承时，应使轴的内、外圈分别固定在轴和轴承座上。图 2-192 所示为常见的几种滚动轴承的固定方法及工具。

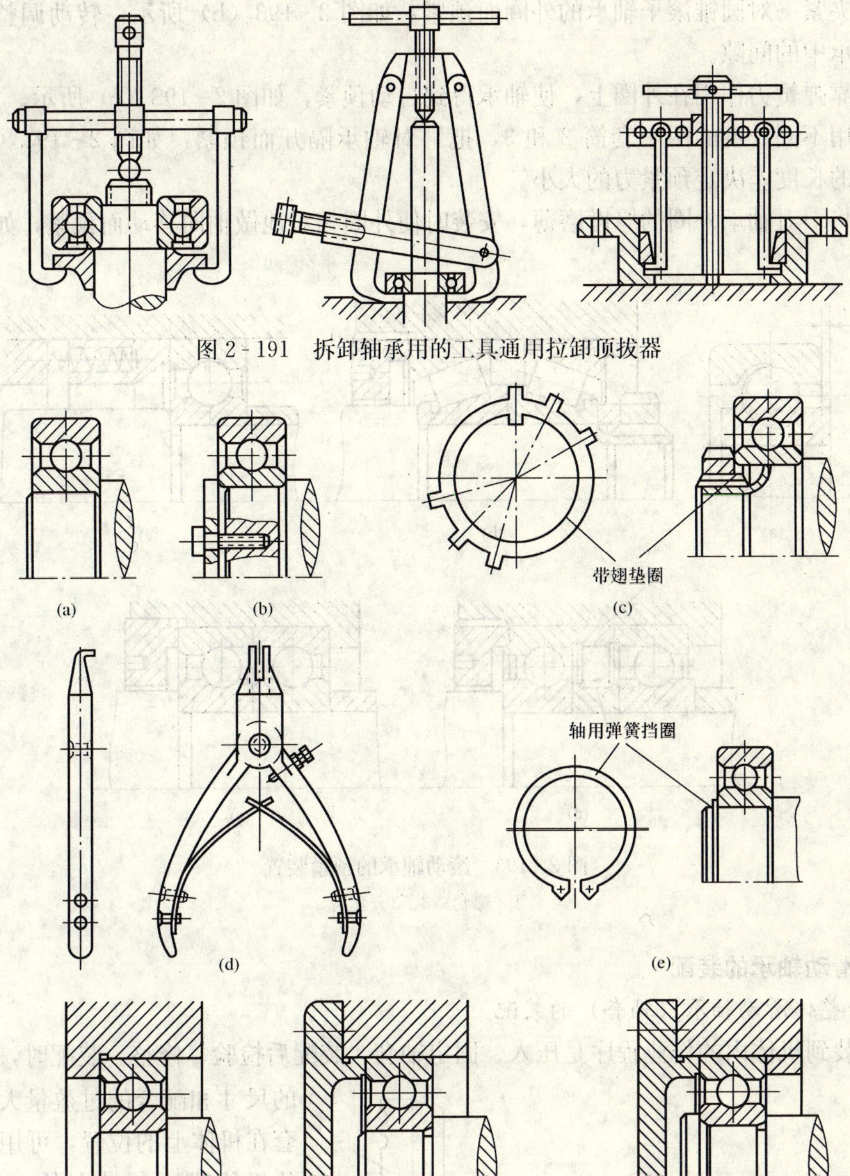

图 2-191　拆卸轴承用的工具通用拉卸顶拔器

图 2-192　滚动轴承的轴向固定

(a) 用轴肩固定；(b) 用装在轴端的压板固定；(c) 用圆螺母和带翅垫圈固定；(d) 装拆弹簧挡圈用的胀钳；(e) 用弹簧挡圈紧卡在轴上的槽中固定；(f) 用轴承座上的凸肩固定；(g) 用轴承盖端部压紧固定；(h) 用轴承盖和凸肩固定

5. 滚动轴承的预紧装置

为了提高轴承的旋转精度和寿命，从而提高机器工作时轴的工作精度，常在滚动轴承组装结构中采用预紧措施。图 2-193 所示为几种滚动轴承的预紧装置。预紧即预加负荷，就是在轴承安装时用某种方法使两个座圈在轴向相对地移动一个很小的量 Δ，如图 2-193 (a) 所示，以消除轴承中的间隙。常用的预紧装置有：

（1）夹紧一对圆锥滚子轴承的外圈而预紧，如图 2-193（b）所示，转动调整螺套 1 即可消除轴承中的间隙。

（2）靠弹簧力作用在外圈上，使轴承得到自动预紧，如图 2-193（c）所示。

（3）用不同长度的两个套筒 2 和 3，把一对轴承隔开而预紧，如图 2-193（d）所示，两个套筒的长度差决定预紧力的大小。

（4）将一对轴承外圈的厚度磨薄，安装时使外圈相对地做轴向移动而预紧，如图 2-193（e）所示。

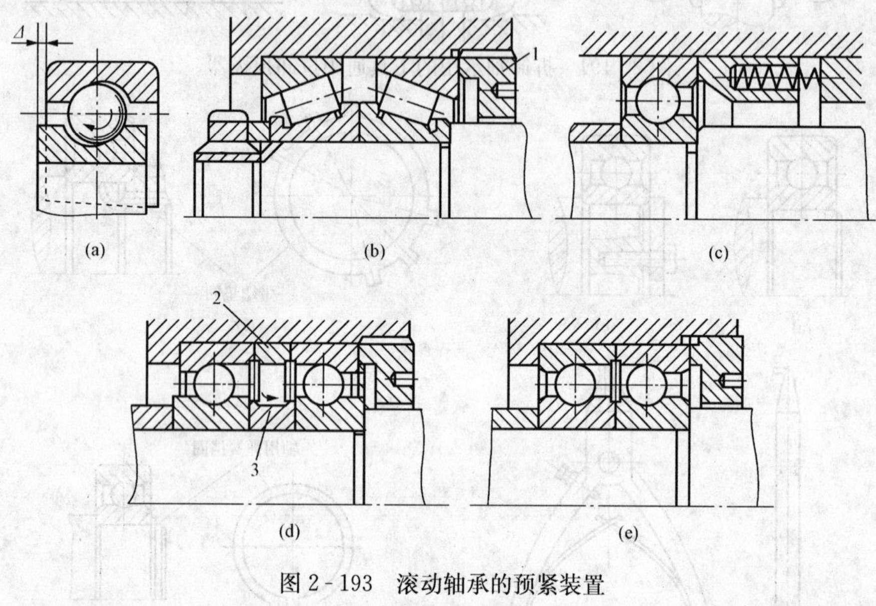

图 2-193　滚动轴承的预紧装置

1—螺套；2、3—套筒

八、滑动轴承的装配

（一）整体滑动轴承（轴套）的装配

轴套装到机体内的作业程序是压入、固定轴套，装配后检验、修整。装配时，根据轴套的尺寸和配合的过盈量大小以及轴套在机体上的位置，可用冷压、加热机体或冷却轴套的方法来装入轴套。

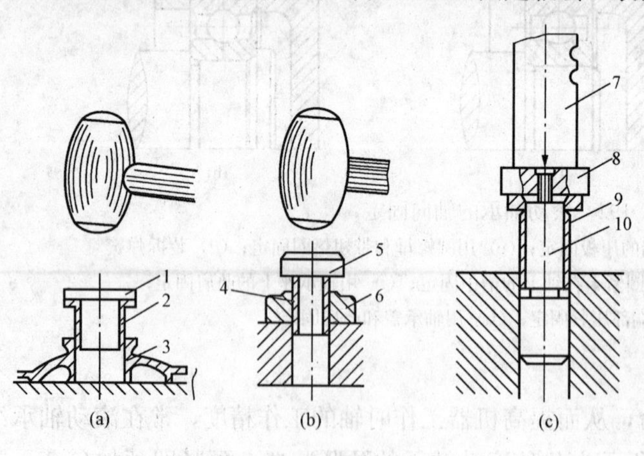

图 2-194　压入轴套的工具

1、5、8—垫板；2、4、9—轴套；3—机体；6—导向套；7—压力机构冲压杆；10—心轴

1. 压入轴套的方法和工具

根据轴套在机体上的位置和轴套的尺寸，可用手锤或压力机将轴套压入。图 2-194（a）所示为一种最简单（用垫板和手锤打入）的压入方法。打入轴套时，开始必须放正位置，边压边检查，待找正后，再加大力打入。否则会使配合表面擦伤，使轴套变形。

图 2-194（b）所示是在孔上放一导向套。当开始压入轴套时，导向套对轴套 4 起保证方向、防止轴套倾斜的作用。为了保证轴套与孔的中心对正，可用图 2-194（c）所示的工具。工作时，轴套 9 先套在特制的心轴 10 上，然后拧上垫板 8，将心轴 10 的下端放入孔内，经垫板 8 来传递手锤或压力机的压力，将轴套压入孔内。在大量生产时，采用这种工具最为适宜。

在压入轴套前，必须仔细检查轴套和机体上的孔，修整端面上的尖角，擦净接触表面，并涂上润滑油，有油孔的轴套压入时要对准机体上的油孔。

直径过大或配合过盈量大于 0.1mm 时，如果在常温下压装轴套，就会引起损坏，因此常用加热机体或冷却轴套的方法装配。加热或冷却时间的长短，按零件的形状、质量和材料来决定。

2. 固定轴套的方法

轴套压入后，为防止转动，可用紧定螺钉［见图 2-195（a）］、销钉［见图 2-195（b）］、骑缝螺钉［见图 2-195（c）］等方法固定。

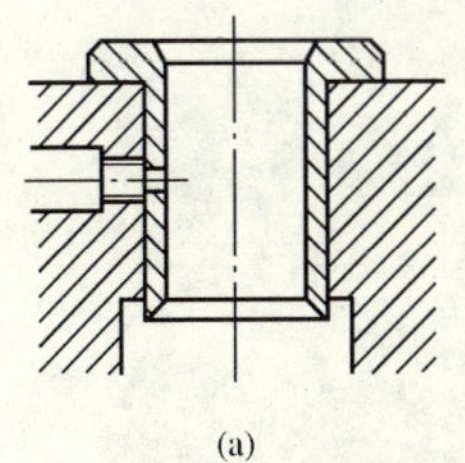
(a)

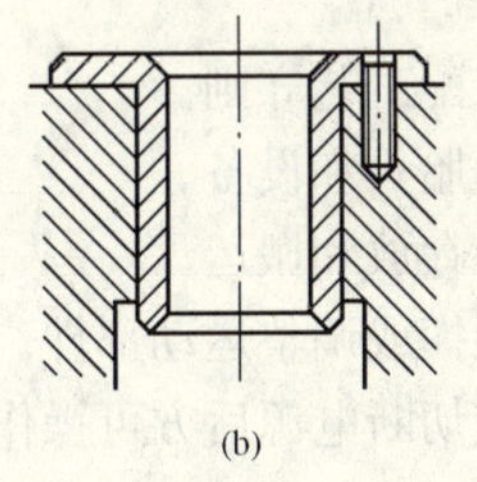
(b)

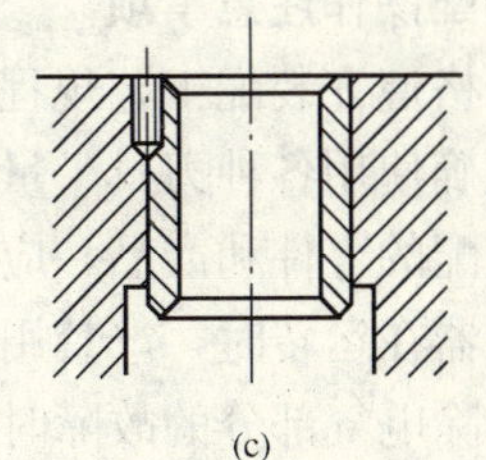
(c)

图 2-195　轴套的固定

3. 装配后的检验和修整

轴套压入后，往往会发生变形（如椭圆形、圆锥形、偏斜等）或工作表面损坏，因此，在装配后需要进行检验和修整。常采用铰孔和刮削的方法修整，使轴套和轴颈之间的间隙及接触点达到所要求的质量。

（二）对开式滑动轴承（轴瓦）的装配

如图 2-196 所示，在轴瓦装入轴承座和轴承盖以前，应修光所有配合面的毛刺，检验轴承盖和轴瓦上的油孔是否能对正，最后用油枪和煤油洗净所有的油孔和油挡。

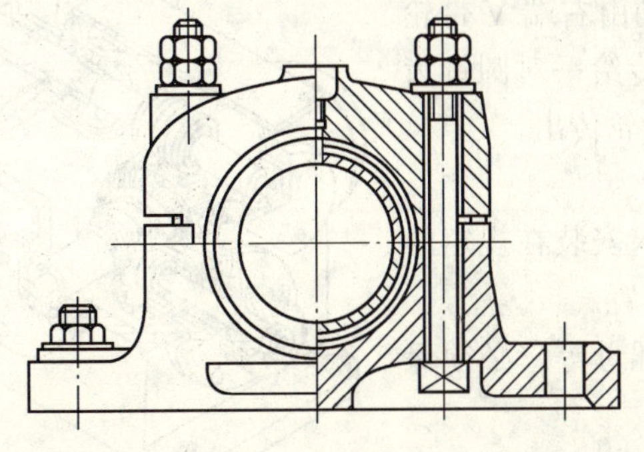

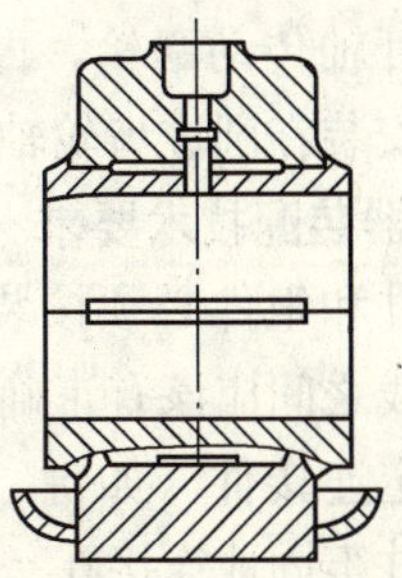

图 2-196　对开式滑动轴承

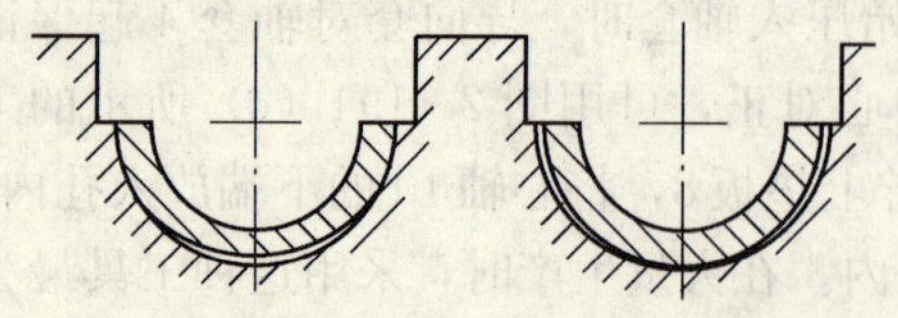
图 2-197 轴瓦的不正确配合

轴瓦装入轴承座和轴承盖的时候，应在轴瓦的两个平面间垫上铅片或木板，然后用手锤轻轻打入，要求轴瓦的外表面与轴承座、盖能紧密地贴合。如图 2-197 所示，如果贴合不好，轴瓦受到轴颈上的力后，将引起变形或耐磨层破裂、脱落。

为了保证轴瓦与轴颈配合良好，在装配时，应进行必要的检验和修刮。先在轴颈上涂好显示剂，接着把轴放在装有下半轴瓦的轴承座上，将轴转动 2～3 圈，然后把轴取下来，按照研出的斑痕来判断轴瓦与轴颈的配合情况。如果在轴瓦上的斑痕很大而且不均匀，必须进行修刮。当在轴瓦的全长上都有了斑点以后，再将上半轴瓦装上，拧紧上盖的螺栓，使轴紧紧地转动几圈后，按着色情况刮削上下轴瓦，直到轴瓦上出现要求的斑点数目为止。刮完轴瓦后，还要用垫片调整轴瓦与轴颈的间隙，以保证形成油膜而达到液体润滑。

轴瓦上的油槽，可用油槽錾子錾出，也可用车床拉出或铣床铣出。

九、装配操作注意事项

（1）严格遵守装配工艺规程和装配工艺守则。

（2）正确使用各种刃具、量具、胎具和设备。

（3）装配的零件和产品，应妥善存放和搬运。

（4）机器在运转时，严禁用手触摸或调整运动部件。

（5）排除电气部分的故障时，应切断电源后方可操作。

（6）工件及容器在进行压力试验时，如发现密闭压盖泄漏，不得在有压力的情况下继续扭紧螺母，更不得振动和敲击。

（7）在与易燃物接触的工作中，严防火灾。

操作示例 19　减速器装配

1. 减速器的结构

图 2-198 所示为蜗轮减速器的结构示意图，图 2-199 所示为装配图。减速器由箱体、齿轮、凸轮、蜗杆、蜗轮、带轮、轴、轴承、盖板等组成。箱体由铸铁制成，上部有螺钉固定的箱盖，箱体内下部有润滑油，当蜗轮转动时，将润滑油带到轴承和锥齿轮处实现润滑。减速器的运动由右端 V 带轮传入，经蜗杆轴传动蜗轮，再由蜗轮传给一对圆锥齿轮，最后由安装在圆锥齿轮轴外端的齿轮传出。

2. 减速器装配技术要求

（1）零件和组件必须按装配图要求安装在规定的位置，各轴线之间应该有正确的相对位置。

（2）固定连接件（如键、螺钉、螺母等）必须保证零件或组件牢固地连接在一起。

（3）旋转机构必须能灵活地转动，轴承的间隙应调整合适，能保证良好润滑和无渗漏现象。

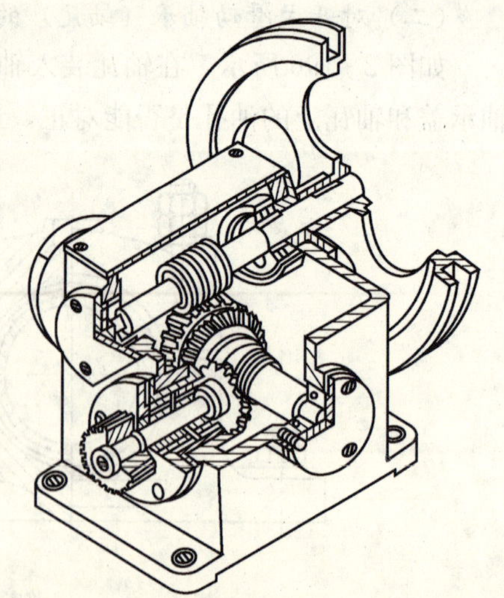
图 2-198 蜗轮减速器结构示意图

（4）锥齿轮副及蜗轮副的啮合必须符合技术要求。

3. 减速器组件的装配

（1）零件的清洗、整形和补充加工。零件的清洗，主要是清除零件表面的防锈油、灰尘、切屑等；零件的整形，主要是修整箱盖、轴承盖等铸件的非加工表面，使其外形与箱体接合的部位外形相一致，同时修整零件上的锐边、毛刺和搬运中因碰撞而产生的印痕；零件上的某些部位需要在装配时进行补充加工，例如对箱体与箱盖、箱体与各轴承盖的连接螺孔进行配钻、攻螺纹等，如图 2-200 所示。

（2）零件的预装。又称试配，为了保证装配工作能顺利地进行，某些相配零件应先试配，待配合达到要求后再拆下。在试配过程中，有时还要进行修锉、刮削、研磨等工作。图 2-201 所示为减速器中各轴与带轮、凸轮、齿轮和蜗轮配键预装示意图。

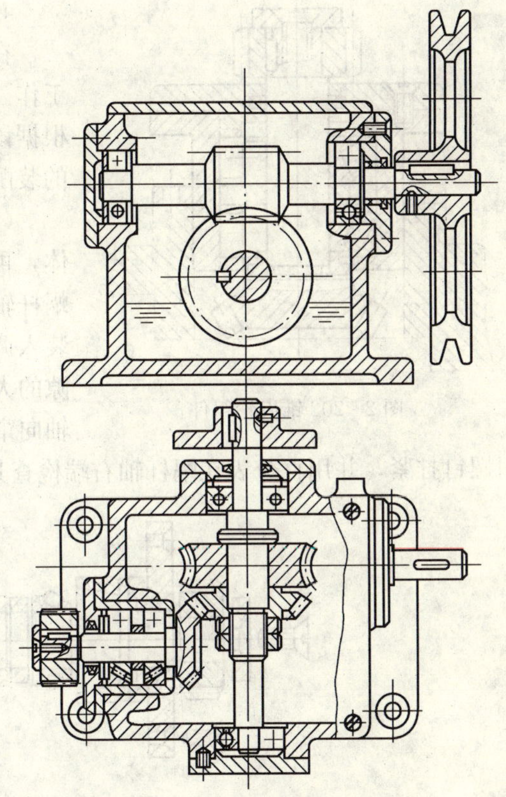

图 2-199 蜗轮减速器装配图

（3）组件的装配。由减速器装配图可以看出，其中蜗杆轴、蜗轮轴和锥齿轮轴及轴上的有关零件，虽然是独立的，但是从装配的角度来看，除锥齿轮组件外，其余两根轴及轴上所有的零件，都不能单独地进行装配。图 2-202 所示的锥齿轮组件之所以能进行单独的装配，是因为该组件装入箱体部分的所有的零件尺寸，都小于箱体孔。在不影响部件装配的前提下，应尽量将零件先装配成组件，以提高装配效率。图 2-203 所示为锥齿轮组件的装配顺序示意图，其中装配基准是锥齿轮轴。

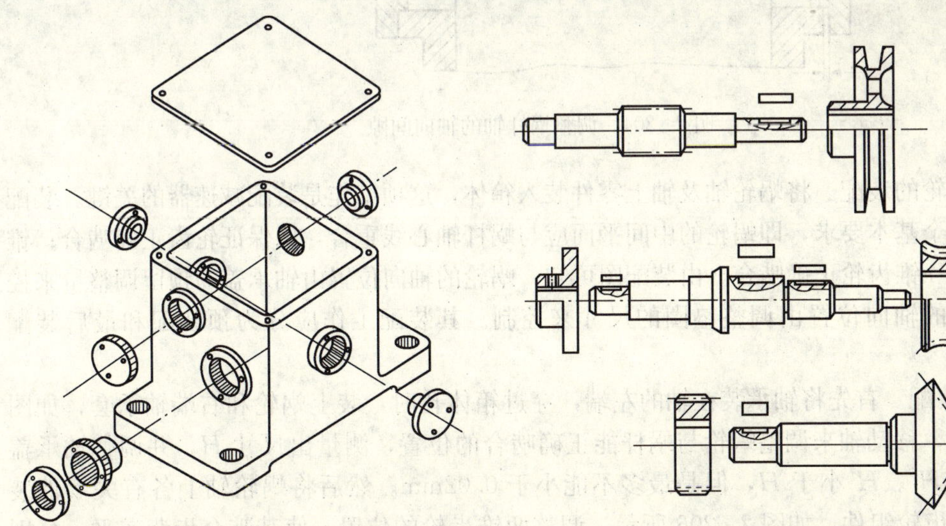

图 2-200 箱体与各有关零件的配钻

图 2-201 减速器零件配键预装示意图

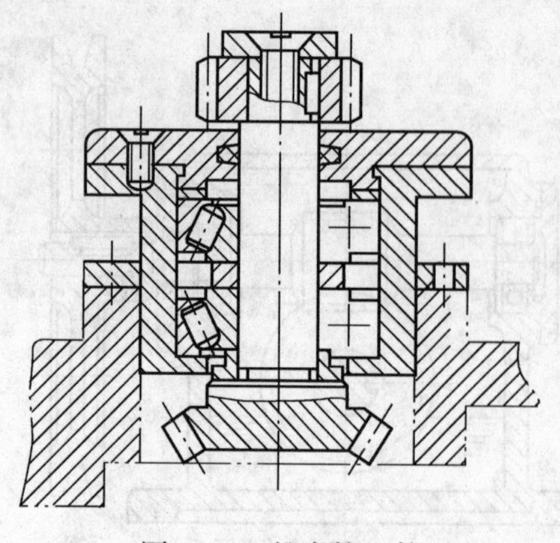
图 2-202 锥齿轮组件

4. 减速器的装配与调整

在完成减速器组件的装配后，即可进行部件装配工作。减速器的部件装配是从基准零件箱体开始的。根据该减速器的结构特点，采用先装蜗杆，后装蜗轮的装配顺序。

（1）蜗杆的装配。将蜗杆连同两端轴承先装入箱体，再装上右端轴承盖，并用螺钉拧紧。可轻轻敲击蜗杆轴左端，使右端轴承消除间隙并紧贴轴承盖，再装入调整垫圈和左端轴承盖，并测量间隙 Δ。根据间隙的大小，将调整垫圈磨去一定尺寸，以保证蜗杆无轴向窜动。最后将配磨好的垫圈和左端轴承盖装好，用螺钉拧紧，并用百分表在蜗杆轴右端检查其轴向窜动，如图 2-204 所示。

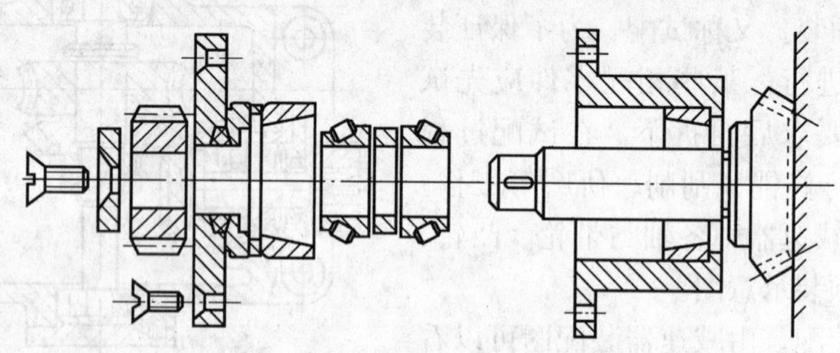
图 2-203 锥齿轮组件装配顺序图

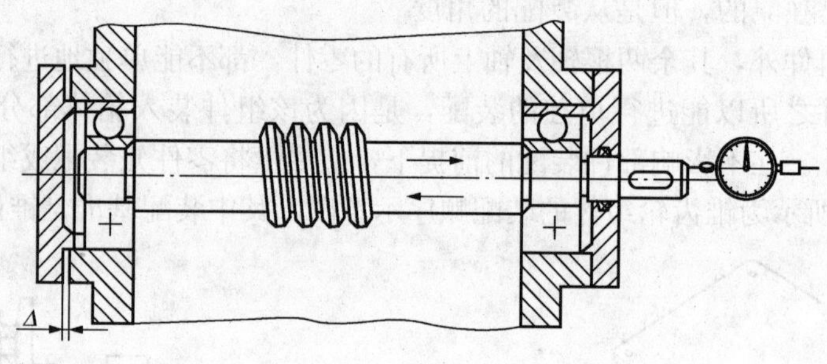

图 2-204 调整蜗杆轴的轴向间隙

（2）蜗轮的装配。将蜗轮轴及轴上零件装入箱体，这项工作是装配减速器的关键。装配后应满足两个基本要求，即蜗轮的中间平面应与蜗杆轴心线重合，以保证轮齿正确啮合；锥齿轮应与另一锥齿轮正确啮合。由装配图可知，蜗轮的轴向位置由轴承盖的预留调整量来控制；锥齿轮的轴向位置由调整垫圈的尺寸来控制。其装配工作应分为预装配和最后装配两步。

1）预装配。首先将轴承装在轴的左端，穿过箱体孔时，装上蜗轮和右端轴承套，如图 2-205 所示，移动轴来调整蜗轮与蜗杆能正确啮合的位置，测量出尺寸 H，并调整轴承盖的阶台尺寸 H'。H' 小于 H，但是最多不能小于 0.02mm。然后将蜗轮轴上各有关零件装入，再装锥齿轮组件，如图 2-206 所示，调整两锥齿轮的位置，使其啮合齿背齐平，分别测量出 H_1 和 H_2，然后拆卸下各零件，再按 H_1 和 H_2 的尺寸分别配磨两垫圈。

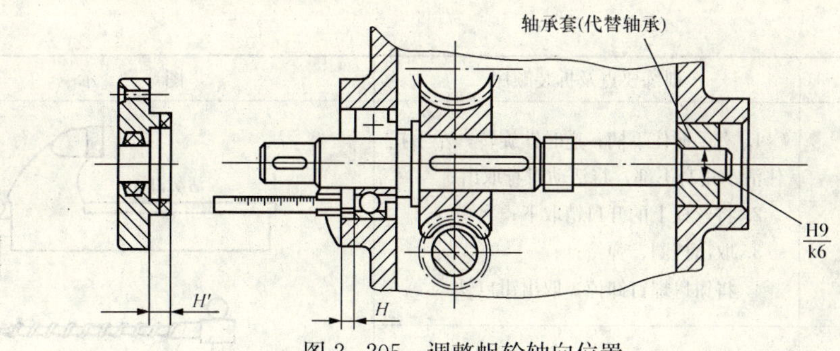

图 2-205 调整蜗轮轴向位置

2）最后装配。①从大轴承孔方向将蜗轮轴装入，同时依次将键、蜗轮、锥齿轮、两圆螺母装在轴上，从箱体轴承孔的两端分别装入滚动轴承及轴承盖，用螺钉拧紧，装配后，用手转动蜗杆轴时，应灵活无阻滞现象；②将锥齿轮组件与调整垫圈一起装入箱体，用螺钉紧固。复验锥齿轮啮合侧隙量，并做进一步调整；③安装 V 带轮及凸轮；④清理内腔，注入润滑油，安装箱盖，装上试验台，用 V 带与电动机上 V 带轮相连接；⑤空运转试车，试车时，应至少运转 30min 后，观察运转情况，轴承的温度不能超过规定要求，齿轮无显著噪声以及符合装配后的各项技术要求。

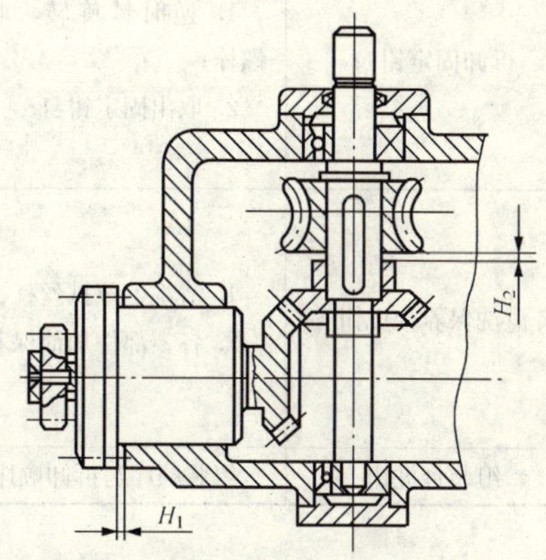

图 2-206 调整两圆锥齿轮的位置

复习思考题

2-1 台虎钳的拆装与保养。

作业名称	台虎钳的拆装及保养	台虎钳的拆装
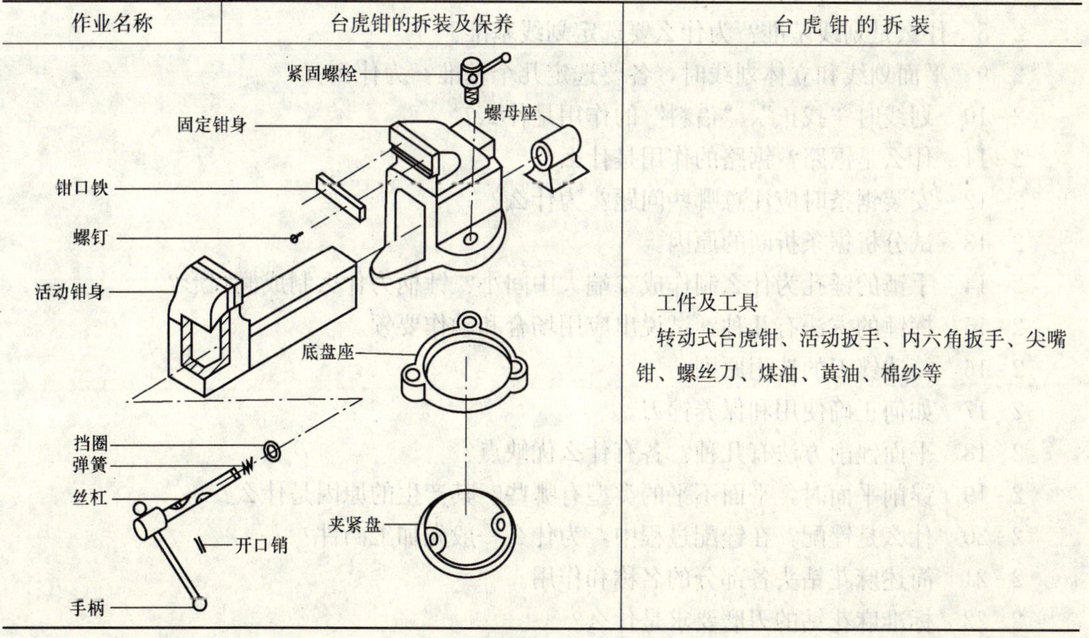		工件及工具 转动式台虎钳、活动扳手、内六角扳手、尖嘴钳、螺丝刀、煤油、黄油、棉纱等

续表

训练内容	训练要点及拆装顺序	图示
拆卸活动钳身	1. 右手握住手柄，逆时针旋转，左手托住活动钳身下部，将活动钳身取出； 2. 将丝杠上的开口销取下； 3. 取出挡圈、弹簧； 4. 将钳口螺钉卸掉，取出钳口铁	活动钳身 丝杆 螺母座
拆卸固定钳身	1. 逆时针旋转，取下两个转盘紧固螺栓； 2. 取出固定钳身	
清洗保养台虎钳	1. 清洗、擦拭丝杠、转盘等零部件； 2. 各零部件加油保养	固定钳身 转盘底盘
组装台虎钳	组装顺序与拆卸顺序相反	

2-2 什么是钳工？钳工主要包括哪些基本操作技能？

2-3 工件加工前为什么要划线？是否必须要划线？

2-4 划线误差的大小对工件加工精度有何影响？

2-5 什么是平面划线？什么是立体划线？

2-6 使用划针和划规时，各有哪些使用要求？其各自的使用要点有哪些？

2-7 打样冲眼时有什么要求？

2-8 什么是划线基准？为什么要选定划线基准？

2-9 平面划线和立体划线时，各要选定几个基准？为什么？

2-10 划线时“找正”、“借料”的作用是什么？

2-11 什么是锯路？锯路的作用是什么？

2-12 安装锯条时应注意哪些问题？为什么？

2-13 试分析锯条折断的原因。

2-14 手锤的锤孔为什么制作成二端大中间小？锤柄为什么制成椭圆形？

2-15 挥锤的方法有几种？试说出应用场合和动作要领。

2-16 简述锉刀的选用原则。

2-17 如何正确使用和保养锉刀。

2-18 平面锉削方法有几种？各有什么优缺点？

2-19 锉削平面时，平面不平的类型有哪些？其产生的原因是什么？

2-20 什么是锉配？在锉配过程中，为什么一般先加工凸件？

2-21 简述麻花钻头各部分的名称和作用。

2-22 标准麻花钻的刃磨要求是什么？

2-23　简述钻孔的手进给操作要领。

2-24　攻螺纹前的底孔直径是否等于螺纹小径？为什么？

2-25　试述攻螺纹时操作要点。

2-26　套螺纹前，圆杆直径为什么要比螺纹公称直径小一些？为什么要对螺杆端部进行倒角？

2-27　试述刮削的原理和作用。

2-28　试说明粗刮、细刮和精刮的主要不同点。

2-29　装配的工艺过程有哪几部分组成？其主要内容是什么？装配前清洗零件的目的是什么？

2-30　试述双头螺栓、螺母和螺钉的装配要求和装配方法。

第三章　机　床　加　工

教　学　目　的

(1) 了解车床的结构、车刀的类型及选择。

(2) 基本掌握常用车工的操作技能。

(3) 熟知车削加工过程中的安全注意事项。

(4) 了解铣削加工的基本知识、铣床种类、用途和型号。

(5) 了解铣刀的种类和工件的安装方法。

(6) 掌握铣床加工零件的基本操作方法。

(7) 了解铣床常用附件如分度头、转台、立铣头的作用。

(8) 掌握刨床的基本结构和刨削运动的特点。

(9) 了解刨床对各种典型面的加工方法。

(10) 了解刨刀的结构特点及装夹方法。

(11) 了解磨削加工的特点、加工范围以及磨床种类和型号。

(12) 初步了解砂轮的组成及常见形状。

车工安全技术

车工安全技术如下：

(1) 正确使用车床。

1) 开车前，检查车床各部分机构是否完好，有无防护设备，各部传动手柄是否放在空档位置，变速齿轮的手柄位置是否正确，以防开车时因突然撞击而损坏车床，启动后，应使主轴低速空转 1～2min，使润滑油散布到各处（冬天更为重要），待车床运转正常后才能工作；

2) 工作中主轴需要变速时，必须先停车，变换进给箱手柄位置要在低速时进行；

3) 不允许在卡盘上、床身导轨上敲击或校直工件，床面上不准放工具或工件；

4) 为了保持丝杠的精度，除车螺纹外，不得使用丝杠进行自动进刀；

5) 装夹较重的工件时，应该用木板保护床面，下班时如工件不卸下，应用千斤顶支撑；

6) 车刀磨损后，要及时刃磨，用钝刀继续切削会增加车床负荷，甚至损坏机床；

7) 铸铁工件上的型砂杂质应去除，气割下料工件导轨上的润滑油要擦去，以免磨坏床面导轨；

8) 使用切削液时，要在车床导轨上涂上润滑油，冷却泵中的切削液应定期调换；

9) 下班前应清除车床上及车床周围的切屑及切削液，擦净后按规定在加油部位加上润滑油；

10) 下班后将床鞍摇至车尾一端，转动各手柄放到空档位置，关闭电源。

(2) 正确组织工作位置。

1) 工作时所用的工具、夹具、量具以及工件，应尽可能靠近和集中在操作者周围，物件放置应有固定的位置，使用后放回原处；

2）工具箱的布置应分类，并保持清洁、整齐，要求小心使用的物件要放置稳妥；

3）图样、工艺卡片应便于阅读，并注意保持清洁和完整；

4）毛坯、半成品和成品应分开堆放，并按次序整齐排列；

5）工作位置周围应经常保持清洁卫生；

6）按工具用途使用工具，不得随意替用，例如，不能用扳手代替手锤使用；

7）爱护量具，经常保持清洁，用后擦净、涂油，放入盒内保存。

（3）工作时应穿工作服，并扣紧袖口。女工应戴工作帽，把头发或辫子塞入帽内。

（4）车削时，必须戴上防护眼镜，头不应该跟工件靠得太近，以防切屑飞入眼中。

（5）工作时必须集中精力，不允许擅自离开机床或做与车削工作无关的工作。手和身体不能靠近正在旋转的工件或车床部件。

（6）工件和车刀必须装夹牢固，卡盘必须装有保险装置。不准用手去刹住转动着的卡盘。

（7）车床开动时，不能测量工件，也不能用手去摸工件表面。

（8）用专用的钩子清除切屑，不允许用手直接清除。

（9）工件装夹后卡盘扳手必须随手取下，棒料伸出主轴后端过长应使用料架或挡板。

（10）在车床上工作时不准戴手套。

（11）不准任意装拆电气设备。电路有故障时，应由专业人员来修理。

（12）换挂轮时应切断电源。

（13）工件、毛坯等放于适当位置，以免从高处落下伤人。

（14）注意作业地点的清洁卫生。

（15）交接班时要交接设备安全状况记录。一旦设备出现不安全因素必须记录并及时上报有关部门。

第一节 车 床

车削是指在车床上利用工件的旋转运动和刀具的移动来改变毛坯的形状和尺寸，将其加工成所需要零件的一种加工方法。其基本工作内容包括：车外圆、车平面、车槽与切断、钻中心孔、车内孔、车螺纹、车圆锥、车成形面、滚花等。加工的尺寸精度一般可达到IT9～IT7，表面粗糙度 Ra 值可达6.3～0.8μm。在机械加工中，车削加工是应用最多的一种，大约占机床加工总量的一半。车床的种类很多，按照结构与用途可分为：卧式车床、立式车床、仪表车床、转塔车床、自动化车床、数控车床等，其中大部分为卧式车床。

一、普通车床的组成与功用

C6132型卧式车床的主要组成部分有床身、变速箱、主轴箱、进给箱、光杠和丝杠、溜板箱、刀架和尾座等，如图3-1所示。

按照使用目的的不同，车床的手柄可分为以下几类。

（1）变速手柄。主运动变速手柄为1、2、6，进给运动变速手柄为3、4，操作时按标牌指示扳至所需位置即可。

（2）锁紧手柄。方刀架锁紧手柄为8，尾座锁紧手柄为11，尾座套筒锁紧手柄为10。

（3）移动手柄。刀架纵向手动轮为17，刀架横向手动手柄为7，小刀架锁紧手柄为9，

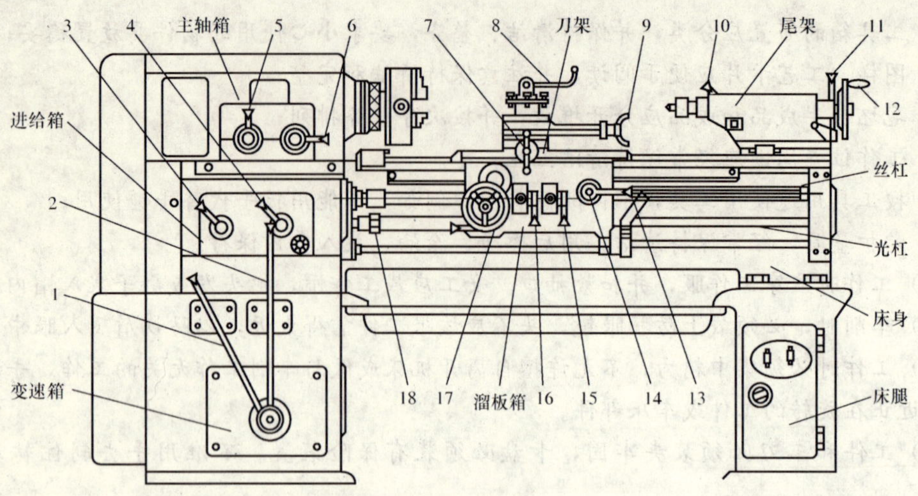

图 3-1 C6132 型卧式车床

1、2、6—主运动变速手柄；3、4—进给运动变速手柄；5—换向手柄；7—刀架横向手动手柄；8—方刀架锁紧手柄；9—小刀架锁紧手柄；10—尾座套筒锁紧手柄；11—尾座锁紧手柄；12—尾座套筒移动手轮；13—主轴正反转及停止手柄；14—“对开螺母”开合手柄；15—刀架本身自动手柄；16—刀架纵向自动手柄；17—刀架纵向手动轮；18—离合器

尾座套筒移动手轮为 12。

(4) 启停手柄。主轴正反转及停止手柄为 13，向上扳主轴正转，向下扳主轴反转，放于中间位置停转。刀架纵向自动手柄为 16，刀架本身自动手柄为 15，向上扳为启动，向下扳为停止。“对开螺母”开合手柄为 14，向上扳为打开，向下扳为闭合。

(5) 换向手柄。刀架左右移动换向手柄为 5。

(6) 离合器。光杠、丝杠更换用 18，向右拉为光杠旋转，向右推为丝杠旋转。

从车床的组成和功用上来说，车床主要由以下几个部件组成。

1. 变速箱

变速箱内装有车床主轴的变速齿轮，电动机的运动通过变速箱可变换成六种不同的转速输出，并传递到主轴箱。变速箱远离车床主轴，这样的传动方式称为分离传动，可以提高切削加工的质量。

2. 主轴箱

安装在床身的左上端，又称床头箱，箱内装有一根空心主轴及部分变速机构。变速箱传来的六种转速通过变速机构转变为十二种不同的转速，再通过另一些齿轮，将运动传给进给箱。

3. 进给箱

箱内装有进给运动的变速齿轮。主轴的运动通过齿轮传入进给箱，经过变速机构带动光杠或丝杠以不同的转速转动，最终通过溜板箱带动刀具实现直线的进给运动。

4. 光杠和丝杠

将进给箱的运动传给溜板箱，车外圆、端面等自动进给时，用光杠传动，车螺纹时用丝杠传动。

5. 溜板箱

溜板箱与床鞍连在一起，它将光杠传来的旋转运动变为车刀的纵向或横向的直线移动，将丝杠传来的旋转运动通过“开合螺母”直接变为车刀的纵向移动，用来车削螺纹。

6. 刀架

刀架是用来装夹刀具的，它可带动刀具做纵向、横向或斜向进给运动。刀架由床鞍、中滑板、转盘、小刀架和方刀架组成，如图 3-2 所示。

刀架由以下几个部件组成。

（1）床鞍。床鞍与溜板箱连接，可带动车刀沿床身导轨做纵向移动。

（2）中滑板。中滑板可带动车刀沿床鞍上的导轨做横向移动。

（3）转盘。转盘与中滑板连接，用螺栓紧固。松开螺母，转盘可在水平面内扳转任意角度。

（4）小刀架。小刀架可沿转盘上的导轨做短距离移动。当转盘扳转一定角度后，小刀架即可带动车刀做相应的斜向运动。

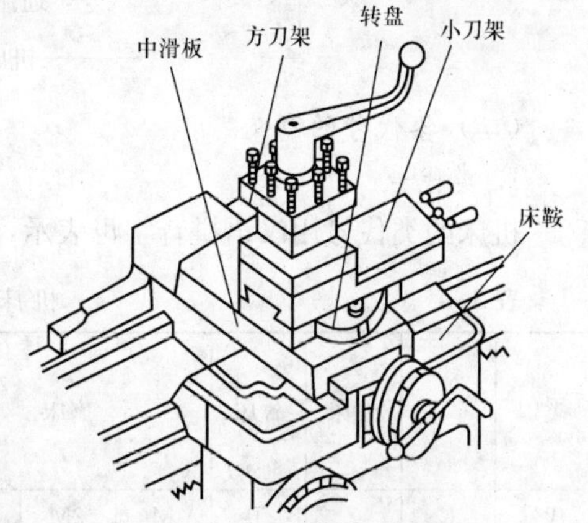

图 3-2 刀架的组成

（5）方刀架。方刀架用来安装车刀，最多可同时安装 4 把。松开锁紧手柄即可转位，选用所需的车刀。

7. 尾座

安装在车床的内侧导轨上，可沿导轨移至所需的位置，其结构如图 3-3 所示。

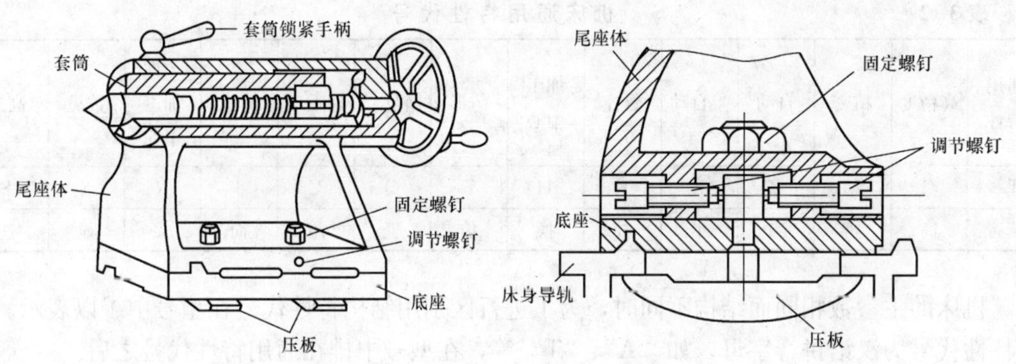

图 3-3 尾座

8. 床身

车床的基础部件，床身的上面有内、外两组平行的导轨。外侧的导轨用来对床鞍的运动导向和定位，内侧的导轨用来对尾座的运动导向和定位。

二、车床的型号

车床型号的编制是采用汉语拼音字母和阿拉伯数字按一定的规律组合排列而成的。

（一）表示方法

例如：CG6140

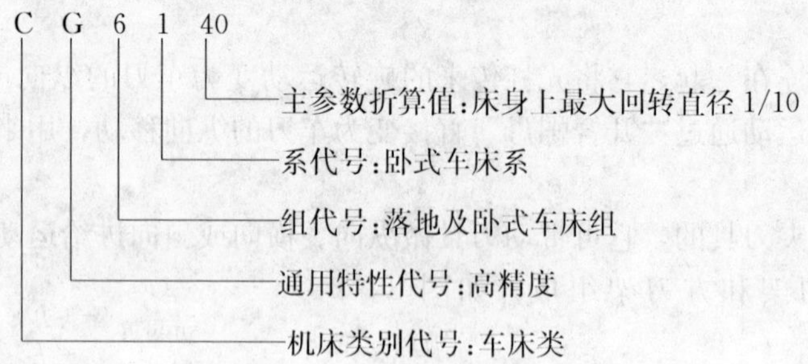

(二) 各代号的意义

1. 类代号

机床的类代号用汉语拼音字母表示，居型号的首位。各类机床的代号如表 3-1 所示。

表 3-1　　机床的类别和代号

类别	车床	钻床	镗床	磨床			齿轮加工机床	螺纹加工机床	铣床	刨床	拉床	锯床	其他机床
代号	C	Z	T	M	2M	3M	Y	S	X	B	L	G	Q
读音	车	钻	镗	磨	二磨	三磨	牙	丝	铣	刨	拉	割	其

2. 通用特性及结构特性代号

当某一类型的机床除具有普通型外，还具有表 3-2 所列通用特性时，则在型号中的类代号之后，用汉语拼音字母予以表示。

表 3-2　　机床通用特性代号

通用特性	高精度	精密	自动	半自动	数控	加工中心	仿形	轻型	加重型	简式	柔性加工单元	数显	高速
代号	G	M	Z	B	K	H	F	Q	C	J	R	X	S
读音	高	密	自	半	控	换	仿	轻	重	简	柔	显	速

机床的主参数相同而结构不同时，为了进行区别用结构特性代号在型号中予以表示。结构特性代号为汉语拼音字母，如“A”、“T”等，在型号中排在通用特性代号之后。

3. 组、系代号

每类机床分为若干组、系，用两个阿拉伯数字表示，在型号中排在类代号或特性代号之后，第一位数字表示组别，第二位表示系。车床类的组、系划分见表 3-3。

4. 主参数代号

用阿拉伯数字表示，反映机床的主要技术规格，通常用主参数的 1/10 或 1/100 表示。如 CG6140 中的“40”，表示车床最大车削直径的 1/10，该机床的最大车削直径为 400mm。

5. 机床重大改进的序号

当机床的特性或结构有重大改进时，按其设计改进的次序分别用汉语拼音字母“A、B、C、D、…”表示，附在机床型号的末尾，以示区别。

表 3-3 **车床类组、系划分表**

组	系	机床名称	组	系	机床名称
仪表车床	00		立式车床	50	
	01			51	单柱立式车床
	02			52	双柱立式车床
	03	转塔本床		53	单柱移动立式车床
	04	卡盘车床		54	双柱移动立式车床
	05	精整车床		55	工作台移动单柱立式车床
	06	卧式车床		56	
	07			57	定梁单柱立式车床
	08	无丝杠车床		58	定梁双柱立式车床
	09			59	
单轴自动车床	10	主轴箱固定型自动车床	落地及卧式车床	60	落地车床
	11	单机纵切自动车床		61	卧式车床
	12	单轴横切自动车床		62	马鞍车床
	13	单轴转塔自动车床		63	无丝杠车床
	14			64	卡盘车床
	15			65	球面车床
	16			66	
	17			67	
	18			68	
	19			69	
多轴自动、半自动车床	20	多轴平行作业棒料自动车床	仿形及多刀车床	70	转塔仿形车床
	21	多轴棒料自动车床		71	仿形车床
	22	多轴卡盘自动车床		72	卡盘仿形车床
	23			73	立式仿形车床
	24	多轴可调棒料自动车床		74	转塔卡盘多刀车床
	25	多轴可调卡盘自动车床		75	多刀车床
	26	立式多轴半自动车床		76	卡盘多刀车床
	27	立式多轴平行作业半自动车床		77	立式多刀车床
	28			78	
	29			79	
回轮、转塔车床	30	回轮车床	轮、轴、辊、锭及铲齿车床	80	车轮车床
	31	滑鞍转塔车床		81	车轴车床
	32			82	动轮曲拐车床
	33	滑枕转塔车床		83	轴颈车床
	34			84	轧辊车床
	35	横移转塔车床		85	钢锭车床
	36			86	
	37	立式转塔车床		87	车轮立式车床
	38			88	
	39			89	铲齿车床
曲轴及凸轮轴车床	40	旋风切削曲轴车床	其他车床	90	落地镗车床
	41	万能曲轴车床		91	多用车床
	42	曲轴主轴颈车床		92	单轴半自动车床
	43	曲轴连杆轴颈车床		93	
	44			94	
	45	多刀凸轮轴车床		95	
	46	万能凸轮轴车床		96	
	47	凸轮轴中轴颈车床		97	活塞环仿形车床
	48	凸轮轴端轴颈车床		98	钢锭模车床
	49	凸轮轴凸轮车床		99	

三、车床的传动

电动机输出的动力，经带传动给主轴箱，经变速机构使主轴得到不同的转速。主轴通过卡盘等夹具带动工件做旋转运动。同时，主轴的旋转运动由挂轮箱，经进给箱，通过光杠或丝杠传递给溜板箱，使溜板带动刀具作进给运动或车螺纹运动。车床的传动系统框图如图 3-4 所示。

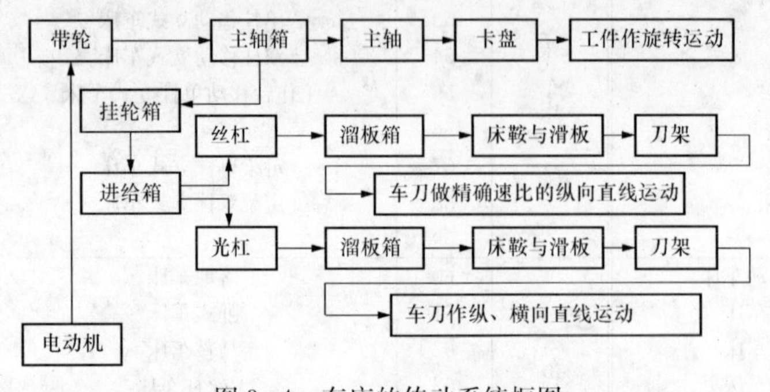

图 3-4　车床的传动系统框图

四、车床的润滑

为了使车床在工作中减少机件磨损，保持车床的精度，延长车床的使用寿命，必须对车床上所有摩擦部位定期进行润滑。根据各个零部件在不同受力条件下的工作特点，常采用以下几种润滑方式。

1. 浇油润滑

车床露在外面的滑动表面，如车床的床身导轨面，中、小滑板导轨面、丝杠等，擦干净后用油壶浇油润滑。

2. 溅油润滑

车床齿轮箱内等部位的零件，一般是利用齿轮转动时把润滑油飞溅到各处进行润滑。注入的新油应该用滤网过滤，油面不得低于油标中心线。换油期一般为每三个月一次。

3. 油绳润滑

进给箱内的轴承和齿轮，除了用齿轮溅油法进行润滑外，还靠进给箱上部的储油槽，通过油绳进行润滑。因此，除了需要注意进给箱油标孔里油面高低外，每班每次还需要给进给箱上部的储油槽适量加油一次。

4. 弹子油杯润滑

车床尾座中、小滑板摇手柄转动轴承部位，一般采用这种方式。润滑时，用油嘴滴入润滑油。弹子油杯润滑每班每次至少加油一次。

5. 油脂杯润滑

车床交换齿轮箱的中间齿轮等部位，一般用油脂杯润滑。润滑时，先在油脂杯中装满油脂，当拧进油杯盖时，润滑油脂就挤入轴承套内。油脂杯润滑每周加油一次，每班次旋转油杯盖一圈。

6. 油泵循环润滑

这种方式是依靠车床内的油泵供应充足的油量来进行润滑的，如主轴箱和进给箱内的齿轮。

五、卧式车床的一级保养

当车床运转 500h 后，需进行一级保养。保养时，必须首先切断电源，然后进行保养工作。具体保养的内容和要求如下。

（1）外保养。清洗机床外表及各罩盖，保持内外清洁，无锈蚀，无油污；清洗长丝杠、光杠和操纵杆；检查并补齐螺钉、手柄、手柄球，清洗机床附件。

（2）主轴箱。清洗滤油器，使其无杂物，检查主轴并检查螺母有无松动，紧固螺钉是否锁紧；调整摩擦片间隙及制动器。

(3) 溜板及刀架。清洗刀架，调整中、小滑板的镶条间隙；清洗、调整中滑板、小滑板和丝杆的螺母间隙。

(4) 挂轮箱。清洗齿轮、轴套并注入新油脂；调整齿轮啮合间隙；检查轴套有无晃动现象。

(5) 尾座。清洗尾座，保持内、外清洁。

(6) 冷却润滑系统。清洗冷却泵、滤油器、盛液盘，畅通油路，油孔、油绳、油毡清洁且无铁屑；检查油质并保持良好，油杯齐全，油窗明亮。

(7) 电气部分。切断电源，清扫电动机、电器箱，使电气装置固定整齐。

第二节 车 刀

在切削加工中，直接完成切削工作的是车刀，车刀是最简单、最常用的切削刀具。刀具切削性能的好坏，主要决定于刀具的材料、结构和切削部分的几何参数。

一、车刀的种类与用途

常用车刀的类型如图 3-5 所示。按其用途可分为 90°外圆车刀、45°弯头外圆车刀、切断刀、内孔车刀、成型车刀、螺纹车刀、硬质合金不重磨车刀［见图 3-5 (g)］等。各种车刀的用途如图 3-6 所示。

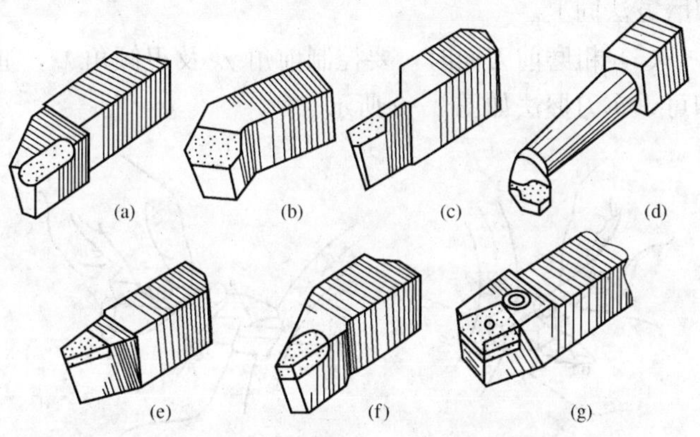

图 3-5 常用车刀的类型

(a) 90°外圆车刀；(b) 45°弯头外圆车刀；(c) 切断刀；(d) 内孔车刀；(e) 成型车刀；(f) 螺纹车刀；(g) 硬质合金不重磨车刀

二、车刀的刃磨

正确刃磨车刀是车工必需掌握的基本功之一。刃磨车刀必需选择合适的砂轮，掌握刃磨的步骤与方法。

1. 砂轮的选择

刃磨高速钢车刀或碳素工具钢刀具应选择白色或紫黑色的氧化铝砂轮，刃磨硬质合金车刀应选择绿色的碳化硅砂轮。粗磨时应取小粒度且较软的砂轮，精磨时应取大粒度且较硬的砂轮。刃磨车刀前，如砂轮不平或砂轮有跳动，必须用砂轮修正器修整。

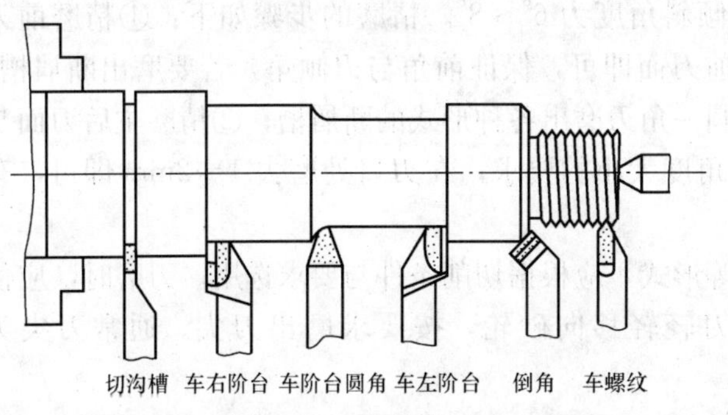

图 3-6 车刀的用途

2. 车刀的刃磨方法与步骤

车刀虽然有各种类型，但刃磨方法大体相同，其中以 90°硬质合金焊接式车刀最为典型，图 3-7 为其几何参数。其刃磨步骤与要领如下所述。

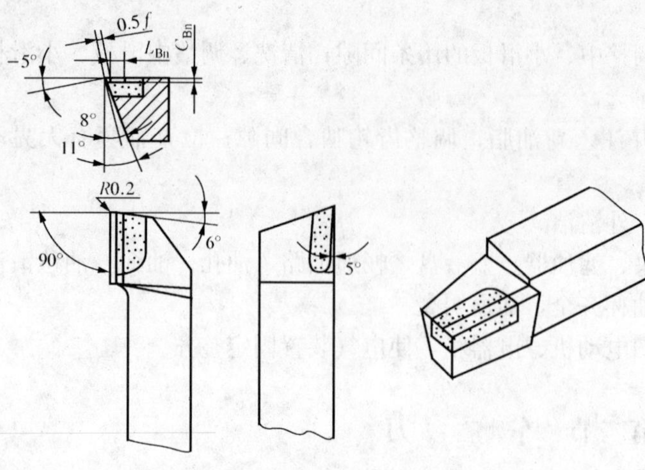

图 3-7 90°硬质合金焊接式车刀

(1) 用氧化铝砂轮磨去前刀面、主后刀面、副后刀面上的焊渣。

(2) 用氧化铝砂轮磨出刀柄的后角，其大小应比刀具的后角、副后角大 2°左右。

(3) 如图 3-8 (a) 所示，粗磨主后刀面时，双手握住刀柄使主切削刃与砂轮外圆平行，并使刀柄底部向砂轮稍稍倾斜，倾斜角度应等于后角，慢慢地使车刀与砂轮接触，然后在砂轮上左右移动。刃磨时，应注意控制主偏角 k_r 及后角 α_o，后角 α_o 应大些。刃磨后，如刀刃不直、刀面不平、角度不准，则应重新修磨，直至达到要求。

(4) 粗磨副后刀面时，要控制副偏角和副后角两个角度，车刀握法如图 3-8 (b) 所示，刃磨方法同上。

(5) 粗磨前刀面时，要控制前角 γ_o 及刃倾角 λ_o，通常刀坯上的前角已制出，稍加修正即可，车刀握法如图 3-9 所示。

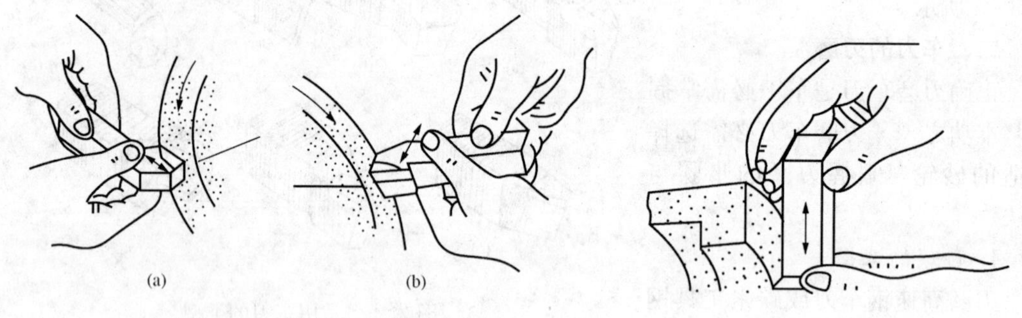

图 3-8 粗磨副后刀面
(a) 磨主后刀面；(b) 磨副后刀面

图 3-9 粗磨前刀面

(6) 精磨前刀面、后刀面与副后刀面时，一般要选用粒度细的绿色碳化硅砂轮，对于带托架的砂轮机，应调整砂轮托架，使其倾斜角度为 6°～8°。精磨的步骤如下：①精磨前刀面，若不需磨出断屑槽，只需轻轻修磨前刀面即可，保证前角与刃倾角，若要磨出断屑槽，则应根据不同的切削条件，利用砂轮外圆一角刃磨出各种形式的断屑槽；②精磨主后刀面与副后刀面，只要在粗磨好的刀面上按照角度大小的要求，在刃口处磨去 1～2mm 即可，车刀各刃是否磨出，可根据磨痕来判断。

(7) 刃磨刀尖，刀尖有直线与圆弧等形式，应根据切削条件与要求选用。刃磨时，应使主切削刃与砂轮成一定的角度，使车刀轻轻移向砂轮，按要求磨出刀尖。通常刀尖为 0.2～0.5mm。

(8) 车刀的研磨。在普通砂轮上磨出的车刀，刀刃一般不很平滑光洁，从微观看，尤其明显。使用这样的车刀车削，不仅耐用度低，而且难以保证表面加工质量。如采用金刚石砂轮研磨，则能明显改善上述缺陷。但金刚石砂轮较为昂贵，通常采用粒度极细的油石进行研磨。其方法是：首先在油石上加上稍许润滑油，将油石与车刀的刀面紧紧贴平，然后将油石沿贴平的刀面上下或左右均匀移动，如图 3-10 所示。研磨时不能破坏已刃磨好的刃口。

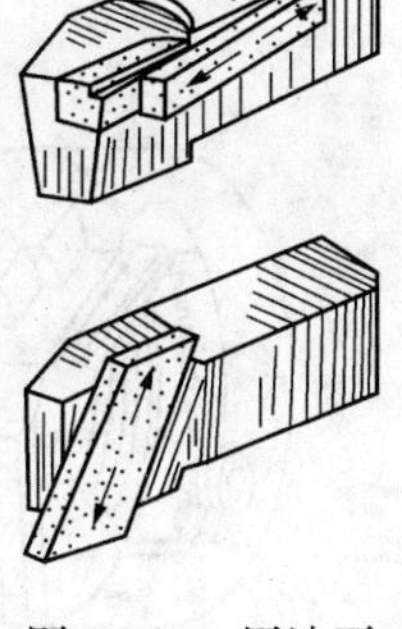

图 3-10 用油石研磨车刀

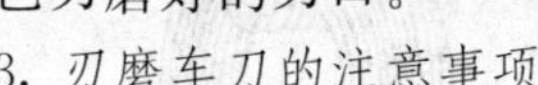

3. 刃磨车刀的注意事项

(1) 刃磨车刀必须戴好防护眼镜，不能戴手套或用纱布等裹着车刀刃磨。

(2) 无防护罩的砂轮不能使用，刃磨过程中，如发现砂轮松动，应立即停车检修。

(3) 应根据刀具材料正确选用砂轮。

(4) 启动砂轮机前，应用手转动砂轮，检查是否有异常或砂轮是否松动。

(5) 应经常调整砂轮机托架，使间隙在 2～3mm。

(6) 一片砂轮不可两人同时使用。应避免在砂轮侧面刃磨。

(7) 刃磨高速钢车刀时，要用水及时冷却，防止烧焦。刃磨硬质合金车刀时，为避免因水骤冷而使刀片产生裂纹，可将刀柄部分入水冷却。

(8) 刃磨时，双手握刀用力适当且均匀，并在砂轮上左右移动，不能用力过猛，不能停留在砂轮表面不动，使砂轮出现凹槽。

(9) 砂轮表面应经常修正。

(10) 刃磨结束时应及时关闭电源。

三、车刀的安装

1. 安装前的准备

(1) 转正刀架位置，锁紧刀架手柄。

(2) 擦净刀架安装面及刀具表面。

(3) 准备好合适的垫刀片。

2. 安装方法与要领

(1) 车刀刀尖必须对准工件的旋转中心，若刀尖高于或低于工件旋转中心时，车刀的实际工作角度会发生变化，影响车削。可通过调整刀柄下的垫片厚度，保证车刀刀尖的高度对准工件旋转中心。车刀刀尖对中心的方法有：目测法、顶尖对准法、测量刀尖高度法。

(2) 车刀的伸出长度应适宜，通常为刀柄厚度的 1.5～2 倍。

(3) 夹紧车刀，不得使用加力管，以免损坏刀架与车刀锁紧螺钉。

(4) 装夹车刀，应确保车刀的刃磨角度不发生变化。

第三节 工件安装及车床附件

车削加工之前，工件要在车床上进行安装。由于工件的形状、大小和加工的表面不同，安装工件的方法也不同。安装工件的主要要求是：工件的位置准确、装夹牢固，以保证加工质量和提高生产效率。在卧式车床上常用以下附件来安装工件。

一、三爪自定心卡盘装夹工件

三爪自定心卡盘是在车床上最常用的附件，其外形结构如图 3-11 所示。

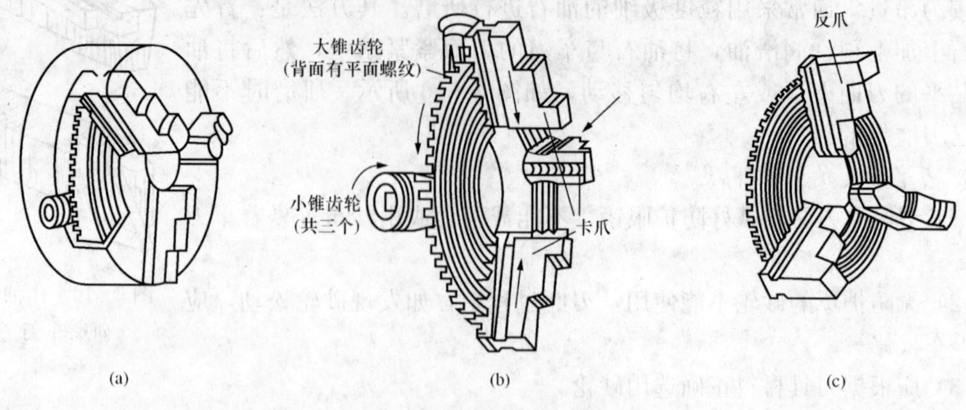

图 3-11 三爪自定心卡盘

（a）外形；（b）构造；（c）反爪

三爪自定心卡盘能自动定心，因此工件装夹方便，但其定心精度不高，工件上同轴度要求较高的表面，应尽可能在一次装夹中车出。三爪自定心卡盘适合装夹轴、套、盘类或六角形等零件。

二、四爪单动卡盘装夹工件

四爪单动卡盘的外形如图 3-12（a）所示。由于每个卡爪背面有半瓣内螺纹，故可以分别调整，因此，可用来卡持方形、椭圆形或不规则形状的工件。四爪单动卡盘的夹紧力大，所以，也用来夹持尺寸较大的圆形工件。

用四爪单动卡盘安装工件时，必须进行找正，如图 3-12（b）、（c）所示。

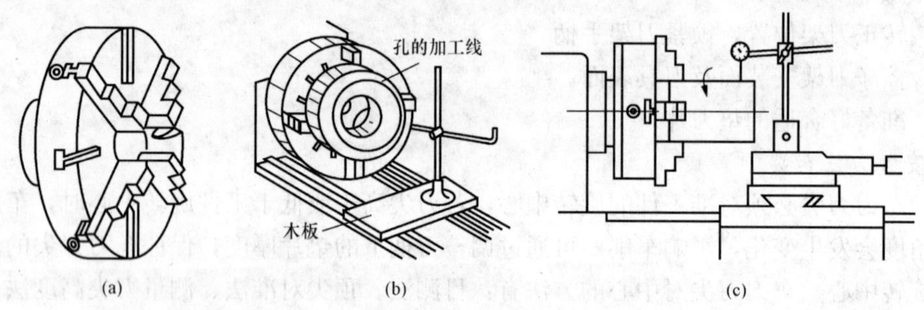

图 3-12 用四爪单动卡盘装夹工件

（a）四爪单动卡盘；（b）用划针找正；（c）用百分表找正

三、用顶尖装夹工件

在车床上加工较长轴类零件时，为了保证加工表面的位置精度，通常采用工件两端的中心孔作为统一的定位基准，用两顶尖装夹工件。如图 3-13 所示，把轴安装在前后两个顶尖上，前顶尖一般是固定顶尖，安装在主轴锥孔内和主轴一起旋转，后顶尖一般是回转顶尖，装在尾座的套筒内，轴由卡箍夹紧，由安装在主轴端部的拨盘带动卡箍一起旋转。

生产中有时用一般钢料夹在三爪自定心卡盘中车成60°圆锥体作前顶尖，用三爪自定心卡盘代替拨盘，如图3-14所示。

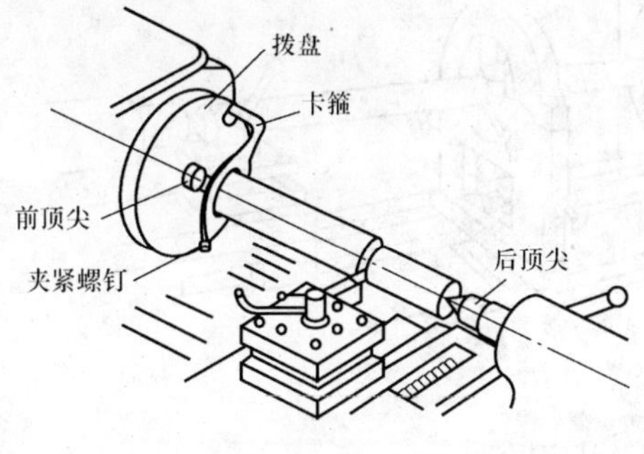

图3-13 用顶尖装夹工件

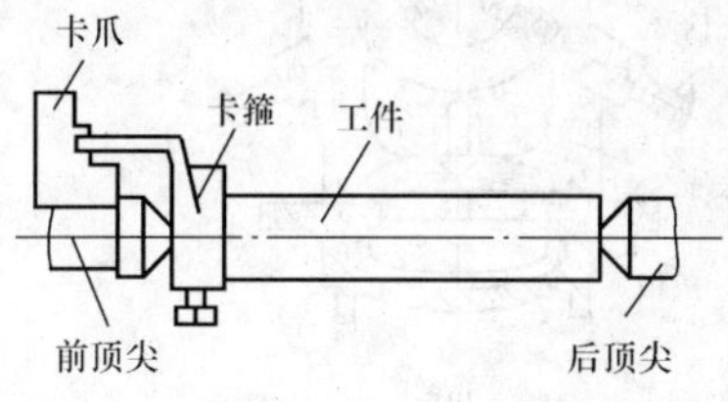

图3-14 用三爪自定心卡盘代替拨盘

用顶尖安装工件前，要先车平端面，并在工件的端面上用中心钻钻出中心孔。中心孔是轴类工件在顶尖上安装的定位基准，其形状有A、B两种类型，如图3-15所示。A型中心孔的60°锥孔与顶尖的60°锥面相配合，里端的小孔用以保证锥孔与顶尖的60°锥面配合贴切，并可储存少量润滑油。B型中心孔的外端多一个120°锥面，用来保证60°锥孔的外缘不被破坏，另外也便于在顶尖上精车轴的端面。

顶尖是利用尾部的锥面与主轴或尾座套筒的锥孔配合而装紧的，因此，安装顶尖时必须擦净顶尖和锥孔，然后用力推紧，否则装不牢或装不正。

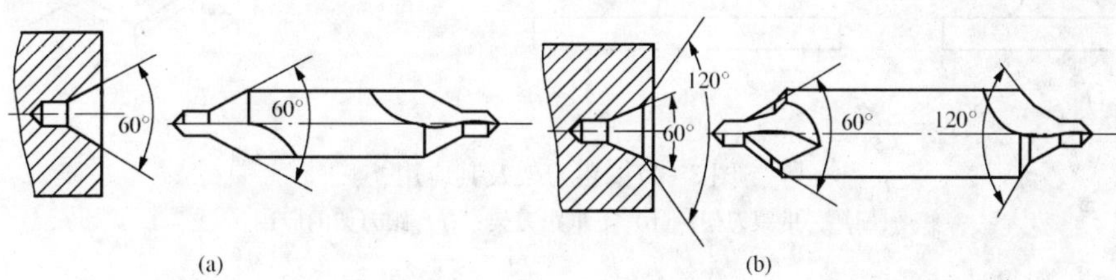

(a) (b)

图3-15 中心孔与中心钻

(a) A型中心孔与中心钻；(b) B型中心孔与中心钻

顶尖装牢后必须检查前后两个顶尖的轴线是否重合，若不重合，必须将尾座体进行横向调节，使之符合要求。

四、中心架和跟刀架的使用

中心架和跟刀架是切削加工的辅助支撑。加工细长轴时，为了防止工件被车刀顶弯或防止工件振动，需要用中心架或跟刀架增加工件的刚性，减少工件的变形。

如图3-16所示，中心架固定在车床导轨上，三个爪支撑于预先加工的外圆面上。它一般多用于阶梯轴、长轴车端面，打中心孔及加工内孔等。

跟刀架使用时固定在床鞍上，并随床鞍一起做纵向运动，跟刀架多用于加工细长的光轴和长丝杠等工件，如图3-17所示。

使用跟刀架和中心架时，工件被支撑部分应是加工过的外圆表面，并要加润滑油，工件的转速不能很高，以防止工件与支撑爪之间摩擦过热而烧坏或磨损支撑爪。

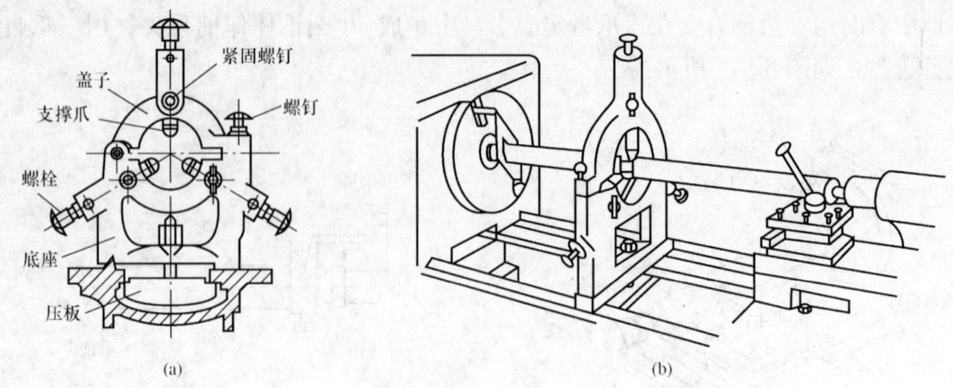

(a)
(b)

图 3-16 中心架及其应用
(a) 中心架；(b) 应用中心架车长轴

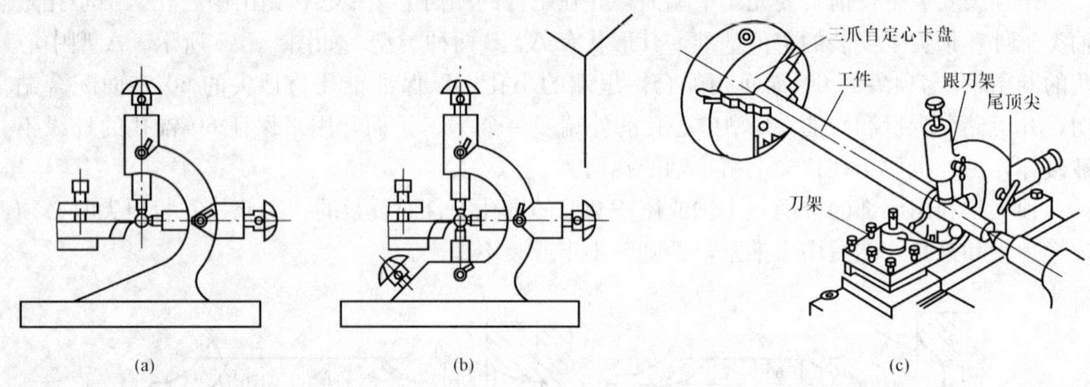

(a)
(b)
(c)

图 3-17 跟刀架及其应用
(a) 二爪跟刀架；(b) 三爪跟刀架；(c) 跟刀架的应用

五、用心轴装夹工件

盘、套类零件的外圆面和端面，对内孔常有同轴度和垂直度的要求。若有关的表面在三爪自定心卡盘的一次装夹中不能与孔一起加工出来，则先将孔精加工，再以孔定位将工件装到心轴上加工其他有关表面，以保证上述要求。心轴在车床上的装夹方法如同轴类零件。

心轴的种类很多，可根据工件的形状、尺寸、精度要求以及加工数量的不同选择不同结构的心轴。最常用的心轴有圆柱心轴和锥度心轴。

当工件的长度比孔径小时，常用圆柱心轴进行装夹。如图 3-18 所示，工件左端紧靠心轴轴肩，右端由螺母和垫圈压紧，夹紧力较大。由于孔与心轴之间有一定的配合间隙，对中性较差，因此，应尽可能减小孔与心轴的配合间隙，提高加工精度。

当工件长度大于孔径时，常用锥度心轴安装，如图 3-19 所示，锥度心轴的锥度为 1∶1000 至 1∶5000，因锥度很小，故锥度心轴对中准确，拆卸方便。但由于它是靠心轴锥面与工件孔壁压紧后的摩擦来承受切削力的，故被吃刀量不宜太大，主要用于盘、套类工件精车外圆和端面。

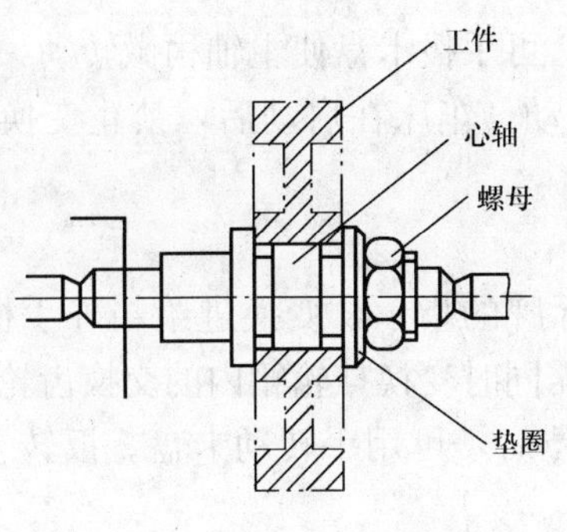

图 3-18 圆柱心轴

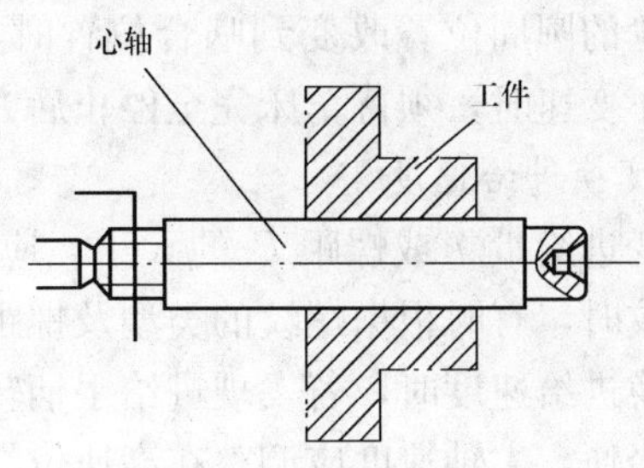

图 3-19 锥度心轴

六、用花盘安装工件

对于某些形状不规则的或刚性较差的工件，为了保证加工表面与安装平面平行，加工回转面轴线与安装平面垂直，可以用螺栓、压板把工件直接压在花盘上加工，如图 3-20 所示。用花盘安装工件时，需要仔细找正。

有些复杂的零件要求加工孔的轴线与安装平面平行，或者要求加工孔的轴线垂直相交时，可用花盘、弯板安装工件，如图 3-21 所示。弯板安装在花盘上要仔细地找正，工件安装在弯板上也需找正。

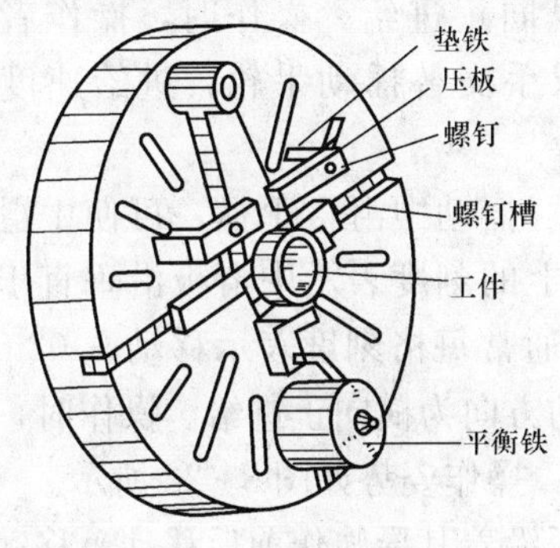

图 3-20 在花盘上安装工件

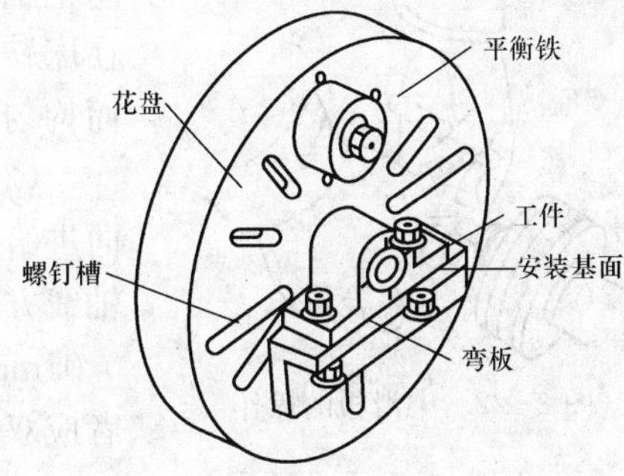

图 3-21 在花盘弯板上安装工件

用花盘或花盘弯板安装工件时，需加平衡铁予以平衡，以减少旋转时的振动。

第四节 车 床 基 本 操 作

一、车床操作基础知识

（一）车床的手动操作

1. 操作前的准备

（1）切断车床的电源，以防止因为动作不熟练导致失误而损坏车床。

（2）调整中、小滑板塞铁间隙。调整后应试摇滑板手柄几次，以手感灵活、轻便、又无明显间隙为宜。

（3）擦净机床外表面及各手柄。

2. 变换主轴转速

卧式车床主轴箱外均有变换转速的操纵手柄，根据转速标牌，改变手柄位置即可得到各种不同的转速。变速时，如发现手柄转不动或不到位，可手拨卡盘使主轴稍微转动一下，待轴上齿轮的圆周位置改变到啮合位置时，手柄即能扳动。车床在启动后，禁止变换主轴转速；停车变速时，须待车床完全停止后方可进行。

3. 变换进给速度

改变进给量 f 或螺距 P 的大小，应根据进给量标牌的指示，变换进给箱外手柄位置。车削螺纹时，有时根据螺纹的类型及螺距的大小，还需同时变换挂轮箱内的交换齿轮。

变换进给速度时，若发现进给手柄转不动或不到位时，可用手转动卡盘。扳转卡盘时，为转动轻便，主轴速度应调整在高速位。

4. 溜板箱操作

溜板箱外各操作手柄的用途及工作位置，一般都用标牌标明。变换各手柄位置，可使刀架做纵向或横向运动。车螺纹时，应将对开螺母手柄向下按到“合”位置；手动或机动进给时，对开螺母于“开”位置。

5. 纵、横向进给和进、退刀动作

(1) 纵向手动进给。摇动床鞍手轮，可使床鞍纵向移动，手轮上的刻度盘表示床鞍移动的距离。通常刻度每转过一小格，床鞍移动 1mm（也有的为 0.5mm），其刻度的零位线可通过紧定螺钉调整。向主轴箱方向移动为纵向正进给。操作时，操作者应站在床鞍手轮的右侧，双手交替摇动手轮，进给速度应慢而均匀连续。

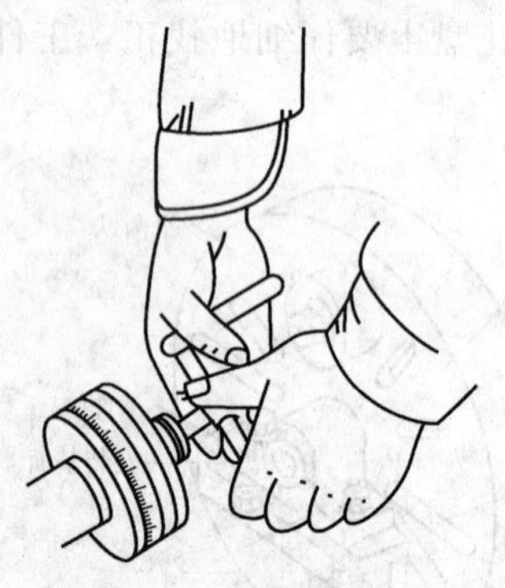

图 3 - 22　中滑板的操作

(2) 横向手动进给。摇动中滑板手柄，可使中滑板横向进给，中滑板刻度盘上的刻度表示中滑板沿垂直于主轴轴线方向移动的距离，通常每格刻度表示移动 0.02mm 或 0.05mm。向主轴移动的方向为横向正进给。操作时，操作者应双手交替摇动手柄，操作姿势如图 3 - 22 所示。

(3) 小滑板手动进给。摇动小滑板手柄，可使小滑板沿着其导轨作前后移动，移动距离由刻度盘上刻线表示，通常每格表示移动 0.05mm。小滑板导轨下有转盘，松开其紧定螺钉，可在水平面内转动角度。

(4) 引刀操作（纵、横向进、退刀）。操作方法是：左手摇床鞍手柄，右手摇中滑板手柄，双手同时做均匀移动。进、退刀动作必须十分熟练，否则，车削过程中一旦失误，会造成工件报废或发生事故。

(5) 尾座的操作。尾座的操作主要涉及两个方面的内容：①尾座的移动与锁紧，尾座通过底压板与床身导轨锁紧，松开锁紧螺母或松开尾座锁紧手柄就可使尾座沿导轨移动，如图 3 - 23 所示；②尾座套筒的操作，摇动手轮可使套筒前后移动，扳紧套筒锁紧手柄即可锁紧套筒。尾座套筒不宜伸出过长，以防止套筒内啮合的丝杆螺母脱开。

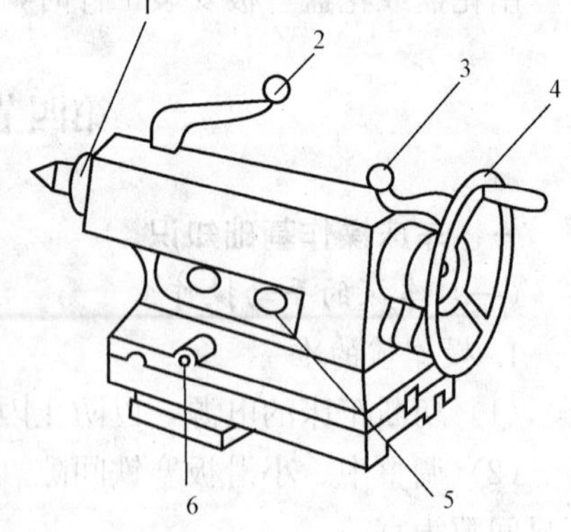

图 3 - 23　车床尾座

1—尾座套筒；2—套筒锁紧手柄；3—尾座锁紧手柄；4—手轮；5—尾座锁紧螺栓；6—尾座横向调整螺钉

（二）车床的机动操作

1. 操作前的准备

（1）将主轴转速调整在100r/min左右。

（2）调整进给箱手柄位置，使进给量f为0.2mm/r左右。

（3）摇动床鞍到床身的中间位置。

（4）用手扳动卡盘一周，检查机床有无碰撞之处，并检查各手柄是否在正常位置。

2. 车床启动、停止的方法

（1）接通电源，使车床电源开关置于合的位置。

（2）按启动按钮，启动电动机。此时，由于操纵杆在中间的空档位置，所以主轴尚未转动。

（3）向上提起操纵杆，主轴正转，置操纵杆于中间位置，主轴停止转动，此时，电动机仍在转动；操纵杆向下，主轴倒转，除车螺纹外，一般主轴不使用倒转。在车削过程中，因测量工作需短暂停止时应利用操纵杆停车，不要按停止按钮。因为电动机频繁启动容易损坏。这时，为防止停车时操纵杆失灵导致主轴转动，可将主轴变速手柄置于空档位。

（4）变换主轴转速，一定要先停车，后变速。

3. 纵向机动进给方法

（1）将床鞍摇到床身中间位置后，启动机床。

（2）将机动进给手柄调整至"纵向"位置，操纵进给手柄向主轴箱方向为自动进给。如需方向相反，要停机后变换换向手柄。

（3）注意进给过程中的极限位置，确保床鞍不与卡盘相碰撞。

4. 横向机动进给的方法

（1）摇动中滑板手柄，使刀架靠近车床主轴内侧的平面，离卡盘中心约100mm。

（2）启动机床。

（3）将进给手柄调到"横向"位置，操作机动进给手柄，使中滑板向卡盘中心方向进给。

（4）注意：中滑板向前正向进给时，刀架前侧平面不能超过主轴中心线，防止滑板丝杠与螺母脱开；向后反向进给时，刀架不能与刻度盘等凸台相碰。

二、轴类零件的安装与车削

（一）钻中心孔

1. 中心孔的型式与选用

中心孔用来支撑工件，并起定位作用。常用的类型有：A型（不带保护锥）、B型（带保护锥）、C型（带保护锥及螺纹），如图3-24所示。

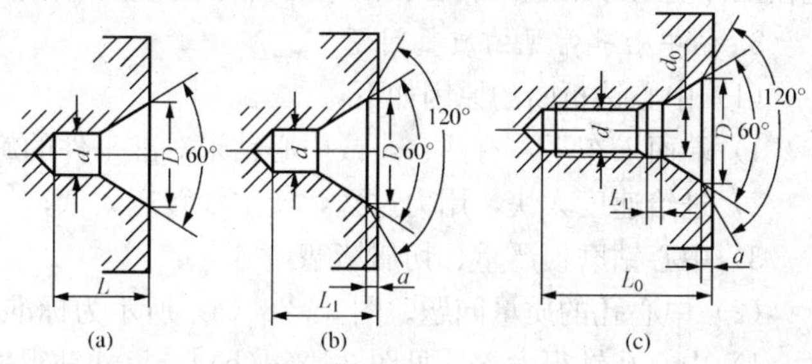

图3-24　中心孔的形状

（a）不带保护锥的中心孔；（b）带保护锥的中心孔；（c）带保护锥及螺纹的中心孔

中心孔的尺寸由工件直径与重量大小来决定。GB 145—2001中心孔规定了上述三种类型中心孔的具体尺寸及选择参考数据，其形式的选择主要是根据工艺要求来确定。

2. 钻中心孔的方法

直径在6mm以下的A型、B

型中心孔通常用中心钻直接钻出，中心钻一般用高速钢制成。

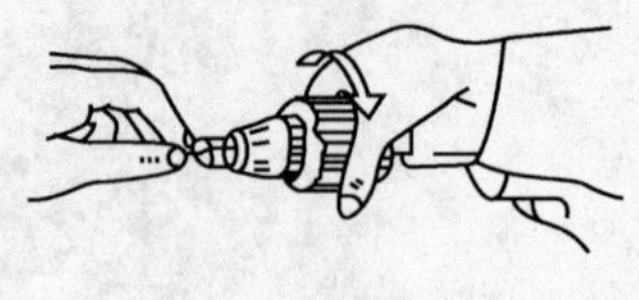

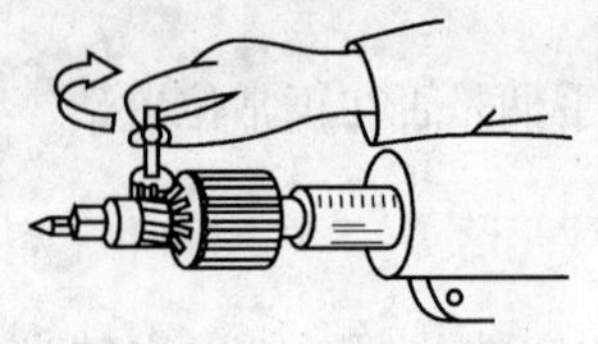

图 3-25 安装中心钻

(1) 钻削前的准备工作。

1) 装夹并校正好工件，将工件端面车平。

2) 将钻夹头锥柄擦净后，装入车床尾座套筒内。

3) 选用中心钻，将中心钻装入钻夹头内，并用锥齿扳手拧紧（见图 3-25)，中心钻在钻夹头内伸出长度应尽量短。移动尾座并调整尾座套筒伸出长度，然后将尾座锁紧。

4) 选择主轴转速。由于中心钻直径较小，主轴转速一般应选高些，通常在 800r/min 以上（大直径轴除外)。

(2) 钻削要领。

1) 试钻。启动车床，摇动尾座套筒，当中心钻钻尖钻入工件约为 0.5mm 时退出，目测判断中心钻是否对准工件中心［见图 3-26 (a)］。当中心钻对准工件旋转中心时，钻出孔呈锥形［见图 3-26 (b)］。若中心偏移，则钻出的孔呈环形［见图 3-26 (c)］。纠偏方法为：松开尾座紧定螺钉，调整尾座两侧的调整螺钉，使尾座横向移动，目测钻尖与工件旋转中心的位置，待钻尖与工件中心对准后，再锁紧两侧螺钉，如图 3-27 所示。

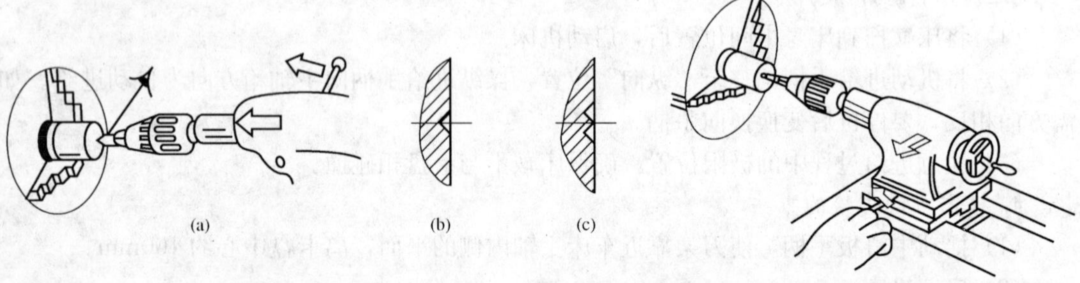

图 3-26 试钻中心孔　　图 3-27 调整尾座的偏移位置

2) 钻削方法。当中心钻钻入工件时，进给速度要慢而均匀，并经常退出中心钻，以清除切屑及充分冷却。当钻至圆锥孔规定的尺寸时，应先停止进给，加注切削液再停车。这时利用主轴惯性，再轻轻送进中心钻，使中心钻切削刃切下薄薄一层金属，以降低粗糙度值并修圆中心孔。

3) 特殊零件钻中心孔。工件直径大或形状复杂的零件，不便在车床上钻中心孔时，可先在工件上划好中心，然后在钻床上或用手电钻钻出中心孔。

3. 钻中心孔常见的质量问题

(1) 中心钻折断的原因如下：

1) 端面未车平，有凸台，或中心钻未对准工件的旋转中心；

2) 进给速度太快，用力过猛，或主轴转速太低；

3) 中心钻磨损严重、切屑堵塞。

(2) 中心孔的质量问题。图 3-28 (a) 所示为标准质量。

1) 中心孔钻得太深［见图 3-28 (b)］，尺寸钻得太大［见图 3-28 (c)］；

2) 钻偏［见图 3-28 (d)、(e)、(f)］；

3) 中心钻本身太短［见图 3-28 (g)］。

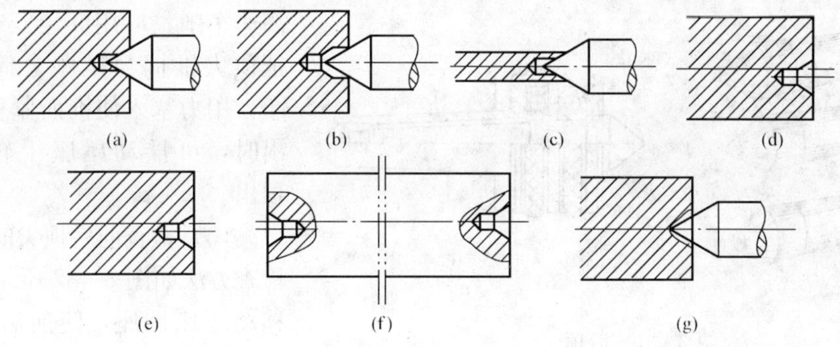

图 3-28　中心孔的质量

（二）两顶尖装夹车轴类零件

对于较长的工件（如长轴，丝杆等）或工序较多、需经多次装夹的轴类零件。为了保证精度，通常采用两顶尖装夹，如图 3-29 所示。这种装夹方法，装夹方便，不需校正。装夹前，工件的两端须钻出中心孔。

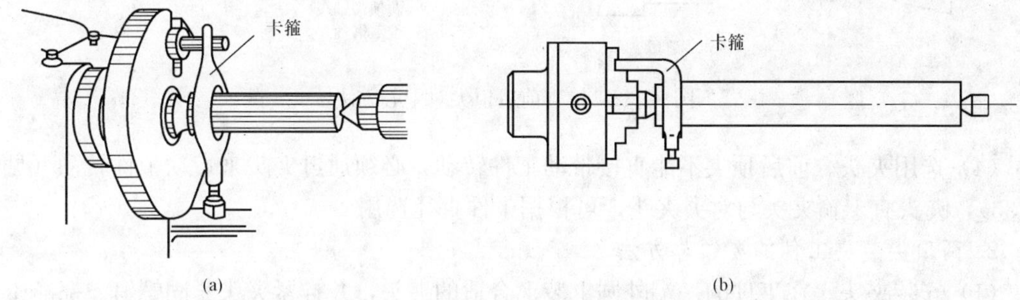

图 3-29　用两顶尖装夹工件

1. 装夹前的准备

（1）前顶尖的选用与安装。前顶尖有两种，一种是将标准顶尖插入主轴前端锥孔内，使用时需卸下卡盘，用拔盘带动工件旋转，如图 3-30（a）所示。其特点是安装可靠，适合批量生产。另一种是直接在卡盘上夹一段棒料，车成 60°顶尖，如图 3-30（b）所示。其特点是使用方便、准确，但顶尖一旦从卡盘上卸下后再次使用时，必须将 60°锥面重车一刀，以保证顶尖锥面与主轴旋转轴线同轴。

（2）后顶尖。后顶尖装在车床尾座套筒内，有死顶尖和活络顶尖两种（见图 3-31）。死顶尖的特点是定位准确且刚性好，但它与工件中心孔产生滑动摩擦，易发热，磨损大，适用于低速精车。有时也采用镶硬质合金的死顶尖，以减少摩擦，提高转速。使用时，应在中心孔内加润滑脂。活顶尖和工件一起转动，适用于

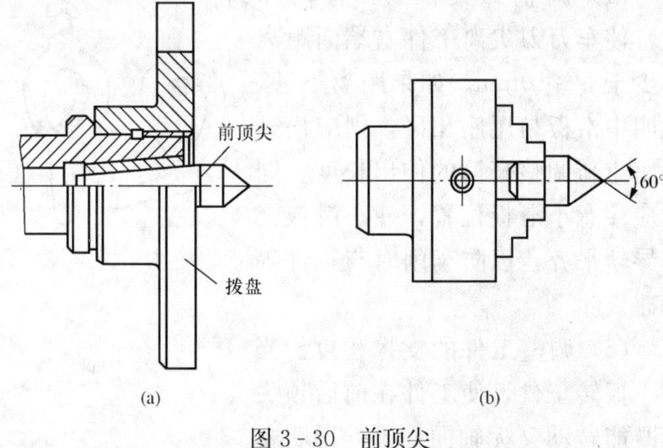

图 3-30　前顶尖

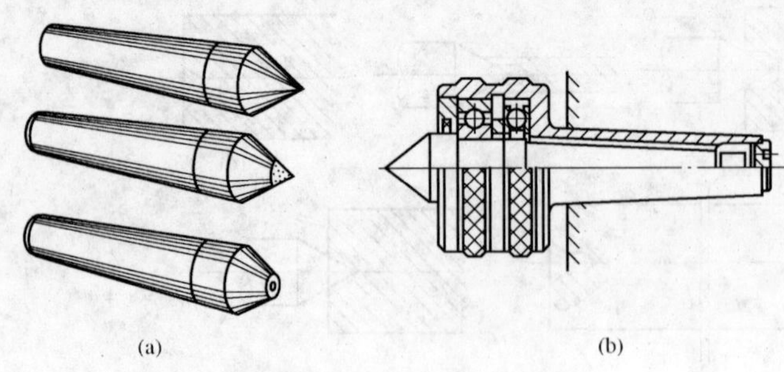

图 3-31 后顶尖
(a) 死顶尖；(b) 活顶尖

高速车削，应用广泛。安装时，应把顶尖锥柄与尾座套筒的锥孔擦净，用力塞入使锥面紧密贴合；退出时，可摇动尾座手轮，将顶尖顶出。

(3) 检查前后顶尖的中心位置。检查方法如图 3-32 所示。检查时，移动车床尾座，使前后顶尖接触，目测是否对准，如有偏移，应调整尾座的横向位置，直至对准。

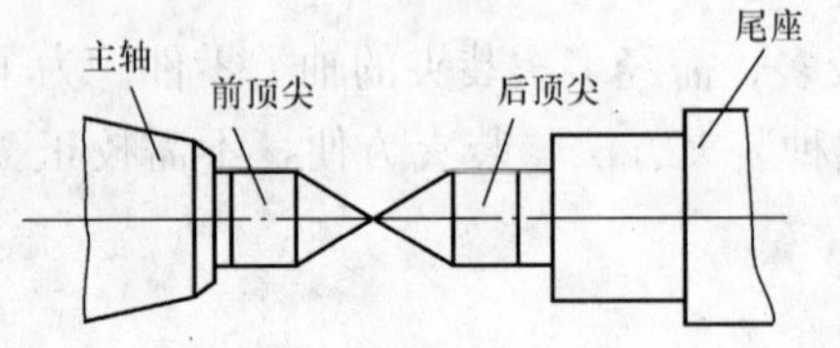

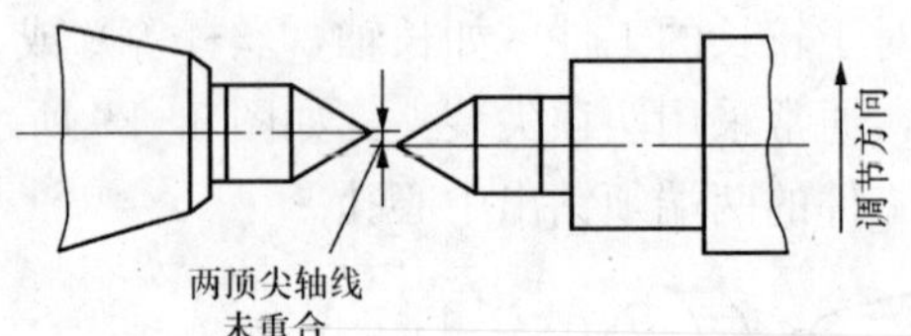

图 3-32 检查前后顶尖对中心方法

(4) 选用夹头。前后顶尖不能直接带动工件转动，必须通过夹头来带动工件转动（见图 3-33)，夹头有卡箍夹头与对夹夹头，可根据工件直径选用。

2. 两顶尖装夹工件的要领与方法

(1) 安装夹头。在工件的一端外圆上装上合适的夹头，并拧紧夹头紧固螺钉。擦净工件两端的中心孔，并在中心孔内加注润滑脂。

(2) 调整尾座位置。套筒应尽可能伸出短些，当前后两顶尖的距离接近工件长度时可锁定尾座。

(3) 安装工件。将装有夹头的一端装在前顶尖上，左手握稳工件，右手摇动尾座手轮，使后顶尖顶入工件中心锥孔内，待顶住后左手方可松开工件。

(4) 调整刀具位置。移动床鞍，使车刀刀尖离工件右端面距离不少于 5～10mm。如果距离不够，说明中滑板与尾座相碰，则应松开尾座重新调整套筒的伸出长度。同时应注意小滑板位置，使小滑板上下导轨平齐，以防车削时与工件等相碰。

(5) 调整工件的支撑程度。当用手扳转工件，使工件在前后顶尖间既能转动又无轴向间隙，说明支

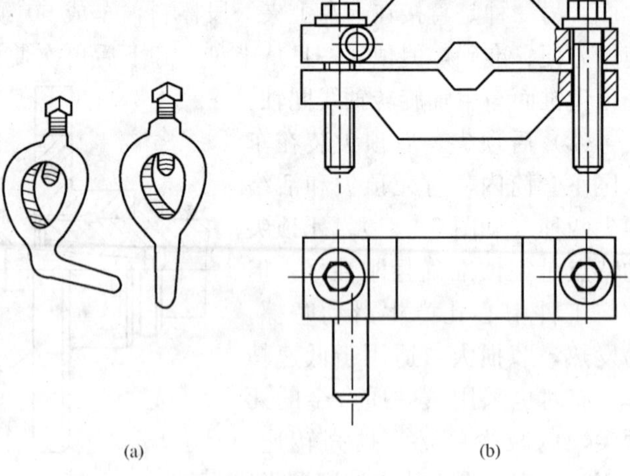

图 3-33 夹头
(a) 卡箍夹头；(b) 对夹夹头

撑松紧合适，可锁紧尾座套筒。支撑过松，易产生振动，甚至工件飞出；支撑过紧，工件易变形，易损坏顶尖。

3. 用两顶尖装夹车外圆的要领

(1) 校正尾座中心。用两顶尖装夹时，如后顶尖轴线不在主轴中心线上，车出的工件会产生锥度（见图3-34）。因此，必须首先找正尾座中心，其方法与要领如下：

1）在工件毛坯中央车一段凹外圆，并在工件两端位置上留出各约15mm的凸台阶，以便试车调整锥度用（见图3-35）。

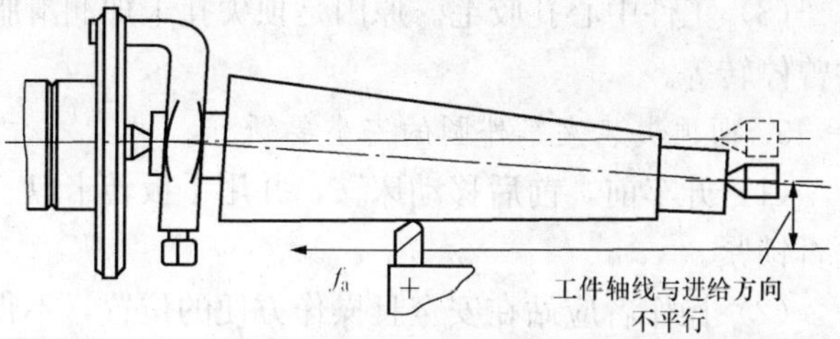

图3-34 后顶尖偏移主轴中心，工件产生锥度

2）试车，确定尾座的偏移方向与调整量。试车时，在两端凸台阶位置上以相同的中滑板刻度车出外圆，再用千分尺测量其尺寸。如两端尺寸不一致，说明由于尾座中心偏移使工件产生锥度。例：凸台尺寸右端小于左端，说明尾座向操作者身边发生了偏移，应使尾座向背着操作者的方向调整，调整量为两端直径差的一半。

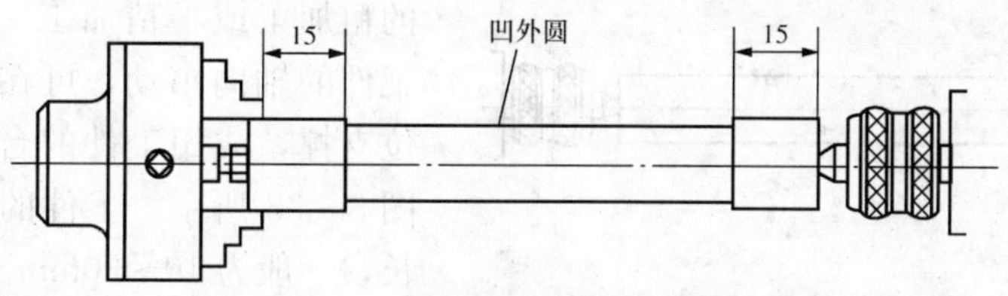

图3-35 车调整锥度用凹外圆

调整尾座偏移量，常采用百分表找正法（见图3-36）。将百分表装在刀架上，测头直接对准尾座套筒的外圆前端，转动中滑板手柄，使表头与套筒接触，测杆压缩量约0.3～0.5mm，调整表的指针至零位。尾座的调整量及其调整方向可直接从表中读出。尾座调整后，应重新调整工件支撑的松紧程度并试切削。试车时，车刀应锋利，试车表面应光滑。一般要重复调整数次，直至锥度尺寸误差符合规定要求。

(2) 操作方法。工件一端车完后，调头车另一端外圆时，卡箍与已加工表面之间要垫上铜皮。当两端外圆要接齐时，应以已加工外圆作对刀试切基准，即为反进刀法；否则，会使接头处不平整。图3-37所示为反进刀接齐外圆的方法。

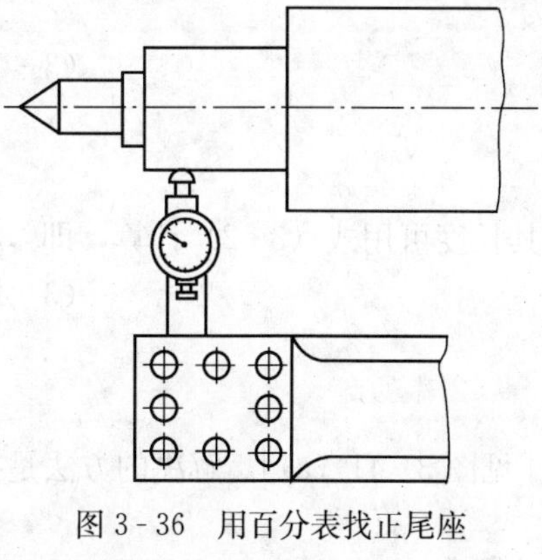

图3-36 用百分表找正尾座

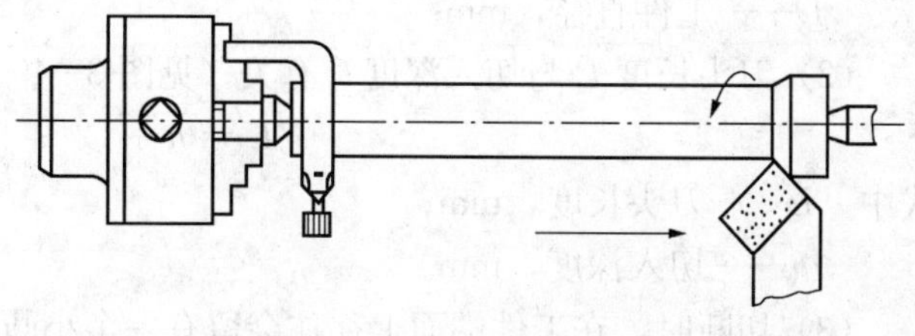

图3-37 反进刀法接齐外圆

4. 两顶尖装夹车外圆时容易产生的问题

(1) 外圆呈锥体。原因是前后顶尖的连线与主轴轴线不同轴，由尾座中心位置偏移造成。

(2) 工件产生振动。原因是尾座套筒伸出太长或工件支撑太松，车刀不锋利，后顶尖轴承间隙过大或中小滑板的间隙过大等。

(3) 工件中心孔咬毛。原因是顶尖孔未加润滑脂或转速太高，或卡箍未夹紧，车削时工件曾停转等。

5. 两顶尖装夹车外圆的安全要领

(1) 开车前，前后移动床鞍，并用手扳转卡盘一周，检查有无碰撞，同时检查尾座套筒是否锁紧。

(2) 操作者应站在安全且操作方便的位置，不得正对工件及卡盘。

(3) 当切屑卷入工件或夹头上时应及时停车处理，不能在开车时清除。

(4) 由于靠前后两顶尖夹持工件，刚性较差，故不宜采用大切削用量车削，以免造成工件报废或事故。

(三) 一夹一顶装夹车轴类零件

前后两顶尖装夹方法，虽然精度较高，但刚性差，对于加工余量大或精度要求不太高的工件，可用一夹一顶装夹方法。其特点是装夹刚性好，但同轴度有一定的误差，适用于零件的粗加工或半精加工。为了防止车削时工件的轴向窜动，可在卡盘内装一个限位支撑，或用工件的台阶作为限位，如图 3-38 所示。工件的夹持部分不宜太长，一般为 10～20mm。

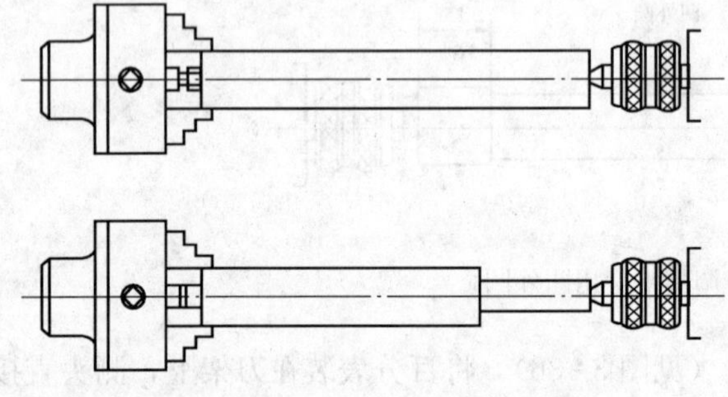

图 3-38 一夹一顶装夹工件

三、切断与车槽

(一) 切断刀

切断刀前端的刀刃为主切削刃，两侧刀刃为副切削刃。其特点是主切削刃较窄，刀头较长，所以强度较差，易被折断。常用的切断刀有高速钢切断刀、硬质合金切断刀。切断较小直径工件，通常采用高速钢或弹性切断刀；切断较大直径或较硬工件，常采用硬质合金切断刀。

1. 高速钢切断刀及其几何角度（见图 3-39）

(1) 主切削刃的宽度 a 与被切直径有关，其计算式为

$$a \approx (0.5 \sim 0.6)D \tag{3-1}$$

式中 a——主切削刃宽度，mm；

D——工件直径，mm。

(2) 刀头长度 L 与切入深度 h 有关（见图 3-40），其长度可用式（3-2）计算，即

$$L = h + (2 \sim 3) \tag{3-2}$$

式中 L——刀头长度，mm；

h——切入深度，mm。

(3) 切断时，在工件端面上往往会留有一个小凸台［见图 3-41 (a)］。解决的方法是把主切削刃略磨斜些［见图 3-41 (b)］。

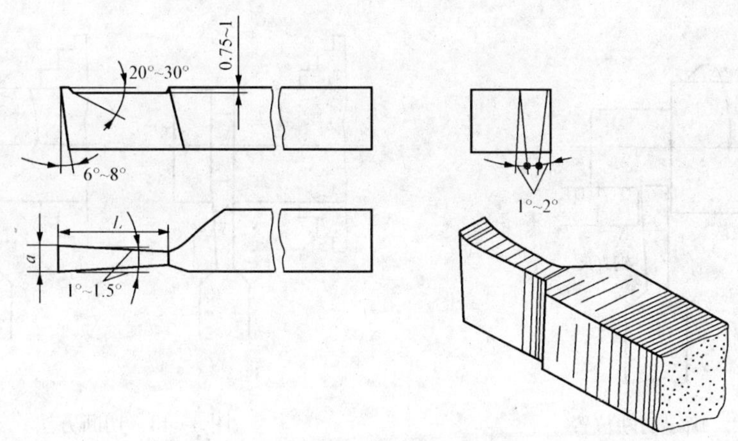

图 3-39 高速钢切断刀及其几何角度

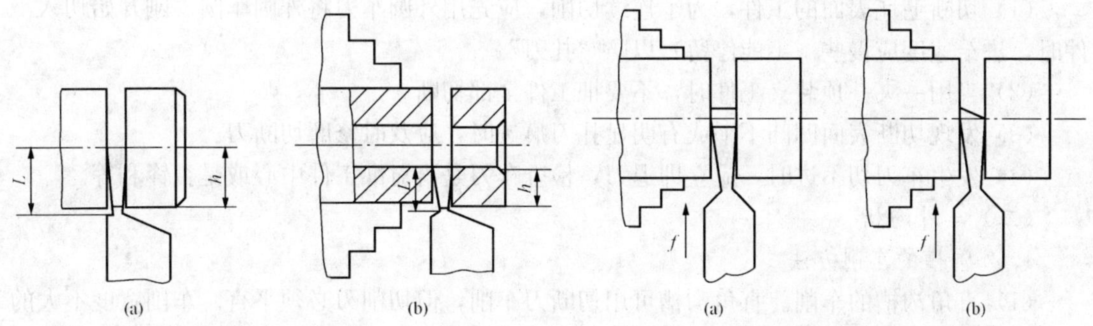

图 3-40 切削刃的刀头长度 L 与切入深度 h

（a）切断实心工件；（b）切断空心件

图 3-41 切断时的工件端面

2. 硬质合金切断刀的几何角度

硬质合金切断刀与高速钢切断刀的几何角度有相同的要求。为了增强刀尖强度与耐用度，并使排屑顺利，可将主切削刃磨成“人”字形。

（二）切断要领

1. 切断前的准备

（1）工件装夹应牢固，工件伸出长度在满足切断位置的前提下应尽可能短。

（2）中、小滑板的间隙应调整得较小些。

（3）调整主轴转速来选定切削速度。一般切断时切削速度较低，用高速钢切断刀切断时，切削速度为 0.15～0.35m/s；用硬质合金切断刀切断时，切削速度为 0.6～1.2m/s。

（4）移动床鞍，用钢直尺对刀，确定切断位置并做记号。注意工件在长度上的加工余量（见图 3-42）。

2. 切断方法

（1）切断方法有直进法与左右借刀法。工件直径较小时，可采用直进法［见图 3-43（a）］；工件直径较大时，可采用左右借刀法［见图 3-43（b）］。

（2）切断时，如手动进给，中滑板进给的速度应均匀，并要控制断屑。工件直径较大或长度较长时，一般不能直接切到工件中心，当切至离工件中心 2～3mm 时，将车刀退出，停车后用手将工件扳断。

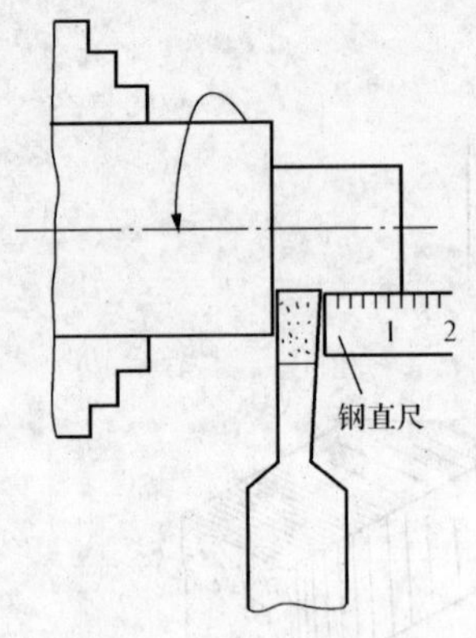

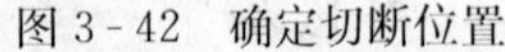

图 3-42 确定切断位置

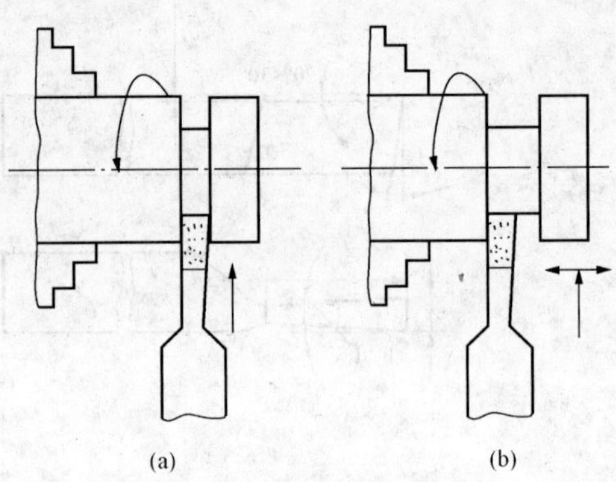

图 3-43 切断方法

3. 切断时的注意事项与安全技术

(1) 切断毛坯表面的工件，为了连续切削，应先用外圆车刀将外圆车圆。刚开始切入工件时，进给速度应慢些（不能停留）以防“扎刀”。

(2) 当用一夹一顶装夹工件时，不要把工件全部切断。

(3) 发现切断表面凹凸不平或有明显扎刀痕迹时，应及时修磨切断刀。

(4) 发生车刀切不进时，应立即退刀，检查车刀是否对准工件中心或是否锋利等。

（三）车外沟槽

1. 外沟槽的车削方法

(1) 直角沟槽的车削。直角沟槽可用切断刀车削，但切削刃必须平直。车削宽度不大的外沟槽，可用刀头宽度等于槽宽的切断刀直进法一次车出。较宽的沟槽，用切槽刀分几次纵向进给，先把槽的大部分余量车去，但必须在槽的底部与两侧留有余量，最后根据槽的位置、宽度、深度进行精车。

(2) 斜沟槽的车削。45°外沟槽刀的几何形状与切断刀基本相似，只是车刀两侧 a 处副后面应磨成圆弧［见图 3-44 (a)］。车削时，可将小滑板转过 45°，用小滑板进给车削成形。图 3-44 (b) 为圆弧外沟槽的车削。

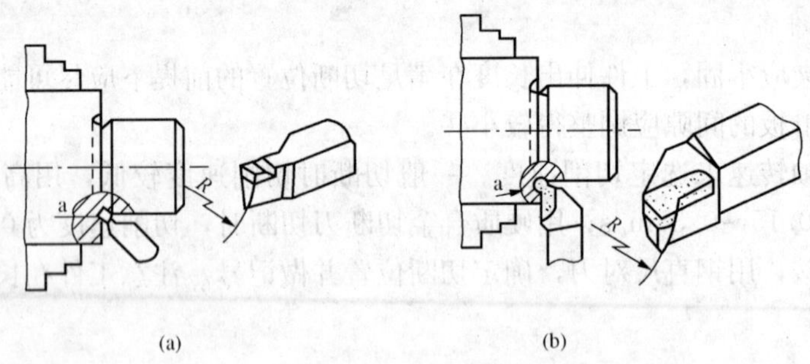

图 3-44 车外沟槽

2. 外沟槽的测量

外沟槽的直径可用卡钳或游标卡尺测量，其宽度可用游标卡尺、塞规或卡规来检测，如图 3-45 所示。

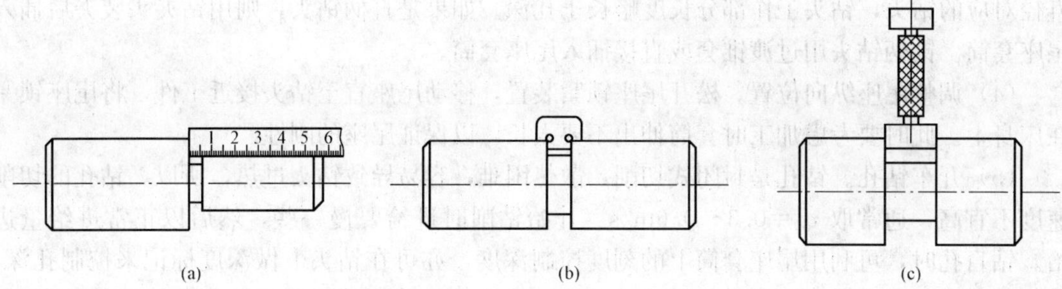

图 3-45 外沟槽宽度的测量

(a) 用钢直尺；(b) 用量规；(c) 用塞规

（四）切断刀折断的原因及防止切削振动的措施

1. 切断刀折断的原因

(1) 切断刀的几何形状刃磨不正确，副后角、副偏角太大，主切削刃太窄，刀头过长，削弱了刀头的强度。切削刃前角过大，造成扎刀。另外，刀头歪斜，切削刃两边受力不均，也易使切断刀折断。

(2) 切断刀安装不正确，两副偏角安装不对，或刀尖没有对准工件中心。

(3) 进给量太大或排屑不畅。

2. 防止切削振动的措施

切削时，往往会产生振动，会使切削无法进行，甚至损坏刀具，可采用下述措施防止振动。

(1) 机床主轴间隙及中、小滑板间隙应尽量调小。

(2) 适当增大前角，使切削锋利且便于排屑；适当减小后角，以使车刀能“撑住”工件。

(3) 切断刀离卡盘的距离一般应小于被切工件的直径。

(4) 适当加快进给速度或减慢主轴转速。

(5) 选用合适的主切削刃宽度。在主切削刃中间磨出 0.5mm 的槽，起到消振、导向的作用。

四、钻孔与车孔

车床上最常用的内孔加工为钻孔、扩孔、铰孔和车孔。

1. 钻（扩、铰）孔

在实体材料上加工孔时，先用钻头钻孔，然后可以扩孔和铰孔，车床上钻孔如图 3-46。扩孔和铰孔与钻孔相似，钻头和铰刀装在尾架的套筒内由手动进给。下面介绍车床钻孔的步骤。

(1) 车平端面。便于钻头定心，防止钻偏。

(2) 预钻中心孔。必要时在工件中心用中心钻钻出中心孔或用车刀车出小的定心凹坑。

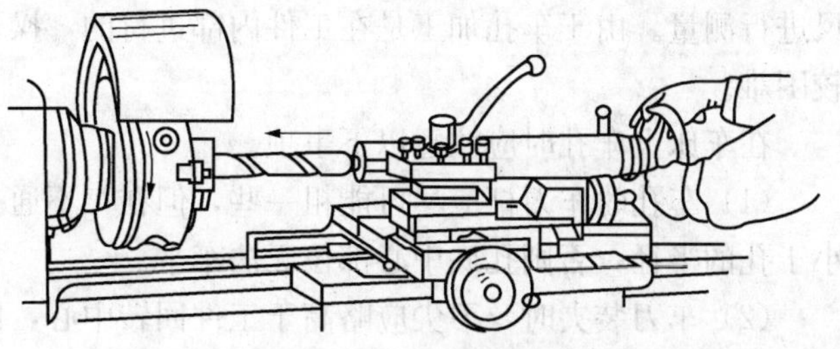

图 3-46 在车床上钻孔

(3) 装夹钻头。选择与所钻孔

直径对应的钻头，钻头工作部分长度略长于孔深。如果是直柄钻头，则用钻夹头装夹后插入尾座套筒。锥柄钻头用过渡锥套或直接插入尾座套筒。

(4) 调整尾座纵向位置。松开尾座锁紧装置，移动尾座直至钻头接近工件，将尾座锁紧在床身上。此时要考虑加工时套筒伸出不要太长，以保证尾座的刚性。

(5) 开车钻孔。钻孔是封闭式切削，散热困难，容易导致钻头过热，所以，钻孔的切削速度不宜高，通常取 $v_c=0.3\sim0.6$m/s。开始钻削时进给要慢一些，然后以正常进给量进给。钻盲孔时，可利用尾座套筒上的刻度控制深度，亦可在钻头上做深度标记来控制孔深。孔的深度还可以用深度尺测量。对于钻通孔，快要钻通时应减缓进给速度，以防钻头折断。钻孔结束后，先退出钻头，然后停车。

钻孔时，尤其是钻深孔时，应经常将钻头退出，以利于排屑和冷却钻头。钻削钢件时，应加注切削液。在车床上加工直径小而精度高的孔，常采用钻—扩—铰的方法。

2. 车孔

车孔是利用车孔刀对工件上已铸出、锻出或钻出的孔作进一步加工。在车床上车孔的方法如图 3-47 所示。

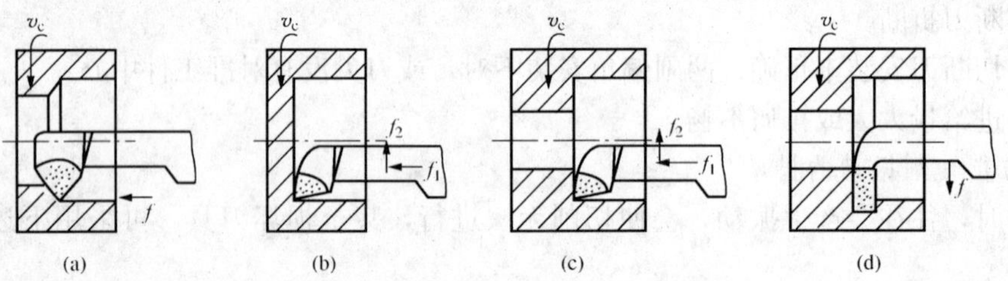

图 3-47　车孔方法

(a) 车通孔；(b) 车不通孔；(c) 车台阶孔；(d) 车内槽

在车床上车孔，工件旋转作主运动，车刀在刀架带动下作进给运动。车孔主要用来加工较大直径的孔，可以粗加工、半精加工和精加工。车孔可以纠正原来孔轴线的偏斜，提高孔的位置精度。

车不通孔或台阶孔时，当车刀纵向进给至末端时，从外向中心做横向进给加工内端面，以保证内端面和孔轴线垂直。

车床车孔的尺寸获得与外圆车削基本一样，也是采用试切法，边测量，边加工。孔径的测量也是用游标卡尺。精度要求高时可用内径千分尺或内径百分表测量孔径。在大批大量生产时，工件的孔径可以用量规来进行检验。

车孔深度的控制与车台阶及车床上钻孔相似。孔深度的测量可以用游标卡尺或深度游标尺进行测量。由于车孔加工是在工件内部进行的，操作者不易观察到加工状况，所以操作比较困难。

在车床上车孔时应注意以下事项。

(1) 车孔时车刀杆应尽可能粗一些，但在车不通孔时，车刀刀尖到刀杆背面的距离必须小于孔的半径，否则孔底中心部位无法车平。

(2) 车刀装夹时，刀尖应略高于工件回转中心，以减少加工中的颤振和扎刀现象，也可以减少车刀下部碰到孔壁的可能性，尤其在车小孔的时候。

(3) 车刀伸出刀架的长度应尽量短些，以增加车刀杆的刚性，减少振动，但伸出长度不应小于车孔深度。

(4) 车孔时因刀杆相对较细，刀头散热条件差，排屑不畅，易产生振动和让刀，所以选用的切削用量要比车外圆小些，其调整方法与车外圆基本相同。

(5) 开动机床车孔前使车刀在孔内手动试走一遍，确认无运动干涉后再开车切削。

车床上的孔加工主要是针对回转体工件中间的孔。对非回转体上的孔可以利用四爪单动卡盘或花盘装夹在车床上加工，但更多的是在钻床和镗床上进行加工。

五、车削螺纹

螺纹在机械制造和日常生活中应用非常广泛。螺纹的种类很多，按牙形可分为普通螺纹、矩形螺纹和梯形螺纹等，以普通螺纹应用最广，如图 3-48 所示。

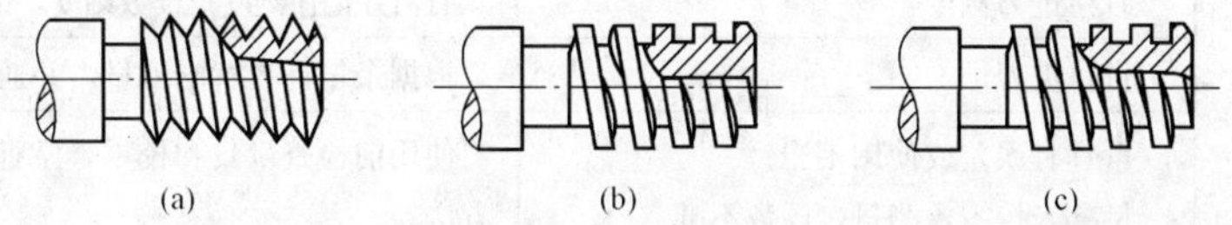

图 3-48 螺纹牙型

(a) 普通螺纹；(b) 矩形螺纹；(c) 梯形螺纹

1. 螺纹车刀及安装

(1) 螺纹车刀的刀尖角应该等于螺纹的牙形角，螺纹车刀切削部分的形状应与螺纹的截面吻合。

(2) 安装螺纹车刀时，车刀刀尖角的平分线应与工件轴线垂直，车刀刀尖与工件中心等高。

2. 调整机床

(1) 将主轴转速调到最低或较低。

(2) 根据工件的螺距 P，查机床上的标牌，调整机床进给箱上手柄位置及配换挂轮箱齿轮的齿数，获得所需要的螺纹螺距。

3. 车螺纹方法和步骤

常用的正反车削螺纹的方法和步骤如图 3-49 所示。

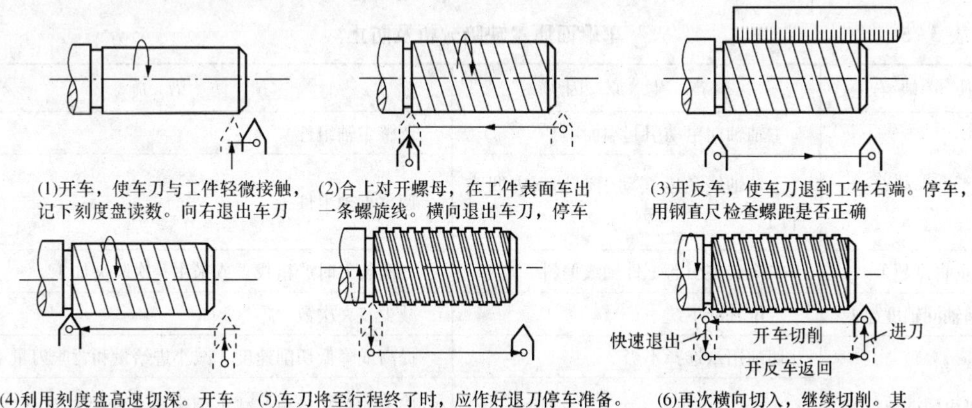

图 3-49 车螺纹方法和步骤

六、车削质量检验

由于各种因素的影响，车削加工可能会产生多种质量缺陷，每个工件车削完毕都需要对其进行质量检验。经过检验，及时发现加工存在的问题，分析质量缺陷产生的原因，提出改进措施，保证车削加工的质量。

车削加工的质量主要是指车削外圆表面、内孔及端面的表面粗糙度、尺寸精度、形状精度和位置精度。经过检验后，车削加工外圆、内孔和端面可能发现的质量缺陷及产生原因和解决措施。如表 3-4～表 3-6 所示。

表 3-4　车外圆质量缺陷分析及防止

质量缺陷	产生原因	预防措施
尺寸超差	看错进刀刻度	看清并记住刻度盘读数刻度，记住手柄转过的圈数
	盲目进刀	根据余量计算背吃刀量，并通过试切法来修正
	量具有误差或使用不当；量具未校零，测量、读数不准	使用前检查量具和校零，掌握正确的测量和读数方法
圆度超差	主轴轴线漂移	调整主轴组件
	毛坯余量或材质不均，产生误差复映	采用多次进给
	质量偏心引起离心惯性力	加平衡块
圆柱度超差	刀具磨损	合理选用刀具材料，降低工件硬度，使用切削液
	尾座偏移	调整尾座
	工件变形	用顶尖、中心架、跟刀架、减小刀具主偏角
	主轴轴线角度摆动	调整主轴组件
阶梯轴同轴度超差	定位基准不统一	用中心孔定位或减少装夹次数
表面粗糙度数值大	切削用量选择不当	提高或降低切削速度，减小进给量和背吃刀量
	刀具几何参数不当	增大前角和后角，减少副偏角
	破碎的积屑瘤	使用切削液
	切削振动	提高工艺系统刚性
	刀具磨损	及时刃磨刀具并用油石磨光；使用切削液

表 3-5　车端面质量缺陷分析及防止

质量缺陷	产生原因	预防措施
平面度超差	主轴轴向窜动引起端面不平	调整主轴组件
	主轴轴线角度摆动引起端面内凹或外凸	调整主轴组件
垂直度超差	二次装夹引起工件轴线偏斜	二次装夹时严格找正或采用一次装夹加工
阶梯轴同轴度超差	定位基准不统一	减少装夹次数
表面粗糙度数值大	切削用量选择不当	提高或降低切削速度，减小进给量和背吃刀量
	刀具几何参数不当	增大前角和后角，减小副偏角，右偏刀由中心向外进给

表 3-6　车床车孔质量缺陷分析及防止

质量缺陷	产生原因	预防措施
尺寸超差	看错进刀刻度	看清并记住刻度盘读数刻度，记住手柄转过的圈数
	盲目进刀	根据余量计算背吃刀量，并通过试切法来修正
	车刀杆与孔壁产生运动干涉工件热胀冷缩	重新装夹车刀并空行程试进给，粗精加工相隔一段时间或加切削液
	量具有误差或使用不当	使用前检查量具和校零，掌握正确的测量和读数方法
圆度超差	主轴轴线漂移	调整主轴组件
	毛坯余量或材质不均，产生误差复映	采用多次进给
	卡爪引起夹紧变形	采用多点夹紧，工件增加法兰
	质量偏心引起离心惯性力	加平衡块
圆柱度超差	刀具磨损	合理选用刀具材料，降低工件硬度，使用切削液
	主轴轴线角度摆动	调整主轴组件
与外圆同轴度超差	二次装夹引起工件轴线偏斜	二次装夹时严格找正或采用一次装夹加工出外圆和内孔
表面粗糙度数值大	切削用量选择不当	提高或降低切削速度，减小进给量和背吃刀量
	刀具几何参数不当	增大前角和后角，减小副偏角
	破碎的积屑瘤	使用切削液
	切削振动	减少镗杆悬伸量，增加刚性
	刀具磨损	及时刃磨刀具并用油石磨光；使用切削液
	刀具装夹偏低引起扎刀或刀尖低；刀具与孔壁摩擦	使刀尖高于工件中心，减小刀头尺寸

操作示例 1　车外圆

1. 车削前的准备

（1）仔细阅读图样及工艺文件，准备好工件坯料。

（2）将变速手柄置于空档位置。

（3）检查中、小滑板间隙，使手动操作松紧适当，润滑各滑动面，各油孔加注润滑油。将所需的工具、量具、刃具整齐地置于工作台上，安放位置应便于取用。

2. 工件的装夹与校正

（1）工件的装夹。为确保安全，应将主轴置于空档位置，图 3-50 所示为毛坯短轴的安装示意图。工作装夹的要领如下：张开卡爪，张开量略大于工件直径，右手持稳工件，将工件平行地放入卡爪内，并稍稍转动，使工件在卡爪内位置基本合适；左手转动卡盘扳手，将卡爪拧紧，

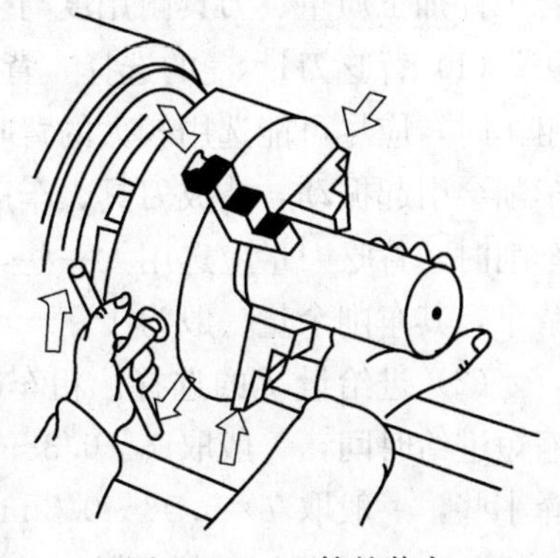

图 3-50　工件的装夹

待工件轻轻夹紧后，右手方可松开工件。注意：在满足加工需要的情况下，尽量减少工件的伸出长度。

（2）工件的校正。三爪自定心卡盘是自动定心夹具，装夹工件一般不需校正。但当工件夹持长度较短而伸出长度较长时，往往会产生歪斜，离卡盘越远处，跳动越大。当跳动量大于工件加工余量时，必须校正后方可车削。校正的方法如图 3－51 所示。将划线盘针尖靠近轴端外圆，左手转动卡盘，右手轻轻敲动划针，使针尖与外圆的最高点正好未接触到，然后目测针尖与外圆之间的间隙变化，当出现最大间隙时，用手锤将工件轻轻向针尖方向敲动，使间隙缩小约一半，然后，将工件再夹紧些。重复上述检查和调整，直到跳动量小于加工余量即可。

（3）工件的夹紧。工件校正后，应用力夹紧。

3. 车刀的选用

车外圆时，一般要分粗车和精车。粗车的目的，是切去毛坯硬皮和大部分的加工余量，改变不规则的毛坯形状；精车的目的，是达到零件的工艺要求。因此，应根据不同的切削要求，选用合适的车刀及其几何角度。

常用的外圆车刀有：45°弯头刀，75°和 90°偏刀。如图 3－52 所示，45°弯头刀用于车外圆、端面和倒角，75°和偏刀用于粗车外圆，90°偏刀用于车台阶外圆与细长轴等。

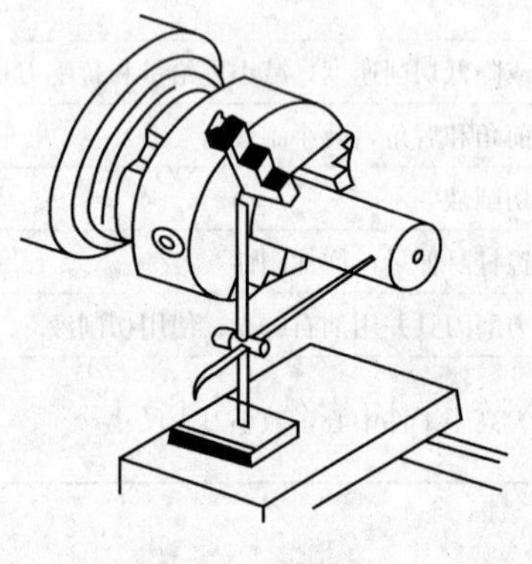

图 3－51　工件的校正

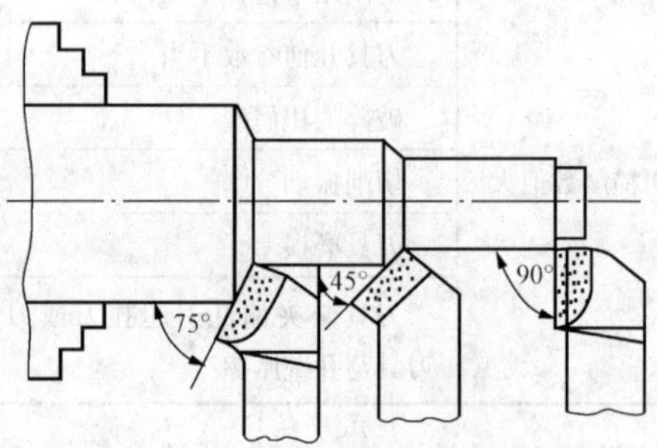

图 3－52　常用的外圆车刀

4. 车削用量的选择

车削时，应根据加工要求和切削条件，合理选择背吃刀量、进给量和切削速度，它影响着工件加工质量、刀具耐用度与生产效率。

（1）背吃刀量 a_p 的选择。背吃刀量的选择，由工件的加工余量和工艺系统的刚度确定。粗车时，应尽可能选用较大的背吃刀量，以减少进刀次数。只有当车削余量很大，一次进刀车削会引起振动，造成刀具、车床等损坏时，才考虑分几次车削，但前几次，特别是第一次车削时，背吃刀量应选用大一些，以使刀尖部分避开表面的冷硬层，提高生产率。半精车和精车，其车削余量一般为 1～3mm 与 0.1～0.5mm，通常一次车削完成。

（2）进给量 f 的选择。粗车时，在工艺系统刚度许可的条件下，进给量应选大些，以缩短进给时间，一般取 f＝0.3～0.8mm/r。精车时，为保证工件精度的要求，进给量应选择小些，一般取 f＝0.08～0.3mm/r。

（3）切削速度 v_c 的选择。在背吃刀量与进给量确定之后，切削速度 v_c 应根据车刀的材料及几何角度、工件材料、加工要求与冷却润滑等情况确定，绝不能认为切削速度越高越好。

在实际加工中，切削速度 v_c 的选择，通常采用图表法、查阅切削手册或根据经验来确定。一般地，采用高速钢车刀，如果切屑呈白色或黄色，说明切削速度合适。采用硬质合金车刀，如切屑呈蓝色，表明切削速度合适；如出现火花，说明切削速度太高；如切屑呈白色，说明切削速度偏低。

5. 车外圆的操作步骤

(1) 检查毛坯尺寸，选用车削用量。根据加工余量确定进刀次数与背吃刀量及其进给量。

(2) 确定车削长度。首先在钢直尺上量取加工长度，用划针或卡钳在工件表面划出加工线，如图 3-53 所示。

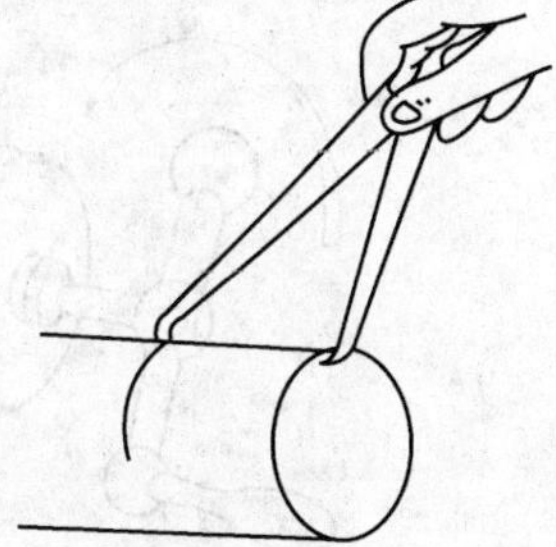

图 3-53 划出加工线

(3) 启动前准备。启动机床前，用手转动卡盘，检查有无碰撞处，并调整车床主轴转速。

(4) 试切。为了控制车削尺寸，通常都要采用试切，试切步骤如图 3-54 所示。

1) 启动车床，移动床鞍与中滑板，使车刀刀尖与工件表面轻微接触［见图 3-54 (a)］，并记下中滑板刻度。

2) 中滑板手柄不动，移动床鞍，退出车刀与工件端面距2～5mm［见图 3-54 (b)］。

3) 按选定的背吃刀量 a_{p1} 摇动中滑板手柄，根据中滑板刻度作横向进给［见图 3-54 (c)］。

4) 移动床鞍，试切长度约 2～3mm［见图 3-54 (d)］。

5) 中滑板手柄不动，向右退出车刀，停车，测量工件尺寸［见图 3-54 (e)］。

6) 根据测量结果，调整背吃刀量 a_{p2}［见图 3-54 (f)］；如尺寸正确，即可手动或自动进刀车削，如不符合要求，则应根据中滑板刻度调整背吃刀量，再进刀车削。

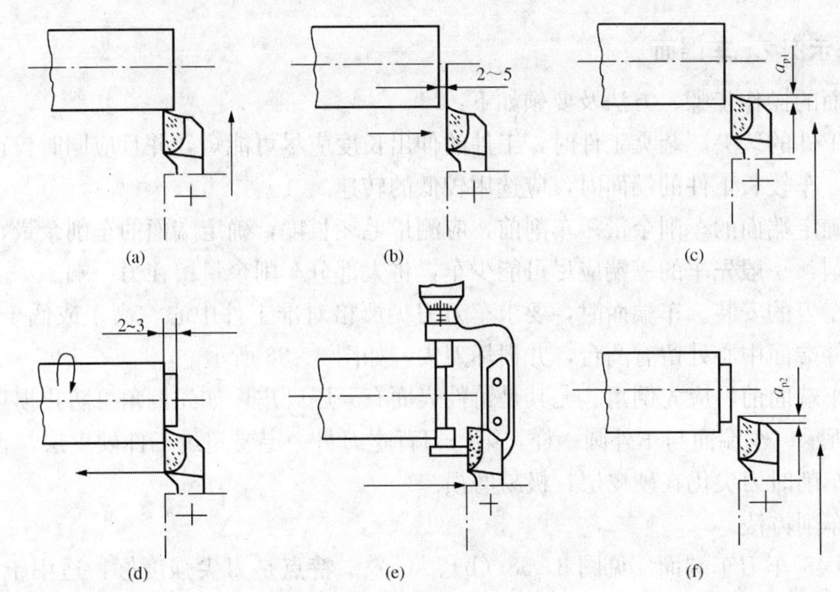

图 3-54 试切的步骤

(5) 达到尺寸后停车。当手动或自动进刀车削到达外圆长度刻度处时，应停止进给，摇动中滑板手柄，退出车刀，并将床鞍退回原位，最后停车。

(6) 尺寸的检测。外圆表面直径用游标卡尺或千分尺测量，长度尺寸一般用钢直尺或用游标深度尺测量。

(7) 直径尺寸的控制。车外圆时，直径尺寸的控制是利用中滑板通过试切调整背吃刀量来完成的。使用中滑板刻度盘时，为保证进给尺寸正确，必须注意如下事项。

1) 由于丝杠螺母间存在间隙，会产生空行程现象，即当刻度盘转动时，滑板、刀架并未移动，所以使用时必须将刻度慢慢地转到所需刻度上［见图 3-55 (a)］，一旦不慎将刻度盘多转了几格刻度，不能简单地直接退回多转的格数［见图 3-55 (b)］，必须向进给的反方向退回全部空行程后，再向进给方向转过所需的格数［见图 3-55 (c)］。

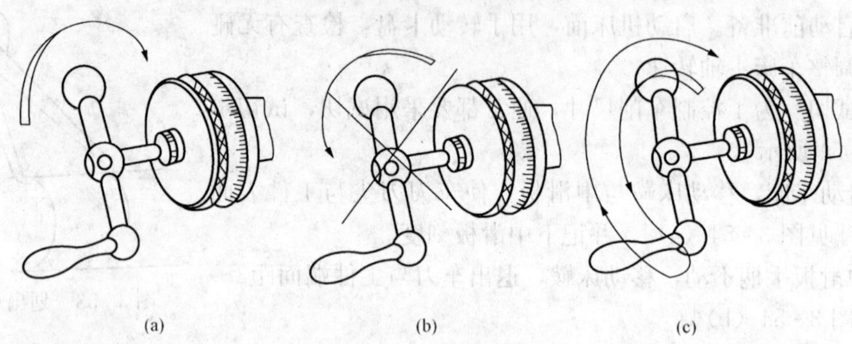

图 3-55 刻度盘使用方法

2) 使用中滑板刻度时，车刀横向进给的背吃刀量 a_p 正好为工件直径变化量的二分之一，使用时，应特别注意刻度值与直径尺寸之间的关系。

外圆车完后，应在外圆与平面的交角处用45°车刀倒角，倒角的大小由图样的尺寸决定，如图样未标注，也必须将锐边倒钝 0.2～0.3mm。倒角进给时，应果断迅速，否则易振动。

操作示例 2 车端面

车端面的操作步骤、方法及要领如下：

(1) 工件的装夹。装夹工件时，工件的伸出长度应尽可能短，并且应同时校正外圆与端面的跳动。车较长工件的端面时，应选用较低的转速。

(2) 确定端面的车削余量。车削前，应测量毛坯长度，确定端面的车削余量，如工件两端均需车削，一般先车的一端应尽可能少车，将大部分车削余量留在另一端。

(3) 车刀的安装。车端面时，要求车刀刀尖严格对准工件中心，高于或低于工件中心，都会使工件端面中心处留有凸台，并损坏刀尖，如图 3-56 所示。

(4) 车端面前，应先倒角。尤其是铸件表面有一层硬皮，如先倒角可防止损坏刀尖，如图 3-57 所示。车端面与车外圆一样，第一刀背吃刀量一定要超过工件硬皮层，否则即使已倒角，但车削时刀尖仍在硬皮层，极易磨损。

(5) 车削方法。

1) 用 45°车刀车端面［见图 3-58 (b)、(c)］。特点是刀尖强度好，适用于车大平面，并能倒角与车外圆。

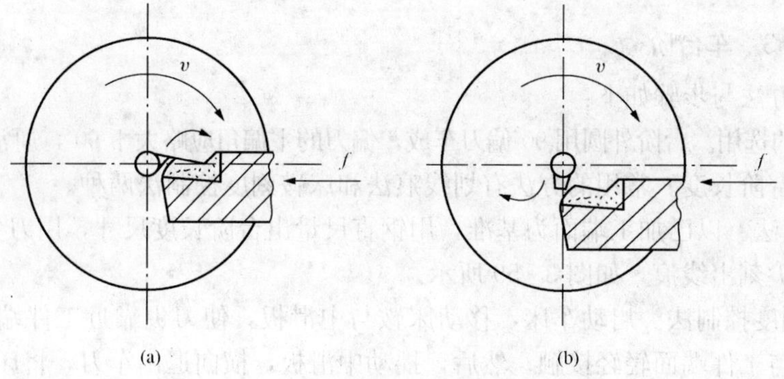

图 3-56 车刀刀尖不对中心产生崩刀

(a) 刀尖高于工件中心；(b) 刀尖低于工件中心

2）用 90°左偏刀车端面［见图 3-58（a)］。特点是切削轻快顺利，适用于有台阶面平面车削。

3）用 60°～75°车刀车端面［见图 3-58（d)］。特点是刀尖强度好，适用于用大切削量车大平面。

4）用 90°右偏刀车端面［见图 3-58（e)、(f)、(g)］。图（e）为车刀由外向中心进给，副切削刃进行切削，切削不顺利，容易产生凹面；图 f 为由中心向外进给，利用主切削刃切削，切削顺利，适合精车平面；也可在副切削刃上磨出前角，由外向中心进给［见图 3-58（g)］。

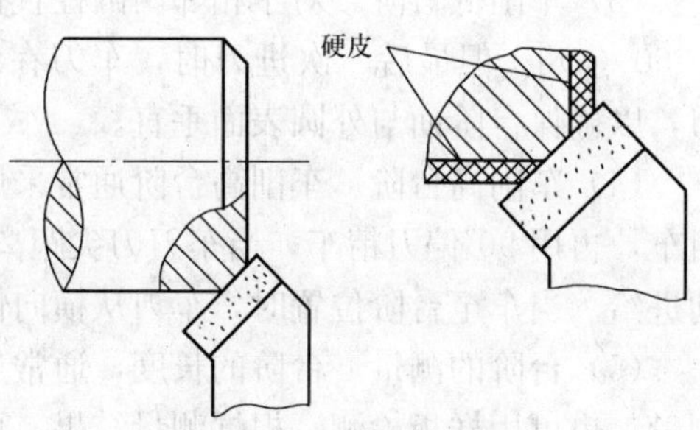

图 3-57 铸件毛坯倒角

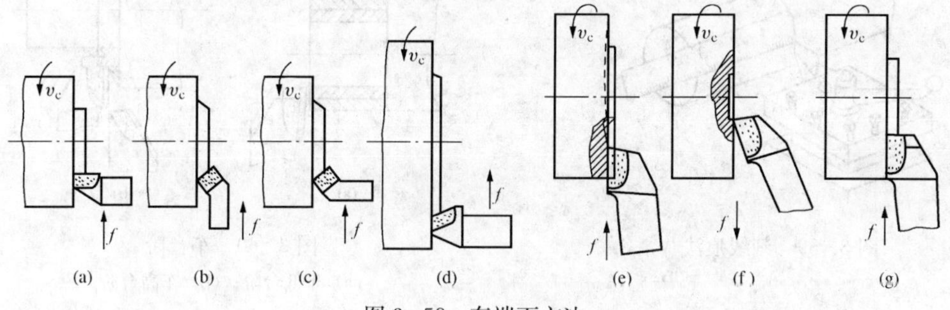

图 3-58 车端面方法

（6）操作要领。用手动进给车端面时，手动进给速度应均匀；用自动进给车端面时，当车刀刀尖车至端面中心附近时应停止自动进给，改用手进给，车到中心后，车刀应迅速退回。如精车端面，应防止车刀横向退回时拉毛表面。车端面时，背吃刀量的控制，可用大滑板或小滑板刻度来调整。

（7）车削用量的选择。

背吃刀量 a_p：粗车时，a_p＝2～5mm；精车时，a_p＝0.2～1mm。

进给量 f：粗车时，f＝0.3～0.7mm/r；精车时 f＝0.08～0.3mm/r。

切削速度 v_c：车端面时，切削速度随刀具横向的切入而变化，选用时应根据工件最大直径来确定。

操作示例3 车台阶

车台阶的方法与步骤如下：

（1）车刀的选用。台阶外圆用90°偏刀车成，偏刀的主偏角应略大于90°，通常为91°～93°。

（2）确定台阶长度。常用的方法有划线痕法和床鞍刻度控制法两种。

1）刻线痕法。以已加工端面为基准，用钢直尺量出台阶长度尺寸，用刀尖对准刻度处，开车，再用刀尖刻出线痕，如图3-59所示。

2）床鞍刻度控制法。启动车床，移动床鞍与中滑板，使刀尖靠近工件端面；再移动小滑板，使刀尖与工件端面轻轻接触；然后，摇动中滑板，横向退出车刀，将床鞍刻度盘调整至零位，这样，用床鞍上刻度在工件表面刻上线痕。车削时，根据线痕与刻度，可很方便地控制台阶长度。

（3）车削低台阶。对于相邻两圆柱直径差较小的低台阶，可用90°偏刀直接车成［见图3-60（a）］；但最后一次进刀时，车刀在纵向进刀结束后，须摇动中滑板手柄均匀退出车刀，以确保台阶面与外圆表面垂直。

（4）车削高台阶。车削高台阶通常采用分层切削如图3-60（b）所示。可先用75°偏刀粗车，再用90°偏刀精车，当车刀刀尖距离台阶位置1～2mm时，应停止机动进给，改用手动进给。当车至台阶位置时，车刀从横向慢慢退出，将台阶面精车一次。

（5）台阶的测量。台阶的长度，通常用钢直尺、游标深度尺或用游标卡尺上的深度尺来测量，也可用样板检测。根据测量结果，可用小滑板及其刻度来调整台阶尺寸。

（6）倒角。在台阶与外圆交角处，应倒钝锐边或根据要求倒角。

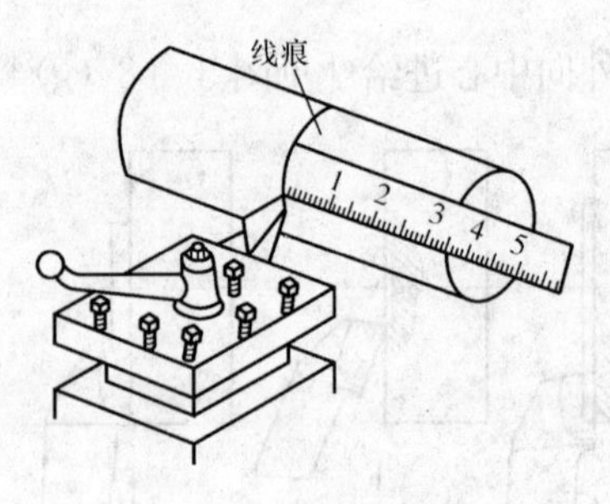

图3-59 刻线痕法

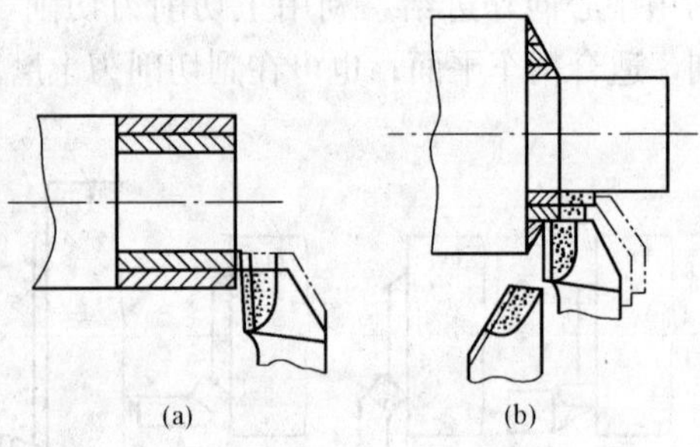

图3-60 车台阶
（a）车低台阶；（b）车高台阶

操作示例4 切断和车外沟槽

以图3-61所示的工件为例，介绍在卧式车床上车削外沟槽和切断的方法。

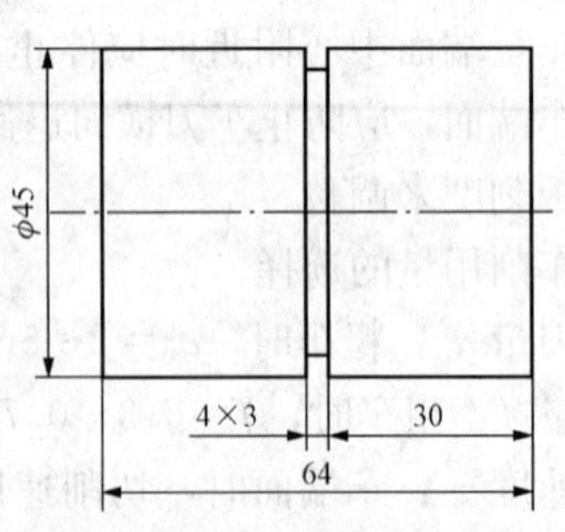

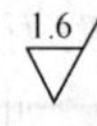

图3-61 车削外沟槽和切断实例

1. 零件图分析

（1）毛坯尺寸为$\phi 50\times 90$mm。

（2）需要加工的表面有外圆面、端面、槽。

（3）该零件表面粗糙度为$Ra1.6\mu$m。

2. 选择工件装夹方法和刀具

（1）选用三爪自定心卡盘装夹工件。

（2）选用90°外圆车刀和刀宽4mm的切断车刀。

3. 选择切断和车沟槽的切削用量

切断和车外沟槽的切削用量参见表3-7。

表3-7 切断和车外沟槽的切削用量参考值

工 序	背吃刀量（mm）	进给量（mm/r）	主轴转速（r/min）
车槽	3	0.05	600
切断	—	0.1	500

4. 切断和车外沟槽的步骤和方法

该零件分5个工步完成，即车端面—粗车外圆—精车外圆—车沟槽—切断，其中，车沟槽和切断的步骤和方法参见表3-8。

表3-8 车外沟槽和切断的步骤和方法

序号	示 意 图	操作步骤和方法
1	车退刀槽	车槽的方法 1. 移动床鞍和中滑板，使车刀靠近退刀槽位置。 2. 左手摇动中滑板手柄，使车刀主切削刃靠近工件外圆，右手摇动小滑板手柄。使刀尖与台阶面轻微接触，车刀横向进给，当主切削刃与工件外圆接触后，记下中滑板刻度或将刻度调整至零位。 3. 摇动中滑板手柄，手动进给车外沟槽，当刻度进到槽深尺寸时，停止进给，退出车刀。 4. 用游标卡尺检查沟槽尺寸
2	确定切断位置	切断的加工方法 1. 确定切断位置：如左图所示，将钢直尺一端靠在切断刀的侧面，移动床鞍，直到钢直尺上要求的长度刻线与工件端面对齐，然后将床鞍固定。 2. 切断：开动机床加注切削液，移动中滑板，进给的速度要均匀而不间断，直至将工件切下。若工件的直径较大或长度较长，一般不切到中心，留2～3mm，将车刀退出，停车后用手将工件掰断

操作示例5 轴类零件

图3-62所示为齿轮箱的传动轴，该轴的两端轴颈和中间的一段外圆为主要工作表面。轴颈表面与轴承内圈配合，中间的外圆面用于装齿轮。这三段外圆表面精度要求和表面粗糙度要求较高。中间圆柱面和轴肩对两端轴颈表面分别有径向跳动和端面跳动要求。三段主要外圆表面应以磨削作为终加工。由于轴类零件需要有良好的综合力学性能，应进行调质处理。

轴类零件中，对于直径相差悬殊的阶梯轴，采用锻件可节省材料，减少机加工工作量，并能提高力学性能。因为该轴各外圆直径相差不大，且数量只有两件，选择 $\phi55$ 的圆钢为毛坯。

该传动轴的加工顺序为：粗车—调质—半精车—磨削。

工件粗车时，切削力大，而精度要求不高，采用卡盘和后顶尖装夹；半精车和磨削加工采用双顶尖装夹，以中心孔为统一加工基准，提高各表面的位置精度。

车削加工所用的刀具为 90°右偏刀、45°弯头刀、车槽刀、螺纹车刀和中心孔钻。

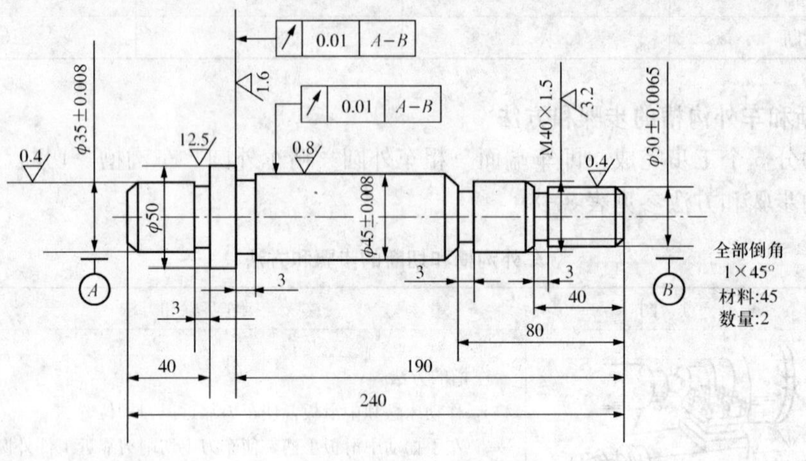

图 3-62 传动轴

传动轴的加工工艺过程见表 3-9。

表 3-9 传动轴加工工艺过程 mm

序号	工种	工序内容	设备	刀具或工具	加工简图	装夹方法
1	下料	下料 $\phi55\times245$	锯床			
2	车	夹持 $\phi55$ 外圆；车端面见平； 钻 $\phi2.5$ 中心孔； 用尾座顶尖顶住 粗车外圆 $\phi52\times202$； 粗车 $\phi45$、$\phi40$、$\phi30$ 各外圆； 直径留量 2，长度留量 1	车床	中心钻 右偏刀	φ52 φ47 φ42 φ32 39 79 189 202	三爪自定心卡盘顶尖
3	车	用三爪自定心卡盘夹 $\phi47$ 外圆，车另一端面，保证总长 240；钻 $\phi2.5$ 中心孔；粗车 $\phi35$ 外圆，直径留量 2，长度留量 1		中心钻 右偏刀	39	三爪自定心卡盘
4	热处理	调质 220～250HBS	箱式电炉	钳子		

续表

序号	工种	工序内容	设备	刀具或工具	加　工　简　图	装夹方法
5	车	修研中心孔	车床	四棱顶尖		三爪自定心卡盘
6	车	用卡箍卡 B 端 精车 ϕ50 外圆至尺寸； 半精车 ϕ35 外圆至 ϕ35.5 车槽，保长度 40；倒角	车床	右偏刀 车槽刀	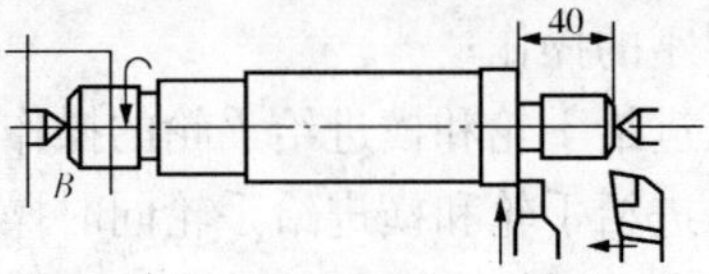 40 B	双顶尖
7	车	用卡箍卡 A 端 半精车 ϕ45 外圆至 ϕ45.5； 精车 M40 大径为 $\phi40^{-0.1}_{-0.2}$； 半精车 ϕ40 外圆至 ϕ30.5 车槽三个，分别保证长度 190、80 和 40； 倒角三个； 车螺纹 M40×1.5	车床	右偏刀 尖刀 车槽刀	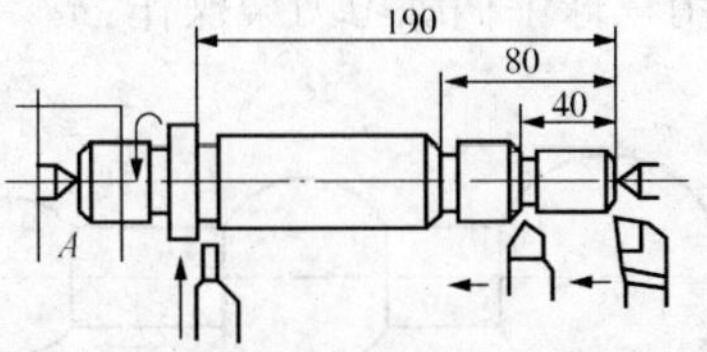 190 80 40 A	双顶尖
8	磨	磨 ϕ30、ϕ40 外圆至尺寸； 靠磨 ϕ50 的台阶面； 调头（垫铜皮） 磨 ϕ35 外圆至尺寸	外圆磨床	砂轮	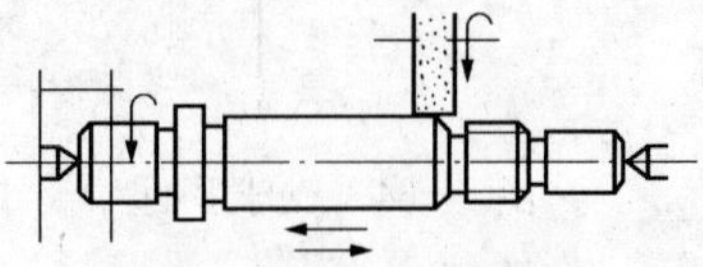	双顶尖
9	检验					

实训操作 1　简单轴类零件

1. 训练要求

(1) 熟悉普通车床组成部件的名称、作用。

(2) 掌握主要操作机构的操作方法。

(3) 会安装车刀和工件（用三爪卡盘）。

(4) 会车削外圆和端面。

(5) 熟知车削安全技术有关操作规程，了解车床的一般保养方法。

(6) 按时、独立完成作业，并达到图样中的技术要求。

2. 备料

$\phi45\times234$ (Q235)。

3. 工件图（参考）

车削练习工件图如图 3-63 所示。

4. 训练安排

(1) 认识车床。教师现场讲解车床的组成及每个操作手柄、按钮和操

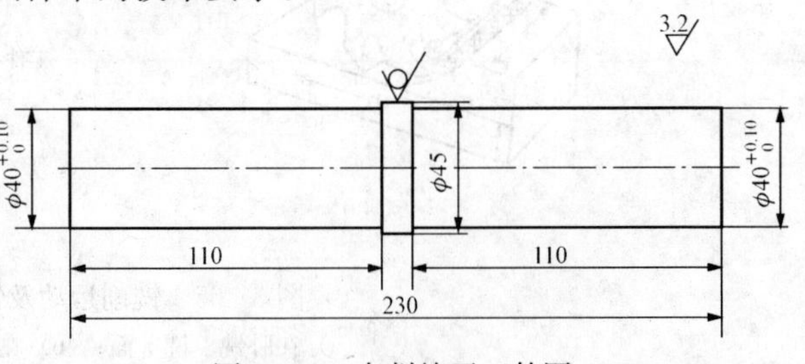

图 3-63　车削练习工件图

作机构的用途和使用规则。

(2) 按以下操作项目进行操作训练:

1) 主轴变速操作;

2) 主轴的启动、停止操作;

3) 自动进给速度变换操作;

4) 进给方向变换和自动进给离合操作;

5) 尾座的操作;

6) 纵进给手轮和横进给手轮的操作;

7) 纵进给手轮和横进给手轮同时操作;

8) 横进给手柄和刀架手动进给手柄的操作;

9) 横进给手柄和刀架进给手柄同时操作。

(3) 用三球手柄练习刀架操作:

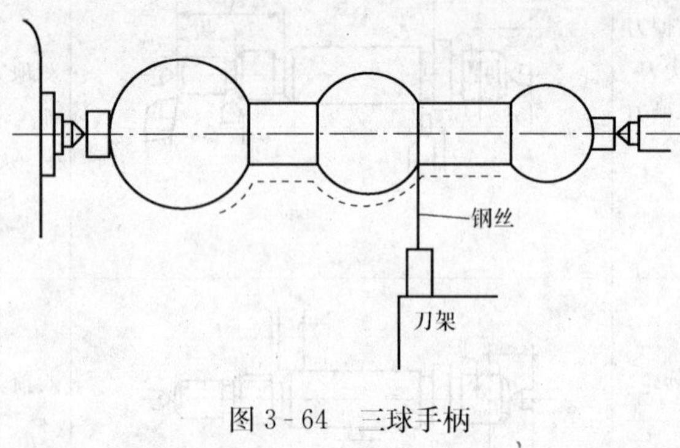

图 3-64 三球手柄

1) 如图 3-64 所示,将三球手柄装在两顶尖之间。

2) 先将钢丝捆在木板或车刀柄上,然后固定在刀架上。钢丝的尖端与两顶尖的连线齐平。

3) 两手同时操作横进给手柄和纵进给手柄,反复练习操作,使钢丝尖按三球手柄及锥体表面圆滑地移动。

(4) 按图 3-63 的技术要求车削工件。

第五节 铣 工

一、概述

铣削加工是在铣床上用铣刀的旋转和工件的移动来加工工件,铣刀的旋转是主运动,工件的移动是进给运动。图 3-65 所示为采用卧式铣床和立式铣床铣削平面时铣刀和工件的相对运动。

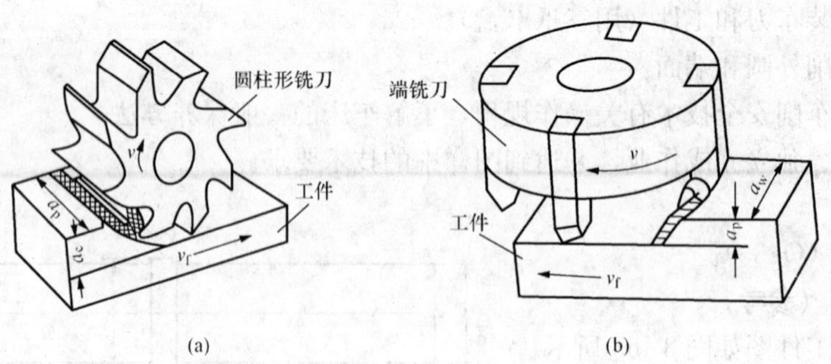

图 3-65 铣削运动及铣削要素

(a) 在卧铣上铣平面; (b) 在立铣上铣平面

从图 3-65 中可以看出，铣刀是多齿刀具，切削过程中同时参加工作的刀刃数多，可采用较大的切削用量，因此，铣削的生产率较高。铣削时，铣刀上的每个刀齿都是间歇地进行切削，刀齿与工件接触时间短，散热条件好，有利于延长铣刀使用寿命。但由于铣刀刀齿的不断切入、切出，铣削力不断变化，因而铣削容易产生振动。铣刀的种类多，制造和刃磨也比较困难。

铣削的加工范围很广，可加工平面、台阶面、沟槽和成形面等。铣削加工的尺寸公差等级可达为 IT9～IT8 级，表面粗糙度 *Ra* 值可达 3.2～1.6μm。

二、铣床

铣床种类很多，常用的有卧式万能铣床和立式铣床，除此之外，还有工具铣床、龙门铣床、仿形铣床及专用铣床等。

1. 卧式万能铣床

卧式万能铣床是铣床中应用最多的一种，它的特点是主轴与工作台面平行。可通过安装配置立铣头，使用卧式万能铣床进行立铣加工。

（1）卧式万能铣床的型号。在型号 X6132 中，X——铣床；6——卧式铣床；1——万能升降台铣床；32——工作台宽度的 1/10，即工作台宽度为 320mm。X6132 的旧编号为 X62W。

（2）卧式万能铣床的组成及其作用。图 3-66 所示为卧式万能升降台铣床的外形和结构。

卧式万能升降台铣床的主要部件及其作用如下所述。

（1）床身。床身用来固定和支撑铣床上所有的部件，其内部装有电动机及主轴变速等传动机构。

（2）横梁。横梁的上面可安装吊架，用来支撑刀杆外伸的一端，以加强刀杆的刚性。横梁可沿床身的水平导轨移动，以调整其伸出的长度。

（3）主轴。主轴是空心轴，前端有 7：24 的精密锥孔。其作用是安装铣刀刀杆并带动铣刀旋转。

（4）纵向工作台。纵向工作台可以在转台的导轨上作纵向移动，以带动台面上的工件作纵向进给。

（5）转台。转台的作用是能将纵向工作台在水平面内扳转一定的角度（正、反最大均可转过 45°），以便铣削螺旋槽等。

（6）横向工作台。横向工作台位于升降台上面的水平导轨上，可带动纵向工作台一起作横向进给。

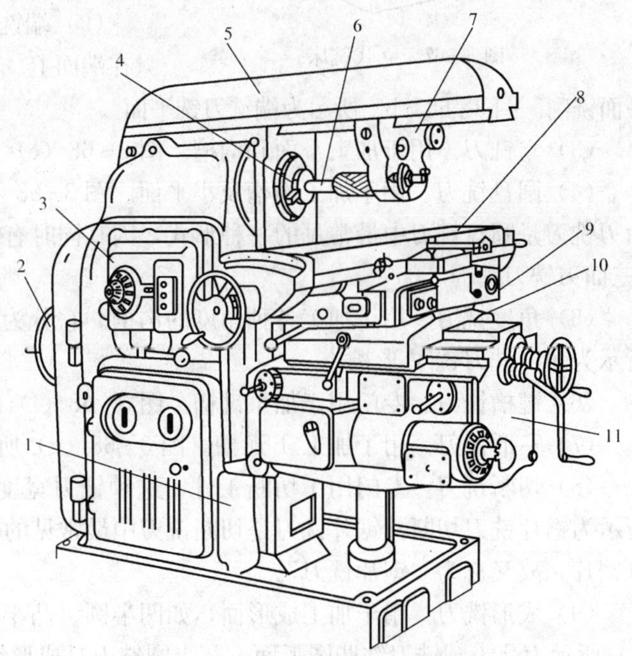

图 3-66 卧式万能升降台铣床

1—床身；2—电动机；3—主轴变速机构；4—主轴；5—横梁；6—刀杆；7—吊梁；8—纵向工作台；9—转台；10—横向工作台；11—升降台

（7）升降台。升降台可以使整个工作台沿床身的垂直导轨上下移动，以调整工作台面到铣刀的距离，并作垂直进给。

带有转台的卧铣，由于其工作台除了能做纵向、横向和垂直方向移动外，还能在水平面内左右回转 45°，因此称为万能卧式铣床。

2. 立式铣床

立式铣床的结构和外形如图 3-67 所示。它可安装立铣刀和端铣刀进行铣削加工，是生产中加工平面及沟槽效率较高的一种机床。有的立式铣床其主轴还可相对于工作台偏转一定的角度。立式铣床与卧式铣床的区别在于其主轴垂直于工作台。

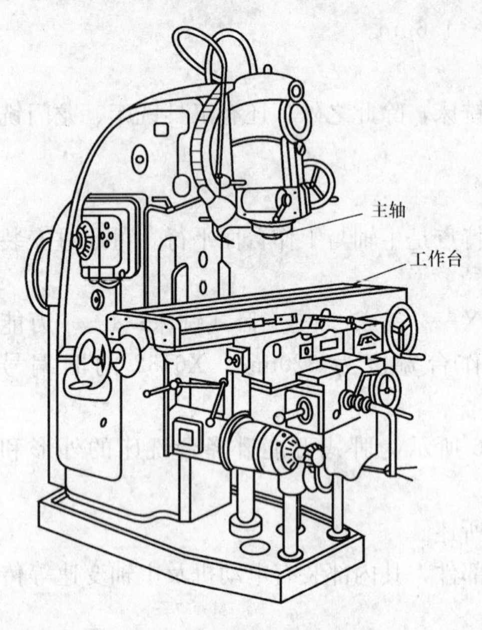

图 3-67 立式铣床

三、铣刀及铣床附件

1. 铣刀的种类及用途

铣刀的种类很多，其名称主要根据铣刀某一方面的特征或用途来确定。铣刀的分类方法也很多，常用的是按铣刀的形状分类。

（1）圆柱铣刀。刀齿分布在圆周上，又分为直齿、螺旋齿两种。螺旋齿铣刀在工作时是每个刀齿逐渐进入或离开加工表面，切削比较平稳。圆柱铣刀专门用于加工平面。图 3-68（a）所示为螺旋齿圆柱铣刀铣平面。

（2）端铣刀。其刀齿分布在圆柱面和端面上或只在端面上。其刀杆部分短、刚性好，常用于高速平面铣削。图 3-68（b）所示为端铣刀铣平面。

（3）立铣刀。用于加工平面和沟槽。图 3-68（c）所示为立铣刀铣凹平面。

（4）圆盘铣刀。用于加工沟槽及小平面。图 3-68（d）所示为三面刃铣刀铣直角槽。三面刃铣刀是圆盘铣刀中最常见的一种形式，因其同时有三个切削刃同时参与切削，故又称为“三面刃铣刀”。

（5）角度铣刀。用于加工各种角度的沟槽。它分为单角铣刀和双角铣刀。图 3-68（e）所示为角度铣刀铣 V 形槽。

（6）键槽铣刀。专门用于加工键槽。图 3-68（f）所示为键槽铣刀铣键槽。

（7）T 形铣刀。用于加工 T 形槽。图 3-68（g）所示为 T 形铣刀铣 T 形槽。

（8）切断铣刀。专门用于切断工件，这种铣刀宽度一般在 6mm 以下。如图 3-68（h）所示为锯片铣刀切断。锯片铣刀是切断铣刀中最常见的一种形式，因其形状类似于木工中的电锯片，故又称为“锯片铣刀”。

（9）成形铣刀。用于加工成形面，如凹半圆、凸半圆、齿轮、凸轮、链轮等。图 3-68（i）所示为凸半圆铣刀铣凹圆弧面，凸半圆铣刀是成形铣刀中的一种。

根据铣刀安装方法不同，可分为带柄铣刀和带孔铣刀两大类。带柄铣刀多用于立式铣床上，常用的带柄铣刀有立铣刀、键槽铣刀、T 形槽铣刀和镶齿端铣刀等；带孔铣刀多用于卧式铣床上，常用的带孔铣刀有圆柱铣刀、圆盘铣刀、角度铣刀、成形铣刀等。

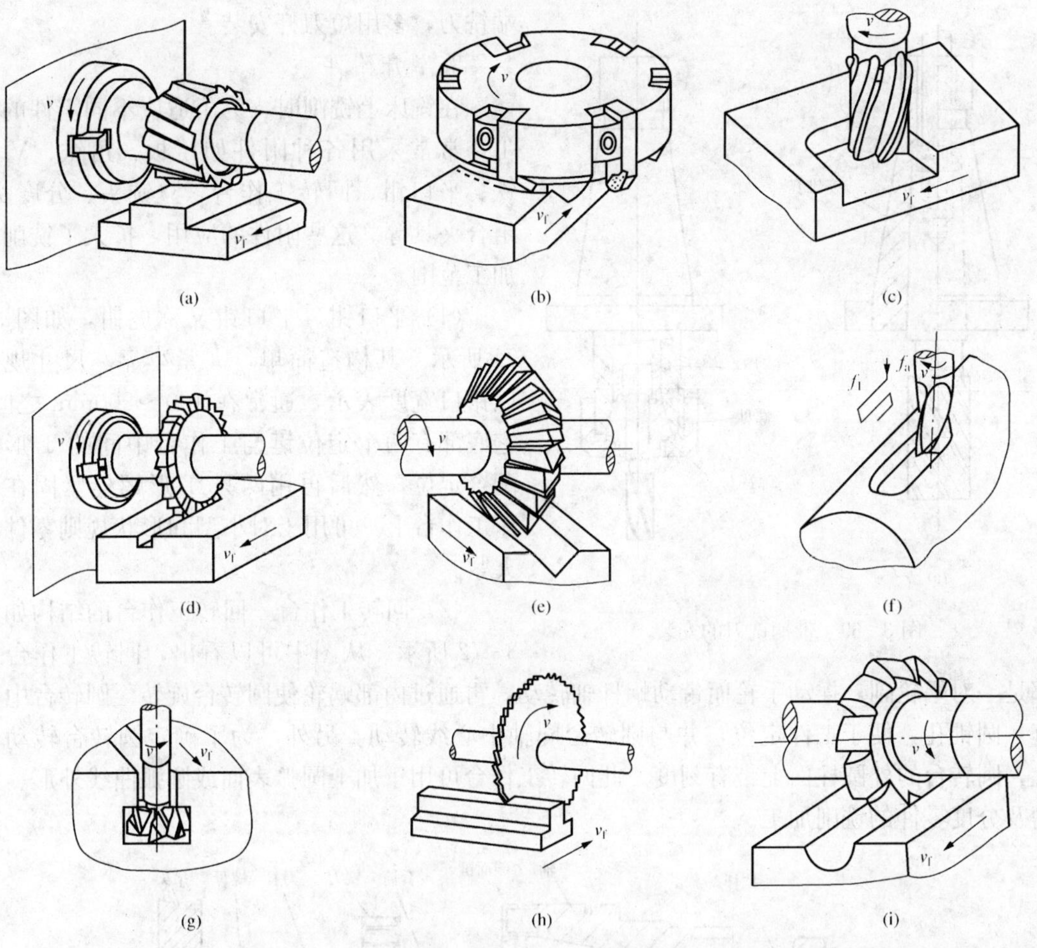

图 3-68 各种铣刀及加工实例

（a）螺旋齿圆柱铣刀铣平面；（b）端铣刀铣平面；（c）立铣刀铣凹平面；（d）三面刃铣刀铣直角槽；（e）角度铣刀铣 V 形槽；（f）键槽铣刀铣键槽；（g）T 形铣刀铣 T 形槽；（h）锯片铣刀切断；（i）凸半圆铣刀铣凹圆弧面

2. 铣刀安装

（1）带柄铣刀安装

带柄铣刀有锥柄和直柄之分，安装如图 3-69 所示。其中图 3-69（a）为锥柄铣刀的安装，根据铣刀锥柄的大小，选择合适的变锥套，然后用拉杆把铣刀及锥套一起拉紧在主轴上。图 3-69（b）为直柄立铣刀的安装，这类铣刀多为小直径铣刀，一般不超过 Φ20mm，多用弹簧夹头进行安装，铣刀的柱柄插入弹簧套的孔中，用螺母压弹簧套的端面，使弹簧套的外锥面受压而孔径缩小，即可将铣刀抱紧。弹簧套上有三个开口，故受力时能收缩。弹簧套有多种孔径，以适应各种尺寸的铣刀。

（2）带孔铣刀安装。带孔铣刀中的圆柱形、圆盘形铣刀，多用长刀杆安装，用长刀杆安装带孔铣刀时需注意：①铣刀应尽可能地靠近主轴或吊架，以保证铣刀有足够的刚性；②套筒的端面与铣刀的端面必须擦干净，以减小铣刀的端面跳动；③拧紧刀杆的压紧螺母时，必须先装上吊架，以防刀杆受力变弯。图 3-70 所示为用长刀杆安装圆盘铣刀。带孔铣刀中的

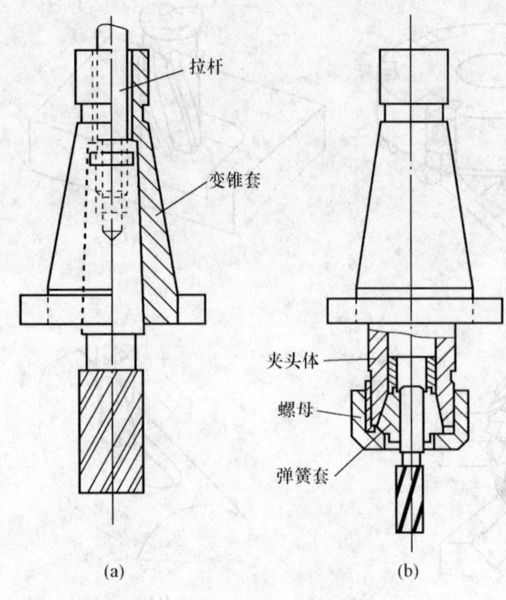

图 3-69 带柄铣刀的安装

端铣刀，多用短刀杆安装。

3. 铣床附件

在铣床上铣削时，为了适应不同零件的加工，常常采用各种附件如压板、角铁、V形铁、平口钳、回转工作台、立铣头、分度头、组合夹具等。这些附件的应用，扩大了铣削的加工范围。

(1) 平口钳。平口钳又称虎钳，如图 3-71 所示。其构造简单，夹紧牢靠。尺寸规格以钳口宽度表示，通常在 100～200mm 之间。它底部有两个定位键与工作台中间的 T 形槽配合定位，然后再用两只 T 形螺栓紧固在铣床工作台上，可用于对小型和形状规则零件的夹紧。

(2) 回转工作台。回转工作台的结构如图 3-72 所示。从图中可以看出，回转工作台内部是一对蜗轮副，摇动手轮而带动蜗杆轴转动，再通过内部蜗轮使圆转台旋转。圆转台中央有一圆锥孔，便于工件定位，并与圆转台同轴中心线转动。另外，为了确定圆转台转动位置，圆转台的外圆柱面上带有刻度。此回转工作台可用于加工圆弧表面或圆弧曲线外形、沟槽及分度零件的铣削加工。

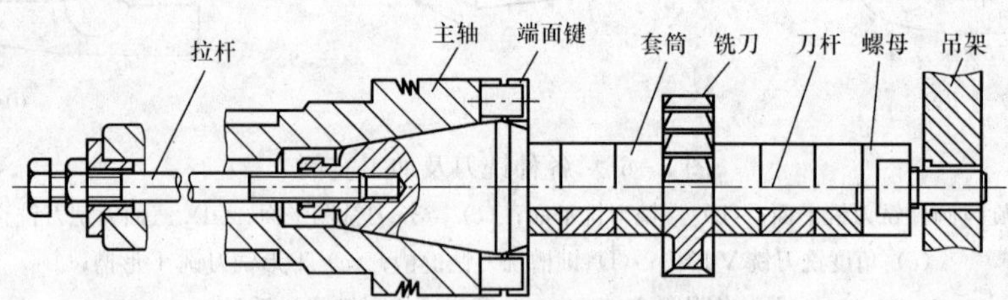

图 3-70 圆盘铣刀的安装

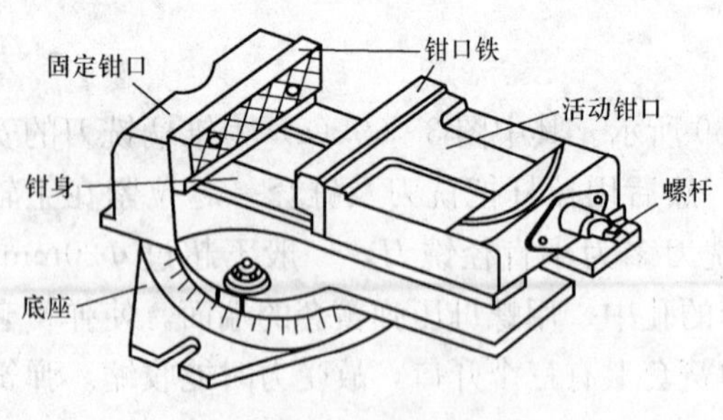

图 3-71 平口钳

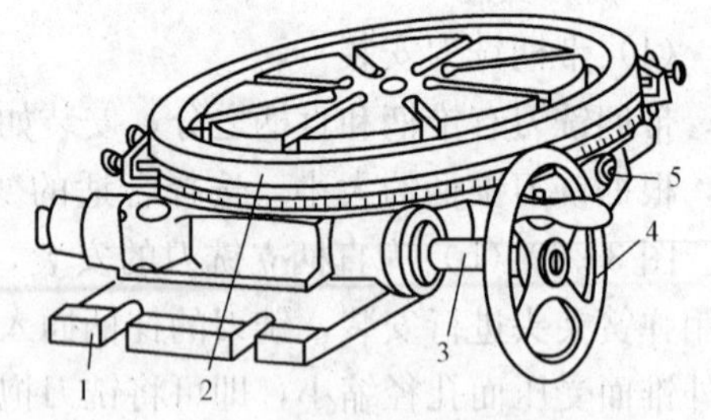

图 3-72 回转工作台

1—底座；2—转台；3—蜗杆轴；
4—手轮；5—螺钉

(3) 万能铣头。万能铣头可根据需要把铣刀主轴调整到任意角度，以加工各种角度的倾斜表面，也可在一次装夹中，进行不同角度的铣削。万能铣头的结构及其角度调整如

图 3-73 所示。

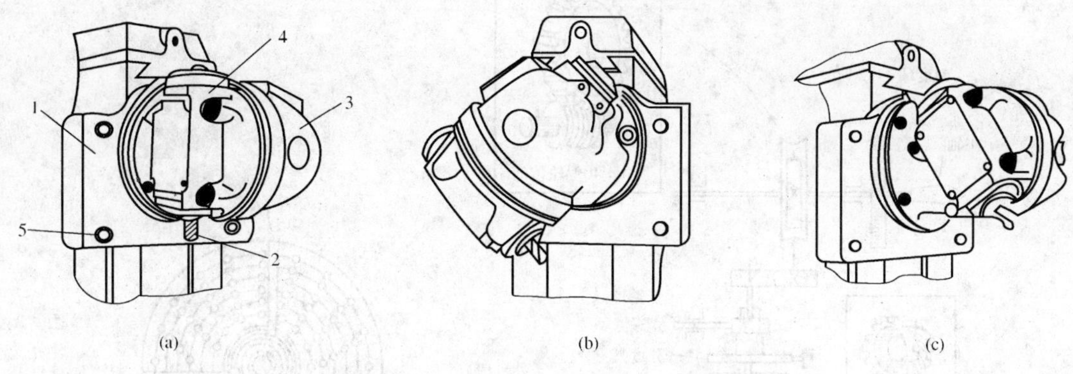

图 3-73 万能铣头的结构及其角度调整

1—底座；2—铣刀；3—壳体；4—铣刀主轴壳体；5—螺栓

(4) 万能分度头。分度头是铣床的重要附件之一，铣削各种齿轮、多边形、花键等都需要使用分度头进行分度。

分度头有多种类型，图 3-74 所示为最常见的万能分度头的外形图。它由底座、回转体、主轴、分度盘等组成。工作时，底座用螺钉紧固在工作台上，并利用导向键与工作台上的一条 T 形槽相配合，保证分度头主轴方向平行于工作台纵向，分度头主轴前端锥孔内可安装顶尖，用来支持工件，主轴前端还可以安装旋转卡盘等来装夹工件。分度头转动体可使主轴转至一定角度进行工作。分度头转动的位置和角度由侧面的分度盘控制。

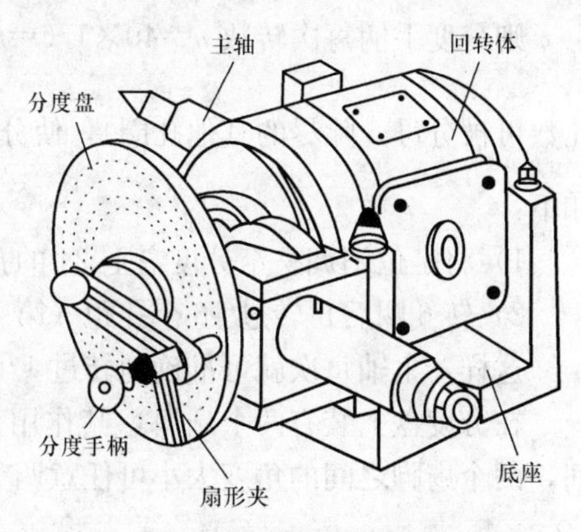

图 3-74 万能分度头

分度头的作用有三方面：①把工件安装成需要的角度，如铣削斜面等；②进行分度；③铣螺旋槽时，配合工作台的纵向移动，使工件连续转动。

图 3-75 所示为分度头的传动系统。主轴上固定有齿数为 40 的蜗轮，与之相啮合的蜗杆的头数为 1，当拔出定位销，转动分度手柄时，通过一对传动比为 1∶1 的螺旋齿轮的传动，使蜗杆转动，从而带动蜗轮（主轴）进行分度。由其传动关系可知，当分度手柄转动一周时，主轴转动 1/40 周，即分度手柄转数等于 40 倍的主轴（工件）转数。

若工件的等分数为 Z，则每次分度时，工件应转过 $1/Z$ 周。

因此，分度手柄每次转数 $n=40\times\dfrac{1}{Z}$周。

根据分度头的工作原理，通过分度盘准确控制手柄的转数，即可实现分度。分度盘正反两面上有许多孔数不同的孔圈。如国产 FW250 型分度头备有两块分度盘，其各圈孔数如下：

第一块正面：24、25、28、30、34、37；反面：38、39、41、42、43。

第二块正面：46、47、49、51、53、54；反面：57、58、59、62、66。

例如铣削六方时，工件的等分数 Z 为 6。

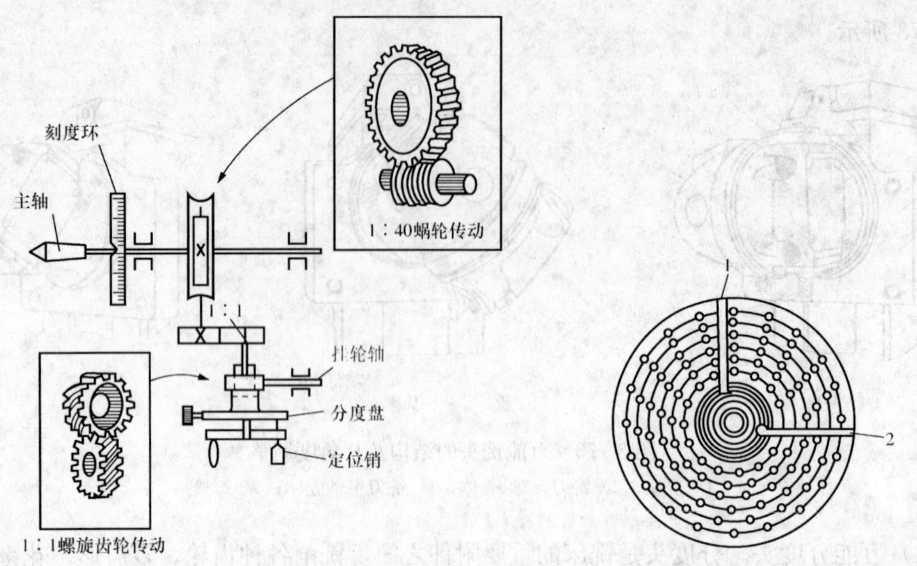

图 3-75　分度头的传动系统

则分度手柄每次转数 $n=40\times 1/6=6\frac{2}{3}$周。此时可利用分度盘上孔数为 24 的孔圈（或孔数可被分母 6 除尽的其他孔圈），使分度手柄旋转 $6\frac{2}{3}$周，即转动手柄 $6\frac{16}{24}$周。操作步骤如下：

1）将定位销调整至分度盘上 24 的孔圈上；

2）转 6 圈后再转过 16 个孔距（第 17 孔）。

这样，主轴每次就可准确地转过 1/6 周。

在分度盘上装有两个扇脚，其作用是为了避免转动分度手柄时发生差错和节省分度时间，两个扇脚之间的角度大小可任意调节。

操作示例 6　铣平面

根据工件形状及设备条件，可用端铣刀在立式铣床上铣水平面或在卧式铣床上铣垂直平面，如图 3-76 所示，也可以用圆柱铣刀在卧式铣床上铣水平面［见图 3-67（a）］。

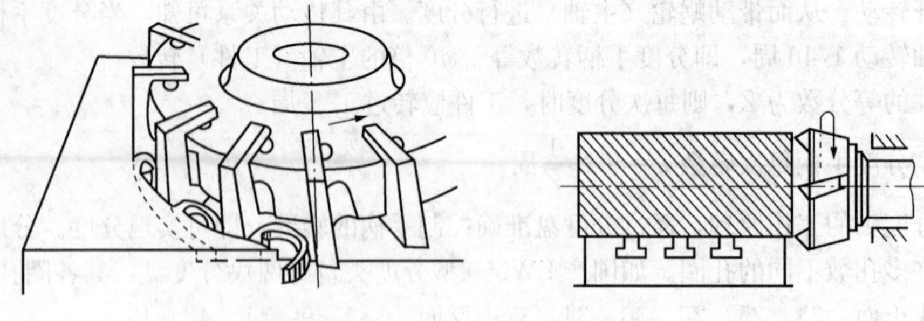

图 3-76　铣平面

（a）在立铣上；（b）在卧铣上

1. 用端铣刀铣平面

目前铣削平面多采用镶硬质合金刀头的端铣刀在立铣上进行。由于端铣刀铣削时，切削厚度变化小，同时进行切削的刀齿较多，因此切削较平稳，而且端铣刀的柱面刃承受着主要的切削工作，而端面刃又有刮光作用，因此表面粗糙度较小。

2. 用圆柱铣刀铣平面

圆柱形铣刀其切削刃分布在圆周上，因此简称周铣法。根据铣刀旋转方向与工作台移动方向的关系，又可分为逆铣和顺铣两种铣削方式。铣削中，在铣刀和工件接触处，铣刀旋转方向与工件进给方向相反时称为逆铣；如其方向相同时称为顺铣。如果铣床丝杠和其上螺母间有间隙的话，顺铣时过大的切削力会产生每齿进给量突然增加和工作时的窜动，严重时将会损坏铣刀，造成工件报废，因此采用顺铣时要求机床有消除螺纹传动副侧隙的调整装置。否则，在一般情况下多采用逆铣法。

操作示例7 铣斜面

斜面是工件常见的结构，斜面铣削方法也很多，常见的有以下几种。

1. 使用倾斜垫铁铣斜面

在零件设计基准的下面垫一块倾斜的垫铁，则铣出的平面就与设计基准面成倾斜位置，如图3-77所示。使用不同倾斜角度的垫铁，即可加工不同角度的斜面。

2. 利用分度头铣斜面

在一些圆柱形和特殊形状的零件上加工斜面时，可利用分度头将工件转成所需位置而铣出斜面，如图3-78所示。

3. 用万能铣头铣斜面

由于万能铣头能方便地改变铣刀轴的空间位置，因此，可以转动铣头以使刀具相对工件倾斜一个角度来铣斜面，如图3-79所示。

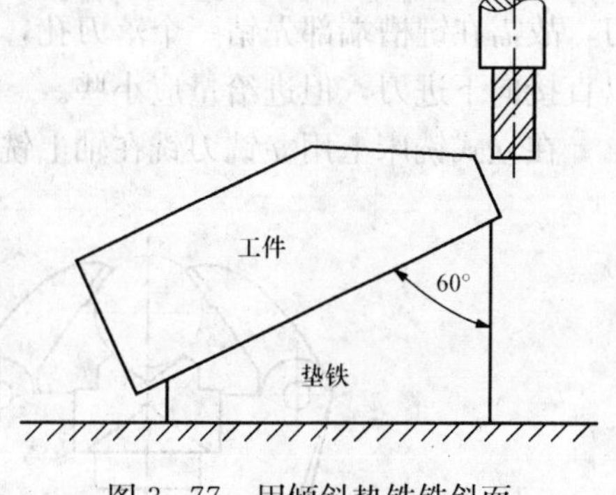

图3-77 用倾斜垫铁铣斜面

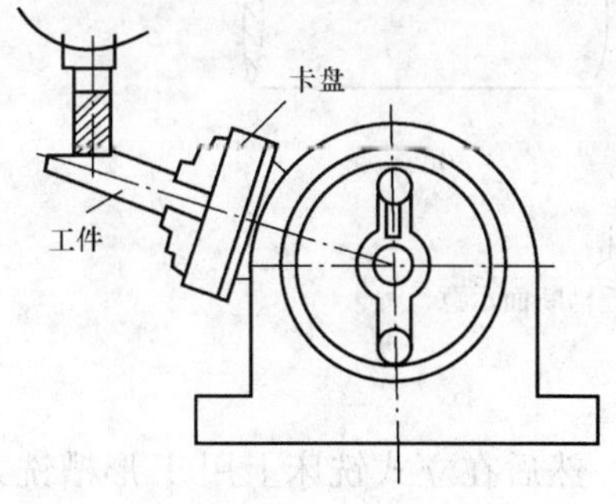

图3-78 使用分度头铣斜面

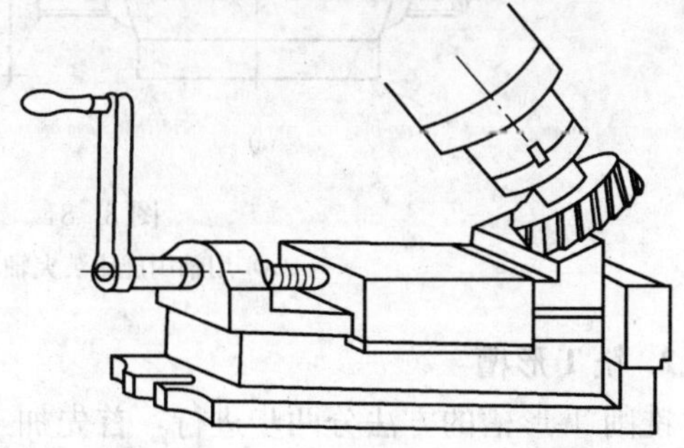

图3-79 使用万能铣头铣斜面

当加工零件的批量较大时，则常采用专用夹具铣斜面。

操作示例8 铣沟槽

铣床能加工的沟槽种类很多，如直槽、键槽、特形沟槽等。特形沟槽包括角度槽、V形槽、T形槽、燕尾槽等。根据沟槽在工件上的位置又分为敞开式、封闭式、半封闭式三种。

根据沟槽的形式和种类，加工时首先要选择相应的铣刀。通常，敞开式直槽用圆盘铣刀；封闭式直槽用立铣刀或键槽铣刀；半封闭直槽则须根据封闭端形式，采用不同的铣刀进行加工；对特形沟槽采用相应的特形铣刀。

1. 铣键槽

敞开式键槽在卧式铣床上加工，所用的圆盘铣刀的宽度应根据键槽的宽度而定，如图3-80所示。安装时，横向调整工作台，使圆盘铣刀的中心平面和轴的中心对准。铣刀对准后，将机床横向溜板紧固。铣削时应先试铣，检验槽宽合格后，然后再铣出全长。

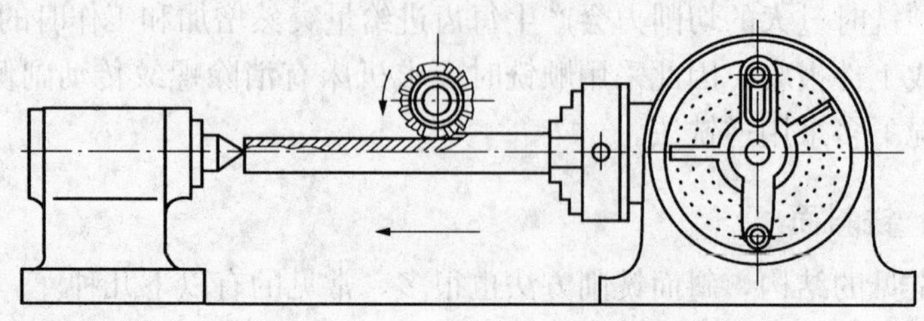

图3-80 铣敞开式键槽

封闭式键槽通常在立式铣床上加工。若采用立铣刀，因其中央无切削刃，不能向下进刀，故需在键槽端部先钻一个落刀孔，然后再进行铣削；若用键槽铣刀，端部有切削刃，可以直接向下进刀，但进给量应小些。

在立式铣床上用立铣刀铣在轴上铣键槽如图3-81所示。

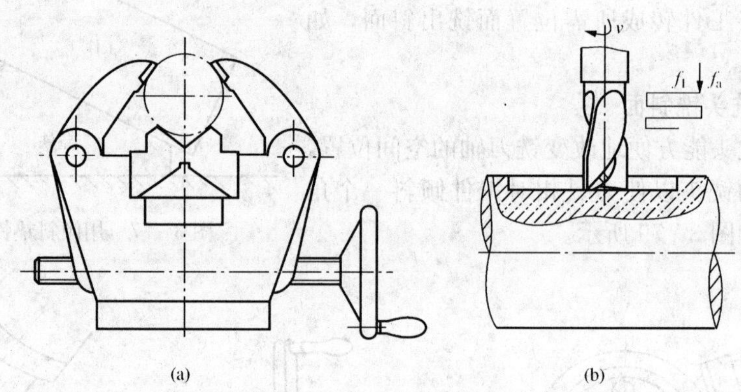

图3-81 铣封闭式键槽

(a) 用轴用虎钳装夹轴；(b) 铣削键槽断面示意

2. 铣T形槽

铣削T形槽的方法分两步进行，首先加工出直槽，然后在立式铣床上用T形槽铣刀铣削T形槽（见图3-82）。因T形槽铣刀工作时排屑困难，切削用量应小些，同时加用冷却液。

3. 铣螺旋槽

在加工麻花钻、斜齿轮、螺旋铣刀时，都要铣螺旋槽。螺旋槽的铣削如图3-83所示。铣刀（工具）做旋转运动；工件安装在尾架与分度头之间，一方面随工作台作匀速

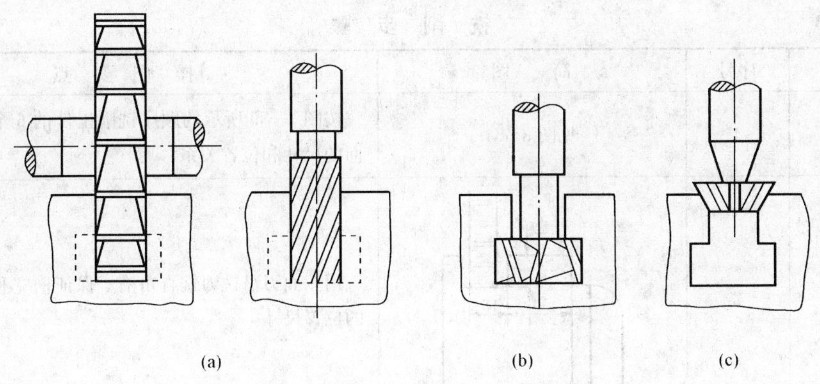

图 3-82 铣T形槽

(a) 用卧式或立式铣床铣直槽；(b) 铣T形槽；(c) 铣倒圆

直线运动，同时又随分度头作匀速旋转运动。根据螺旋线形成原理，要铣削出一定导程的螺旋槽，必须保证当纵向移动距离等于螺旋槽的一个导程时，工件恰好转动一圈，这一点可通过丝杆和分度头之间的配换挂轮来实现。在生产实践中，一般只要算出工件的导程或挂轮速比，即可从铣工手册中查出各挂轮的齿数。为了获得规定的螺旋槽截面形状，还必须使铣床纵向工作台在水平面内转过一个角度，使螺旋槽的槽向与铣刀旋转平面一致。工作台转过的角度应等于螺旋角 β。工作台转动的方向应由螺旋槽的方向来确定。铣右旋螺旋槽时，用右手推工作台；铣左旋螺旋槽时，则用左手推。

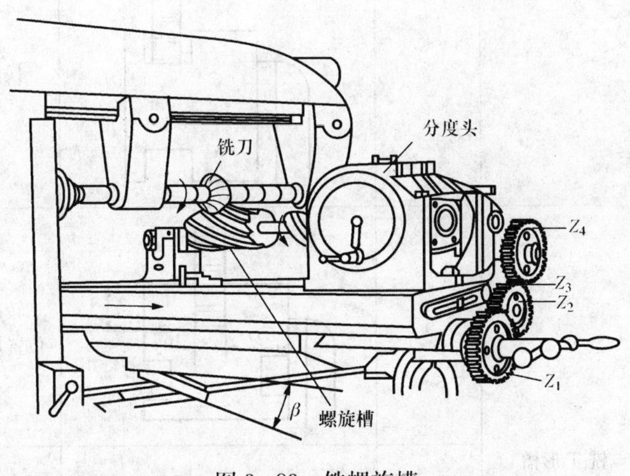

图 3-83 铣螺旋槽

注意：铣螺旋槽时，由于排屑和散热困难，进给量要小，最好采用手动进给，并充分使用切削液。

操作示例 9 工字形零件

铣削如图 3-84 所示工件，铣削步骤见表 3-10。

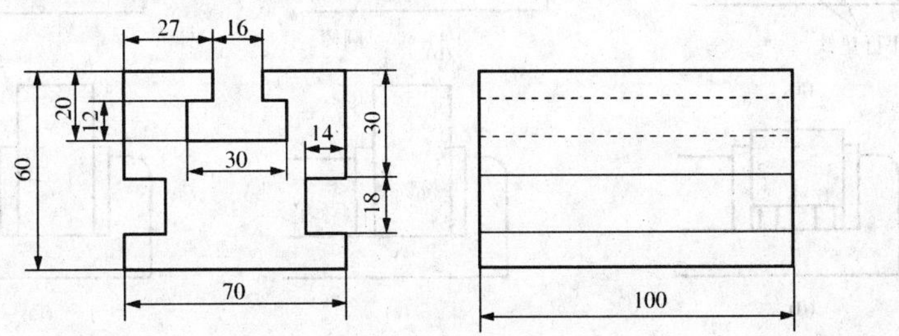

图 3-84 铣工操作示例零件图

表 3-10　　铣削步骤

加工方法	序号	简图	操作要点
铣平面	1	见图 3-84	按图 3-85 所示的顺序铣削工件的 6 个面，保证各面的尺寸和位置关系
铣直角槽	2	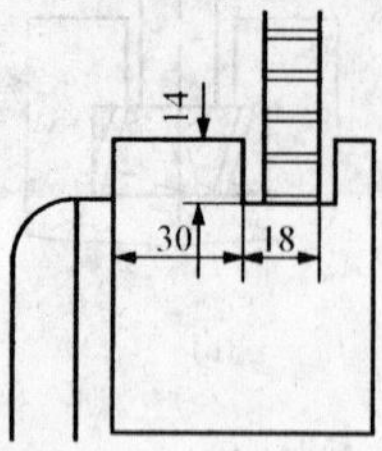 14　30　18	用三面刃盘铣刀铣直角槽．保证槽宽和槽深以及槽的位置尺寸
	3	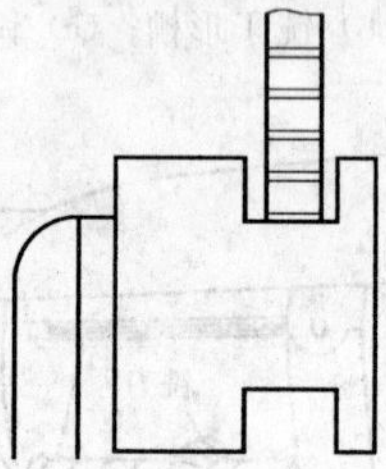	换向，然后同序号 2
铣 T 形槽	4	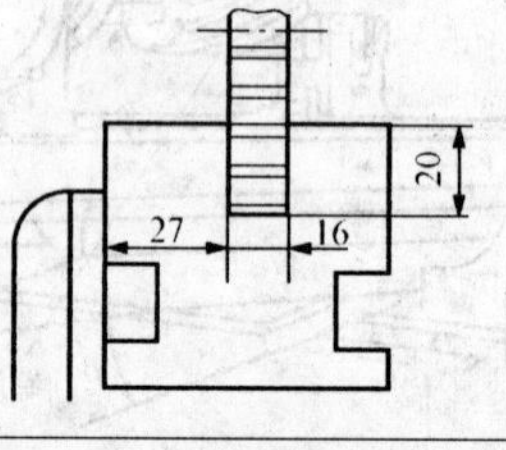 20　27　16	转向，用三面刃盘铣刀铣直槽，保证槽宽，槽深及位置尺寸
	5	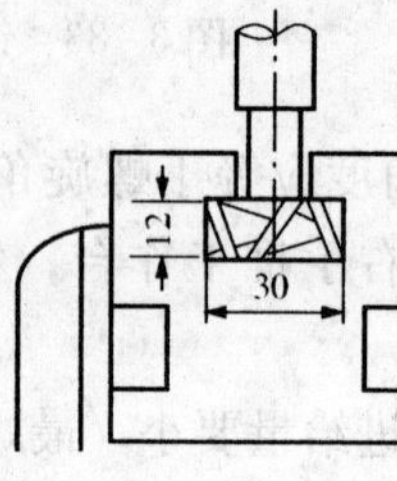 12　30	用 T 形槽铣刀铣 T 形槽，保证 T 形槽尺寸

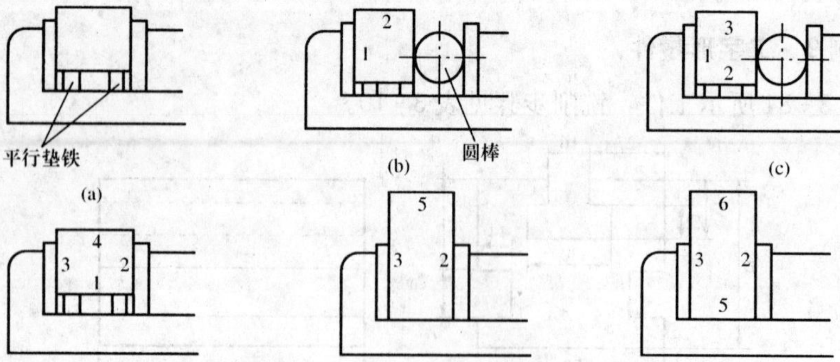

图 3-85　铣削六面体的顺序

实训操作2 铣平面

1. 训练要求

(1) 熟悉卧式铣床组成部件的名称、作用。

(2) 掌握主要操作机构的操作方法。

(3) 会选择和安装圆柱铣刀。

(4) 会安装工件并按要求的铣削用量进行操作。

(5) 熟知铣削安全技术有关操作规程，了解铣床的一般保养方法。

(6) 按时、独立完成作业，并达到图样中的技术要求。

2. 工件图（见图3-86）

3. 备料

88mm×45mm×64mm（Q235）。

4. 训练安排

(1) 选择铣刀。选用圆柱铣刀应注意两点，一是圆柱铣刀的长度应大于工件加工面的宽度，二是根据粗、精加工的要求以及铣削层深度选择合适的铣刀直径。根据图3-86所示工件，应选用外径80、内孔32、长度80(大于45)、齿数 $z=8$ 的高速钢粗齿圆柱铣刀。

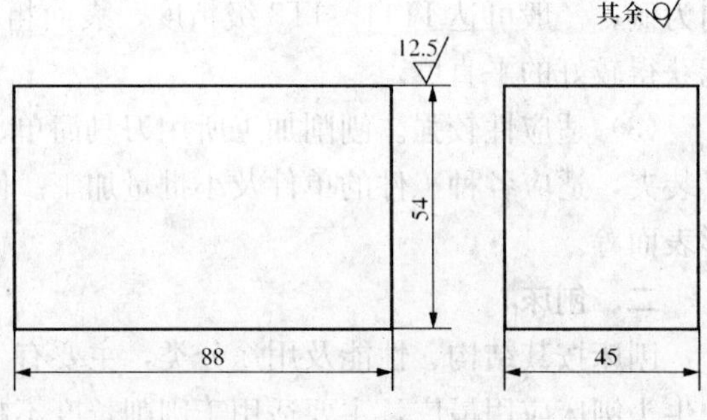

图3-86 铣平面工件图

(2) 装夹工件。用圆柱铣刀铣平面时，一般都采用平口虎钳装夹工件。装夹时，先将平口虎钳的钳口和导轨面擦干净，在工件的下面放置平行垫铁，使工件待加工面高出钳口15mm左右，夹紧并用手锤轻轻敲击工件，并拉动垫铁检查是否贴紧。

(3) 选择铣削用量。铣削用量应根据工件材料、加工余量、加工几何精度要求、所选铣刀的材料及直径选择。依图例选取铣削速度为15～35m/min左右（即主轴转速调至75r/min左右），每齿进给量 $f_x=0.06 \sim 0.2$mm/z。取铣削层深度 $t_{粗}=2.5$mm左右，$t_{精}=0.5$mm。

(4) 铣削方式的选用。铣平面时通常采用逆铣，但精铣时也可采用顺铣，保证工件达到较小的表面粗糙度。

(5) 铣削的操作方法。使工件处于圆柱铣刀的下方开始对刀。对刀时，开动铣床，铣刀旋转后，再缓缓升高工作台，使铣刀微触工件。然后记下（或做记号）刻度盘刻度值，下降工作台，摇动纵向手柄，退出工件。按毛坯余量调整铣削层深度，逐步完成铣削过程。

(6) 测量。铣削完毕后，卸下工件，根据图样要求用游标卡尺（或千分尺）检测，检测的内容包括表面粗糙度和各部分尺寸。

第六节 刨削和磨削

一、刨削概述

在刨床上用刨刀对工件进行切削加工的过程称为刨削加工。刨削加工时，刨刀的直线往复运动 v 为主运动，工件的间歇移动 f 为进给运动，如图3-87所示。刨削加工的切削运动是间断进行的，这是它与其他切削运动的不同点。

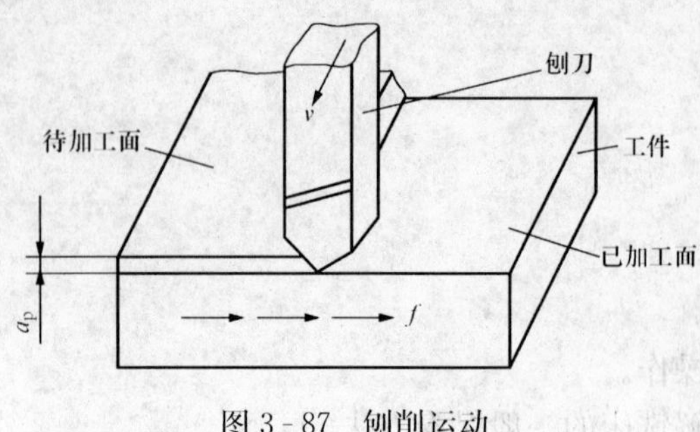

图 3-87 刨削运动

刨削加工具有如下特点。

(1) 生产率较低。为了减少刨刀与工件间的冲击及主运动部件反向时的惯性力，故选取的切削速度较低。刨刀回程时不切削，加之牛头刨床只用一把刀具切削，因此，刨削较铣削生产率低，但刨削狭长平面或在龙门刨床上进行多件或多刀刨削时，能获得较高的生产率。

(2) 加工精度较低。由于切削运动是间断进行的，其冲击、振动大，因而加工精度较车削为低，一般可达 IT11～IT8 级精度，表面粗糙度 $Ra=6.3\sim1.6\mu m$，但加工薄板零件时，能获得较好的平直度。

(3) 适应性较强。刨削加工所用刀具简单、经济、刃磨方便。工件及刀具不需要复杂夹具装夹，适应各种工件的单件及小批量加工。刨削加工利用各种刨刀可加工平面、沟槽、成形表面等。

二、刨床

刨床按其结构、性能及用途分类，主要有牛头刨床、龙门刨床、单臂刨床、插床等，其中牛头刨床应用最广，主要适用于刨削长度不超过 1000mm 的中小零件。

1. 牛头刨床的编号

B6065 型牛头刨床中，B 为刨床和插床类机床的类别代号，60 为刨床组中的牛头刨床的组型代号，65 为刨削工件最大长度（即 650mm）的 1/10。

2. 牛头刨床的组成

B6065 型牛头刨床如图 3-88 所示，它主要由以下几个部分组成：

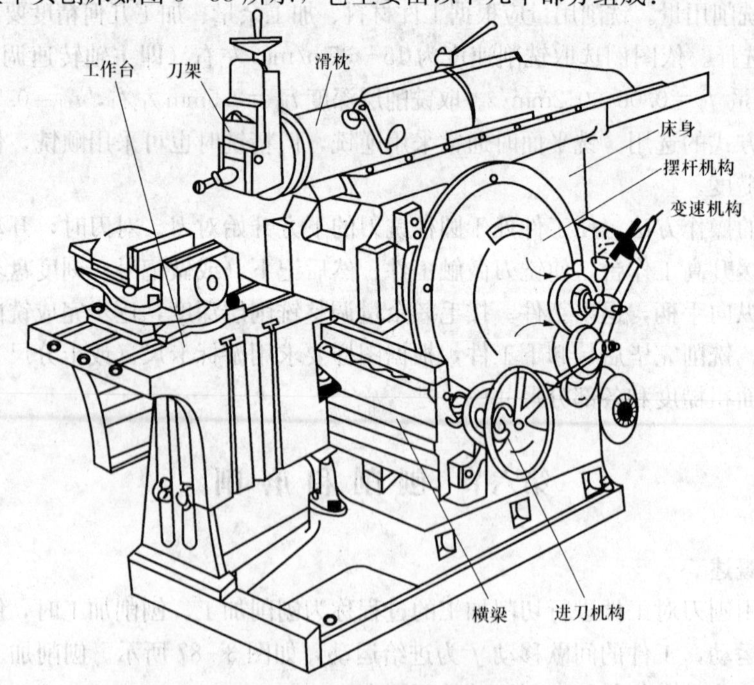

图 3-88 B6065 牛头刨床

（1）床身和底座。床身安装在底座上，用来安装和支撑机床部件。其顶面导轨供滑枕作往复运动用，侧面导轨供工作台升降用，床身的内部有传动机构。

（2）滑枕。滑枕的前端有环状 T 形槽，用来安装刀架和调整刀架的偏转角度，滑枕内部的前端有一对伞齿轮，用来调整摇臂上部螺母在丝杠上的位置，以改变滑枕往复行程的大小。

（3）刀架。刀架用于安装刨刀，实现纵向或斜向进给运动。转动刀架上手柄可使滑板沿转盘上的导轨带动刨刀作上下移动。将转盘上的螺母松开，转盘扳动一定角度后，刀架就可以实现斜向进给。滑板上的刀座还可偏转，当刨刀返程时，抬刀板绕其固定轴偏转使刨刀自由上抬，以减小刨刀后刀面与工件间的摩擦。

（4）横梁与工作台。工作台的上面和侧面开有若干 T 形槽或特制沟槽和孔，用于装夹工件。工作台可沿横梁上的导轨面作水平移动，也可随横梁一起沿床身上的垂直面导轨作上下运动。工作台的间歇水平进给运动的大小可以靠棘轮机构来控制。

三、刨刀

1. 刨刀的结构特点

刨刀的结构和几何形状与车刀相似，但因刨削为断续切削，冲击力较大，所以其刀杆的横截面较车刀为大。另外，在加工带有硬皮的工件表面时为避免刨刀扎入工件，刨刀刀杆常做成弯头的。

2. 刨刀的种类及应用

刨刀的种类很多，一般按其加工形式和用途不同来命名，常用的有平面刨刀、偏刀、切刀、角度偏刀等。平面刨刀用来加工平面，偏刀用来加工垂直面，切刀用来加工槽或切断工件，角度偏刀用来加工斜面及燕尾槽。常见的刨刀形状及应用如图 3－89 所示。

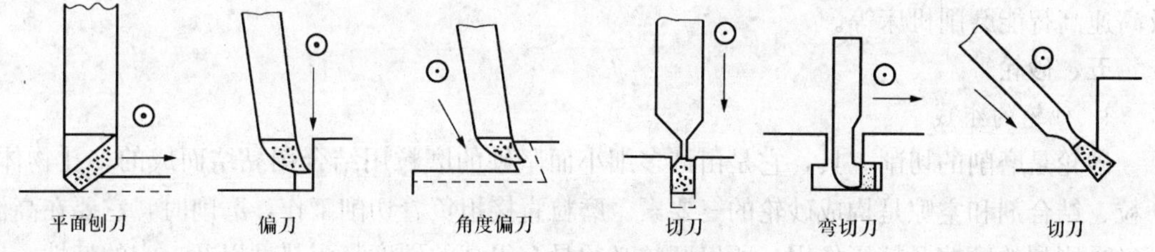

图 3－89 常见的刨刀形状及应用

3. 刨刀的安装

刨刀的安装如图 3－90 所示。

在安装过程中需要注意以下几个方面的问题：

（1）刨刀在刀架上不宜伸出过长，以免在加工时发生振动和折断。直头刨刀的伸出长度一般为刀杆厚度的 1.5～2 倍。弯头刨刀可以适当伸出稍长些，一般以弯曲部分不碰刀座为宜。

（2）装卸刨刀时，必须一手扶住刨刀，另一手使用扳手固定刀夹螺钉，用力方向应自上而下，否则容易将抬刀板掀起，碰伤或夹伤手指。

（3）刨平面或切断时，刀架和刀座的中心线都应处在垂直于水平工作台的位置上，即刀架后面的刻度盘必须准确地对零刻线。在刨削垂直面和斜面时，刀座可偏转 10°～15°，以使刨刀在返回行程时离开加工表面，减少刀具磨损和避免擦伤已加工的表面。

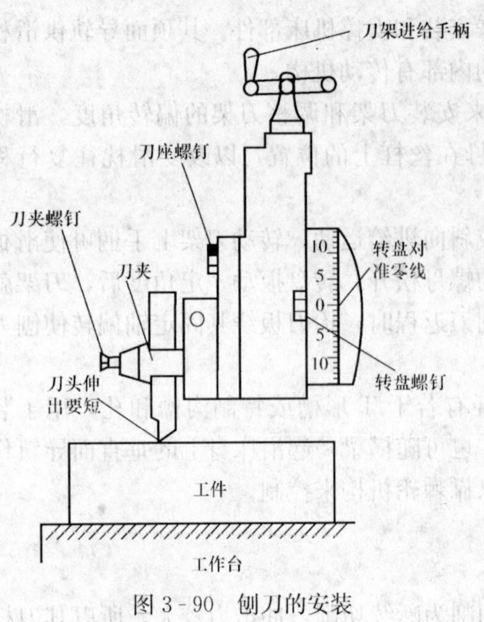

图 3-90 刨刀的安装

(4) 安装带有修光刀或平头宽刃精刨刀时，要用透光法找正修光刀或宽刀刃的水平位置，夹紧刨刀后，应再次用透光法检查刀刃的水平位置准确与否。

四、磨削概述

用磨料（砂轮）来切除材料的加工方法，称为磨削加工。磨削加工是零件精加工的主要方法。砂轮是由磨料和黏结剂做成的，是磨削的主要工具。磨削加工所能达到的尺寸精度为IT7～IT5，表面粗糙度 Ra 可达0.8～0.2μm。根据零件表面不同，磨削加工可分为外圆磨削、内圆磨削、平面磨削、成形磨削等。从本质上来说，磨削加工也是一种切削加工，但与通常的切削加工相比有以下特点。

(1) 砂轮上每一粒砂粒相当于一个切削刃，因此磨削属于多刃、微刃切削。

(2) 加工精度高。

(3) 磨削速度高。砂轮线速度达60～250m/s。磨削区温度可达800～1000℃。

(4) 加工范围广。可加工外圆、内圆、平面、成形面、螺纹、齿轮等，还可加工硬质合金等高硬度材料。

随着科学技术的发展，磨削加工的应用日益广泛，相继出现了数控磨床、磨削加工中心及高速高智能磨削机床等。

五、砂轮

1. 砂轮的组成

砂轮是磨削的切削工具，它是由许多细小而坚硬的磨粒用结合剂黏结而成的多孔物体。磨粒、结合剂和空隙是构成砂轮的三要素。磨粒直接担负着切削工作，磨削时，它要在高温下经受剧烈的摩擦及挤压作用，所以磨粒必须具有很高的硬度、耐热性以及一定的韧性，还要具有锋利的切削刃口。

常用的磨料有刚玉类和碳化硅类两类。

(1) 刚玉类。主要成分是 Al_2O_3，其韧性好，适用于磨削钢料及一般刀具。

(2) 碳化硅类。碳化硅类的硬度比刚玉类高，磨粒锋利，导热性好，适用于磨削铸铁及硬质合金刀具等脆性材料。

磨粒的大小用粒度表示。粒度号数越大，颗粒越小。一般情况下粗加工及磨削软材料时选用粗磨粒，精加工及磨削脆性材料时，选用细磨粒。一般磨削的常用粒度为36～100号。

用结合剂可以把磨粒黏结成各种形状和尺寸的砂轮，以适应不同表面形状与尺寸的加工要求。磨粒黏结越牢，砂轮的强度越高。常用的结合剂有陶瓷结合剂、树脂结合剂、橡胶结合剂等。常见的砂轮形状如图3-91所示。

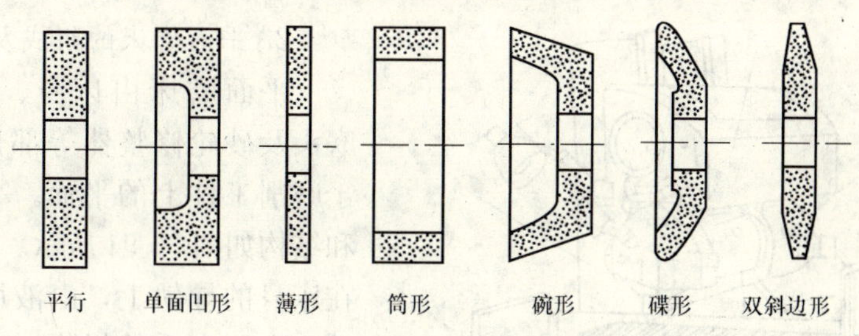

图 3-91 常见的砂轮形状

2. 砂轮的安装与调整

砂轮的安装如图 3-92 所示。由于砂轮工作转速较高，因此在安装砂轮前应对砂轮进行外观检查和平衡试验，防止砂轮因有裂纹而在工作时碎裂，确保其工作平稳。

砂轮经过一段时间的工作后，工作表面的磨粒会逐渐变钝，表面的孔隙被堵塞，切削能力降低；同时砂轮的正确几何形状也被破坏，这时就必须对砂轮进行修整。修整的方法是用金刚石将砂轮表面变钝了的磨粒切去，以恢复砂轮的切削能力和正确的几何形状，如图 3-93 所示。

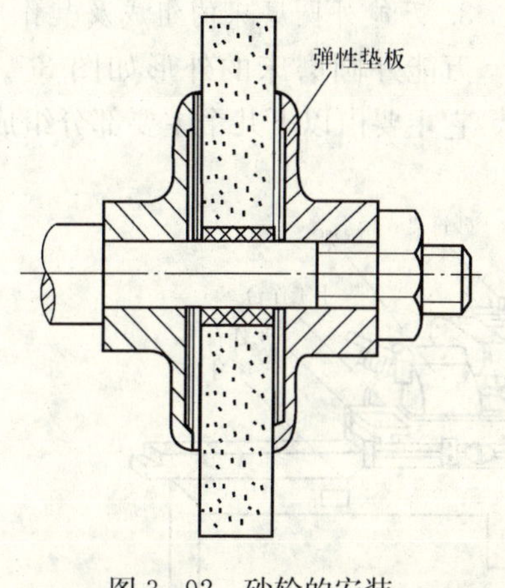

图 3-92 砂轮的安装

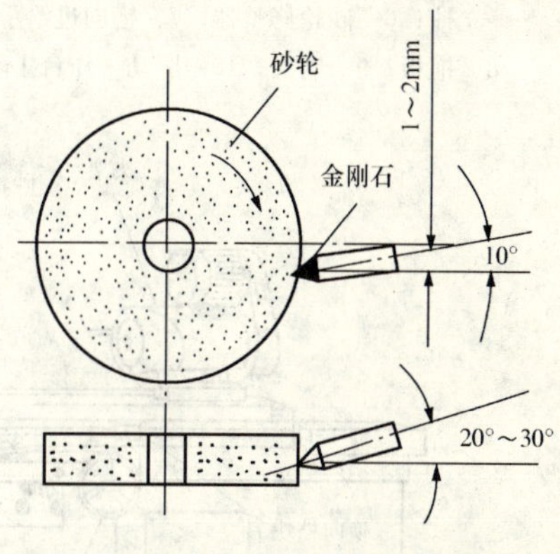

图 3-93 砂轮的修整

六、磨床

1. 磨床的种类及型号

磨床是指用磨具或磨料加工工件各种表面的机床。磨床的种类很多，常用的有外圆磨床、内圆磨床、平面磨床及无心磨床等。

磨床型号举例如下。

（1）M1432A 万能外圆磨床。型号中 M 为磨床类代号；14 为万能外圆磨床；32 表示最大磨削直径的 1/10，即磨削最大外径是 320mm；A 表示在性能或结构上做过一次重大改进。

（2）M2120 内圆磨床。主要是用来磨削内圆柱面的，M 代表磨床的代号，21 表示内圆磨床，20 表示磨削最大孔径的 1/10，即磨削最大孔径是 200mm。

（3）M7120A 平面磨床。型号中 M 为磨床的代号，71 代表卧轴矩台平面磨床，20 代表工作台宽度的 1/10，即磨床工作台宽度为 200mm；A 代表在性能或结构上做过一次重大改进。

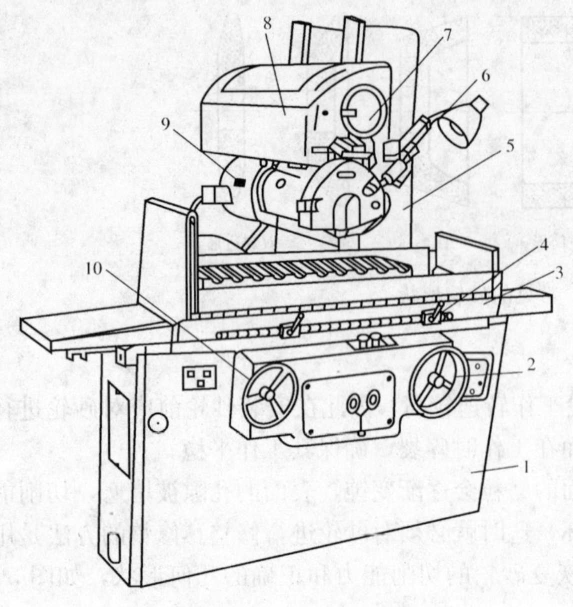

图 3-94 平面磨床

1—床身；2—垂直进给手轮；3—工作台；4—行程挡块；5—立柱；6—砂轮修整器；7—横向进给手轮；8—拖板；9—磨头；10—驱动工作台手轮

2. 平面磨床的组成及作用

平面磨床由床身、工作台、立柱、磨头及砂轮修整器等部件组成，主要用于磨削工件上的平面。平面磨床的外形和结构如图 3-94 所示。长方形工作台装在床身的导轨上，由液压驱动作往复运动，也可由手轮操纵，以进行必要的调整。工作台上装有电磁吸盘或其他夹具，用来装夹工件。磨头沿拖板的水平导轨可作横向进给运动，可由液压驱动或手轮操纵。拖板可沿立柱的导轨垂直移动，以调整磨头的高低位置及完成垂直进给运动，这一运动也可通过转动手轮来实现。砂轮由装在磨头壳体内的电动机直接驱动旋转。

3. 万能外圆磨床的组成及其作用

万能外圆磨床的外形如图 3-95 所示，它主要由以下几个主要部分组成。

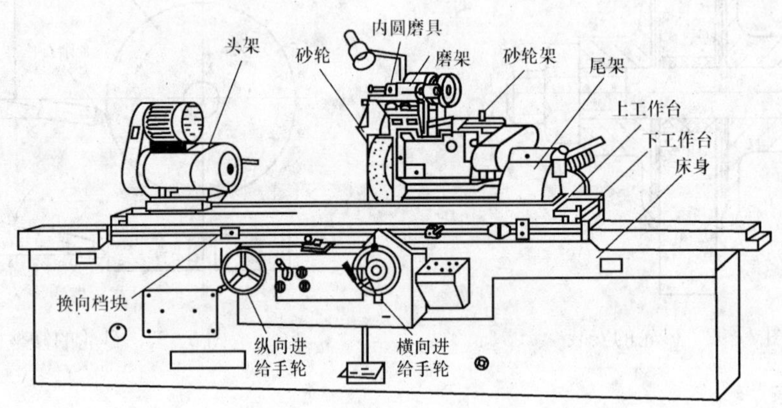

图 3-95 万能外圆磨床的外形

(1) 床身。床身用来支撑和连接各部件。上部装有纵向导轨和横向导轨，用来安装工作台和砂轮架。工作台可沿床身纵向导轨移动，砂轮架可沿横向导轨移动。床身内部装有液压传动系统。

(2) 工作台。工作台安装在床身的纵向导轨上，由上、下工作台两部分组成。上工作台可绕下工作台的心轴在水平面内调整某一角度来磨削锥面。它由液压驱动，沿着床身的纵向导轨作直线往复运动，使工件实现纵向进给。工作台可以手动，也可自动换向。自动换向由安置在工作台前侧面 T 形槽内的两个换向挡块进行操纵。

(3) 头架。它装有主轴，由单独电动机通过胶带带动变速机构变速，使工件可获得不同的转动速度，来完成圆周进给运动。主轴端部可以安装顶尖、拨盘或卡盘，以便装夹工件。

头架还可以在水平面内偏转一定的角度。

(4) 砂轮架。它用来安装砂轮，并由单独电动机驱动，通过皮带传动带动砂轮高速旋转。砂轮架可在床身后部的导轨上作横向移动，移动方式有自动断续进给、手动进给、快速接近和退出工件，以完成横向进给。砂轮架还可绕垂直轴旋转某一角度。

(5) 内圆磨头。它装有主轴，主轴上可安装内圆磨削砂轮，由单独电动机经平皮带直接传动，用来磨削工件的内圆表面。内圆磨头可绕砂轮架上的销轴翻转，使用时翻下，不用时翻向砂轮架上方。

(6) 尾架。它可在工作台上纵向移动。尾架的套筒内有顶尖，用来支撑工件的另一端。扳动杠杆，套筒可伸出或缩进，以便装卸工件。

万能外圆磨床能磨削工件的外圆柱面和外圆锥面，还能磨削内圆柱面、内圆锥面及端面。

4. 无心外圆磨床

无心外圆磨床的结构和加工原理完全不同于一般的外圆磨床，图 3-96 所示为其工作原理示意图。

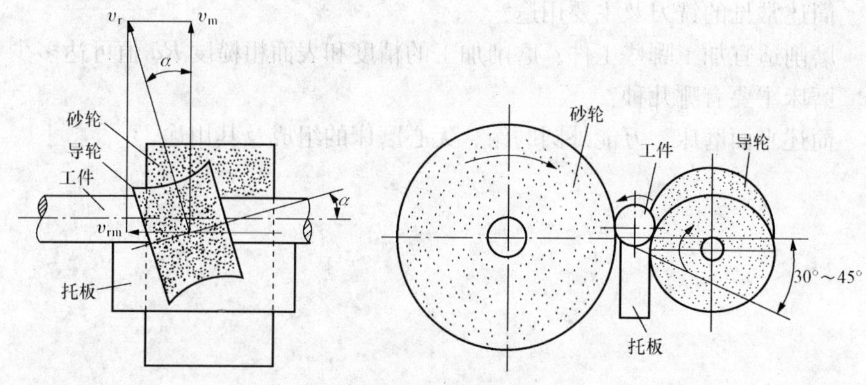

图 3-96 无心外圆磨床工作原理示意图

磨削工件时，工件不需要夹持，而是放在砂轮和导轮之间，由托板支撑。工件的轴线略高于砂轮与导轮的轴线，以避免工件在磨削时产生圆度误差。磨削中，导轮与砂轮均按顺时针方向旋转，由于工件受由橡胶结合剂制成的导轮的摩擦力较大，故以和导轮大体相同的低速旋转。当工件的轴线与导轮的轴线成一定角度 α（一般为 1°～4°）时，导轮一方面使工件旋转，同时使工件作轴向进给运动。

无心外圆磨削不需要打中心孔和进行工件的安装夹紧，易实现高速和宽砂轮磨削，故生产率高，适用于大批量磨削细长轴及同轴度要求较高的薄壁空芯管。无心磨削加工的圆度误差可达 0.005～0.01mm，表面粗糙度 Ra 值可达 0.1～0.25μm。

复 习 思 考 题

3-1 普通车床由哪几部分组成？各有什么功能？

3-2 普通车床安装工件时主要有哪些要求？为什么？

3-3 简述粗车外圆时的试切方法和步骤。

3-4 卧式车床的一级保养有什么要求？

3-5 刃磨车刀应注意哪些事项？

3-6 车端面的操作要领是什么？

3-7 钻中心孔过程中中心钻折断的原因有哪些？

3-8 防止切削振动的措施有哪些？

3-9 在车床上车孔时应注意哪些事项？

3-10 简述用尾座偏移法车圆锥的操作要领。

3-11 简述车螺纹的方法和步骤。

3-12 刨削加工主要用于加工哪些表面？加工质量和切削效率如何？

3-13 与车削运动相比刨削运动有什么特点？刀具和工件各有哪些运动？

3-14 刨削平面、斜面和沟槽时在工艺上有什么不同？

3-15 刨床主要有哪几种？

3-16 铣削加工能进行哪些表面的加工？加工质量和切削效率如何？

3-17 铣床主要有哪几种？卧式铣床与立式铣床的主要区别是什么？

3-18 简述常见的铣刀及主要用途？

3-19 磨削适宜加工哪些工件？磨削加工的精度和表面粗糙度 Ra 值可达多少？

3-20 磨床主要有哪几种？

3-21 简述平面磨床、万能外圆磨床、无心磨床的组成及其用途。

第四章　焊接和铆接

教学目的

(1) 了解焊接生产的工艺过程、特点和应用。

(2) 了解手弧焊机的种类、结构、性能和使用方法。

(3) 了解电焊条的组成与作用，熟悉常用结构钢焊条的种类、牌号及应用。

(4) 熟悉手弧焊条直径，焊接电流和焊接速度对焊接质量的影响，正确选择焊接电流，焊条直径，独立完成手弧焊的平、立、横、仰位置焊接。

(5) 了解常见焊接接头形式及坡口形式和焊缝空间位置。

(6) 了解气焊设备的组成及作用，工具的结构，气焊火焰的种类，调节方法和应用，焊丝与焊剂的作用。正确调整气焊火焰，独立完成气焊的平焊焊接。

(7) 熟悉氧气切割原理、切割过程和金属切割条件。

(8) 熟练掌握切割方法，正确使用半自动切割机。

(9) 熟悉焊接过程常见的焊接缺陷及其产生的主要原因。

电焊工安全技术

电焊工安全技术如下。

(1) 电焊工必须经过有关部门的安全技术培训，取得特种作业操作证后，方可独立操作上岗；明火作业必须履行审批手续。

(2) 电焊机外壳必须接地良好，其电源的装拆应由电工进行。

(3) 电焊机开关箱拉合时应戴手套侧向操作。

(4) 电焊机二次侧必须有空载降压保护器或触电保护器。

(5) 焊钳与把线必须绝缘良好、连接牢固，更换焊条应戴手套。在潮湿地点工作，应站在绝缘胶板或木板上。

(6) 严禁在带压力的容器或管道上施焊，焊接带电的设备必须先切断电源。

(7) 焊接储存过易燃、易爆、有毒物品的容器或管道前，必须把容器或管道清理干净，并将所有孔盖打开。

(8) 把线、地线禁止与钢丝绳接触，更不得用钢丝绳或机电设备代替零线；所有地线接头，必须连接牢固。

(9) 清除焊渣，采用电弧气割清根时，应戴防护眼镜或面罩，防止铁渣飞溅伤人。

(10) 雷雨时，应停止露天焊接作业。

(11) 施焊场地周围应清除易燃、易爆物品或进行覆盖、隔离。

(12) 严禁利用厂房的金属结构、管道、轨道或其他金属搭接起来作为导线使用。

(13) 工作结束后，应切断电焊机电源，并检查操作地点，确认无起火危险后，方可离开。

气焊工安全技术

气焊工安全技术如下。

(1) 气焊工必须经过有关部门的安全技术培训，取得特种作业操作证后，方可独立上岗操作；明火作业必须履行审批手续。

(2) 施焊场地周围应清除易燃、易爆物品或进行覆盖、隔离。

(3) 氧气瓶、乙炔瓶必须按照《气瓶安全监察规程》的规定，严格进行技术检验，合格后方能使用。如果超出有效期，不得使用。应远离高温、明火和熔融金属飞溅物 10m 以上，氧气瓶避免直接受热。

(4) 氧气瓶、氧气表及焊割工具上，严禁沾染油脂。

(5) 氧气瓶、乙炔瓶应有防震胶圈，旋紧安全帽，避免碰撞和剧烈振动，并防止曝晒。冻结时应用热水加热，不准用火烤。氧气瓶、乙炔瓶必须按规定单独摆放，使用时确保两者间的安全距离。

(6) 点火时，焊枪口不准对人，正在燃烧的焊枪不得放在工件或地面上。

(7) 不得手持连接胶管的焊枪爬梯、登高。

(8) 严禁在带压的容器或管道上焊、割，焊接带电设备时必须先切断电源。

(9) 在储存过易燃、易爆及有毒物品的容器或管道上焊、割时，应先把容器或管道清理干净，并将所有的孔、口打开。

(10) 铅焊时，场地应通风良好，皮肤外露部位应涂护肤油脂，工作完毕应洗漱。

(11) 工作完毕，应将氧气瓶、乙炔瓶的气阀关好。氧气瓶应拧上安全罩。检查操作场地，确认无着火危险时，方准离开。

第一节 焊条电弧焊和电弧切割

焊条电弧焊通常又称为手工电弧焊，是应用最普遍的熔化焊焊接方法，它是利用电弧产生的高温、高热量进行焊接的。掌握了手工电弧焊的操作原理对认识其他种类的熔焊有很大帮助，因此将手工电弧焊的操作列为焊接实习最重要的内容。

一、焊条电弧焊的焊接过程

焊接时电源的一极接工件，另一极与焊条相接。工件和焊条之间的空间在外电场的作用下，产生电弧。该电弧的弧柱温度可高达 5000～8000K，阴极温度达 2400K，阳极温度达 2600K。它一方面使工件接头处局部熔化，同时也使焊条端部不断熔化而滴入焊件接头空隙中，形成金属熔池。当焊条移开后，熔池金属很快冷却、凝固形成焊缝，使工件的两部分牢固的连接在一起。焊条金属熔化滴入焊件接头熔池过程如图 4-1 所示。

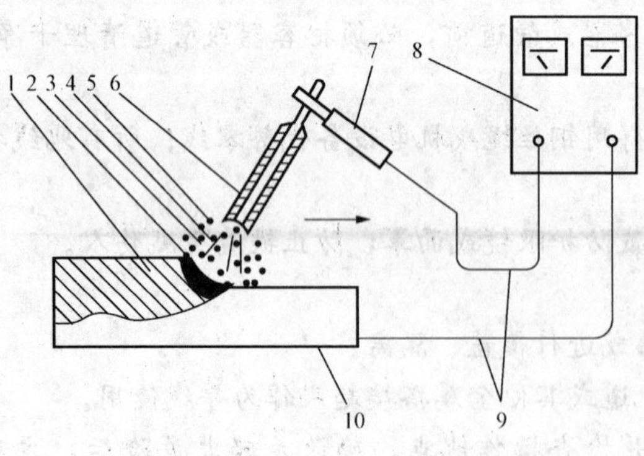

图 4-1 焊条电弧焊的焊接过程

1—焊缝；2—熔池；3—保护气体；4—电弧；5—熔滴；6—焊条；7—焊钳；8—焊机；9—焊接电缆；10—焊件

二、焊条电弧焊的设备与工具

焊条电弧焊的电源设备分三类：交流电弧焊变压器、直流弧焊电源、逆变弧焊电源。

（一）对焊条电弧焊电源设备的要求

焊条电弧焊时，欲获得优良的焊接接头，首先要使电弧稳定地燃烧。决定电弧稳定燃烧的因素很多，如电源设备、焊条成分、焊接规范及操作工艺等，其中主要的因素是电源设备。焊接电弧在起弧和燃烧时所需要的能量，是靠电弧电压和焊接电流来保证的，为确保能顺利起弧和稳定地燃烧，要求电源设备具备以下特性：

（1）焊接电源在引弧时，应供给电弧以较高的电压（但考虑到操作人员的安全，这个电压不宜太高，通常规定该空载电压在 50～90V）和较小的电流（几个安培）；引燃电弧、并稳定燃烧后，又能供给电弧以较低的电压（16～40V）和较大的电流（几十安培至几百安培）。电源的这种特性，称为陡降外特性。

（2）焊接电源还需要灵活调节焊接电流，以满足焊接不同厚度的工件时所需的电流。此外，还应具有好的动特性。

（二）交流弧焊电源

交流弧焊电源是一种特殊的降压变压器，它具有结构简单、噪声小、价格便宜、使用可靠、维护方便等优点。交流弧焊电源分动铁式和动圈式两种。BX1-300 型动铁式弧焊机是目前用得较广的一种交流弧焊机，其外形如图 4－2 所示。交流弧焊机可将工业用的电压（220V 或 380V）降低至空载 60～70V、电弧燃烧时的 20～35V。它的电流调节通过改变活动铁芯的位置来进行。具体操作方法是借转动调节手柄，并根据电流指示盘将电流调节到所需值。动圈式弧焊电源则通过变压器的初级和次级线圈的相对位置来调节焊接电流的大小。

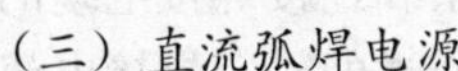

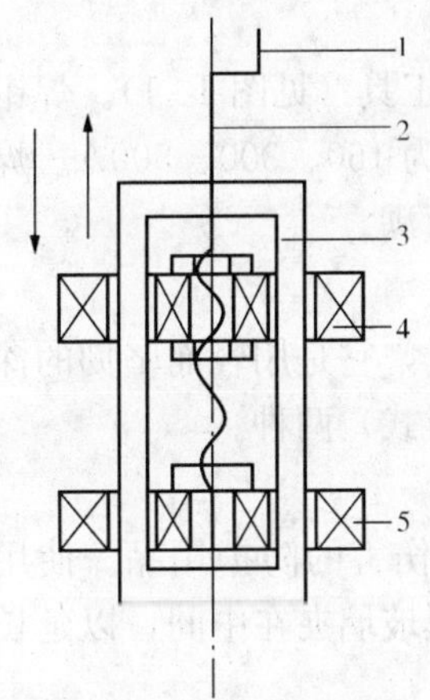

图 4－2 BX3-500 交流弧焊机

1—调节手柄；2—调节螺杆；3—主铁芯；4—可动次级线圈；5—初级线圈

（三）直流弧焊电源

直流弧焊电源输出端有正、负极之分，焊接时电弧两端极性不变。弧焊机正、负两极与焊条、焊件有两种不同的接线法：将焊件接到弧焊机正极，焊条接至负极，这种接法称正接，又称正极性；反之，将焊件接到负极，焊条接至正极，称为反接，又称反极性（见图 4－3）。焊接厚板时，一般采用直流正接，这是因为电弧正极的温度和热量比负极高，采用正接能获得较大的熔深。焊接薄板时，为了防止烧穿，常采用反接。在使用碱性低氢钠型焊条时，均采用直流反接。

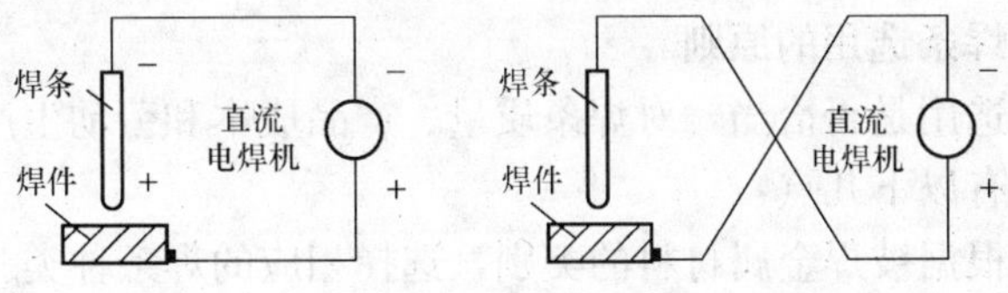

图 4－3 直流弧焊机的不同极性接法

1. 旋转式直流弧焊机

旋转式直流弧焊机是由一台三相感应电动机和一台直流弧焊发电机组成，又称弧焊发电机。它的特点是能够得到稳定的直流电，因此，引弧容易，电弧稳定，焊接质量较好。但这种直流弧焊机结构复杂，价格比交流弧焊机贵得多，维修较困难，使用时噪声大。现在这种弧焊机已停止生产，并逐步被淘汰。

2. 整流式直流弧焊机

整流式直流弧焊机的结构相当于在交流弧焊机上加上整流器，从而把交流电变成直流电。它既弥补了交流弧焊机电弧稳定性不好的缺点，又比旋转式直流弧焊机结构简单，消除了噪声，现已逐步取代旋转式直流弧焊机。

（四）逆变式弧焊变压器

逆变是指将直流电变为交流电的过程。它可通过逆变改变电源的频率，得到想要的焊接波形。其特点是：提高了变压器的工作频率，使主变压器的体积大大缩小，方便移动；提高了电源的功率因数；有良好的动特性；飞溅小，可一机多用，可完成多种焊接。其原理框图见图 4-4。

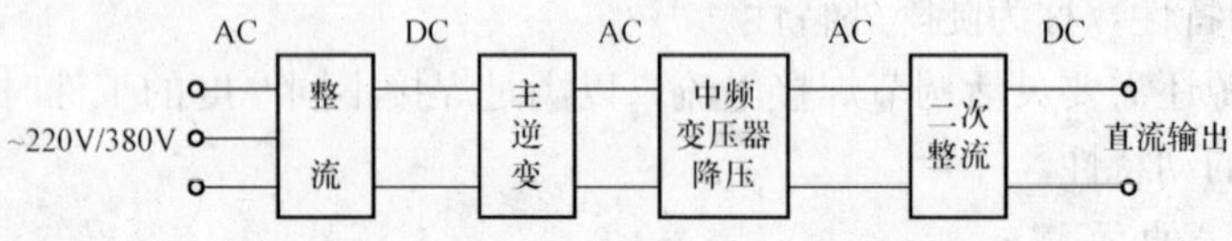

图 4-4　逆变式弧焊变压器的原理框图

（五）焊条电弧焊辅助设备及工具

1. 焊接电缆

焊接电缆是为传导电流用的导线，共有两根（见图 4-1），分别由焊机的二次侧引出，一根接至焊钳上（俗称把线），一根接至被焊工件上（俗称地线）。

2. 焊钳

焊钳（也称焊把）。焊钳是用来夹持焊条和连接焊接电缆的焊接工具（见图 4-1）。焊钳分 160 型、300 型、500 型等。它们能安全通过的额定焊接电流分别为 160、300、500A。焊钳与焊接电缆的连接一定要牢固，不能松动，最好用焊锡将连接部填满。

3. 面罩

面罩是用来防护电弧电光对焊工面部灼伤和金属飞溅烫伤的工具，它是用轻而坚韧的深褐色或暗红色纤维板制成的，形式有头戴式（或盔式）和手拿式（盾式）两种。

4. 黑玻璃

黑玻璃又叫护目玻璃，是使焊工眼睛免遭强烈弧光及有害射线伤害的防护用品。使用时，可直接卡在面罩的观察窗上，但应在其两面加一块白玻璃，将黑玻璃夹在中间，以延长黑玻璃的使用寿命。

三、焊条选用的原则

焊条选用是否恰当，对焊条质量、产品成本和劳动生产率都有很大的影响。焊条选用的原则主要有以下几点：

（1）根据被焊金属材料的类别，选择相应的焊条种类。如焊接母材是碳钢或普通低合金钢时，应选用结构钢类型的焊条。

（2）根据被焊母材的性能选用与其性能相同的焊条，或选用熔敷金属与母材化学成分类型相同的焊条，以保证焊缝与母材性能相同。例如：选用钢结构焊条时要根据母材的抗拉强度等级选用与母材等强度的焊条，若对焊缝韧性、延伸性要求较高的重要结构或钢材的裂纹倾向大、焊条刚性大时，应选用碱性焊条、高韧性焊条，甚至超低氢焊条。选用不锈钢焊条、钼和铬钼耐热钢焊条时，应根据母材的化学成分、类型，选用化学成分、类型相应的焊条。

(3) 根据钢材的焊接性、焊接特点和工作条件选用焊条。当焊接结构承受动载荷、冲击载荷或钢材的厚度较大时，对焊接既要求保证强度，又要有较高的冲击韧性和伸长率，应选用低氢型（碱性）焊条。中碳钢、铸钢的焊接也应选择相应强度等级的低氢型（碱性）焊条。

(4) 选择焊条时工艺方面的考虑，主要是操作方便、易获得优良的焊缝，如非水平位置焊缝应选择适于各种位置焊接的焊条，如向下立焊、管道焊接、底层焊接、盖面焊、重力焊时应选用相应的立向下焊条、连续焊条（CCE 技术）等专用焊条。

(5) 考虑焊缝金属的抗裂性。当焊件刚度较大，母材含碳、硫、磷量偏高或外界温度偏低时，焊件容易出现裂纹，焊接时最好选用抗裂性较好的碱性焊条。

(6) 低碳钢和低合金钢之间的异种钢焊接接头，选用强度等级低一级的焊条。

(7) 堆焊焊条的选择，要根据堆焊焊件的工作条件，对堆焊层表面的加工要求及经济性等，结合堆焊焊条说明书介绍的性能特点及应用范围综合考虑，不能简单地根据堆焊金属的硬度来选堆焊焊条。

(8) 根据现有设备和施工条件选用焊条。尽量选用交直流两用型焊条，如工件坡口部件难以清理干净时，应选用碱性焊条；在没有直流焊机的情况下，就不能选用低氢钠型焊条；在密闭的容器内进行焊接时，除考虑加强通风外，还要尽可能地避免使用碱性低氢型焊条。

(9) 根据焊工的劳动条件、生产率及经济合理性选用焊条。在满足产品质量的前提下，尽量采用少尘低害、生产率高、价格便宜的焊条。如钛铁矿型焊条的成本要比具有相同性能的钛钙型焊条低的多。

(10) 考虑效率。对于焊接工作量大的焊件，在保证焊缝性能的前提下，尽量采用高效率的焊条，如铁粉焊条、高效率不锈钢焊条及重力焊条等。

四、焊条电弧焊基本操作技术

焊条电弧焊是在面罩下观察和进行操作的。由于视野不清，工作条件较差，因此要保证焊接质量，不仅要求有较为熟练的操作技术，还应注意力高度集中。初学者练习时应注意：电流要合适，焊条要对正，电弧要短，焊速不要快，力求均匀。

焊接前，应把工件接头两侧 20mm 范围内的表面清理干净（消除铁锈、油污、水分），并使焊条芯的端部金属外露，以便进行短路引弧。

1. 引弧

引弧的方法有直击法和划擦法两种，如图 4-5 所示。其中划擦法比较容易掌握，适宜于初学者引弧操作。

(1) 划擦法。先将焊条对准焊件，再将焊条像划火柴似的在焊件表面轻轻划擦，引燃电弧，然后迅速将焊条提起 2～4mm，并使之稳定燃烧。

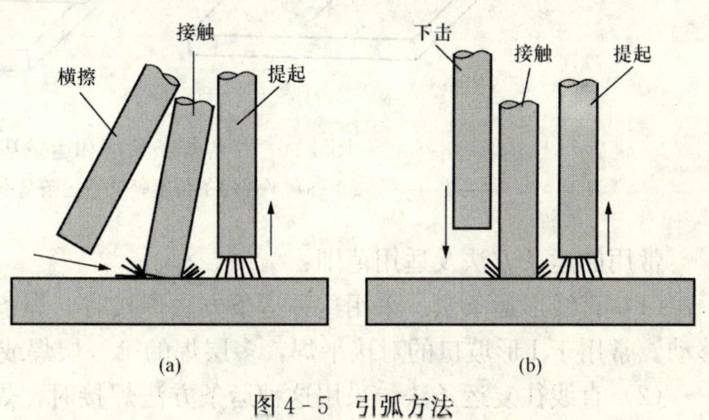

图 4-5 引弧方法

(a) 划擦法；(b) 直击法

(2) 直击法。将焊条末端对准焊件，然后手腕下弯，使焊条轻微碰一下焊件，再迅速将焊条提起 2～4mm，引燃电弧后手腕放平，使电弧保持稳定燃烧。这种引弧方法不会使焊件表面划伤，又不受焊件表面大小、形状的限制，是在生产中主要采用的引弧方法。但这种方法操作不易掌握，需提高熟练程度。

引弧时需注意如下事项：

1) 引弧处应无油污、水锈，以免产生气孔和夹渣。

2) 焊条在与焊件接触后提升速度要适当，太快难以引弧，太慢焊条和焊件粘在一起造成短路。

2. 运条

运条是焊接过程中最重要的环节，它直接影响焊缝的外表成形和内在质量。电弧引燃后，一般情况下焊条有三个基本运动：朝熔池方向逐渐送进，沿焊接方向逐渐移动，横向摆动。

焊条朝熔池方向逐渐送进，既是为了向熔池添加金属，也是为了在焊条熔化后继续保持一定的电弧长度，因此焊条送进的速度应与焊条熔化的速度相同；否则，会发生断弧或粘在焊件上。

焊条沿焊接方向移动，随着焊条的不断熔化，逐渐形成一条焊道。若焊条移动速度太慢，则焊道会过高、过宽、外形不整齐，焊接薄板时会发生烧穿现象；若焊条的移动速度太快，则焊条与焊件会熔化不均匀，焊道较窄，甚至发生未焊透现象。焊条移动时应与前进方向成 70°～80°的夹角，以使熔化金属和熔渣推向后方；否则熔渣流向电弧的前方，会造成夹渣等缺陷。

焊条的横向摆动是为了对焊件输入足够的热量以便于排气、排渣，并获得一定宽度的焊缝或焊道。焊条摆动的范围根据焊件的厚度、坡口形式、焊缝层次和焊条直径等来决定（见图 4-6）。

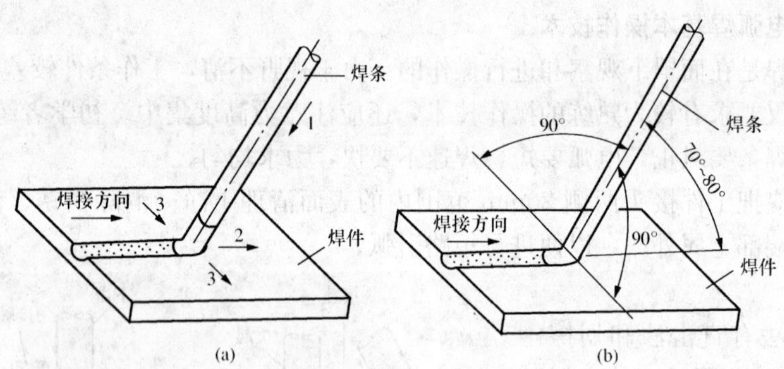

图 4-6 平焊焊条角度和运条基本动作

(a) 平焊焊条角度；(b) 运条基本动作

常用的运条方法及适用范围：

(1) 直线形运条法。采用这种运条方法焊接时，焊条不做横向摆动，沿焊接方向做直线移动。常用于 I 形坡口的对接平焊，多层焊的第一层焊或多层多道焊。

(2) 直线往复运条法。采用这种运条方法焊接时，焊条末端沿焊缝的纵向做来回摆动。它的特点是焊接速度快，焊缝窄，散热快。适用于薄板和接头间隙较大的多层焊的第一层焊。

（3）锯齿形运条法。采用这种运条方法焊接时，焊条末端做锯齿形连续摆动及向前移动，并在两边稍停片刻，摆动的目的是为了控制熔化金属的流动和得到必要的焊缝宽度，以获得较好的焊缝成形。这种运条方法在生产中应用较广，多用于厚钢板的焊接，平焊、仰焊、立焊的对接接头和立焊的角接接头。

（4）月牙形运条法。采用这种运条方法焊接时，焊条的末端沿着焊接方向做月牙形的左右摆动。摆动的速度要根据焊缝的位置、接头形式、焊缝宽度和焊接电流值来决定。同时需在接头两边做片刻的停留，这是为了使焊缝边缘有足够的熔深，防止咬边。这种运条方法的优点是，金属熔化良好，有较长的保温时间，气体容易析出，熔渣也易于浮到焊缝表面上来，焊缝质量较高，但焊出来的焊缝余高较高。这种运条方法的应用范围和锯齿形运条法基本相同。

（5）三角形运条法。采用这种运条方法焊接时，焊条末端做连续的三角形运动，并不断向前移动，按照摆动形式的不同，可分为斜三角形和正三角形两种，斜三角形运条法适用于焊接平焊和仰焊位置的 T 形接头焊缝和有坡口的横焊缝。其优点是能够借焊条的摆动来控制熔化金属，促使焊缝成形良好。正三角形运条法只适用于开坡口的对接接头和 T 形接头焊缝的立焊。其特点是能一次焊出较厚的焊缝断面，焊缝不易产生夹渣等缺陷，有利于提高生产效率。

（6）圆圈形运条法。采用这种运条方法焊接时，焊条末端连续做正圆圈或斜圆圈形运动，并不断前移，正圆圈形运条法适用于焊接较厚焊件的平焊缝。其优点是熔池存在时间长、金属温度高，有利于溶解在熔池中的氧、氮等气体的析出，便于熔渣上浮。斜圆图形运条法适用于平、仰位置 T 形接头焊缝和对接接头的横焊缝。其优点是利于控制熔化金属不受重力影响而产生下淌现象，有利于焊缝成形。

基本运条方法如图 4-7 所示。

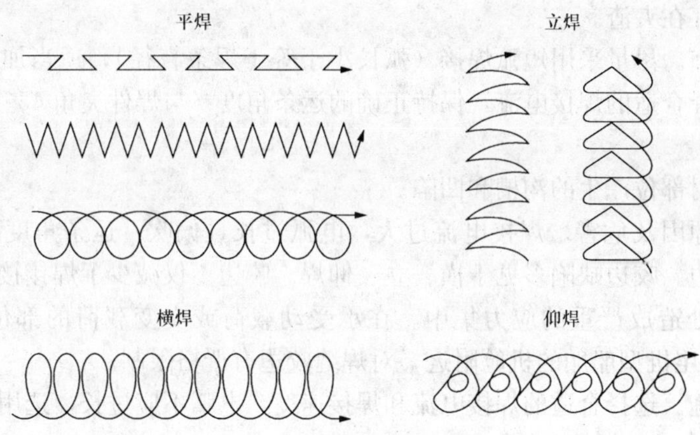

图 4-7 基本运条方法

3. 焊缝收尾

焊缝收尾时，为了不出现尾坑，焊条应停止向前移动，而采用划圈收尾法或反复断弧法自下而上地慢慢拉断电弧，以保证焊缝尾部成形良好。

（1）划圈收尾法。焊条移至焊道的终点时，利用手腕的动作做圆圈运动，直到填满弧坑再拉断电弧。该方法适用于厚板焊接，用于薄板焊接会有烧穿危险。

（2）反复断弧法。焊条移至焊道终点时，在弧坑处反复熄弧、引弧数次，直到填满弧坑为止。该方法适用于薄板及大电流焊接，但不适用于碱性焊条，会导致产生气孔。

五、焊缝常见缺陷与对策

手弧焊焊缝质量与焊工的技术、设备、工作环境有关。所谓焊缝和焊接接头的缺陷通常分为两类：外部缺陷和内部缺陷。常见的焊缝外部缺陷有：焊缝形状和尺寸不符合要求、焊瘤、咬边、烧穿、未焊透、夹渣、气孔、焊接裂纹等。常见的焊缝内部缺陷有：未焊透、夹渣、气孔、焊接裂纹等。

1. 焊缝形状和尺寸不符合要求

即焊缝宽度沿长度方向宽窄不齐、焊缝截面不丰满或增强高过高。

（1）产生的原因及危害。焊缝宽度不一致是由各种因素造成的，如焊条不正确的摇动和移动不均匀，焊件边缘切割不齐等。在焊接过程中当电流过小或焊接速度太慢时，会使焊缝的增强高过高。有人误认为焊缝的增强高越高，焊缝强度也越大，殊不知增强高过高会引起应力集中，易产生裂纹。尺寸过小的焊缝，有效工作截面减少，焊接接头强度降低；尺寸过大的焊缝将引起应力集中。

（2）防止措施。选择合理的坡口角度（45°为宜）和均匀的装配间隙（2mm 为宜）；保持正确的运条角度匀速运条；根据装配间隙变化，随时调整焊速及焊条角度；视钢板厚度正确选择焊接工艺参数。

2. 焊瘤

焊接过程中溶化金属流淌到焊缝之外未溶化的母材上所形成的金属瘤。

（1）产生的原因及危害。产生焊瘤的主要原因，一是操作不熟练和运条方法不当；二是电弧拉得过长、焊速太慢、溶池温度过高等。焊瘤在横、立、仰焊中最为常见，在平焊的焊缝背面有时也可产生。焊瘤使焊缝的实际尺寸发生偏差，尺寸变化较大处易引起应力集中，且焊瘤下面往往存在夹渣。

（2）防止措施。尽量采用短弧焊接（弧长小于等于焊条直径），适当加快焊速使溶池温度不致过高，选择合适的焊接电流，保持正确的运条角度（与焊件夹角 45°为宜）。

3. 咬边

沿焊趾的母材部位产生的沟槽和凹陷。

（1）产生的原因及危害。焊接电流过大，电弧过长且偏吹，运条角度不当及焊速不合适，均可引起咬边。咬边缺陷多见于横、立、仰焊。咬边不仅减少了焊接接头的有效工作截面，而且在咬边处造成严重的应力集中。在承受动载荷或交变载荷的部位，如船舯 0.4L（船长）范围内，尾机型船舶的机舱附近，对焊缝咬边有严格限制。

（2）防止措施。选择合适的焊接电流和焊接速度，电弧不应过长，选用正确的焊条角度和运条方法。

4. 烧穿

常见于薄板焊接时，在焊缝上形成穿孔。

（1）产生的原因及危害。电流过大而焊速太慢、焊件装配间隙太大等都有可能引起烧穿，使焊缝的强度和水密性荡然无存。

（2）防止措施。正确选择焊接电流和焊接速度，严格控制焊件的装配间隙并保持均匀一致，电弧在焊缝接头处不能长时间停留，要匀速运条。

5. 未焊透

焊接时接头根部未完全熔透的现象。

(1) 产生的原因及危害。焊件坡口角度和装配间隙过小，钝边太大和坡口边缘不齐，电流小而运条速度过快，焊条倾斜角度不正确等。此外，焊件坡口表面清理不净、背面清根不彻底也容易产生未焊透。未焊透减少了焊缝的有效工作截面，造成严重的应力集中，大大降低了焊接强度，因此，船体重要结构均不允许存在未焊透。

(2) 防止措施。正确选定坡口形式和装配间隙，认真清除坡口边缘两侧的污物。选择合适的焊接电流，运条时随时注意调整焊条角度，使熔敷金属和母材之间充分均匀地加热和熔化，合为一体。

6. 夹渣

焊后残留在金属中的熔渣，是焊缝中常见缺陷。

(1) 产生的原因及危害。由于焊件边缘清理不净，有残留氧化物铁皮和碳化物等，在熔敷金属冷凝时，熔渣不能及时浮出熔池表面，一部分留在焊缝中形成夹渣。当坡口角度或焊接电流过小，也容易产生夹渣。

(2) 防止措施。清除焊道上的杂质、污物，尤其是焊接坡口要保持清洁干燥。正确地选用电焊条，根据钢板厚度、环境温度，选用适宜的焊接电流和坡口形式。

7. 气孔

焊接时，熔池中的气体在金属凝固时未能逸出而形成的空穴。气孔是常见的一种焊接缺陷，露在焊缝表面的称表面气孔，位于焊缝内部的叫做内部气孔。

(1) 产生的原因及危害。施焊前未将焊道上的铁锈、油污去净，在高温电弧作用下分解后放出气体；电焊条受潮或焊条烘干的温度或时间不够；焊接电弧过长使电弧区进入较多空气，焊接电流过小而焊速过快，气体来不及从熔化金属中逸出；母材或焊芯金属含碳量过高，以及焊接极性不正确等，均能造成气孔。气孔也使焊缝的有效工作截面减少，接头强度降低，水密性能变坏。

(2) 防止措施。施焊前将坡口表面两侧清理干净，铁锈是使焊缝金属产生气孔的原因之一，特别是当铁锈隐藏在焊件装配间隙内部时，所受影响更大。已装配好的焊件不易将内部铁锈除净，因此除锈洁净工作应在装配前进行。焊前应将电焊条按说明书中规定的温度和时间烘培，并应保温防潮。焊接电流要适中，碱性焊条应采用短弧焊接。

8. 裂纹

裂纹是最危险的焊接缺陷，通常发生在焊缝金属及热影响区（焊缝两侧 20mm 范围）内。

(1) 产生的原因及危害。焊接裂纹通常分为热裂纹和冷裂纹两种。热裂纹产生的原因：在焊缝金属的晶界上存在低熔点共晶体，削弱了晶粒间的联系，在高温和受到极大应力作用时，就容易在晶粒之间引起开裂。焊缝金属中含硫、铜等杂质较多时，容易产生热裂纹。冷裂纹产生的原因是：碳和合金元素的含量过高，使母材金属可焊性变坏，焊缝及热影响区存在淬硬组织，焊缝金属中氢含量较高且集中。上述焊缝金属中的各种缺陷以及金属的显著过热，会形成较大的焊接拉伸应力，导致冷裂纹。冷裂纹具有延迟性质，有的在焊后立即出现，也有的在焊后几小时、几天后至一个月左右才发生裂纹，因此，具有更大的危险性，必须引起高度重视。焊接裂纹将引起严重的应力集中，减少有效工作截面，破坏焊接接头的不渗透性，使船艇抗沉性能变坏，并随时间的增长裂纹不断扩展，从而导致焊接构件断裂。所以船体结构均不允许存在焊接裂纹，一旦发现应立即铲除重焊。

（2）防止措施。防止产生热裂纹应选用适宜的焊接材料，严格控制有害杂质碳、硫、磷的含量。严格控制焊缝截面形状，避免突高，扁平圆弧过渡，适当提高焊缝形状系数。确定合理的焊接工艺参数，一般6mm左右厚的板对接焊，焊接坡口各搭接2～3mm，焊缝宽度以12mm左右为宜，焊缝增强高1～2mm为宜，不应超过3mm。施焊后暂缓清除焊渣，减缓焊缝的冷却速度，以减小焊接应力。

为了防止产生冷裂纹，重要的结构应选用碱性焊条。焊条在施焊前一定要进行烘干处理，因为未经烘干的焊条内含水分较多，在高温电弧作用下会分解出大量的氢，从而增加焊缝中的氢含量。仔细清理焊道表面的油污锈迹，避免氢的侵入，使焊接金属中的气体能够充分逸出。选用合理的焊接工艺参数和施焊程序，以减小焊接应力。对淬火倾向大的钢材，应采取预热、缓冷或焊后热处理等措施。

六、电弧切割

电弧切割技术由于其设备简单、成本较低、快速方便等优点，被广泛应用于能源、机械等工业部门的实际生产中。同时，随着等离子和激光切割法的推广应用，常用的电弧切割在大规模生产中基本被淘汰，电弧—氧切割和熔化极电弧切割等方法已经转向水下切割。但是在实际生产中电弧切割仍以其简便实用的特点，在零部件的切割、焊前接头的表面处理等方面被广泛使用。

1. 电弧切割的分类

现在适用于各种材料的电弧切割加工方法主要是按照切割过程中所使用的能源分类的，即采用电能。其中有些切割方法兼有两种能源，如电弧—氧切割法，既利用电弧热，又利用氧化反应热。电弧切割主要分为电弧—氧切割、钨极电弧切割（TIG切割）、熔化极电弧切割（MIG切割）、金属极电弧切割、碳极电弧切割、电弧锯切割及阳极切割等。

2. 电弧切割的原理

电弧切割主要是利用焊接电源，并借助于电极或气体与工件间电弧产生的热量进行熔割的方法。下面介绍几种常用的电弧切割方法的原理及特点。

（1）电弧—氧切割法。电弧—氧切割是利用中空的管状割条与工件间产生的电弧热和从割条内喷出的氧气与金属反应热进行切割的方法。切割速度比气割快，但切割面质量差。

（2）钨极电弧切割（TIG切割）法。钨极电弧切割是利用TIG焊接装置借助于钨极与工件间电弧热量进行熔化切割的方法。切割的成本比较高，效率比较低。

（3）熔化极电弧切割（MIG切割）法。熔化极电弧切割是利用MIG焊接装置借助于熔化极与工件间电弧的热量进行熔化切割的方法。目前主要用于水下切割，切割的效率比较高，切割面质量也比较高。

（4）电弧锯切割。电弧锯切割主要是利用高速运动的圆盘或带状电极与工件间产生的大电流电弧使工件熔化，并借助于电极的运动将熔化金属除去的切割方法。切割面质量高，切割效率较高。

（5）阳极切割。阳极切割是采用手工电弧焊设备，将直流电源的正极接在待切割的工件上，负极与切割盘相连进行切割的一种方式。

3. 电弧切割的应用范围

电弧切割主要用于各种金属材料的切割，不适用于塑料、陶瓷等材料的切割。其中电弧—氧切割、熔化极电弧切割目前主要用于水下切割，是十分有效的方法，在陆地上基本上已经不使用。电弧锯切割主要用于核电站的核反应堆中不锈钢零部件的解体，而阳极切割适用于加工高硬度淬火钢、硬质合金等。

第二节 气焊与气割

一、气焊

气焊是指利用气体火焰作为热能的焊接方法。常用的是利用氧－乙炔火焰作为热源的氧－乙炔焊，如图 4－8 所示。

气焊时，利用可燃气体乙炔和助燃气体氧按一定比例混合后，从焊嘴喷出，点燃后形成大约 3100℃的高温火焰，将焊件加热到一定温度后，又将焊丝熔化，与焊件接边形成共同的熔池，再用火焰将接头吹平，移动焊嘴和焊丝，待其冷凝后，形成了焊缝。

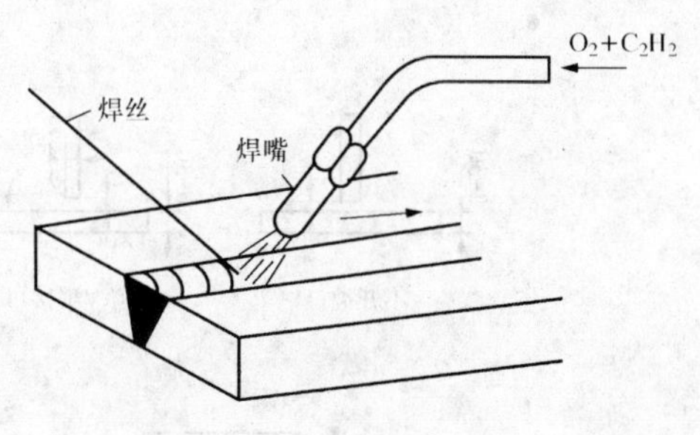

图 4－8 氧－乙炔焊

气焊时，火焰的性质对焊接有很大影响，调节焊炬上的氧和乙炔阀门，就可改变氧气和乙炔的混合比例，从而获得三种不同性质的火焰。氧与乙炔的混合比不同，火焰的温度和性能也不同，通常可将氧－乙炔火焰分为三种：

（1）中性焰。在焊矩的混合室内，氧与乙炔的体积比为 1.1～1.2 时所形成的火焰，在一次燃烧区内既无过量氧又无游离碳。氧与乙炔充分燃烧。中性焰最高温度可达 3100℃，是气焊中经常使用的火焰。一般低碳钢，低合金钢和有色金属材料的焊接基本上都采用中性焰。

（2）碳化焰。氧与乙炔的混合比小于 1.1 时的火焰。火焰中含有游离碳，具有较强的还原作用，也有一定的渗碳作用。碳化焰的最高温度低于 3000℃。碳化焰不能用于焊接低碳钢，而适用于高碳钢、铸铁的焊接以及硬质合金的堆焊。

（3）氧化焰。氧与乙炔的混合比大于 1.2 时的火焰，火焰中有过量的氧，在尖形焰芯外面形成一个有氧化性的富氧区。氧化焰的最高温度高于中性焰。由于氧过量，故具有氧化性。一般不适于焊接钢件，只用于焊接黄铜。

气焊火焰温度比电弧低，热量分散，生产率低，变形严重，接头显微组织粗大，性能较差，但气焊熔池温度易控制，对焊缝的空间位置也没特殊要求，常用于薄板焊接、管子焊接、铸铁补焊和无电源的野外施工等。

二、气焊的过程、特点及应用

接口型号和坡口形式如图 4－9 所示。

1. 气焊的过程

气焊是利用可燃气体与助燃气体混合燃烧的高温火焰熔化焊丝与焊件而进行金属连接的一种熔焊方法。

2. 特点

（1）气焊温度低。

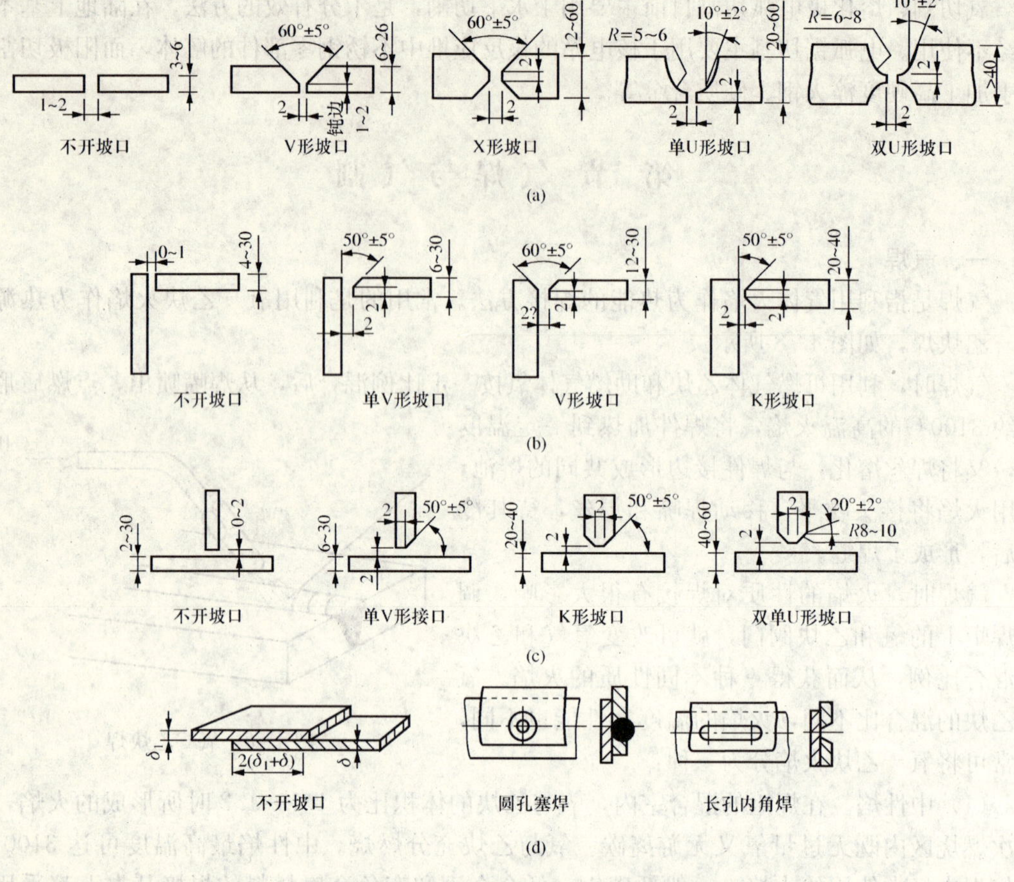

图4-9 焊接接头形式和坡口形式

(a) 对接接头；(b) 角接接头；(c) 丁形接头；(d) 搭接接头

(2) 热量不集中使焊接成本高，效率低。

(3) 变形较大。

(4) 接头的综合机械性能差。

(5) 气体有燃烧和爆炸的可能。

优点：不用电源，可在野外现场应用。

3. 应用范围

气焊火焰的温度较电弧温度低（3150℃），适于焊接3mm以下的低碳钢薄板及低熔点材料钎接件等。

三、气焊的气体及设备

（一）气焊气体

气焊所用的气体分为两种，即可燃气体（如乙炔、液化石油气等）和助燃气体（氧气）。可燃气体和氧气混合燃烧时，放出大量的热，形成热量集中的高温火焰（火焰中的最高温度一般可达2000～3000℃），可将金属加热和熔化。气焊常用的可燃气体是乙炔，目前推广使用的可燃气体还有丙烷、丙烯、液化石油气（以丙烷为主），天然气（以甲烷为主）等。

1. 可燃气体

可燃气体可以是乙炔、天然气、液化石油气、氢气等。目前常用的是乙炔，因为乙炔在纯氧中燃烧时放出的有效热量最多，火焰温度也最高，乙炔是一种无色而有特殊臭味的碳氢化合物气体，是易燃易爆气体，乙炔的爆炸性与压力温度等因素有关。近年来，液化石油气得到大量供应（主要是丙烷），用作火焰燃气，这些液化石油气不易产生回火现象，使用安全，且净化生产环境，没有污染。

2. 助燃气体

氧气是通过高压、冷冻液化空气制成的一种无色无毒的气体，氧气如与油脂类或易燃物接触时，就会发生剧烈的氧化而使易燃物自行燃烧和爆炸，因此在使用时应注意安全。

（二）气焊的设备

气焊设备包括乙炔瓶、回火防止器、氧气瓶、减压器和焊炬。

1. 乙炔瓶

外壳为无缝钢瓶，涂白色，用红色写“乙炔”字样，内装多孔性填充物，如活性炭、木屑、硅藻土等，用来提高安全储存力，并注入丙酮，以溶解乙炔，一般灌注压力为 1.47×10^6 Pa，此时丙酮的溶解度可达 400 以上，使用时随着气体的消耗溶入丙酮的乙炔不断逸出，压力下降，最后只剩下丙酮可供再次灌气时使用。

2. 回火防止器

在进行气焊或气割时，由于压力不正常、焊嘴堵塞、焊嘴过热等原因，会使火焰向焊炬内回烧，即“回火”。若火焰顺皮管烧到乙炔瓶就会引起严重的爆炸事故，所以必须在输出管路上装置防止回火的安全装置。

3. 氧气瓶

储存和运输高压氧气，外表漆天蓝色，并用黑色写上“氧气”字样，容积一般为 40L，储气的最大压力为 1.17×10^7 Pa，橡皮管采用黑色。

4. 减压器

减压器用来表示气瓶内及减压后气体的压力，其作用是能将气体从高压降到所需工作压力，并保持工作压力基本稳定。

5. 焊炬

常用气焊焊炬的结构如图 4-10 所示，其作用是使氧气和乙炔均匀地混合比例，以形成适合焊接要求稳定燃烧火焰。焊炬按可燃气与氧混合方式分射吸式和等压两种。

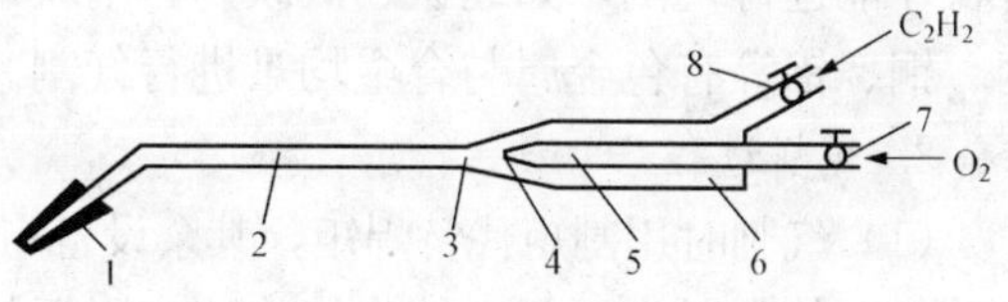

图 4-10 射吸式焊炬

1—焊嘴；2 混合气体通道；3—混合室；4—喷射孔；5—喷射管；6—乙炔气通道；7—氧气阀；8—乙炔气阀

四、气焊基本操作

1. 点火、调节及灭火

点火时先开氧气阀门，再开乙炔阀门，点燃火焰，此时为碳化焰，然后开大氧气阀门，火焰开始变短，当调到两层刚好重合在一起，此时为所需要的中性焰，灭火时先关乙炔阀门，后关氧气阀门。

2. 平焊操作技术

气焊一般用右手握焊炬，左手握焊丝，两手配合沿焊缝向左焊接。

气焊时先对焊缝始端加热，由于此时工件温度较低，焊炬的角度大些（80°～90°）这样有利于预热，当预热到熔化并形成熔池时，再加入焊丝并向前移动焊炬，火焰与焊件表面应有适当的角度，工件材料薄时倾角要小，厚时倾角要大，操作时还应保持焰心离熔池液面3～5mm，为了获得整齐的焊缝，熔池的形状应保持一致，当焊到焊缝终点时，由于温度高，散热条件差，应减小焊炬与工件的倾角，同时加快焊接速度，并填满熔池，火焰方向缓慢离开熔池。

五、气焊安全注意事项

(1) 严禁接触油脂易燃物。

(2) 遇到回火时马上关掉乙炔阀门，然后找出原因，采取解决措施。

(3) 氧气瓶、乙炔瓶、减压器严禁用火加热。

(4) 氧气瓶不能与乙炔瓶放在一起，应保持5m以上的距离。

(5) 防止在阳光下暴晒。

(6) 在搬运、装卸、使用乙炔瓶时应保持直立和平稳。

六、气割

气割是利用气体火焰的热能将工件切割处预热到一定温度后，喷出高速切割氧气流，使其燃烧并放出热量实现切割的方法，它与气焊是本质不同的过程，气焊是熔化金属，而气割是金属在纯氧中燃烧。

1. 金属氧气切割的条件

(1) 金属材料的燃烧点必须低于其熔点，这是金属氧气切割的基本条件，否则切割是金属熔化而变为熔割过程，使割口过宽也不整齐。

(2) 燃烧生成的金属氧化物的熔点，应低于金属本身的熔点，同时流动性要好，否则切割过程不能正常进行。

(3) 金属燃烧时释放大量的热，而且金属本身的导热性要低。只有满足上述条件的金属材料才能进行气割，如纯铁、低碳钢、中碳钢、普通钢、合金钢等。高碳钢、铸铁、高合金钢、铜、铝等有色金属与合金均难进行气割。

2. 气割过程

(1) 气割时用割矩代替焊矩，其余设备与气焊相同，割矩的外形与结构如图4-11所示。

(2) 气割时先用氧乙炔火焰将割口附近的金属预热到燃点（约1300℃，呈黄白色），然后打开割矩上的切割氧气阀门，高压氧气射流使高温金属立即燃烧，生成的氧化物（即氧化铁、呈熔融状态）同时被氧气流吹走。

(3) 金属燃烧产生的热量和氧乙炔火焰一起又将邻近的金属预热到燃点，沿切割线以一定的速度移动割矩，即可形成割口。

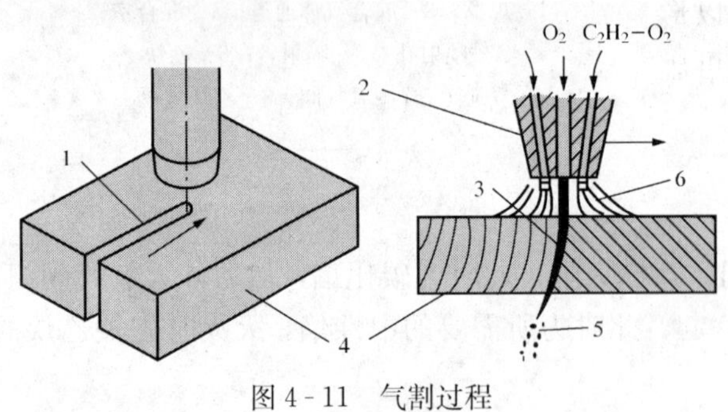

图4-11 气割过程

1—割缝；2—割嘴；3—氧气流；4—工件；5—氧气物；6—预热火焰

七、气割过程与操作

1. 气割过程

氧气切割简称气割，是一种切割金属的常用方法，如图4-11所示。气割时，先把工件切割处的金属预热到它的燃烧点，然后以高速纯氧气流猛吹。这时金属就发生剧烈氧化，所产生的热量把金属氧化物熔化成液体。同时，氧气气流又把氧化物的熔液吹走，工件就被切出了整齐的缺口。只要把割炬向前移动，就能把工件连续切开。

2. 气割操作

气割所用的割炬如图 4-12 所示。工作时，先点燃预热火焰，使工件的切割边缘加热到金属的燃烧点，然后开启切割氧气阀门进行切割。

气割必须从工件的边缘开始。如果要在工件的中部挖割内腔，则应在开始气割处先钻一个大于 $\phi 5$ 的孔，以便气割时排出氧化物，并使氧气流能吹到工件的整个厚度上。在批量生产时，气割工作可在气割机上进行。割炬能沿着一定的导轨自动作直线、圆弧和各种曲线运动，准确地切割出所要求的工件形状。

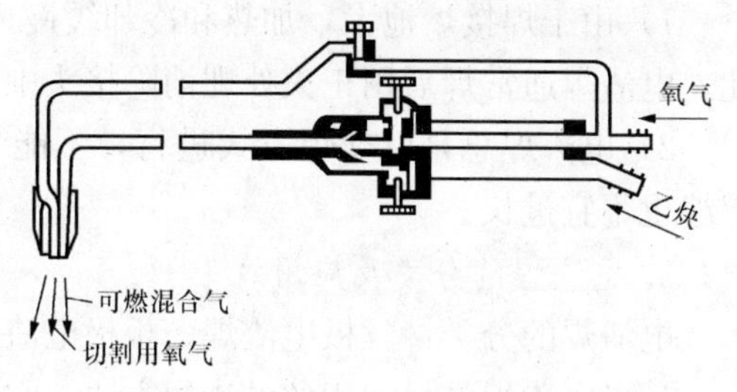

图 4-12　割炬示意图

第三节　其他焊接方法

焊接方法的种类很多，根据焊接过程的特点不同，可分为熔焊、压焊和钎焊三大类。熔焊是将焊件连接部位局部加热至熔化状态，随后冷却凝固成一体，不加压力完成焊接的方法，前边介绍的气焊、焊条电弧焊都是生产中常用的熔焊方法。压焊是焊接过程中必须对焊件施加压力（加热或不加热均可），以完成焊接的方法。钎焊是采用低熔点的填充金属（称为钎料）熔化后，与固态焊件金属相互扩散形成原子间的结合而实现连接的方法。

一、熔焊

生产中常见的其他熔焊方法还有有电渣焊、电子束焊、真空焊等。

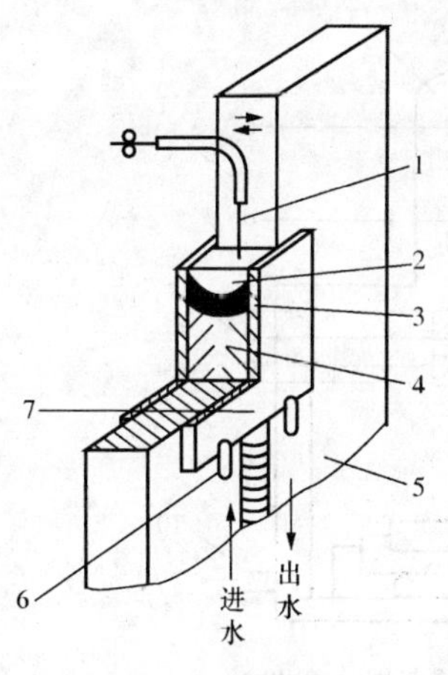

图 4-13　电渣焊的基本过程

1—焊丝；2—渣池；3—熔池；4—焊缝；5—焊件；6—冷却水管；7　冷却滑块

（一）电渣焊

电渣焊是利用电流通过液态熔渣产生的电阻热进行焊接的一种熔焊方法。

1. 电渣焊的焊接过程

如图 4　13 所示，电渣焊焊接接头处于垂直位置，两侧装有冷却成形装置，在焊接的起始端和结束端装有引弧板和引出板。焊接时，先将颗粒状焊剂装入接头空间至一定高度，然后焊丝在引弧板上引燃电弧，将焊剂熔化形成渣池。当渣池达到一定深度时，电弧被淹没而熄灭，电流通过渣池产生电阻热，进入电渣焊过程，渣池温度可达 1700～2000℃，可将焊丝和焊件边缘迅速熔化，形成熔池。随着熔池液面的升高，冷却滑块也向上移动，渣池则始终浮在熔池上面作为加热的前导，熔池底部结晶，形成焊缝。

2. 电渣焊的特点

在电渣焊的焊接过程中，除开始阶段有一电弧过程外，其余均为稳定的电渣过程，与埋弧焊有本质区别。

(1) 电渣焊的优点。

1) 任何厚度的焊件都能一次焊成，因而在焊接厚大工件时，生产率高，成本低。

2) 熔池保护严密，冷却缓慢，因此冶金过程完善，气体和熔渣能充分浮出，不易产生气孔、夹渣等缺陷。

(2) 电渣焊的局限性。

1) 由于焊接熔池大，加热和冷却缓慢，在焊缝及热影响区容易过热形成粗大组织，因此，电渣焊通常焊后用正火处理消除接头中的粗晶。

2) 电渣焊总是以立焊方式进行，不能平焊，电渣焊不适于厚度在 30mm 以下的工件，焊缝也不宜过长。

3. 电渣焊的分类及应用

电渣焊的分类：丝极电渣焊、板极电渣焊、熔嘴电渣焊和管极电渣焊等。

丝极电渣焊是最常用的电渣焊方法，它采用焊丝作电极，根据焊件厚度的不同，可采用一根或多根焊丝，单丝焊能够焊接的焊件厚度为 40～60mm，当焊件厚度大于 60mm 时，焊丝要作横向摆动；三丝摆动可以焊接 450mm 厚的焊件。丝极电渣焊主要用于焊接厚度为 40～450mm 的焊件及较长焊缝的焊件，也可用于大型焊件的环焊缝。

板极电渣焊如图 4-14 所示，它是用一条或数条金属板（可利用焊件的边角余料）作为熔化电极，成本低，生产率高，送进机构简单，但要求电源功率大；焊缝长度一般不能超过 1.5m，否则过长的板极会给操作带来困难。这种方法适用于焊接大断面短焊缝。

电渣焊主要用于重型机械制造业中，制造锻—焊结构件和铸—焊结构件，如重型机床的机座、高压锅炉等，焊件厚度一般为 40～450mm，材料为碳钢、低合金钢、不锈钢等。

(二) 电子束焊

电子束焊利用经过聚焦的高速运动的电子束，在撞击焊件时，其动能转化为热能，从而使焊件连接处熔化形成焊缝，如图 4-15 所示。

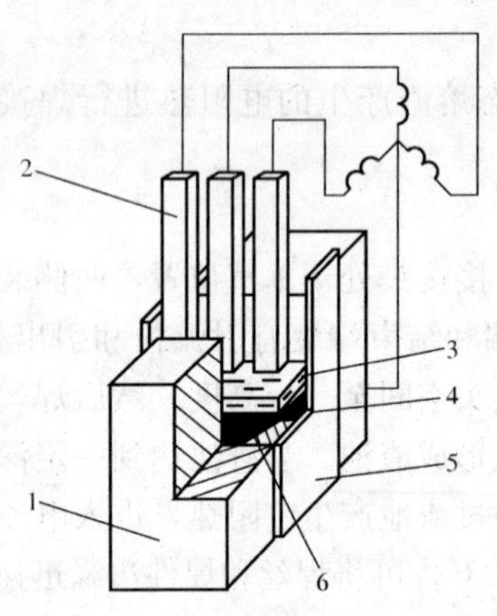

图 4-14 板极电渣焊示意图

1—焊件；2—板极；3—渣池；4—熔池；5—冷却滑块；6—焊缝

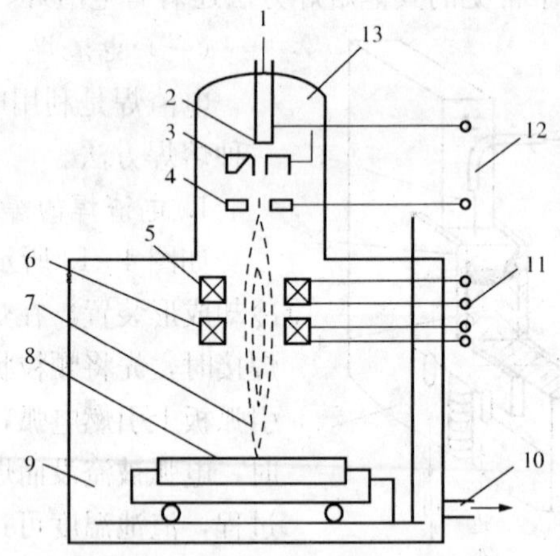

图 4-15 电子束焊示意图

1—交流电源；2—灯丝；3—阴极；4—阳极；5—聚焦透镜；6—偏转线圈；7—电子束；8—工件；9—工作室（真空）；10—排气装置；11—直流电源；12—直流高压电源；13—电子枪

电子束焊机核心是电子枪，它是完成电子的产生、电子束的形成和会聚的装置，主要由灯丝、阴极、阳极、聚焦线圈等组成。灯丝通电升温并加热阴极，当阴极达到 2400K 左右时即发射电子，在阴极和阳极之间的高压电场作用下，电子被加速（约为 1/2 光速），穿过阳极孔射出，然后经聚焦线圈，会聚成直径为 0.8～3.2mm 的电子束射向焊件，并在焊件表面将动能转化为热能，使焊件连接处迅速熔化，经冷却结晶后形成焊缝。

1. 电子束焊的分类

根据焊接工作室（焊件放置处）的真空度不同，电子束焊可以分为以下几类。

（1）高真空电子束焊。工作室与电子枪同在一室，真空度为 10^{-2}～10^{-1}Pa，适用于难熔、活性、高纯金属及小零件的精密焊接。

（2）低真空电子束焊。工作室与电子枪被分为两个真空室，工作室的真空度为 10^{-1}～15Pa，适用于较大型的结构件，和对氧、氮不太敏感的难熔金属。

（3）非真空电子束焊。需另加惰性气体保护罩或喷嘴，焊件与电子束流出口的距离应控制在 10mm 左右，以减少电子束与气体分子碰撞造成的散射。非真空电子束焊适用于碳钢、低合金钢、不锈钢、难熔金属及铜、铝合金等的焊接，焊件尺寸不受限制。

2. 真空电子束焊的优点

（1）电子束能量密度大，最高可达 5×108W/cm^2，约为普通电弧的 5000～10 000 倍。电子束热量集中，热效率高，热影响区小，焊缝窄而深，焊接变形极小。

（2）在真空环境下焊接，金属不与气相作用，接头强度高。

（3）电子束焦点半径可调节范围大，控制灵活，适应性强，可焊接 0.05mm 的薄件，也可焊接 200～700mm 的厚板。

真空电子束焊特别适合焊接一些难熔金属、活性或高纯度金属以及热敏感性强的金属。但设备复杂，成本高，焊件尺寸受真空室限制，装配精度要求高，且易激发 X 射线，焊接辅助时间长，生产率低，这些弱点都限制了电子束焊的广泛应用。

（三）激光焊

激光的产生。物质受激励后，产生的波长、频率、方向完全相同的光束。

1. 激光焊的特点及原理

激光焊具有单色性好、方向性好、能量密度高的特点，激光经透射或反射镜聚焦后，可获得直径小于 0.01mm、功率密度高达 1013W/cm^2 的能束，可以作为焊接、切割、钻孔及表面处理的热源。产生激光的物质有固体、半导体、液体、气体等，其中用于焊接、切割等工业加工的主要是钇铝石榴石（YAG）固体激光和 CO_2 气体激光。

激光焊如图 4-16 所示，激光器产生激光束，通过聚焦系统聚焦在焊件上，光能转化为热能，使金属熔化形成焊接接头。激光焊有点焊和缝焊两种。点焊采用脉冲激光器，主要焊接 0.5mm 以下的金属薄板和金属丝，缝焊需用大功率 CO_2 连续激光器。

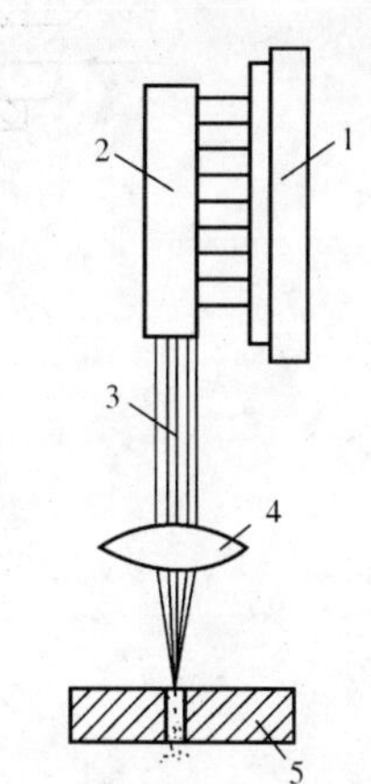

图 4-16 激光焊示意图

1—低强度光源；2—激光发生器；3—激光束；4—聚焦系统；5—工件

2. 激光焊的主要优点

（1）激光可通过光导纤维、棱镜等光学方法弯曲传输，适用于微型零部件及其他焊接方法难以达到的部位的焊接，还能通过透明材料进行焊接。

(2) 能量密度高，可实现高速焊接，热影响区和焊接变形都很小，特别适用于热敏感材料的焊接。

(3) 激光不受电磁场的影响，不产生X射线，无需真空保护，可以用于大型结构的焊接。

(4) 可直接焊接绝缘导体，而不必预先剥掉绝缘层，也能焊接物理性能差别较大的异种材料。

激光焊的主要缺点是：设备昂贵，能量转化率低（5%～20%），对焊件接口加工、组装、定位要求均很高，目前主要用于电子工业和仪表工业中的微型器件的焊接，以及硅钢片、镀锌钢板等的焊接。

二、压焊

（一）电阻焊

电阻焊是利用电流通过焊件及其接触处产生的电阻热，将连接处加热到塑性状态或局部熔化状态，再施加压力形成接头的焊接方法。电阻焊通常分为点焊、缝焊和对焊三种，对焊又可根据其焊接过程的不同，分为电阻对焊和闪光对焊，如图 4-17 所示。

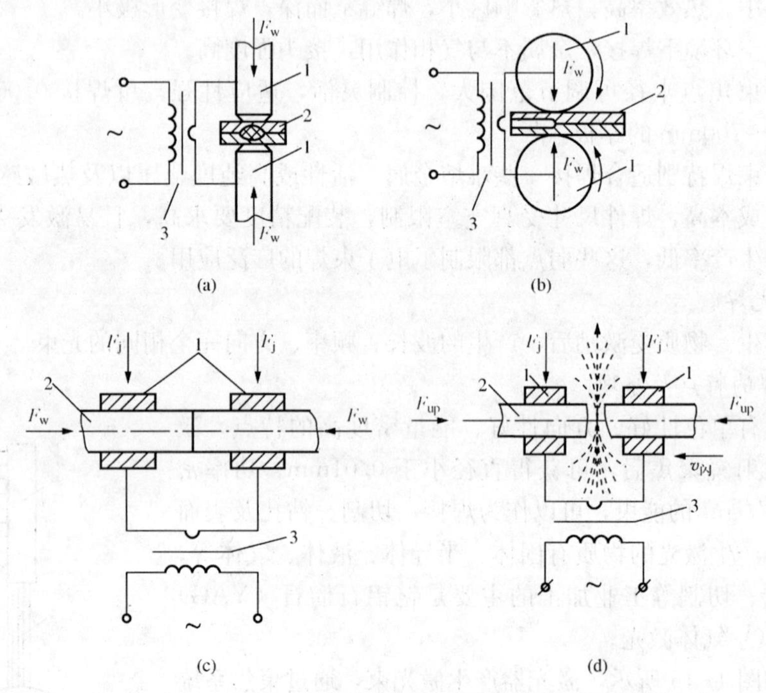

图 4-17 电阻焊示意图

（a）点焊；（b）缝焊；（c）电阻对焊；（d）闪光对焊

1—电极；2—焊件；3—变压器

1. 点焊

如图 4-17（a）所示，工件搭接后放在柱状电极间，通电加压，由于两工件接触面处电阻较大，通电后迅速加热并局部熔化形成熔核，熔核周围为塑性状态，然后在压力的作用下熔核结晶形成焊点。焊接第二点时，有一部分电流会流经已焊好的焊点，称点焊分流现象，分流使焊接区电流减小，影响焊点质量，焊件厚度越大，材料导电性越好，分流越大，因此在实际生产中对各种材料在不同厚度下的焊点最小间距有一定的规定。

工艺参数：焊接电流、焊接时间、焊接压力和电极头端面尺寸。点焊属搭接电阻焊，其接头形式如图 4-18 所示。它主要用于 4mm 以下的薄板冲压壳体结构及钢筋结构的焊接，尤其是汽车和飞机制造。

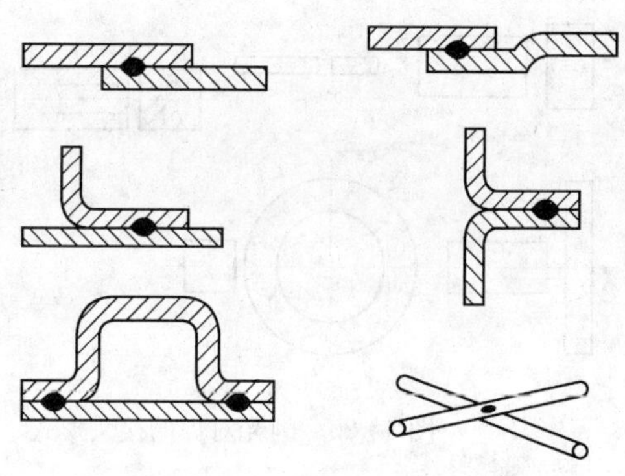

图 4-18 点焊的接头形式

2. 缝焊

如图 4-17（b）所示，缝焊也属搭接电阻焊，采用滚盘做电极，边焊边滚，相邻两个焊点部分重合，形成一条密封性的连续焊缝。缝焊分流作用较大，对于材料、厚度相同的焊件，所需焊接电流一般比点焊增加 15%～40%。

由于缝焊所需的焊接电流较大，所以只适用于 3mm 以下有气密性要求的薄板结构，如油箱、管道等。

3. 对焊

对接电阻焊，根据焊接过程的不同，对焊可分为电阻对焊和闪光对焊。

（1）电阻对焊。如图 4-17（c）所示，先加预压，使两焊件的端面紧密接触，再通电加热，接触处升温至塑性状态，然后断电同时施加顶锻力，使接触处产生一定的塑性变形而焊合。

其特点是，操作简单，接头外观光滑、毛刺小，但对焊件端面加工和清理要求较高，否则接触面容易发生加热不均匀，容易产生氧化物夹杂，影响焊接质量。电阻对焊一般仅用于断面简单、截面积小于 250mm^2 和强度要求不高的杆件对接，材料以碳钢、纯铝为主。图 4-19 为电阻对焊的接头形式。

（2）闪光对焊。如图 4-17（d）所示，先接通电源，再使焊件靠拢接触，由于接触端面凹凸不平，所以在开始接触时为点接触，电流通过接触点产生很大的电阻热，使接触点迅速熔化，并在电磁力作用下爆破飞出，产生闪光，电阻对焊的接头形式进行一定时间后，端面达到均匀半熔化状态，并在一定范围内形成一塑性层，而且多次闪光将端面的氧化物清除干净，于是断电并加压顶锻，挤出熔化层，并产生大量塑性变形而使焊件焊合。

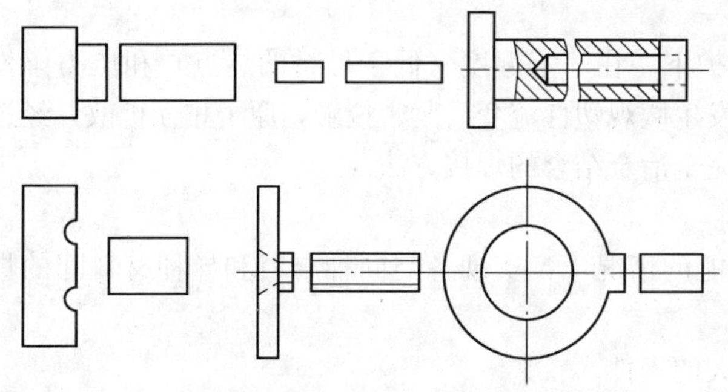

图 4-19 电阻对焊的接头形式

其特点是，闪光对焊过程中，工件端面氧化物与杂质会被闪光火花带出或随液体金属挤出，接头中夹杂少，质量高，常用于焊接重要件。闪光对焊可焊接的材料较多，不仅能焊接同种金属，还能焊接异种金属（如铝－铜、

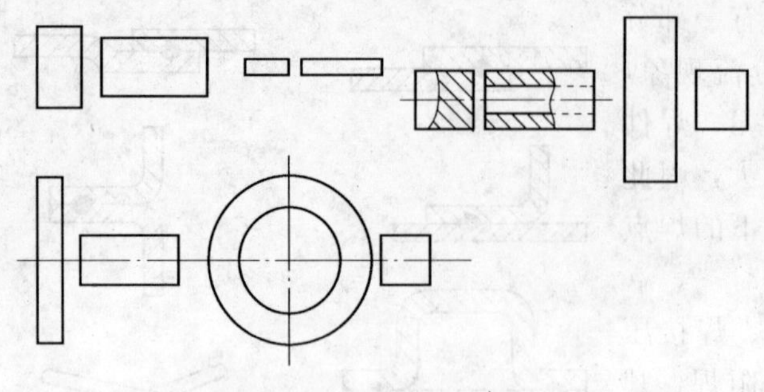
图 4-20 闪光对焊的接头形式

铜—钢、铝—钢等)。但闪光对焊时焊件烧损较多,且焊后有毛刺需要清理。闪光对焊焊接单位面积焊件所需的焊机功率较电阻对焊小,有利于焊接大截面的焊件,从 $\phi0.01$ 的金属丝到 $\phi500$ 的管材、截面 20 000mm^2 的型材均可焊接。闪光对焊用于杆状件对接,如刀具、管子、钢筋、钢轨、车圈等,其接头形式如图 4-20 所示。

(二)摩擦焊

利用焊件接触端面相互摩擦所产生的热,使端面达到热塑性状态,然后迅速施加顶锻力,实现焊接的一种固相压焊方法,如图 4-21 所示。

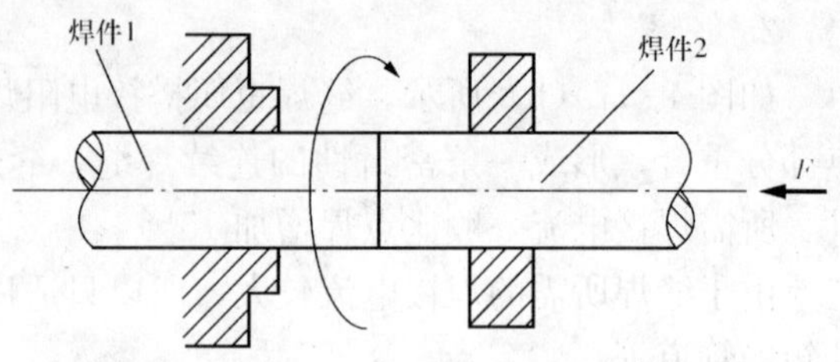

图 4-21 摩擦焊示意图

1. 摩擦焊的优点

(1)焊接质量稳定,焊件尺寸精度高,接头废品率低于电阻对焊和闪光对焊。

(2)焊接生产率高,比闪光对焊高 5~6 倍。

(3)适于焊接异种金属,如碳素钢、低合金钢与不锈钢、高速钢之间的连接,铜—不锈钢、铜—铝、铝—钢、钢—锆等之间的连接。

(4)加工费用低,省电,焊件无需特殊清理。

(5)易实现机械化和自动化,操作简单,焊接工作场地无火花、弧光及有害气体。

2. 摩擦焊的缺点

靠工件旋转实现,焊接非圆截面较困难。盘状工件及薄壁管件,由于不易夹持也很难焊接。受焊机主轴电机功率的限制,目前摩擦焊可焊接的最大截面为 20 000mm^2。摩擦焊机一次性投资费用大,适于大批量生产。

3. 摩擦焊的应用

异种金属和异种钢产品,如电力工业中的铜—铝过渡接头,金属切削用的高速钢—结构钢刀具等;结构钢产品,如电站锅炉蛇形管、阀门、拖拉机轴瓦等。摩擦焊的焊接接头形式如图 4-22 所示。

(三)扩散焊

扩散焊是指在真空或保护气氛的保护下,在一定温度(低于母材的熔点)和压力条件下,使相互接触的平整光洁的待焊表面发生微观塑性流变后紧密接触,原子相互扩散,经过一段较长时间后,原始界面消失,达到完全冶金结合的焊接方法。

1. 扩散焊的优点

(1)可以在几乎不损坏被焊材料性能的情况下,实现各类同种材料和异种材料间的焊接,可以用来制造双层或多层复合材料。

(2)能焊接结构复杂以及厚薄相差大的工件。

(3)接头成分、组织均匀,减小了应力腐蚀倾向。

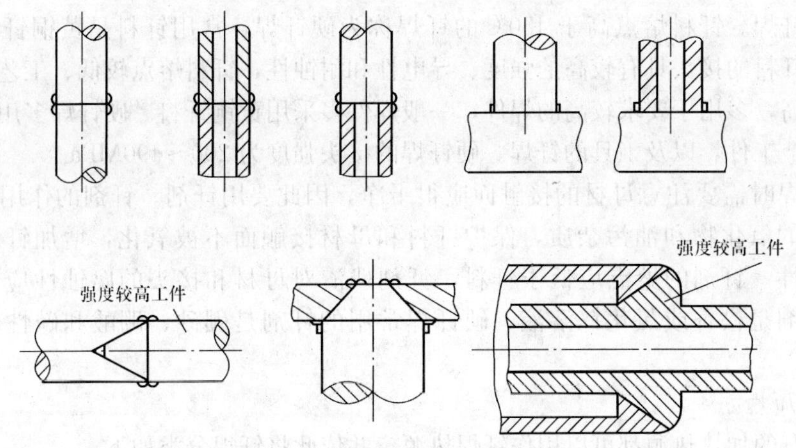

图 4-22 摩擦焊接头的形式

(4) 焊接变形小，接头精度高，可作为部件最后的组装连接方法。

(5) 可与其他加工工艺同时进行（如真空热处理等），可同时完成多个接头的焊接，从而提高生产率。

2. 扩散焊的缺点

扩散焊对焊件表面加工及清理的要求高，焊接时间长、生产率低，成本高，设备投资大。

3. 扩散焊的应用

扩散焊用于熔点差别大或冶金上不相容的异种金属之间的焊接、金属与陶瓷的焊接和钛、镍、铝合金结构件的焊接。它不仅可应用于原子能、航空航天及电子工业等尖端技术领域，而且已推广至一般机械制造工业部门。

三、钎焊

1. 钎焊的特点及应用

钎焊采用熔点低于母材的合金作钎料，加热时钎料熔化，并靠润湿作用和毛细作用填满并保持在接头间隙内，而母材处于固态，依靠液态钎料和固态母材间的相互扩散形成钎焊接头。钎焊对母材的物理化学性能影响小，焊接应力和变形较小，可焊接性能差别较大的异种金属，能同时完成多条焊缝，接头外表美观整齐，设备简单，生产投资小。缺点是钎焊接头的强度较低，耐热能力差。

钎焊主要应用于硬质合金刀具、钻探钻头、自行车车架、换热器、导管及各类容器等，在微波波导、电子管和电子真空器件的制造中，钎焊甚至是唯一可能的连接方法。

2. 钎料和钎剂

钎料是形成钎焊接头的填充金属，钎焊接头的质量在很大程度上取决钎料。钎料应该具有合适的熔点、良好的润湿性和填缝能力，能与母材相互扩散，还应具有一定的力学性能和物理化学性能，以满足接头的使用性能要求。按钎料熔点的不同，钎焊分为软钎焊与硬钎焊两大类。

(1) 软钎焊。钎料熔点低于450℃的钎焊称为软钎焊。常用钎料是锡铅钎料，它具有良好的润湿性和导电性，广泛用于电子产品、电机电器和汽车配件。软钎焊的接头强度一般为60～140MPa。

(2) 硬钎焊。钎料熔点高于450℃的钎焊称为硬钎焊。常用钎料是黄铜钎料和银基钎料。用银基钎料的接头具有较高的强度、导电性和耐蚀性，钎料熔点较低、工艺性良好，但钎料价格较高，多用于要求较高的焊件，一般焊件多采用黄铜钎料。硬钎焊多用于受力较大的钢和铜合金工件，以及工具的钎焊。硬钎焊的接头强度为200～490MPa。

使用钎焊时需要注意母材的接触面应很干净，因此要用钎剂。钎剂的作用是去除母材和钎料表面的氧化物和油污杂质，保护钎料和母材接触面不被氧化，增加钎料的润湿性和毛细流动性。钎剂的熔点应低于钎料，钎剂残渣对母材和接头的腐蚀性应较小。软钎焊常用的钎剂是松香或氯化锌溶液，硬钎焊常用的钎剂是硼砂、硼酸和碱性氟化物的混合物。

3. 钎焊加热方法

几乎所有的加热热源都可以用作钎焊热源，并依此将钎焊分类如下。

(1) 火焰钎焊。火焰钎焊是用气体火焰进行加热，用于碳钢、不锈钢、硬质合金、铸铁、铜及铜合金、铝及铝合金的硬钎焊。

(2) 感应钎焊。感应钎焊是利用交变磁场在零件中产生感应电流的电阻热加热焊件，用于具有对称形状的焊件，特别是管轴类的钎焊。

(3) 浸沾钎焊。浸沾钎焊是将焊件局部或整体浸入熔融盐混合物熔液或钎料熔液中，靠这些液体介质的热量来实现钎焊过程，其特点是加热迅速、温度均匀、焊件变形小。

(4) 炉中钎焊。炉中钎焊是利用电阻炉加热焊件，电阻炉可通过抽真空或采用还原性气体或惰性气体对焊件进行保护。

除此以外，还有烙铁钎焊、电阻钎焊、扩散钎焊、红外线钎焊、反应钎焊、电子束钎焊、激光钎焊等。

4. 钎焊接头

如图4-23所示，钎焊一般采用板料搭接和套管嵌接的形式。这样可以通过增加焊件之间的结合面，来弥补钎料强度的不足，保证接头的承载能力。这种接头形式还便于控制接头的间隙，适当的间隙可以使钎料在接头中均匀分布，达到最佳的钎焊效果。钎焊接头的间隙范围一般是0.05～0.2mm。

四、焊接新工艺和新技术

1. 焊接机器人

焊接技术进步的突出的表现就是焊接过程由机械化向自动化、智能化和信息化发展。智能焊接机器人的应用，是焊接过程高度自动化的重要标志。焊接机器人突破了焊接自动化的传统方式，使小批量自动化生产成为可能。

焊接机器人大多为固定位置的手臂式机械，有示教型和智能型两种。

示教型机器人是通过示教，记忆焊接轨迹及焊接参数，并严格按照示教程序完成产品的焊接。只需一次示教，机器人便可以精确地再现示教的每一步操作。这类焊接机器人的应用较为广泛，适宜于大批量生产。用于流水线的固定工位上，其功能主要是示教再现，对环境变化的应变能力较差。对于大型结构在工地上的小批量生产没有用武之地。

智能型机器人可以根据简单的控制指令自动确定焊缝的起点、空间轨迹及有关参数，并能根据实际情况自动跟踪焊缝轨迹、调整焊炬姿态、调整焊接参数、控制焊接质量。这是最先进的焊接机器人，具有灵巧、轻便、容易移动等特点，能适应不同结构、不同地点的焊接

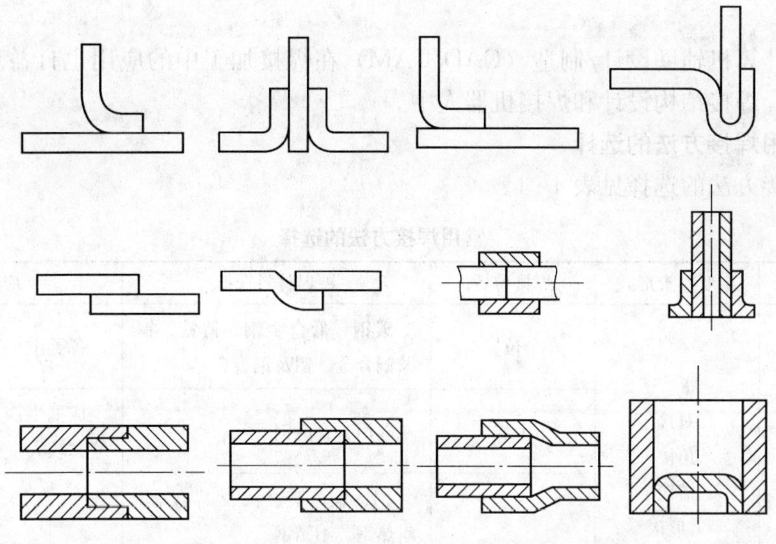

图 4-23 钎焊的接头形式

任务，目前实际应用很少，尚处在研究开发阶段。

焊接机器人中，点焊机器人占 50%～60%，它由机器人本体、点焊系统和控制系统三大部分组成。机器人本体的自由度为 1～5 个，控制系统分本体控制和焊接部分控制。

焊接系统主要包括焊接控制器、焊钳和水、电气等辅助部分。

2. 计算机软件的应用

计算机软件系统在焊接领域中的应用主要有以下几个方面：

(1) 计算机模拟技术。包括模拟焊接热过程、焊接冶金过程、焊接应力和变形等。焊接是一个涉及电弧物理、传热、冶金和力学等学科的复杂过程。一旦焊接中的各个过程都实现了计算机模拟，就能够通过计算机系统来确定焊接各种结构和各种材料时的最佳设计方案、工艺方法和焊接参数。传统上，焊接工艺总是要通过一系列的实验或根据经验来确定，以获得可靠而经济的焊接结构，计算机模拟只要通过少量验证试验证明数值方法在处理某一问题上的适用性，大量筛选工作即可由计算机完成，省去了大量的试验工作，从而大大节约了人力、物力和时间，在新的工程结构及新材料的焊接方面具有很重要的意义。计算机模拟技术的水平还决定了自动化焊接的范围。此外，计算机模拟还广泛用于分析焊接结构和接头的强度和性能等问题。

(2) 数据库技术与专家系统。用于焊接工艺设计和工艺参数的选择、焊接缺陷诊断、焊接成本预算、实时监控、焊接 CAD、焊工考试等。数据库技术目前已经渗透到焊接领域的各个方面，从原材料、焊接试验、焊接工艺到焊接生产。典型的数据库系统有焊接工艺评定、焊接工艺规程、焊工档案管理、焊接材料、材料成分和性能、焊接性、焊接 CCT 图管理和焊接标准咨询系统等。这些数据库系统为焊接领域内各种数据和信息管理提供了有利条件。焊接专家系统主要集中在工艺制定、缺陷预测和诊断、计算机辅助设计等方面。现有的焊接专家系统中，工艺选择和工艺制定是最主要的应用领域，焊接过程的实时控制是重要的发展方向。

(3) 计算机辅助质量控制技术 (CAQ)。用于对产品的数据分析、焊接质量的实时监测等。

另外，计算机辅助设计/制造（CAD/CAM）在焊接加工中的应用也日益增加，主要用于数控切割、焊接结构设计和焊接机器人中。

五、常用焊接方法的选择

常用焊接方法的选择见表 4-1。

表 4-1 常用焊接方法的选择

焊接方法	主要接头形式	焊接位置	被焊材料选择	应用选择
手工电弧焊	对接 角接 搭接 T 形接	全位置	碳钢、低合金钢、铸铁、铜及铜合金、铝及铝合金	各类中小型结构
埋弧自动焊		平焊	碳钢、合金钢	成批生产、中厚板长直焊缝和较大直径环焊缝
氩弧焊		全位置	铝、铜、镁、钛及其合金、耐热钢、不锈钢	致密、耐蚀、耐热的焊件
CO_2 气体保护焊			碳钢、低合金钢、不锈钢	
等离子弧焊	对接、搭接		耐热钢、不锈钢、铜、镍、钛及其合金	一般焊接方法难以焊接的金属和合金
气焊	对接		碳钢、低合金钢、铸铁、铜及铜合金、铝及铝合金	受力不大的薄板及铸件和损坏的机件的补焊
电渣焊	对接	立焊	碳钢、低合金钢、铸铁、不锈钢	大厚铸、锻件的焊接
点焊	搭接	全位置	碳钢、低合金钢、不锈钢、铝及铝合金	焊接薄板壳体
缝焊				焊接薄壁容器和管道
对焊	对接	平焊	各类同种金属和异种金属	杆状零件的焊接
摩擦焊				圆形截面零件的焊接
钎焊	搭接		碳钢、合金钢、铸铁、非铁合金	强度要求不高，其他焊接方法难于焊接的焊件

操作示例

1. 垂直固定小管

垂直固定管的对口和点固焊与水平固定管的要求相同。始焊时，先将钝边熔化成一个熔孔，以保证根层熔透和控制熔池温度。由于重力的作用，熔池金属向下淌，此时可将焊条朝上，并作小的摆动，见图 4-24。为了避免因操作不当而在根层造成夹渣、气孔等，焊接时电流可稍增大些，或压低电弧，运条速度不宜太快。熔池形状尽可能控制为斜椭圆形。若熔渣和铁水混合不清，可将电弧略为拉长向后带一下，熔渣即被吹向后方与铁水分离。用直线及折线运条方式来完成表面层的焊接。

2. 倾斜固定管

管子斜焊的对口和点固焊与水平固定管焊接相同，分成两半施焊。由于管子是倾斜的，熔化金属有从破口上侧坠落到下侧的趋势，所以施焊中要用电弧顶住熔化金属，防止其下淌，见图 4-25。

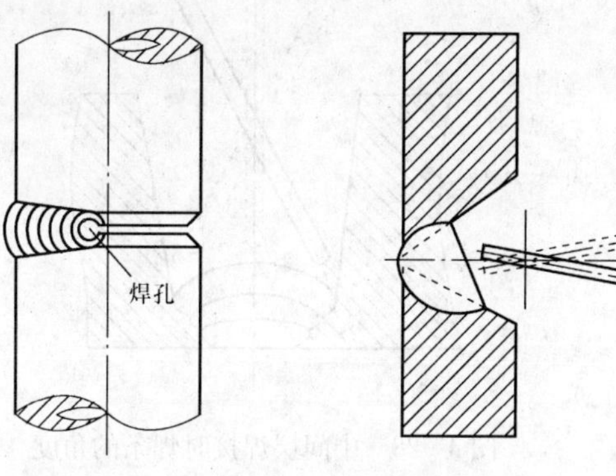

图 4-24 垂直固定管的焊接

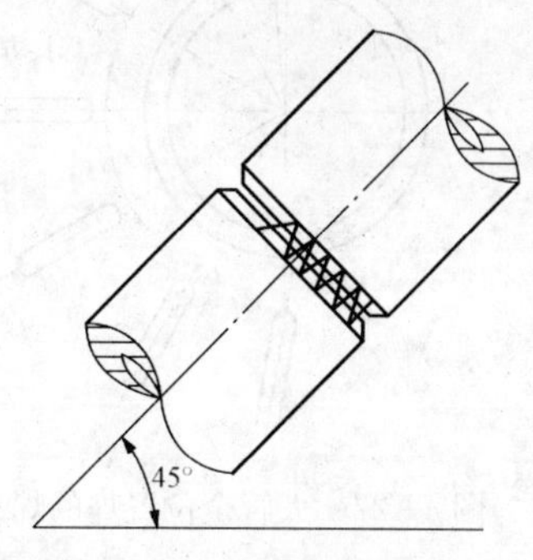

图 4-25 倾斜固定管的焊接

倾斜管在仰焊位置气焊，气焊点 A 应超过管子中心线，起焊时，应焊成斜坡，以便于接头，运条方式见图 4-26（a）中的 1。接头时，从 A′点起焊，电弧略长，摆幅自 A′至 A 点逐渐扩大，见图 4-26（a）中的 2，倾斜管在平焊位置收口。施焊时，使电弧在破口上侧停留时间略长，保证熔合良好，收口运条方式见图 4-26（b）中的 3、4。

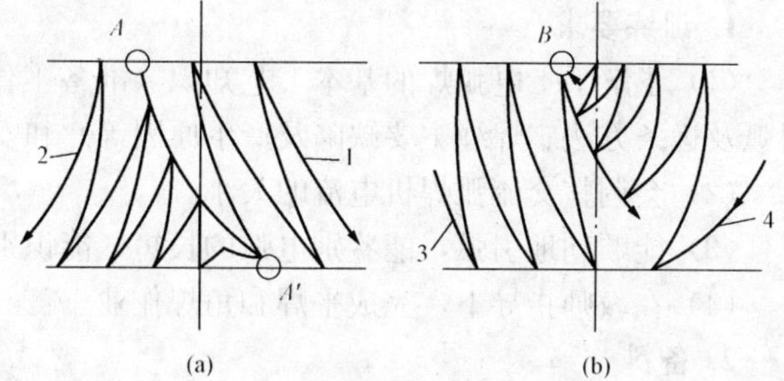

图 4-26 倾斜管焊接的接头与收口

（a）倾斜管焊接仰焊处接头的展开示意图；

（b）倾斜管焊接平焊处收口的展开示意图

1—起焊运条方向；2—接头运条方向；3—终焊运条方向；4—收口运条方向；A—起焊点；A′—接头时气焊点；B—终焊点

3. 水平固定大管

水平固定大管的焊接操作要点如下。

（1）点固焊。一般点焊三点，长度约为 15～30mm，高度为 3～5mm，太薄容易开裂，太厚会给第一层焊接带来困难。点固焊的电流不得太小，气焊处要有足够的温度，防止未焊透。收尾时，要填满弧坑，也可以在破口内点焊添加物代替点固焊，焊到该处时，打掉添加物，并清除焊点。

（2）根层的焊接。根层焊缝是决定焊接质量的关键。焊前点固焊的两端要修成斜坡，需要预热的管材按规定进行预热。根层焊接操作过程与小管相同，焊条的角度见图 4-27。

（3）中间层的焊接。为了使管两侧熔化良好，避免产生死角的夹渣，电弧在破口两侧停留稍长一点时间。运条时，焊条角度也随之变化，见图 4-28。为了给盖面层焊接创造条件，在其前一层的焊缝应留出破口轮廓，焊缝不能太高。

（4）盖面层的焊接。操作时，电弧超过破口的边缘，使焊缝成形美观，焊缝与管子平滑过渡，防止咬边等缺陷。

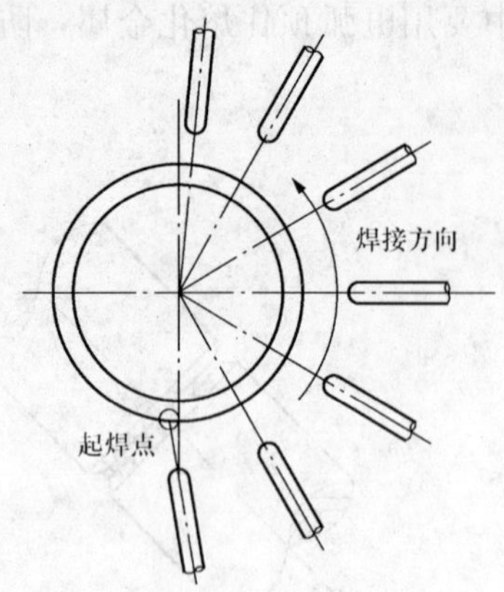

图 4-27 大管全位置焊的焊条角度

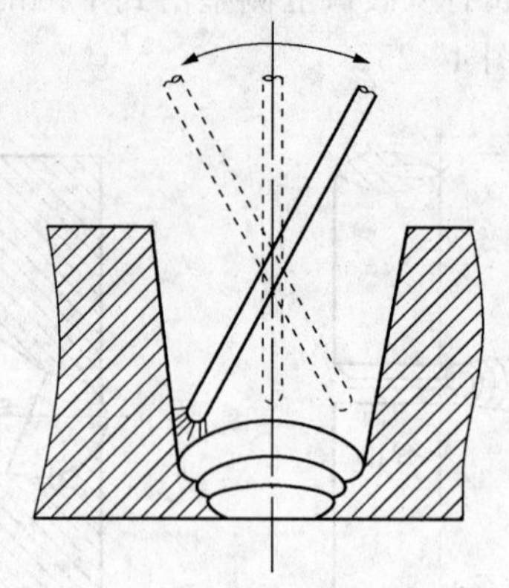

图 4-28 中间层焊接时焊条的角度

实训操作

使用焊条电弧焊焊接平板——平焊、角焊。

1. 训练要求

(1) 了解手工电弧焊的基本工艺知识（准备工作的内容、焊条直径及焊接电流的选择、引弧及运条方法、焊缝主要缺陷及产生原因等）和安全注意事项。

(2) 会调整交流弧焊机电流的大小。

(3) 能顺利地引弧，能鉴别电弧的长短，能识别渣液和钢液，能控制平焊的运条速度。

(4) 在教师指导下，完成平焊和角焊作业。

2. 备料

100mm×30mm×8mm（铁板）两块，100mm×40mm×4mm（扁铁）两块。

3. 工件图（参考）

焊条电弧焊工件图如图 4-29 所示。

4. 训练安排

(1) 准备工作。

1) 每个工位准备以下设备、工具及有关用品：交流手弧焊机一台（包括电焊钳、电焊导线、电源控制盘及电流表），焊接锤、錾子、活扳手、电焊面罩、工作服、电焊手套、鞋罩，焊接工件、电焊条。

2) 根据焊条直径，选择、调整焊接电流。

(2) 平焊练习。

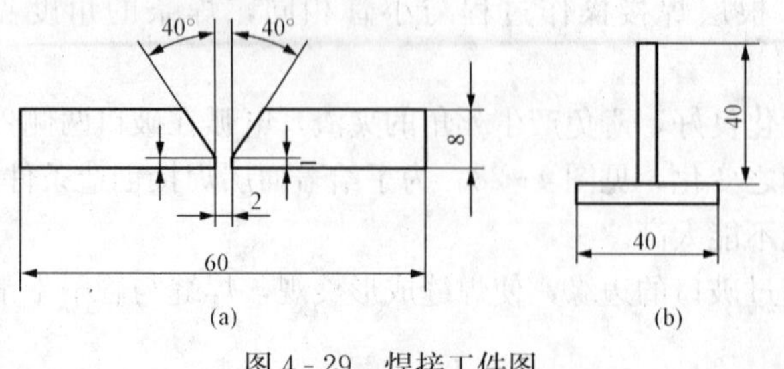

图 4-29 焊接工件图

(a) 平焊工件；(b) 角焊工件

(3) 角焊练习。

5. 注意事项

(1) 每组设一名安全员，负责安全检查并监护电源的拉、合闸；

(2) 焊机与焊机之间应有足够高度与宽度的隔光板或隔墙；

(3) 操作者（施焊者）在引弧前，应告知周围人员；

（4）清除焊渣时，应防止热渣伤人（特别注意对眼睛的保护），既要预防自伤，又切勿对人敲渣；

（5）焊机应有良好的接地线，绝缘不好或漏电的焊机严禁使用；

（6）在调整焊接电流时，应停止施焊；

（7）电焊手线必须是电焊专用电缆，焊钳应完好无损，钳口有足够的弹力夹住电焊条；

（8）施焊者必须穿戴劳保用品，否则不准进行焊接作业；

（9）训练结束后，断开电焊机电源，收盘好电线，清扫现场，清理好劳保用品并安放在指定的地点。

第四节 铆 接

铆接是用铆钉将两个以上的零件或组合件连接在一起，是金属构件常用连接方法（焊接、螺纹连接、铆接）的一种。铆接具有韧性和塑性好、传力均匀可靠、易于检修等特点，常用于承受冲击和振动载荷的构件连接、异种金属之间的连接、焊接性能较差的金属连接中。铆工又称为钣金工，可见铆接技术对钣金件连接的重要性。

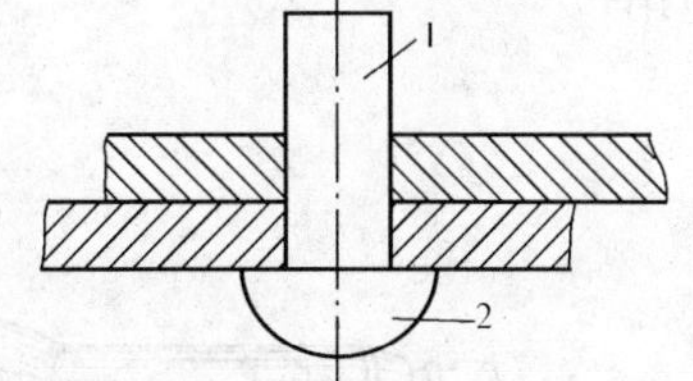

图 4-30 普通铆钉

1—铆钉头；2—铆钉杆

一、铆钉

铆钉是铆接结构的紧固件，普通铆钉主要由铆钉头和铆钉杆两部分组成，如图 4-30 所示。

铆钉的种类很多，一般根据铆钉头的形状命名，比较常用的国家标准件铆钉如表 4-2 所示。

表 4-2 常用铆钉的种类及一般用途

铆钉名称	铆钉形状	标准代号	铆钉杆直径范围（mm）		一般用途
半圆头铆钉		GB/T 863—1986	粗制	12～36	用于容器、桥梁、桁架等
		GB/T 867—1986	精制	0.6～16	
平锥头铆钉		GB/T 864—1986	粗制	12～36	
		GB/T 868—1986	精制	2～16	
沉头铆钉		GB/T 865—1986	粗制	12～36	用于表面需要平滑的场合
		GB/T 869—1986	精制	1～16	
半沉头铆钉		GB/T 866—1986	粗制	12～36	常用于船壳的铆接
		GB/T 870—1986	精制	1～16	
平头铆钉		GB/T 09—1986	2～10		用于打包钢带、箍桶、箍盆
扁圆头铆钉		GB/T 871—1986	1.2～10		用于受力不大的有色金属的铆接
扁平头铆钉		GB/T 872—1986	1.2～10		

铆钉的材质主要有钢、铜、铝三种，应用较多的是钢铆钉。

普通铆钉常需采用双面铆接，在使用中有一定的局限性。对于只能单面进行铆接操作的构件，常采用图 4-31 所示的抽芯铆钉（a）或击芯铆钉（b）铆接。

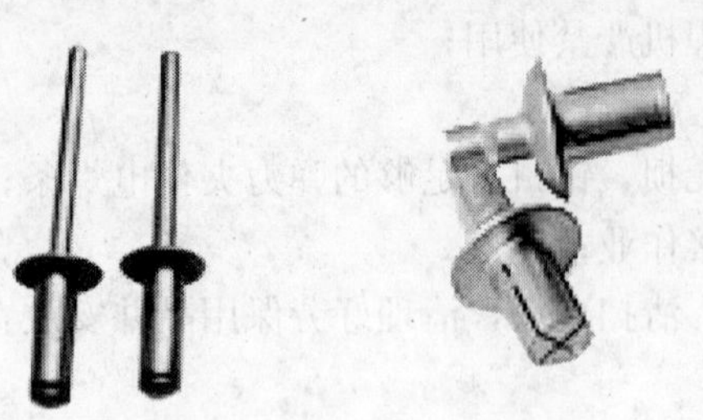

图 4-31 特殊铆钉

(a) 抽芯铆钉；(b) 击芯铆钉

二、铆接工具

（1）铆钉枪。铆钉枪是利用压缩空气作动力的一种风动工具，也称风枪，是铆接的主要工具之一，如图 4-32 所示。铆钉枪的体积小，操作方便灵活，缺点是工作噪声较大。

（2）罩模。罩模是直接撞击铆钉并使其成形的工具，俗称窝头。如图 4-33 所示，罩模的端部可根据铆钉头的形状制成凹形，罩模柄可插入铆钉枪筒使用，也可作为顶模（顶把）或手工罩模使用。

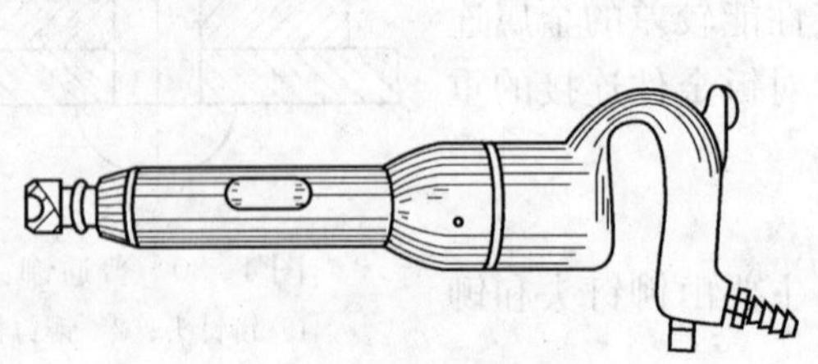

图 4-32 铆钉枪

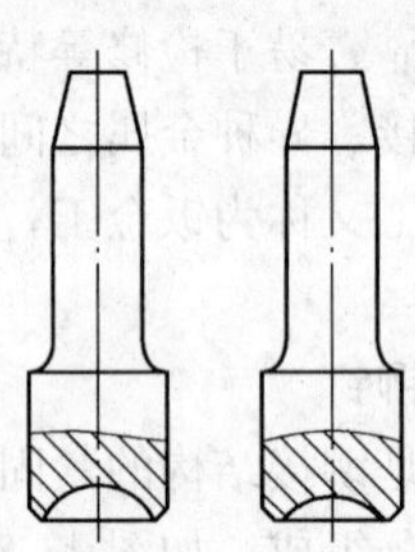

图 4-33 罩模

（3）拉铆枪。拉铆枪是单面铆接（拉铆）抽芯铆钉的专用工具。常用的拉铆枪有单手操作式、双手操作式和气动式三种，如图 4-34 所示。单手操作式又称单把式或手钳式，适用于拉铆力不大的场合。双手操作式又称双把式，适用于拉铆力较大的场合。气动式拉铆枪利用压缩空气作为动力，可减轻操作者的劳动强度，适于拉铆工作量较大的场合。

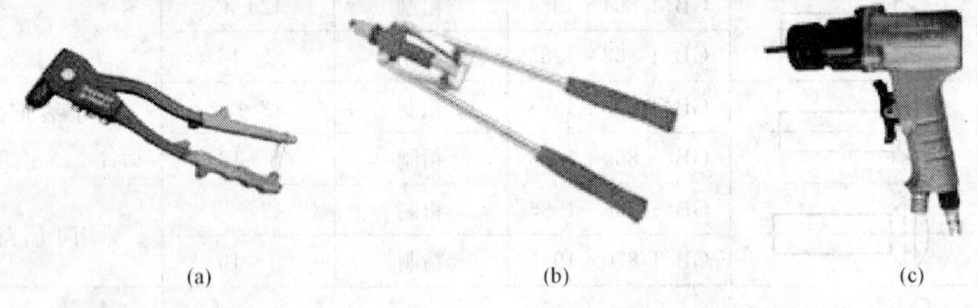

图 4-34 拉铆枪

(a) 单手操作式；(b) 双手操作式；(c) 气动式

三、铆接方法

1. 冷铆

所谓冷铆就是在不对铆钉进行加热的状态下进行铆接。冷铆所用铆钉一般使用前（或出厂前）必须是已进行过退火处理的。

手工冷铆的操作方法如图 4-35 所示。首先将铆钉穿入被铆件的钉孔中，用顶模（顶把）顶紧铆钉头，用手锤锤击伸出钉孔部分的铆钉杆端头，使其形成铆头雏形，最后选择合适的模罩配合锤击使铆头成型，完成铆接。手工冷铆的铆钉直径一般不超过8mm。

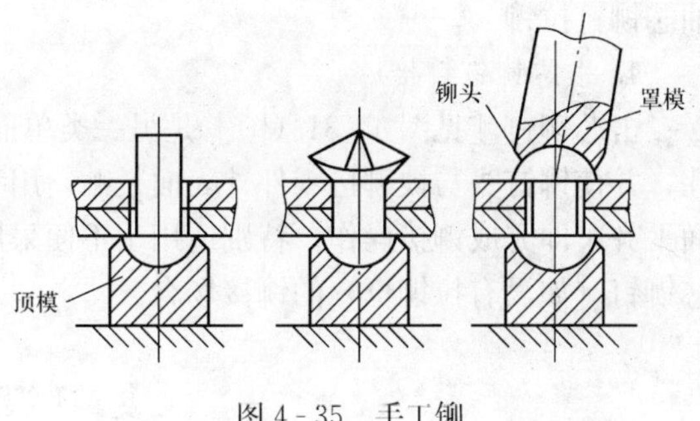

图4-35 手工铆

用铆钉枪进行冷铆时，锤击和成形可用罩模一次完成，铆钉直径最大不宜超过12mm。铆钉直径较大时可在铆接机上冷铆，但最大直径一般不超过25mm。

2. 热铆

热铆是将铆钉加热后进行铆接。铆钉直径较大或者铆钉为低合金结构钢等较坚硬的材料时，常采用热铆接。热铆时，除能形成封闭的钉头外，同时使铆钉杆镦粗而充满钉孔。冷却时，铆钉长度收缩，使被铆件之间产生很大的压力，从而使其间摩擦力大大增加，产生足够的连接强度。热铆时，铆钉的加热温度一般不低于650℃，终铆温度不低于450℃。

热铆操作一般四人一组，分别负责加热铆钉、穿钉、顶钉、铆接等工作。具体操作要点如下。

（1）加热铆钉一般在电炉或焦炭炉中进行，加热炉应尽可能接近铆接现场。铆钉加热者同时负责扔钉，即向穿钉者传递加热好的铆钉。

（2）穿钉是将加热好的铆钉迅速插入铆钉孔内的操作。穿钉者同时负责向铆钉加热者索取热铆钉，并迅速准确地接钉。

（3）顶钉是在铆钉穿入钉孔后，用顶模顶住铆钉头的操作。顶钉者的操作水平直接影响铆接质量。

（4）铆接（操作）是用罩模罩住钉杆锤击（一般用铆钉枪）镦粗钉杆，使之填满钉孔，形成钉头并使钉头获得修形的操作。用铆钉枪热铆接时，铆钉杆的镦粗、形成钉头、钉头修形经常是一气呵成。

3. 抽芯铆钉拉铆

抽芯铆钉［见图4-31（a）］拉铆也属于冷铆，它与普通冷铆不同的是所使用的不是实心铆钉，而是抽芯（空心）铆钉。抽芯铆钉特别适合于只能进行单面铆接操作的零件连接。

图4-36所示为抽芯铆钉拉铆示意图。操作时，选择直径与抽芯铆钉的外径尺寸相等的钻头，使欲铆接的零件结合处贴紧并钻孔（铆钉孔），然后将抽芯铆钉钉杆放入孔内，并使铆钉头与被铆接零件外表面紧贴，用拉铆枪拉断心轴，即完成铆接（拉铆）过程。

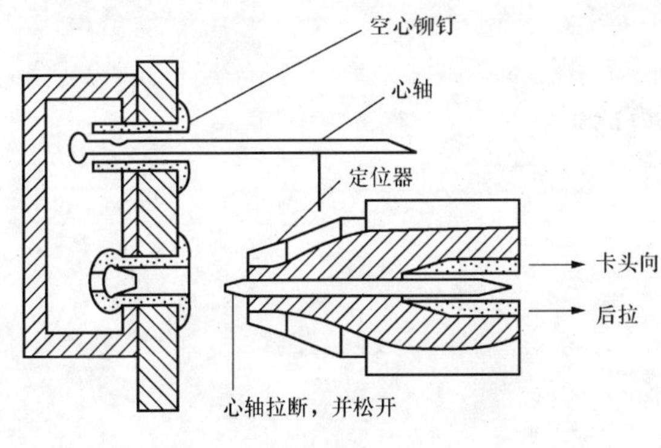

图4-36 抽芯铆钉拉铆示意图

抽芯铆钉拉铆需使用专用工具——拉铆枪（手动、电动或气动），其操作方便灵活，因而被广泛用于建筑、汽车、船舶、飞机、机床、电器、家具等产品上。例如：常见的铝合金门窗的连接，即采用抽芯铆钉拉铆。

4. 击芯铆钉铆接

击芯铆钉［见图 4 - 31（b）］是另一类单面铆接的铆钉，铆接时，将铆钉钉杆放入铆钉孔，并使铆钉头与被铆接零件外表面紧贴，用手锤敲击铆钉头部露出的钉芯，使之与钉头端面平齐，即完成铆接操作。特别适用于不便采用普通铆钉（如不方便从两面进行铆接）或抽芯铆钉（如没有拉铆枪）的铆接场合。

复习思考题

4 - 1　什么叫焊接？什么叫电弧？

4 - 2　什么叫焊缝？什么叫焊缝金属？

4 - 3　什么叫保护气体？

4 - 4　什么叫焊接工艺？它有哪些内容？

4 - 5　什么叫焊接材料？包括哪些内容？

4 - 6　什么叫焊丝？什么叫焊条？

4 - 7　焊条在使用前应做哪些工艺试验？

4 - 8　为什么对弧焊电源有特殊要求？有哪些要求？

4 - 9　为什么电弧长度发生变化时，电弧电压也会发生变化？

4 - 10　什么叫焊接条件？它有哪些内容？

4 - 11　焊接的接头形式有几种？有何不同？

4 - 12　什么叫焊接位置？有几种形式？

4 - 13　为什么对焊件要开坡口？

4 - 14　为什么对某些材料焊前要预热？

4 - 15　为什么对某些焊接构件焊后要热处理？

4 - 16　焊接缺陷产生的原因有哪些？如何防止焊接缺陷？

4 - 17　引起焊接应力与变形的原因是什么？

4 - 18　防止焊接应力与变形的方法有哪些？举例说明。

4 - 19　电焊焊接过程中应注意哪些事项？

4 - 20　气焊焊接过程中应注意哪些事项？

4 - 21　简述铆接的特点及其适用范围。

4 - 22　简述热铆的操作要点。

4 - 23　简述抽芯铆钉铆接的特点及铆接方法。

第五章 数 控 加 工

教 学 目 的

（1）了解数控机床的基本组成及分类。

（2）认识常用的数控机床及其主要的加工范围。

（3）掌握数控编程的基本步骤。

（4）掌握数控系统的各种基本功能。

（5）掌握常用的准备功能指令及与循环有关的指令。

（6）了解刀具补偿的原理及其实现方法。

第一节 数控机床概述

一、数控机床的概念及其特点

数控机床（Numerical Control Machine Tools）是指采用数字形式的信息控制机床。具体来说，凡是用数字化的代码将零件加工过程中所需的各种操作和步骤以及刀具与工件之间的相对位移量等记录在程序介质上，送入计算机或数控系统，经过译码、运算以及处理等步骤，控制机床刀具与工件的相对运动，加工出所需要的工件的机床即为数控机床。

数控机床较好地解决了复杂、精密、小批、多变零件的加工问题，是一种灵活、高效能的自动化机床，尤其对于约占机械加工总量80%的单件、中小批量零件的加工，更显示出其特有的灵活性。概括起来，采用数控机床有以下几方面的好处：

（1）提高加工精度，尤其提高了同批零件加工的一致性，使产品质量稳定。

（2）提高生产效率，一般约提高效率3～5倍，使用数控加工中心机床则可提高生产率5～10倍。

（3）可加工形状复杂的零件。

（4）减轻了劳动强度，改善了劳动条件。

（5）有利于生产管理和机械加工综合自动化的发展。

但是，数控机床是一种高度自动化的机床，技术复杂，成本较高。在实际采用时，一定要充分考虑其技术经济效果。目前，选用数控机床时主要考虑以下三种因素：即单件、中小批量的生产；形状比较复杂，精度要求高的加工；产品更新频繁，生产周期要求短的加工。凡是符合这三种因素之一的情况，采用数控机床，对于改进产品质量、减轻工人劳动强度、提高经济效益等，都会取得显著的效果。

二、数控机床的组成

数控机床一般由控制介质、数控装置、伺服系统和机床本体组成，如图5-1所示，图中的实线所示为开环控制的数控机床框图。

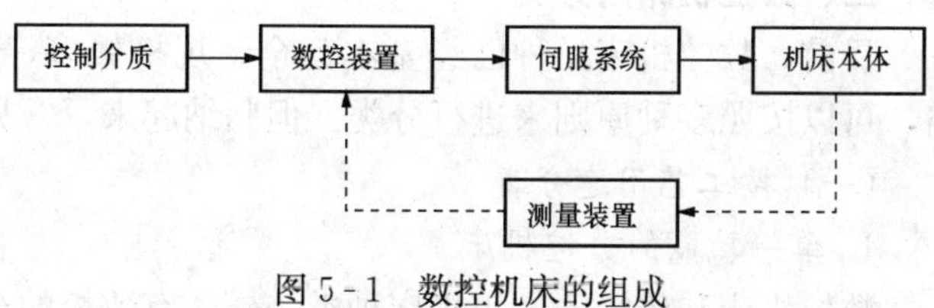

图5-1 数控机床的组成

为了提高机床的加工精度，在上述系统中再加入一个测量装置（即图5-1中的虚线部分），这样就构成了闭环控制的数控机床框图。开环控制系统的工作过程：将控制机床工作台运动的位移量、位移速度、位移方向、位移轨迹等参量通过控制介质输入给机床数控装置，数控装置根据这些参量指令计算得出进给脉冲序列（包含有上述4个参量），然后经伺服系统转换放大，最后控制工作台按所要求的速度、轨迹、方向和距离移动。若为闭环系统，则在输入指令值的同时，反馈检测机床工作台的实际位移值，反馈量与输入量在数控装置中进行比较，若有差值，说明二者间有误差，则数控装置控制机床向着消除误差的方向运动。现将各组成部分简述如下。

1. 控制介质

数控机床工作时，不需要工人摇动手柄操作机床，但又要自动地执行人们的意图，这就必须在人和数控机床之间建立某种联系，这种联系的媒介物称之为控制介质（或称程序介质、输入介质、信息载体）。控制介质可以是穿孔带，也可以是穿孔卡、磁带、磁盘或其他可以储存代码的载体。至于采用哪一种，则取决于数控装置的类型。而在CAD/CAM集成系统中，将其程序直接送入数控装置，不需上述控制介质。

2. 数控装置

数控装置是数控机床的中枢，在普通数控机床中一般由输入装置、存储器、控制器、运算器和输出装置组成。数控装置接收输入介质的信息，并将其代码加以识别、储存、运算，输出相应的指令脉冲以驱动伺服系统，进而控制机床动作。在计算机数控机床中，由于计算机本身即含有运算器、控制器等上述单元，因此其数控装置的作用由一台专用或通用的计算机来完成。

3. 伺服系统

伺服系统的作用是把来自数控装置的脉冲信号转换为机床移动部件的运动，使工作台（或溜板）精确定位或按规定的轨迹作严格的相对运动，最后加工出符合图纸要求的零件。伺服系统的性能也是决定数控机床的加工精度、表面质量和生产率的主要因素之一。

4. 机床本体

数控机床中的机床本体，在开始阶段使用通用机床，只是在自动变速、刀架或工作台自动转位和手柄等方面作些改变。实践证明，数控机床除由于切削用量大、连续加工发热多等影响工件精度外，由于是自动控制，在加工中不能像在通用机床上那样可以随时由人工进行干预，所以其设计要求比通用机床更严格、制造要求更精密。因而，随着技术的不断进步，在数控机床设计时，采用了许多新的加强刚性、减小热变形、提高精度等方面的措施，如滚珠丝杠副和直线滚动导轨等高效传动部件、高性能主传动和主轴部件、刀具自动交换和管理系统等，使得数控机床的外部造型、整体布局、传动系统以及刀具系统等方面都已发生了很大的变化。

三、数控机床的分类

目前，数控机床品种已经基本齐全，规格繁多，据不完全统计，已有400多个品种规格，可以按照多种原则来进行分类。但归纳起来，常见的分类方法是以下四种方法。

（一）按工艺用途分类

1. 单一功能的数控机床

数控机床和传统的通用机床种类一样，有数控的车、铣、镗、钻、磨床等，而且每一个种类又有很多品种，例如数控铣床中就有立铣、卧铣、工具铣、龙门铣等。这类机床的工艺可能性和通用机床相似，所不同的是它能加工复杂形状的零件。

2. 数控加工中心机床

数控加工中心机床是在一般数控机床的基础上发展起来的。它是在一般数控机床上加装一个刀库（可容纳16～100多把刀具）和自动换刀装置而构成的一种带自动换刀装置的数控机床（习惯上简称加工中心），这使数控机床更进一步地向自动化和高效化方向发展。

3. 多坐标数控机床

有些复杂形状的零件，用三坐标的数控机床还是无法加工，如螺旋桨、飞机曲面零件等，需要三个以上坐标的合成运动才能加工出所需形状。于是出现了多坐标的数控机床，其特点是数控装置控制的轴数较多，机床结构也比较复杂，其坐标轴数通常取决于加工零件的工艺要求。现在常用的是4、5、6坐标的数控机床。

（二）按运动轨迹分类

1. 点位控制数控机床

这类机床的数控装置只能控制机床移动部件从一个位置（点）精确地移动到另一个位置（点），即仅控制行程终点的坐标值，在移动过程中不进行任何切削加工，至于两个相关点之间的移动速度及路线则取决于生产率。为了在精确定位的基础上又有尽可能高的生产率，所以在两个相关点之间的移动先是以快速移动到接近新的位置，然后降速1～3级，使之慢速趋近定位点，以保证其定位精度。这类机床主要有数控坐标镗床、数控钻床、数控冲床、数控点焊机、数控折弯机和数控测量机等，其相应的数控装置称之为点位控制装置。

2. 点位直线控制数控机床

这类机床工作时，不仅要控制两个相关点之间的位置（即距离），还要控制两个相关点之间的移动速度和路线（即轨迹），其路线一般都由和各轴平行的直线段组成。它和点位控制数控机床的区别在于：当机床的移动部件移动时，可以沿一个坐标轴的方向（一般情况下也可以沿45°斜线进行切削，但不能沿任意斜率的直线切削）进行切削加工，而且其辅助功能比点位控制的数控机床多。例如，要增加主轴转速控制、循环进给加工、刀具选择等功能。这类机床主要有简易数控车床、数控镗铣床等，相应的数控装置称为点位直线控制装置。

3. 轮廓控制数控机床

这类机床的控制装置能够同时对两个或两个以上的坐标轴进行连续控制。加工时不仅要控制起点和终点，还要控制整个加工过程中每点的速度和位置，使机床加工出符合图纸要求的复杂形状的零件。它的辅助功能亦比较齐全。这类机床主要有数控车床、数控铣床、数控磨床、电加工机床和加工中心等，其相应的数控装置称之为轮廓控制装置（或连续控制装置）。

（三）按伺服系统的控制方式分类

数控机床按照对被控制量有无检测反馈装置可以分为开环和闭环两种。在闭环系统中，根据测量装置安放的位置不同（工作台或丝杠电机主轴）又可分为全闭环和半闭环两种。在开环系统的基础上，还发展了一种开环补偿型数控系统。

（四）按数控装置的组成方式分类

1. 硬件数控

硬件数控又称为普通数控，即NC。这类数控系统的程序输入、插补运算、控制等功能均由集成电路或分立元件等器件实现。一般来说，数控机床不同，其控制电路也不同，因此系统的通用性较差，因其全部由硬件组成，所以功能和灵活性也较差。这类系统在20世纪70年代以前应用得比较广泛。

2. 软件数控

软件数控又称为计算机数控或微机数控，即CNC或MNC。这类系统利用大规模及超大规模集成电路组成CNC装置，或用微机与专用集成芯片组成，其主要的数控功能几乎全部由软件来实现。对于不同的数控机床，只须编制不同的软件就可以实现，而硬件几乎可以通用，因而灵活性和适应性强，也便于批量生产。模块化的软、硬件提高了数控系统的质量和可靠性，所以，现代数控机床大都采用CNC装置。

第二节 常用数控机床简介

一、数控车床

1. 数控车床的组成及布局

典型的数控卧式车床如图5-2所示。与普通卧式车床相比较，其结构上仍然是由主轴箱、刀架、进给传动系统、床身、液压系统、冷却系统、润滑系统等部分组成，只是数控车床的进给系统与卧式车床的进给系统在结构上存在着本质上的差别。普通车床主轴的运动经过挂轮架、进给箱、溜板箱传到刀架实现纵向和横向进给运动，而数控车床是采用伺服电动机经滚珠丝杠，传到滑板和刀架，实现Z向（纵向）和X向（横向）的进给运动。可见数控车床进给传动系统的结构较卧式车床大为简化。数控车床也有加工各种螺纹的功能，那么主轴的旋转与刀架的移动是如何保持同步关系的呢？一般是采取伺服电动机驱动主轴旋转，并且在主轴箱内安装有脉冲编码器，主轴的运动通过同步齿形带1∶1地传到脉冲编码器。当主轴旋转时，脉冲编码器便发出检测脉冲信号给数控系统，使主轴电动机的旋转与刀架的切削进给保持同步关系，即实现加工螺纹时主轴转一转、刀架Z向移动螺纹一个导程的运动关系。

2. 数控车床的用途

数控车床与卧式车床一样，也是用来加工轴类或盘类的回转体零件。但是由于数控车床是自动完成内外圆柱面、圆锥面、圆弧面、端面、螺纹等工序的切削加工，所以数控车床特别适合加工形状复杂的轴类或盘类零件。

数控车床具有加工灵活、通用性强、能适应产品的品种和规格频繁变化的特点，能够满足新产品的开发和多品种、小批量、生产自动化的要求，因此被广泛应用于机械制造业，例如汽车制造厂、发动机制造厂等。

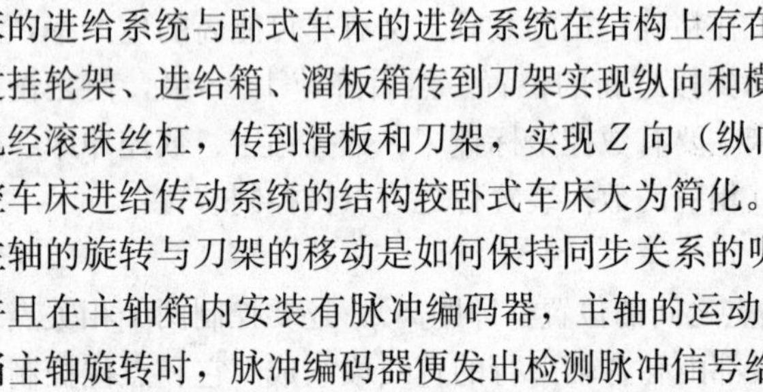

图5-2 数控车床

二、数控铣床

1. 数控铣床的特点

数控铣床是一种用途广泛的机床，分有立式和卧式两种。一般数控铣床是指规格较小的升降台式数控铣床，例如工作台宽度在400mm以下的。规格较大的数控铣床，例如工作台宽度在500mm以上的，其功能已向加工中心靠近，进而演变成柔性加工单元。数控铣床多为三坐标、两轴联动的机床，也称两轴半控制，即在X、Y、Z三个坐标轴中，任意两轴都可以联动，第三轴作有规律的运动。一般情况下，在数控铣床上只能用来加工平面曲线的轮廓。对于有特殊要求的数控铣床，还可以加进一个回转的A坐标或C坐标，即增加一个数控分度头或数控回转工作台，这时机床的数控系统为四坐标的数控系统，可用来加工螺旋槽、叶片等立体曲面零件。

2. 数控铣床的组成结构

典型的立式数控铣床如图5-3所示。从图中可以看出，除了增加Z轴伺服电动机和数控装置之外，数控铣床与普通铣床的组成和结构基本上是一致的。

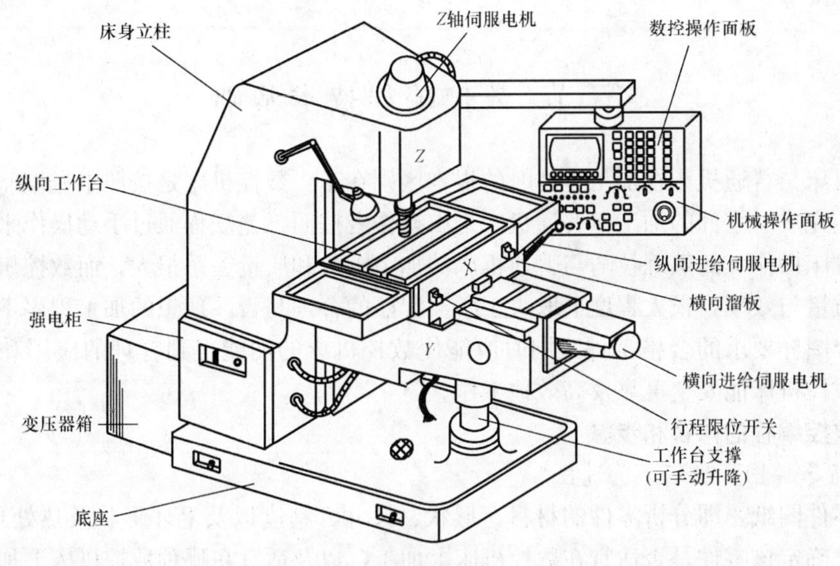

图5-3 数控铣床

三、加工中心

1958年世界上第一台加工中心在美国由卡尼·特雷克（Kearney & Trecker）公司制造出来。加工中心与普通数控机床的区别主要在于它能在一台机床上完成由多台机床才能完成的工作。图5-4所示为典型卧式加工中心的外观图。

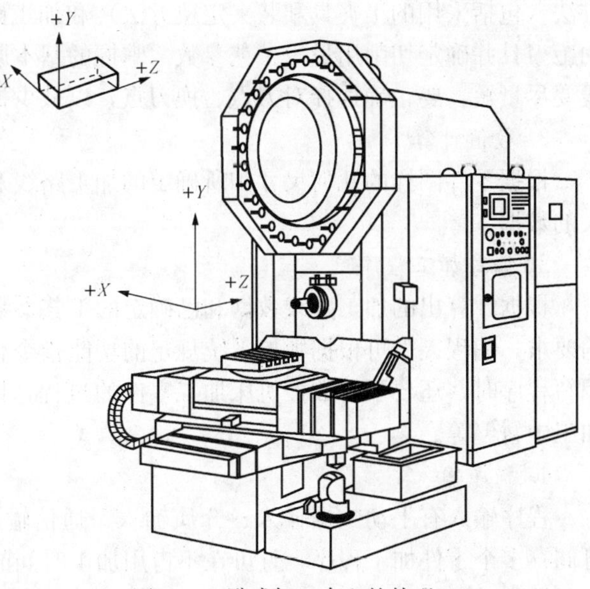

图5-4 卧式加工中心的外观

现代加工中心包括以下内容。

(1) 加工中心是在数控镗床或数控铣床的基础上增加自动换刀装置，使工件在一次装夹后，可以连续完成对工件表面自动进行钻孔、扩孔、铰孔、镗孔、攻螺纹、铣削等多工步的加工，工序高度集中。

(2) 加工中心一般带有自动分度回转工作台或主轴箱可自动转角度，从而使工件一次装夹后，自动完成多个平面或多个角度位置的多工序加工。

(3) 加工中心能自动改变机床主轴转速、进给量和刀具相对工件的运动轨迹及实现其他辅助机能。

(4) 加工中心如果带有交换工作台，工件在工作位置的工作台进行加工的同时，另外的工件在装卸位置的工作台上进行装卸，不影响正常的加工工件。

由于加工中心具有上述机能，因而可以大大减少工件装夹、测量和机床的调整时间，减少工件的周转、搬运和存放时间，使机床的利用率高于普通机床 3～4 倍，大大提高了生产率，尤其是在加工形状比较复杂、精度要求较高、品种更换频繁的工件时，更具有良好的经济性。

第三节 数控编程技术基础

数控机床与普通机床在加工零件时的根本区别在于：数控机床是按照事先编制好的加工程序自动地完成对零件的加工，普通机床是由操作者按照工艺规程通过手动操作来完成零件的加工；机床操作工的熟练技巧与普通机床的加工工效和质量关系很大，而数控机床对所加工零件的质量与效率，很大程度上取决于所编程序的合理与否。理想的加工程序不仅应保证加工出符合图样要求的合格工件，同时应能使数控机床的功能得到合理的应用和充分的发挥，以使数控机床能安全可靠及高效地工作。

一、数控编程的内容和步骤

1. 分析零件图、确定工艺过程

分析零件图纸，即分析零件的材料、形状、尺寸、精度以及毛坯形状及热处理要求等。通过分析，确定该零件是否适宜在数控机床上加工，以及适宜在哪种数控机床上加工。有时还要确定在某台数控机床上加工该零件的哪些工序或哪几个表面。然后，再确定零件的工艺方法（包括采用的工夹具和装夹定位方法）和加工路线（包括对刀点、切削路线等），选定加工刀具并确定切削用量等工艺参数。掌握的基本原则是充分发挥数控机床的效能，加工路线要尽量短，要正确选择对刀点、换刀点，以减少换刀的次数。

2. 数值计算

根据零件图样的几何尺寸和所确定的加工路线及设定的坐标系，计算出数控机床所需输入的数据。

3. 编写加工程序单

根据计算出的加工路线数据和已确定的工艺参数、刀位数据，结合数控系统对输入信息的要求，编程人员可根据数控系统规定的功能指令代码及程序段格式编写零件加工程序单。编写程序时，还要了解数控机床加工零件的过程，以便填入必要的工艺指令，如机床启停、加工中暂停等。

4. 程序输入

程序输入有手动数据输入、介质输入、通信输入等方式。现代 CNC 系统的存储量大，可储存多个零件加工程序，且可在不占用加工时间的情况下进行输入。因此，对于不太复杂的零件常采用手动数据输入（MDI），这样比较方便、及时。介质输入方式是将加工程序记录在穿孔带、磁盘、磁带等介质上，用输入装置一次性输入。

5. 校对检查程序

校对检查程序是检查由于计算和编写程序造成的错误等。校对检查方法：首先，将程序单进行初期检查，并用笔在坐标纸上划出加工路线，以检查机床的运动轨迹是否正确；然后，在有CRT图形显示屏的数控机床上进行模拟加工，看机床（刀具）的运动及模拟加工出的工件形状是否正确。

6. 首件加工

程序校验结束后，必须在机床上试加工。因为校验的方法只能检验出机床的运动是否正确，不能查出被加工零件的加工精度。如果加工出来的零件不合格，需修改程序再试，直到加工出满足零件图样要求的零件为止。

完成了以上工作，并确认试切的零件符合零件图纸质量、技术要求后，数控编程工作才算完成。

二、编程的方法

（一）手工编程

从零件图样分析、工艺处理、数值计算、编写程序单、键盘输入程序直至程序校验等各步骤均由人工完成，称为手工编程。目前，大部分采用ISO标准代码书写。手工编程适于点位加工或几何形状不太复杂零件的加工，即二维或不太复杂的三维加工、程序编制坐标计算较为简单、程序段不多、程序编制易于实现的场合。这时，手工编程显得经济而且及时。

对于几何形状复杂，尤其是需用三轴以上联动加工的空间曲面组成的零件，编程时数值计算繁琐，所需时间长，且易出错，程序校验困难，用手工编程难以完成。据有关统计表明，对于这样的零件，编程与机床加工时间之比平均约为30∶1。所以，为缩短生产周期，提高数控机床的利用率，有效地解决各种模具及复杂零件的加工问题，手工编程已不能满足要求，必须想办法提高编程的效率，即采用计算辅助编程。

（二）计算机辅助编程

对于三维以上的复杂零件程序，由于数学运算处理复杂，只能借助于计算机进行辅助编程，有的书上也称为自动编程。计算机辅助编程又分为数控语言编程和图形交互式编程两大类。

1. 数控语言编程

数控语言编程是由编程员根据零件图样和有关加工工艺要求，用一种专用的数控编程语言来描述整个零件加工过程，即零件加工源程序，然后将源程序输入计算机中，由计算机进行编译（也称为前置处理），计算刀具轨迹，最后再由与所用数控机床相对应的后置处理程序处理后，自动生成相应的数控加工程序，并同时制作程序纸带或打印出程序清单。

数控语言是由字母、数字及规定好的一套基本符号，按一定的词法及语法规则组成的语言，用来描述加工零件的几何形状、几何元素间的相互关系及加工过程、工艺参数等。按语言所表达的形式不同，数控语言又可分为词汇语言和符号语言。如对于表达某一点、线、圆，词汇语言可分别用POINT、LINE、CIRCLE来表示；而符号语言分别用Pi、Si、Ci来表示。

最典型的数控语言是APT（Automatically Programmed Tools）。它最早由美国麻省理工学院电子系研究开发，于1953年首先推出APT-Ⅰ系统。1958年，美国航空空间协会

（AIA）组织了10多家航空工厂，在麻省理工学院协助下，进一步发展APT系统，进而产生了APT-Ⅱ，它增加了翻译APT语言的能力，用立体定义曲线的功能及自动求出线段的终点坐标值。1962年，又完成了可解决三维编程的APT-Ⅲ自动编程系统。在此之后又经过进一步完善、充实，于1970年推出了APT-Ⅳ系统。后来又发展成为APT-Ⅴ。

APT语言是世界上发展最早、功能齐全，也是当时应用较为广泛的数控语言编程系统。但由于该系统十分庞大，使用时需要大型计算机，费用昂贵，使其推广使用受到一定的限制。所以，各厂家和研究单位根据加工零件的特点和用户的不同需要，借助APT语言的思想体系，先后开发出许多具有各自特点的数控编程系统。如美国的ADAPT、AVTOSPOT、UNIAPT，德国的EXAPT，英国的2CL，日本的FAPT，日本德国合作的MINIAPT，我国的SKC、2CX等计算机辅助编程系统。

数控语言编程为当时解决多坐标数控机床加工曲面、曲线提供了有效的方法。由于当时计算机的图形处理功能不强，因而必须在APT源程序中用语言的形式来描述本来十分直观的几何图形信息及加工过程，再由计算机处理生成加工程序。这种编程方法直观性差，编程过程比较复杂不易掌握，并且不便于进行阶段性检查。随着计算机技术的发展，计算机图形处理功能已有了极大的增强，“图形交互式自动编程”也应运而生，它直接将零件的几何图形信息，自动转化为数控加工程序。

2. 图形交互式编程

图形交互自动编程是利用计算机辅助设计（CAD）软件的图形编程功能，将零件的几何图形绘制到计算机上，形成零件的图形文件，或者直接调用由CAD系统完成的产品设计文件中的零件图形文件，然后再直接调用计算机内相应的数控编程模块，进行刀具轨迹处理，由计算机自动对零件加工轨迹的每一节点上进行运算和数学处理，从而生成刀位文件后，再经相应的后置处理（Post Processing），自动生成数控加工程序，并同时在计算机上动态地显示其刀具的加工轨迹图形。

图形交互式自动编程极大地提高了数控编程的效率，它使从设计到编程的信息流成为连续，可实现CAD/CAM集成，为实现计算机辅助设计（CAD）和计算机辅助制造（CAM）一体化，建立了必要的桥梁作用。因此，图形互交式自动编程是目前国内外在实施CAD/CAM中普遍采用的数控编程方法，由此，它也习惯地被称为CAD/CAM自动编程。CAD/CAM编程典型的软件有Master CAM、Pro/E、UG等。

三、数控机床的坐标系

在数控机床中，为了完成一个零件的加工，往往需要控制几个方向上的运动，这就需要建立坐标系，以便分别进行控制。一台机床，有几个方向可以进行数字控制就称为几坐标数控机床。例如，三坐标数控机床是指该机床有三个坐标方向采用了数字控制，五坐标数控机床是指该机床有五个坐标方向采用了数字控制。

数控机床坐标系就是为了确定工件在机床中的位置、机床运动部件的特殊位置（如换刀点、参考点等）以及运动范围（如行程范围）等而建立的几何坐标系。目前我国执行的JB/T 3051—1999《数控机床坐标和运动方向的命名》，与国际上统一的ISO 841：1974等效。

（一）直线进给和圆周进给运动坐标系

一个直线进给运动或一个圆周进给运动定义一个坐标轴。直线进给运动的直角坐标系用

X、Y、Z表示，常称基本坐标系。X、Y、Z坐标轴的相互关系用右手螺旋定则决定，如图5-5所示，图中大拇指的指向为X轴的正方向，食指指向为Y轴的正方向，中指指向为Z轴的正方向。

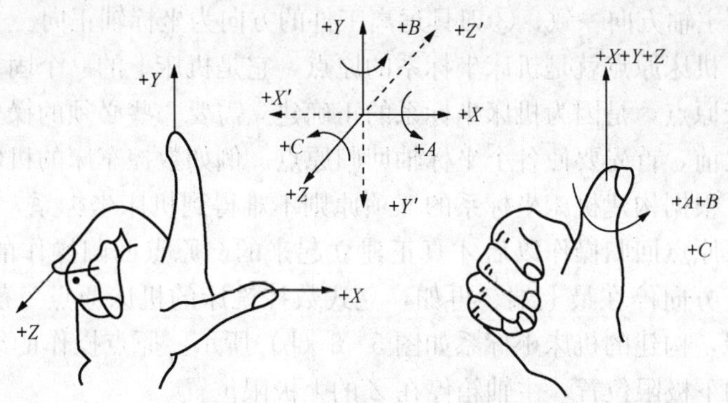

图5-5　数控机床坐标系

围绕X、Y、Z轴旋转的圆周进给坐标轴分别用A、B、C表示，根据右手螺旋定则，如上图所示，以大拇指指向$+X$、$+Y$、$+Z$方向，则食指、中指等的指向是圆周进给运动的$+A$、$+B$、$+C$方向。进给运动的方式是多种多样的，有的数控机床是刀具相对工件作进给运动（如数控车床），有的数控机床是工件相对刀具作进给运动（如数控铣床）。所在统一规定坐标轴正方向是假定工件不动，刀具相对于工件做进给运动的方向。如果是工件移动则用加“′”的字母表示，按相对运动的关系，工件运动的正方向恰好与刀具运动的正方向相反。

机床坐标轴的方向取决于机床的类型和各组成部分的布局，图5-6和图5-7所示为卧式数控车床和立式数控铣床的标准坐标系。

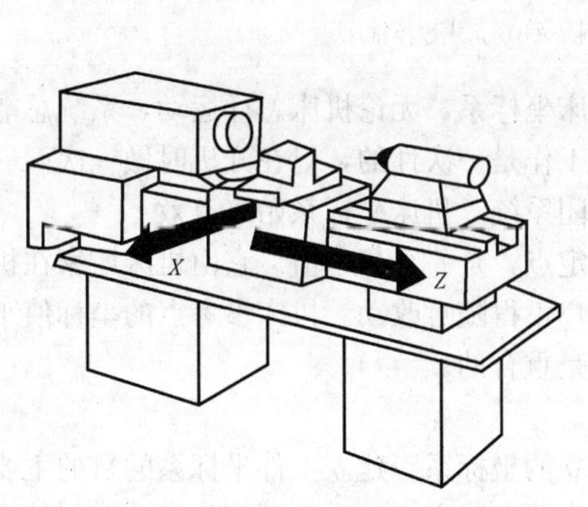

图5-6　数控车床坐标系

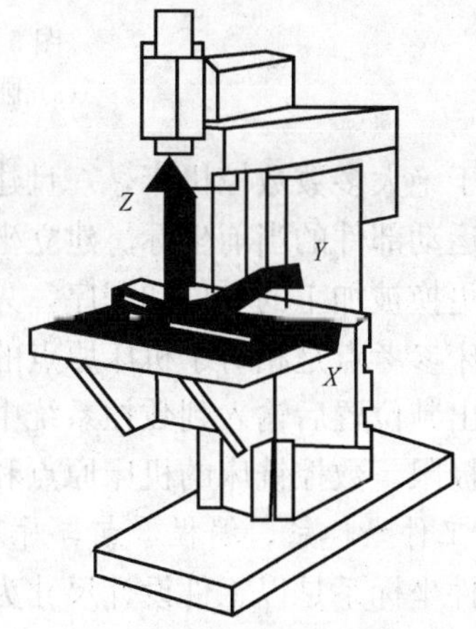

图5-7　数控铣床坐标系

（二）机床坐标系与工件坐标系

1．机床坐标系、机床原点与参考点

在数控机床上加工零件时，机床的动作由数控系统发出的指令来控制。为了确定机床的运动方向和移动距离，需要在机床上建立一个坐标系，这就是机床坐标系。机床坐标系是为了确定工件在机床上的位置、机床运动部件的特殊位置（如换刀点、参考点）以及运动范围（如行程范围、保护区）等而建立的几何坐标系，是机床上固有的坐标系。数控机床采用标准笛卡儿直角坐标系。对于一台具体的机床，其坐标系的构建遵从以下三项原则：①符合右手法则；②Z 轴与主轴方向一致；③刀具远离工件的方向为坐标轴正向。

通常情况下，机床原点就是机床坐标系的原点，它是机床上的一个固定点，由制造厂确定。这里讨论机床原点，是因为机床坐标系的正确建立需要一些必须的操作。在数控系统通电准备正式加工之前，首先要使各个坐标轴回归原点。例如数控车床的机床原点一般设在主轴前端面的中心，根据构建机床坐标系的三项原则不难得到机床坐标系，如图 5-8（a）所示，但它是执行了原点回归操作以后才真正建立起来的。原点回归操作的结果是刀架 Z 方向停在最右端，X 方向停在最上端。再如，立式数控铣床的机床原点一般设在工作台左下角的运动极限位置，构建的机床坐标系如图 5-8（b）所示。原点操作的结果是工作台停在 X 的左极限、Y 的下极限位置，主轴箱停在 Z 的上极限位置。

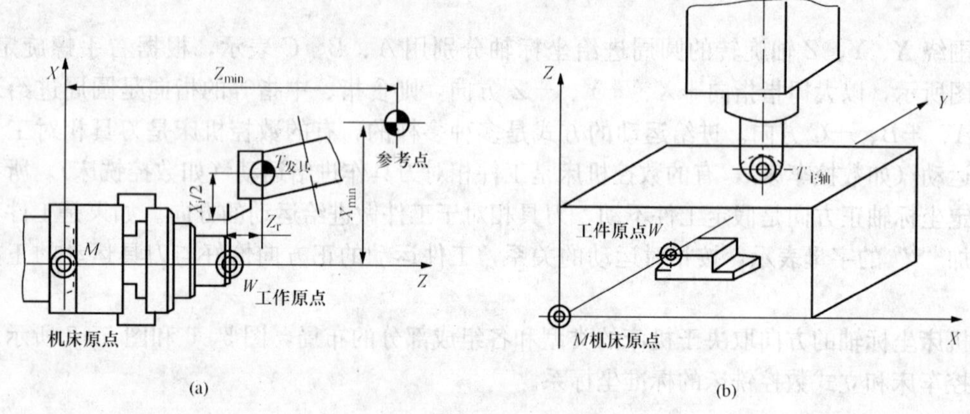

图 5-8 机床原点与机床参考点

（a）卧式数控车床；（b）立式数控铣床

对于绝大多数数控机床，一旦建立起机床坐标系，无论机床怎样运动，系统总能准确地计算出运动部件的当前坐标。建立坐标系的工作是一次性的，只在开机时做一次。一次开机可多次更换被加工的零件和程序，只要不关闭系统，机床坐标系始终有效。

机床参考点是相对于机床原点的一个特定点，是一个参考值。它由机床厂家在机床硬件上测量出其位置后输入到数控系统中的，用户不得随意改动。机床参考点的坐标值小于机床的行程极限。数控铣床的机床原点和参考点是重合的。

2. 工件坐标系、编程零点与对刀点

工件坐标系是以工件设计尺寸为依据建立的坐标系。建立工件坐标系的目的主要是为了编程方便。编程人员以工件图纸上的某一点为原点建立坐标系，而编程尺寸按工件坐标系中的尺寸确定。采用工件坐标系后，编程人员可以不考虑工件在机床上的安装位置，直接按图纸尺寸编程。

编程零点是程序中人为采用的零点，一般取工件坐标系原点为编程零点。对形状复杂的零件，需要编制几个程序或子程序。为了编程方便，减少坐标值的计算量，编程零点就不一定设在工件原点上，而是设在便于程序编制的位置。

对刀点是零件程序加工的起始点，对刀的目的是确定编程零点在机床坐标系中的位置，对刀点可与编程零点重合，也可在任何便于对刀之处，但该点与编程零点之间必须有确定的坐标联系。

3. 绝对坐标与相对坐标

零件图上标注的尺寸一般有两大类：绝对尺寸和相对尺寸。为了保证加工精度，数控加工中采用绝对坐标和相对坐标（增量坐标）与之相对应。

绝对坐标指零件以坐标原点为基准给出的坐标。如图 5-9 中的 A、B 两点，若以绝对坐标标记，A 点的坐标为（30，35），B 点的坐标为（12，15）。

相对坐标是指零件上后一点的坐标相对于前一点的增量值。若以相对坐标标记，图 5-9 中 B 点的坐标应为（−18，−20），其中负号表示 B 点相对于 A 点在 X_1、Y_1 轴的负向。

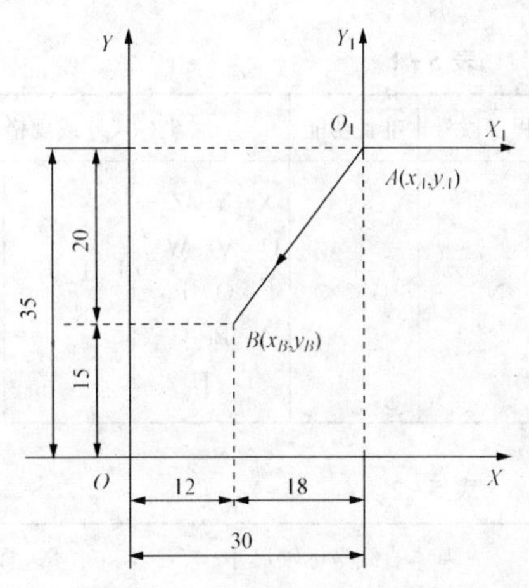

图 5-9　绝对坐标与相对坐标

四、数控加工程序的结构与格式

在数控机床上加工工件时，要把加工工件的全部工艺过程、工艺参数和位移数据以数控指令及参数的形式描述出来，这种描述就是加工程序（简称为程序）。编制好的程序可记录在纸带上或磁盘上。通过相应的操作，将纸带上或磁盘上的程序输入到数控系统的工件程序存储区（简称为存储区），也可以通过数控系统的操作面板按键将程序输入。

（一）数控加工程序的组成

如图 5-10 所示，一个完整的加工程序由若干个程序段（block）组成，一个程序段又由若干个指令字（word）组成。字是控制系统的具体指令，它由表示地址的英文字母或特殊文字与数字集合而成。

如图 5-10 所示，在加工程序的开头要有程序号，以便进行程序检索。程序号就是给零件加工程序一个编号，并说明该零件加工程序开始。不同的数控系统，程序号地址也有所差别，如 Siemens 系统用字符“%”及其后 4 位十进制数表示，即“%××××”，4 位数中若前面为 0，则可以省略，如“%0101”等效于“%101”；FANUC 系统用字符“O”或“P”及其后 4 位十进制数表示程序号，如“O1001”。

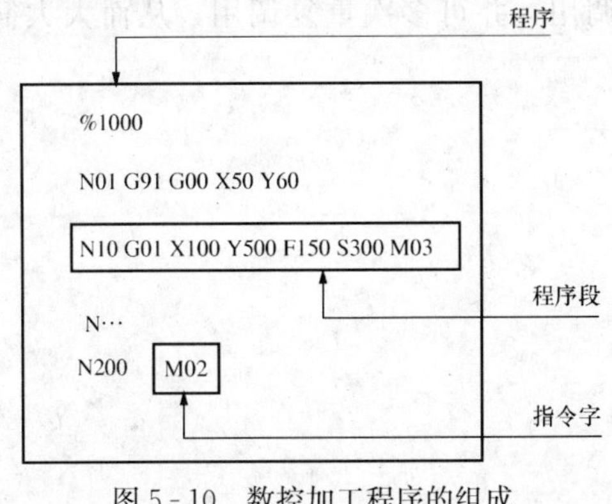

图 5-10　数控加工程序的组成

由程序段组成加工程序的全部内容和机床的停/开信息。每个程序段都包括了程序的开始、程序内容及结束部分，程序段都以序号“N××”开头，用 LF 结束，M02 作为整个程序结束的字符。其中开头的序号可以省略，结束部分 LF 在实际面板上不显示。程序结束可用辅助功能代码 M02、N30 或 M99（子程序结束），用来结束零件加工。

（二）程序段格式

程序段格式是程序段中的字、字符和数据的

安排形式。程序段由程序段号（N后继若干个数字）、程序内容、程序段结束字符构成。程序内容是由上述各种指令代码和相应坐标尺寸或规格字组成，一般的书写顺序按表5-1所示，从左往右进行书写，对其中不用的功能应省略。其中坐标尺寸或规格字的地址符定义如表5-2所示。

表5-1中所有地址符后应跟相应的具体数字。其中坐标轴尺寸用“+”或“-”号后继具体数字表示，“+”号可省略。整数前零可省略，小数后零可省略。其余尺寸或规格字就用具体数字来表示。直线轴尺寸的单位一般为毫米（或英寸），旋转轴尺寸的单位一般为度，而螺纹导程若为英制时，单位为每英寸牙数，暂停时间单位一般为秒。

表5-1　程序段书写顺序格式

程序段号	准备功能	坐标尺寸或规格字			进给功能	主轴速度	刀具功能	辅助功能	程序段结束符
N_	G××	X_Y_Z_ U_V_W_ P_Q_R_ A_B_C_ D_E_	I_J_K_ R_	K_ L_ P_ H F_	F_	S_	T_	M_	LF

表5-2　地址符定义

基本直线坐标轴尺寸	X_Y_Z_	圆弧圆心的坐标尺寸	I_J_K_
第一组附加直线坐标轴尺寸	U_V_W_	圆弧半径值	R_
第二组附加直线坐标轴尺寸	P_Q_R_	暂停时间设定值	L_（或K_P_）
基本旋转坐标轴尺寸	A_B_C_	子程序调用次数	P_（或L_K_）
附加旋转坐标轴尺寸	D_E_	螺纹导程	F_（或K_）

（三）主程序和子程序

在一个加工程序中，如果有多个程序段完全相同，如在一块较大的材料上加工多个形状和尺寸相同的零件，为了缩短程序，可将这些重复的程序段单独抽出，按规定格式编成子程序，并事先存储在子程序存储器中。子程序以外的程序段为主程序。主程序在执行过程中，如需执行该子程序即可随即调用，并可多次重复调用，从而大大简化编程工作。

1. 子程序的格式

O××××；

— — — — —；

— — — — —；

⋮

— — — — —；

— — — — —

M99；

在子程序的开头位置要指定子程序号，其写法与主程序开头完全相同，也是用“O”（EIA）或“:”（ISO）之后加4位数字（1～9999，前0可以省略）组成。但子程序结束要用M99；而主程序结束则用M30或M02。在编写程序时，M99不一定要单独使用一个程序段，也可以与运动指令写在同一个程序段，如G00　X　Y　M99；也是允许的，此时先执行X、Y移动，待移动完成后再执行子程序结束指令M99。

2. 子程序的调用

调用子程序的指令格式为

M98　P××××　L；

其中，M98是调用子程序指令，地址P后面的4位数字为子程序号，地址L指定重复调用次数，若只调用一次也可以省略不写，系统允许重复调用的次数最大为9999次。

3. 子程序的执行

子程序的执行过程举例说明如下：

主程序	子程序
O0001；	O1010；
N0010— — — —；	N1020 — — — —；
N0020　M98　P1010　L2；	N1030 — — — —；
N0030 — — — —；	N1040 — — — —；
N0040　M98　P1010；	N1050 — — — —；
N0050 — — — —；	N1060　M99；

主程序执行到N0020时转去执行O1010子程序，重复执行两次后继续执行N0030程序段，在执行N0040时又转去执行O1010子程序一次，返回时又继续执行N0050及其后面的程序。当用一个子程序调用另一个子程序时，其执行过程与上述过程完全相同。

五、数控系统的基本功能

数控系统基本功能包括准备功能（G指令）、辅助功能（M指令）、进给功能（F指令）、刀具功能（T指令）和主轴功能（S指令）。由于我国目前数控机床的形式和数控系统的种类较多，它们的指令代码定义尚未完全统一，因此编程人员在编程之前要仔细阅读编程说明书，对数控系统的功能进行研究，以免发生错误。下面以FANUC-0i系统为例介绍数控机床数控系统的基本功能。

（一）准备功能指令（G指令或G代码）

准备功能指令又称“G”指令或“G”代码，它是建立机床或控制数控系统工作方式的一种命令，它由地址G及其后的两位数字组成。

G指令分为模态指令（又称续效指令）和非模态指令（一次性G指令）两种。所谓模态指令是指某一G指令（如G01）一经指定就一直有效，直到后边程序段中使用同组G指令（如G03）才能取代它；而非模态指令只在指定它的程序段中有效，下一段程序需要重新指定（如G04）。

常用准备功能指令见表5-3。

表5-3中，“00”组G指令是非模态指令，其他各组指令均为模态指令。同一个程序段中，可以指定两个不同组的G指令并有效。当一个程序段中指定了两个或两个以上属于同组的G指令时，则只有最后一个被指定的G指令有效。

表 5-3 **准备功能**

代码	组别	功能	代码	组别	功能
G00		快速点定位	G54		选择工件坐标系 1
G01	01	直线插补	G55		选择工件坐标系 2
G02		顺时针方向圆弧插补	G56	14	选择工件坐标系 3
G03		逆时针方向圆弧插补	G57		选择工件坐标系 4
G04		暂停	G58		选择工件坐标系 5
G10	00	可编程数据输入（补偿值设定）	G59		选择工件坐标系 6
G11		可编程数据输入方式取消	G65	00	宏程序调用
G18	16	Z、X 平面选择	G66	12	宏程序模态调用
G20	06	英制输入（英寸）	G67		宏程序模态调用取消
G21		米制输入（毫米）	G70		精车循环
G22	09	存储行程限位有效（检查接通）	G71		外径/内径粗车循环
G23		存储行程限位无效（检查断开）	G72		端面粗车循环
G27		返回参考点检查	G73	00	轮廓粗车循环
G28	00	自动返回参考点	G74		端面钻孔循环
G30		返回第 2、第 3 和第 4 参考点	G75		外径/内径切槽循环
G31		跳转功能	G76		螺纹切削复合循环
G32	01	单行程螺纹切削	G90		外径/内径车削循环
G34		变螺距螺纹切削	G92	01	螺纹车削循环
G40		刀尖半径补偿取消	G94		端面车削循环
G41	07	刀尖半径左补偿	G96	02	恒表面切削速度控制
G42		刀尖半径右补偿	G97		恒表面切削速度控制取消
G50		坐标系设定或最大主轴速度设定	G98	05	每分钟进给
G52	00	局部坐标系设定	G99		每转进给
G53		机床坐标系设定			

（二）辅助功能指令（M 指令或 M 代码）

M 指令是数控机床操作时的工艺性指令，它主要用于控制数控机床的各种辅助动作及开关状态，如主轴的正、反转，切削液的开、停，工件的夹紧、松开，程序结束等。M 指令由地址 M 和其后的两位数字组成，从 M00～M99 共 100 种。FANUC-0i 系统常用的 M 指令如表 5-4 所示。

表 5-4 **辅助功能**

代码	功能	代码	功能
M00	程序停止	M08	切削液开
M01	计划停止	M09	切削液关
M02	程序结束	M30	纸带结束
M03	主轴正转（顺时针方向）	M98	子程序调用
M04	主轴反转（逆时针方向）	M99	子程序结束
M05	主轴停止		

1. M00—程序停止

在执行完包含 M00 指令的程序段后，主轴停转、进给停止、切削液关闭、自动运行停止。程序停止时，所有的模态信息保持不变。当重新按下机床控制面板上的“循环启动”按钮后，继续执行下一程序段。

2. M01—计划停止

该指令的作用与 M00 相似，所不同的是必须在机床操作面板上预先按下“选择停止”按钮后，执行完包含 M01 指令的程序段后程序才能有效停止；如果不按下“选择停止”按钮，则 M01 指令无效。

3. M02、M30—程序结束

该指令用于程序全部结束，命令主轴停转、进给停止、切削液关闭、自动运动停止并且机床数控系统复位。在执行完包含 M02 或 M30 指令的程序段后，根据参数设置的不同（第 3404 号参数的第 2 位或第 4 位用于取消这项功能），程序的控制转移到程序的开头。

4. M03、M04、M05—主轴正、反、停转

主轴正转是指从主轴从正 Z 方向看去，主轴顺时针方向旋转，逆时针方向则为反转。主轴停转指令在该程序段的其他指令执行完成后才能执行，一般在主轴停转的同时进行制动和关闭切削液。

说明：通常一个程序段中只能指定一个 M 指令，但是通过相关参数（第 3404 号参数的第 7 位）进行设定后，可以在一个程序段中最多指定 3 个 M 指令，这显然能够减少加工循环的时间。

（三）进给功能指令（F 指令或 F 代码）

该指令指定刀具的进给速度，由地址 F 和其后的数字组成。数字表达的方式有三种：每转进给量（mm/r，用 G99 指定）、每分钟进给量（mm/min，用 G98 指定）和螺纹切削功能中的螺距（mm/r）。系统通电后默认为 G99 模式。

在程序启动第一个 G01、G02 或 G03 功能时，必须同时启动 F 指令。F 指令为模态指令，即当前 F 值一直有效，直到被新的 F 值所取代。借助机床控制面板上的倍率按钮，F 值可在一定的范围内进行倍率修调，但执行螺纹切削时倍率开关无效，即进给倍率固定在 100％。在 G00 工作方式下，其进给速度由数控机床生产厂家设定，与 F 值无关。

（四）刀具功能指令（T 指令或 T 代码）

在数控机床切削的过程中，根据工件的加工要求需要在不同的加工阶段采用不同的刀具，因此，在数控加工程序中必须编写自动换刀指令，指定数控系统进行选择刀具或更换刀具，并且在换刀前先将换刀点设置好。T 指令由地址 T 和其后的数字组成。在 FANUC-0i 数控系统中，刀具功能指令采取 T2＋2 的形式表示，其中前两位数字表示刀具号，后两位数字表示刀补号。例如，T0101 表示采用了 1 号刀具和 1 号刀补。

（五）主轴功能指令（S 指令或 S 代码）

主轴功能指令是用以设定主轴转动速度的指令，由地址 S 和其后的数字组成。数字表达的含义有两种：主轴切削线速度和主轴的转速。

1. 主轴速度以转速设定（单位：r/min）

指令格式：G97S_。

该指令之后的程序段工作时，主轴转速为 S 指令后的数值，是恒转速。例如，G97S800

表示主轴转速为 800r/min。

2. 主轴速度以线速度设定（单位：m/min）

指令格式：G96S _。

该指令之后的程序段工作时，主轴转速为 S 指令后的数值，是恒切削速度（线速度）。例如，G96S100 表示切削速度是 100m/min。

说明：

（1）在零件加工之前，必须同时启动 S 指令和主轴运转指令（M03 或 M04）。

（2）系统开机状态为 G97 状态。

（3）使用 G96 指定主轴线速度时，必须限定主轴的最高转速，即在设置主轴恒切削速度前，将主轴最高转速设置在某一个最高值，切削过程中当执行恒切削速度时，主轴最高转速将被限制在这个最高值。设置方法为 G50S _，其中 S 的单位为 r/min。例如，G50S2000 表示主轴转速最高为 2000r/min。

第四节 数控车床编程

数控车床是目前使用最广泛的数控机床之一，主要用于加工轴类、盘类等回转体零件。通过数控加工程序的运行，可自动完成内外圆柱面、圆锥面、成形表面、螺纹和端面等工序的切削加工，并能进行车槽、钻孔、扩孔、铰孔等工作。车削中心可在一次装夹中完成更多的加工工序，提高加工精度和生产效率，特别适合于复杂形状回转类零件的加工。

一、数控车床的编程特点

（1）在一个程序段中，可以采用绝对值编程，也可以采用增量值编程，或二者混合编程。

（2）由于被加工零件的径向尺寸在图样上和测量时都是以直径值表示的，因而当直径方向用绝对值编程时，X 以直径值表示；用增量值编程时，以径向实际位移量的二倍值表示，并附上方向符号（正向可以省略）。

（3）由于车削加工常用棒料或锻料作为毛坯，加工余量较大，因而为简化编程，数控装置常具备不同形式的固定循环，可以在程序中调用。

（4）车床数控系统中都有刀具位置补偿功能和刀具半径补偿功能，合理利用刀具补偿功能可以简化程序编制，提高零件的加工精度。

（5）为提高工件的径向尺寸精度，X 向的脉冲当量取 Z 向的一半。

二、数控车床常用的准备功能

（一）工件坐标原点设定指令 G50

1. 工件坐标系的概念

编制程序时，首先要建立一个坐标系，程序中的坐标值均以此坐标系为依据，所以又称为编程坐标系。从理论上讲，编程坐标系选在任何位置都是可以的，但为了编程方便以及使各尺寸较为直观，数控车床编程坐标系的原点一般设在工件上，所以又称为工件坐标系。一般情况下，数控车床工件坐标系的原点（简称工件原点或程序原点）设在主轴回转中心与工件右端面或左端面的交点处。如图 5-11 所示，工件原点可选在主轴回转中心与工件右端面的交点 O 上，也可选在主轴回转中心与工件左端面的交点 O' 上。

2. 工件坐标系原点设定

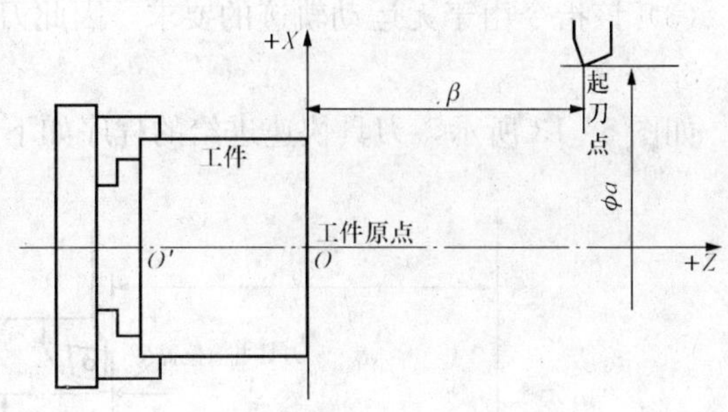

图 5-11 工件坐标系

工件坐标系原点的设定通常用指令 G50 来指定，其指令格式为 G50 X(α) Z(β)，数值α、β分别为刀尖的起始点（起刀点）距工件坐标系原点在 X 向和 Z 向的坐标值。执行 G50 X(α) Z(β) 指令后，这个坐标值就寄存在数控系统的寄存器中，系统内部对该坐标值（α，β）进行了记忆，并显示在显示器上，这就相当于在系统内部建立了一个工件坐标系，该坐标系的原点与刀尖起始点之间的距离分别为α和β。在实际加工以前，通过对刀操作可获得α和β的数值。

3. 说明

（1）一般 G50 作为第一条指令放在整个程序的前面，告诉数控系统刀尖起始点相对于工件坐标系原点的位置，从而设定了一个工件坐标系。

（2）G50 是一个非运动指令，只起预置寄存的作用，即执行 G50 指令时机床的运动部件不产生任何运动。

4. 举例

图 5-12 所示的工件，建立工件坐标系的方法如下。

选工件右端面 O 点为工件原点时，其程序段为 G50 X150.0 Z20.0（刀尖起始点在距工件坐标原点 X150.0、Z20.0 处）。若选工件左端面 O′点为工件原点时，则程序段应写为 G50X150.0Z100。对于同一工件，由于工件原点变化了，所以程序段中的坐标尺寸值也随之改变。因此，采用绝对值编程时，必须在编程前首先设定工件坐标系。

（二）快速定位指令 G00

该指令使刀具以机床生产厂家设定的最快速度按点位控制方式从当前所在位置（起点）快速移动到指令给出的目标位置（终点）。该指令没有运动轨迹的要求，也不需要特别规定进给速度。

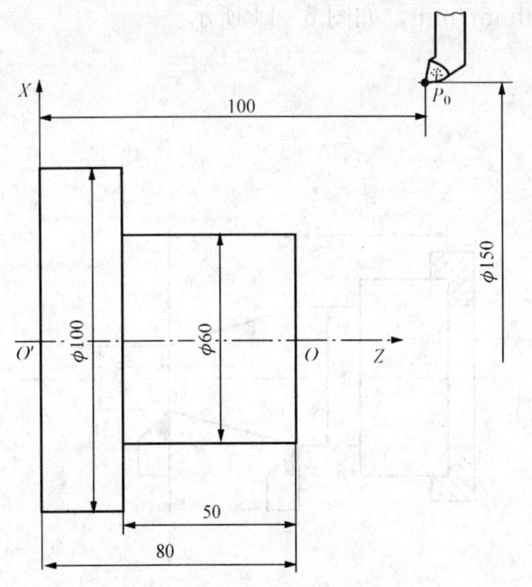

图 5-12 G50 设置工件坐标系

1. 指令格式

G00 X(U)_ Z(W)_

其中 X、Z 为终点坐标的绝对值，U、W 为终点坐标相对于起点坐标的增量值。在同一个程序段中，绝对坐标指令和增量坐标指令也可以混用，如 G00 X_ W_ 或 G00 U_ Z_（下同）。当在某一个坐标轴上相对位置不变时，可以省略该轴的坐标值，如 G00 X_ 或 G00 Z_。

2. 说明

（1）该指令只能用于快速定位，不能用于切削加工。

（2）G00 指令的移动速度是机床厂设定的空行程速度，与程序中的进给速度无关。

（3）该指令由于无运动轨迹的要求，因此刀具移动的轨迹不是标准的直线插补轨迹。

3. 举例

如图 5-13 所示，刀具快速进给的程序如下：

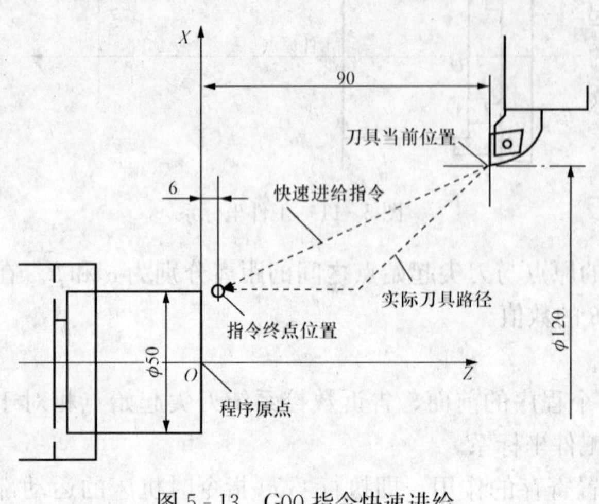

图 5-13　G00 指令快速进给

程序：G00　X50.0　Z6.0　或 G00　U−70.0　W−84.0

执行该程序后，刀具便快速由当前位置按实际刀具路径移动到指定的终点位置。应特别注意的是，刀具沿 X 方向实际上只移动了 35mm。

（三）直线插补指令 G01

该指令使刀具按程序中给定的进给速度 F 以直线运动方式，从当前点移动到指令给出的目标位置。该指令既可以使刀具沿 X 轴方向或 Z 轴方向作直线运动，也能以两轴联动方式在 X、Z 平面内作任意斜率的直线运动。

1. 指令格式

G01　X(U)　Z(W)　F

例如　G01　X10.0　Z100.0　F0.3，使刀具从当前所在位置以 0.3mm/r 的速度移动到（10，100）的位置。

2. 说明

进给速度的方向是直线方向。如果进给速度 F 在前段程序中给定并且不需要改变，本段程序也可不写出；如果某轴没有进给，则指令中可省略该轴坐标，如：G01　X_　F_（刀具沿 X 坐标轴运动）或 G01　Z_　F_（刀具沿 Z 坐标轴运动）。

3. 举例

以 G01 方式从 A 点移动到 B 点，速度为 150mm/min，如图 5-14 所示。

绝对编程：

N0100　G01　X45　Z−35　F150

相对编程：

N0100　G01　U25　W−35　F150

（四）圆弧插补指令 G02 或 G03

使机床在 X、Z 坐标平面内执行圆弧插补运动，切削出圆弧轮廓。G02 为顺时针圆弧插补指令，G03 为逆时针圆弧插补指令。

圆弧顺、逆方向的判断：沿与圆弧所在平面（如 XOZ 平面）相垂直的另一坐标轴的负方向（如 $-Y$）看去，顺时针为 G02，逆时针为 G03，如图 5-15 所示。

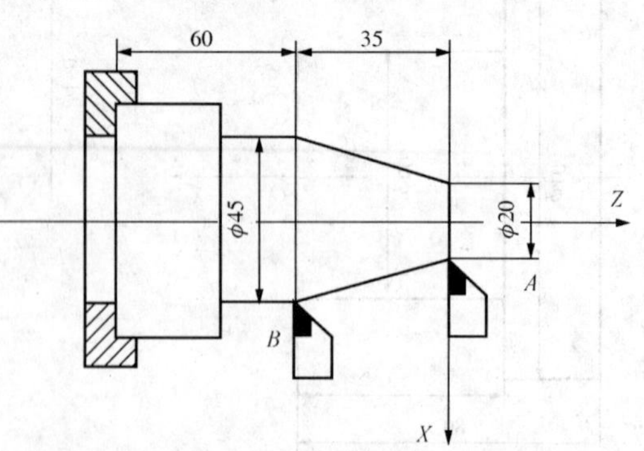

图 5-14　G01 指令切削外圆锥柱面

1. 指令格式

这两个指令不仅要指定圆弧终点的坐标，而且还要指定圆弧圆心的位置。常用指定圆弧圆心位置的方式有两种，即圆心坐标 I、K 和圆弧半径 R，其指令格式分别如下：

G02 X(U) Z(W) IKF；圆心坐标编程

G03 X(U) Z(W) IKF；

或 G02 X(U) Z(W) RF；半径编程

G03 X(U) Z(W) RF；

指令中字段说明如表 5-5 所示。

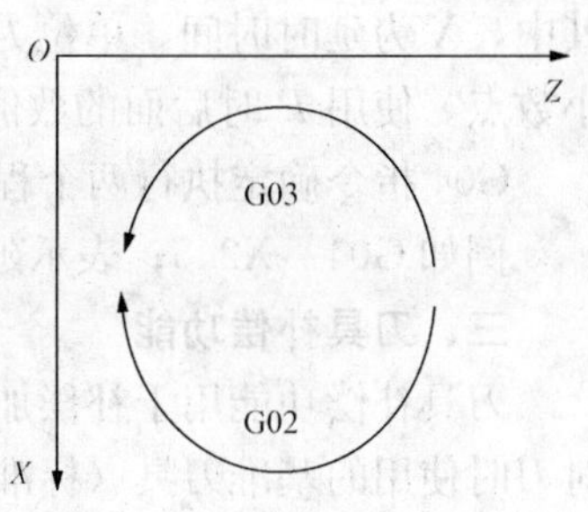

图 5-15 根据圆弧方向的不同选择不同的圆弧插补指令

表 5-5 圆弧插补指令中各字段的含义

字 段	指定内容	意 义	字 段	指定内容	意 义
G02	圆弧回转方向	顺时针圆弧 CW	I，K	圆心坐标	圆心相对起点的坐标
G03	圆弧回转方向	逆时针圆弧 CCW	R	圆弧半径	圆弧上任一点到圆心的距离
X，Z	绝对坐标	圆弧终点绝对坐标值	F	进给速度	沿圆弧的速度
U，W	相对坐标	圆弧终点到起点的距离			

2. 说明

(1) 圆弧终点坐标的确定。地址 X、Z 或 U、W 指定圆弧终点位置，可用绝对或相对坐标表示。相对坐标是从圆弧的起点到终点的距离。

(2) I、K 值的确定。地址 I、K 指定圆弧的圆心坐标。I、K 分别对应 X、Z 轴，以起点为原点指向圆心的矢量。I 为 X 轴上分量（需用直径表示），K 为 Z 轴上的分量，I、K 方向与 X、Z 轴正方向相同时取正值，否则取负值。

(3) 圆弧半径 R 值的确定。当用圆弧半径 R 指定圆心位置时，由于在同一半径 R 的情况下，从圆弧的起点到圆弧的终点有两条圆弧路径，为区别二者，在编程时规定圆心角 $\alpha \leqslant 180°$ 时，R 用正值表示（正号可省略）；当圆心角 $\alpha > 180°$ 时，R 用负值表示。用圆弧半径 R 指定圆心位置时，不能进行整圆编程。

(4) 圆弧半径 R 不能与 I、K 同时使用，如果同时指定了 I、K 和 R，则 R 指令优先，I、K 值无效。

3. 举例

如图 5-16 所示，刀尖从起点 A 移动到 B 点，进给速度为 100mm/min。

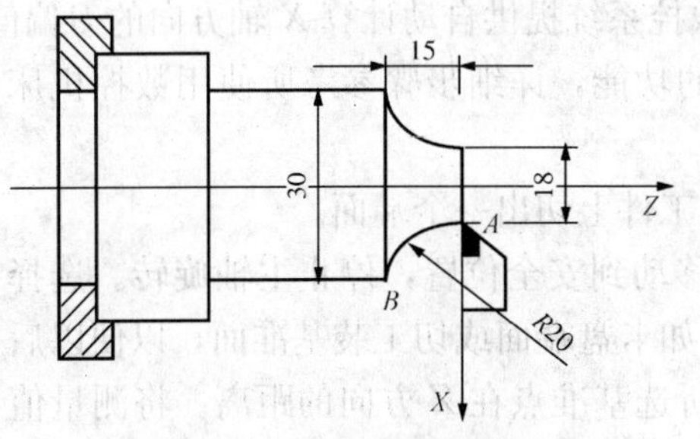

图 5-16 圆弧插补示例

绝对编程：

N0000 G0 X18 Z0

N0010 G03 X30 Z－15 R20 F100

相对编程：

N0000 G0 X18 Z0

N0010 G03 U12 W－15 R20 F100

（五）暂停延时指令 G04

指令格式：G04 X(P)。

其中，X 为延时时间，单位为秒（s），范围为 0.001～65.535，使用 X 时后面的数值必须带小数点。使用 P 时后面的数值不能带小数点，单位是毫秒（ms）。

G04 指令确定执行两个程序段的间隔时间。

例如 G04　X2.5；表示延时 2.5s。

三、刀具补偿功能

刀具补偿功能用于补偿加工时实际使用的刀具与编程时使用的理想刀具（假想刀具）或对刀时使用的基准刀具（标准刀具）之间的差值（偏移量），从而保证加工出的零件符合图样要求。刀具补偿功能是数控车床的重要功能之一，它可分为刀具长度补偿和刀尖圆弧半径补偿。

（一）刀具长度补偿功能

刀具长度补偿分为刀具几何尺寸补偿（刀具偏置补偿）和刀具磨损补偿。刀具几何尺寸补偿用于补偿实际刀具形状或刀具安装后的形状与标准刀具（基准刀具）的位置误差（偏移量），而刀具磨损补偿则用于补偿刀具使用磨损后刀具头部尺寸与原始尺寸的误差值。

刀具几何尺寸补偿和磨损补偿在发生作用前，必须先进行刀具参数的设置。设置的方法一般采用机内试切法对刀，所获得的数据必须通过手动数据输入（简称 MDI）的方式将刀具参数（刀具偏移量）按刀具偏置补偿号（简称刀补号）输入到数控系统存储器中的刀具偏置补偿表中，然后通过程序中的刀具功能指令（T 指令）的后两位数字进行调用。例如 T0202，前两位数字 02 表示调用 02 号刀具，后两位数字 02 表示调用 02 号刀具补偿。

机内试切法对刀的详细过程如下。

（1）对刀前准备工作，如设置好工件坐标系。

（2）当刀补号不为零时，最好输入 T00 先撤销原刀具偏移量再对刀，否则系统会将原来的刀具偏移量与新的刀具偏移量合并计算（仅在刀具磨损后重新对刀时需要）。必要时也可以带刀偏对刀。

（3）在机床上装夹好试切工件，选择任意一把刀（一般是加工中使用的第一把刀）。

（4）选择合适的主轴转速，启动主轴。在手动方式下移动刀具在工件上切出一个小台阶。

（5）在 X 轴不移动的情况下沿 Z 方向将刀具移动到安全位置，停止主轴旋转。

（6）测量所切出的台阶的直径，与屏幕上显示的 X 值进行比较，可得出该刀具在 X 方向的刀具偏移量，然后用 MDI 方式输入到数控系统存储器中的刀具偏置补偿表中的对应位置，一般是 T*X（*表示当前的刀位号）。有的数控系统提供自动计算 X 轴方向的刀偏值，并将计算出的刀偏存入*对应的 X 轴刀偏参数区的功能，详细步骤参考所使用数控机床的编程手册。

（7）再次启动主轴，在手动方式下移动刀具在工件上切出一个端面。

（8）在 Z 轴不移动的情况下沿 X 方向将刀具移动到安全位置，停止主轴旋转。选择一点作为基准点（该点最好是机床上的一个固定点，如卡盘端面或切工装基准面，以便以后重新对刀时能找出原来的基准点），测量所切端面到所选基准点在 Z 方向的距离。将测量值与屏幕上显示的 Z 值进行比较则可得出该刀具在 Z 方向的刀具偏移量，其他设置过程参见第

(6) 步。

(9) 换下一把刀，并重复步骤 (4) ～ (8) 的操作对好其他刀具。

(10) 当工件坐标系没有变动的情况下，可以通过上述过程对任意一把刀进行对刀操作。在刀具磨损或调整一把刀时，操作非常快捷、方便。有时刀补输不进去或计算出的数据不正确时，可以先撤销刀补 (T00) 或执行回程序零点操作。

(二) 刀尖圆弧半径补偿功能

数控车削编程时必须选择刀具上的一个点，用该点的运动轨迹作为刀具相对于工件的运动轨迹。实际编程时通常采用假想刀尖点或刀尖圆弧中心作为刀位点编程。

1. 假想刀尖

为了编程和对刀的方便，通常将刀尖看作是一个点，即所谓假想 (理想) 刀尖，但放大来看，实际车刀的刀尖并不是一个绝对的尖点，而是有一个半径不大的圆弧，如图 5-17 所示。数控程序中刀具的运动轨迹即为该假想刀尖点的运动轨迹。

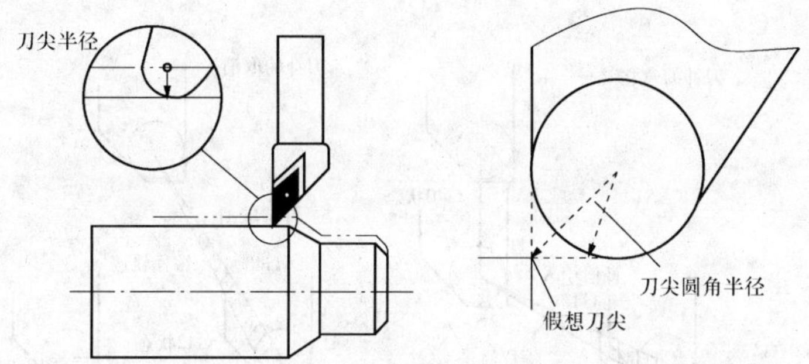

图 5-17　假想刀尖与刀尖半径

由于假想的刀尖点并不是刀刃圆弧上的一点，因此在车削锥面、倒角或圆弧时，可能会造成切削加工不足 (不到位) 或切削过量 (过切) 的现象。图 5-18 描述了切削锥面时因切削加工不足而产生的加工误差。此时可以用刀尖圆弧半径补偿功能来消除由于尖圆弧半径引起的工件尺寸和形状误差。

2. 刀尖圆弧半径补偿的方法

在数控加工中一般都使用可转位刀片，每种刀片的刀尖圆角半径是一定的，当刀片的型号选后，对应刀片的刀尖圆角半径就确定了。然后再根据车刀安装位置的不同，将刀片对应的刀尖圆弧半径和刀尖方向输入到数控系统中刀具偏置表的 R 地址和 T 地址中。最后再通过程序中的刀具半径补偿指令 G41 或 G42 命令对刀具作相应的刀尖半径补偿，用指令 G40 可以取消刀尖半径补偿。

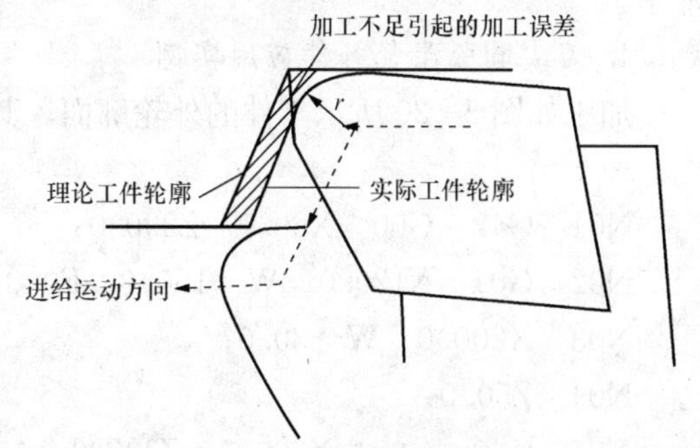

图 5-18　切削锥面因切削加工不足而产生的加工误差

刀具半径自动补偿功能是通过刀具半径自动补偿指令来实现的。刀具半径自动补偿指令又称刀具偏置指令，分为左偏和右偏两种，以适应不同的加工需要。G41 表示刀具左偏，指顺着刀具前进的方向观察，刀具偏在工件轮廓的左边。G42 表示刀具右偏，指顺着刀具前进的方向观察，刀具偏在工件轮廓的右边。G40 表示注销左右偏置指令，即取消刀补，使刀具中心与编程轨迹重合。G40 指令总是和 G41 或 G42 指令配合使用的。G41、G42 指令均为续效指令。

G40、G41 和 G42 指令编程时与 G00、G01 指令配合使用。

3. 刀尖圆弧半径补偿的建立、执行和取消

刀尖圆弧半径补偿的过程分为刀补的建立、刀补的执行和刀补的取消三个阶段。刀补的建立是进入切削加工前要写入到程序中的一个辅助程序段，刀补的取消是切削加工完成后要写入到程序中的一个辅助程序段。图 5-19 所示为采用 G42 建立刀尖圆弧半径右补偿，用 G40 取消刀尖圆弧半径补偿的过程。刀补的建立与刀补的取消均应在非切削状态下进行。程序中含有 G41 或 G42 的程序段是建立刀补的程序段，含有 G40 的程序段是取消刀补的程序段，在执行刀补期间刀具始终处于偏置状态。刀补的建立必须在包含 G00（或 G01）运动的程序段完成。

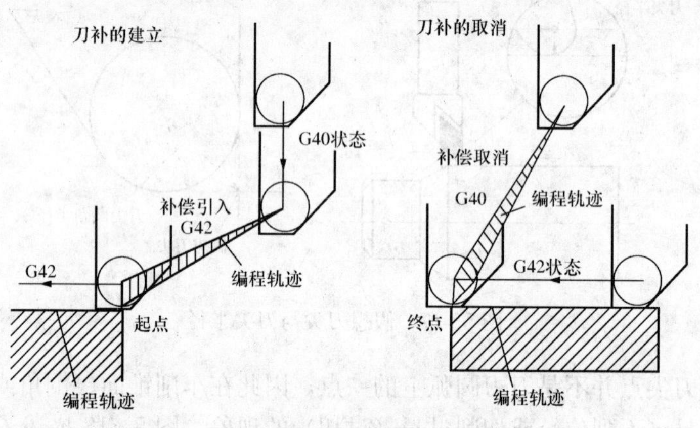

图 5-19 刀尖半径补偿的建立与取消

使用 G40、G41、G42 指令时应注意：G41 或 G42 指令必须与 G40 指令成对使用，即在程序中前面有了 G41 或 G42 指令之后，不能再直接使用 G42 或 G41 指令。若想使用，必须先用 G40 指令解除原补偿状态后，再使用 G42 或 G41 指令，否则补偿就不正常了。

4. 刀尖圆弧半径补偿应用实例

加工如图 5-20 所示零件的外轮廓面，其程序如下：

```
…
N01  G42  G00  X60.0  Z290.0;          （刀补建立程序段，建立刀具右补偿）
N02  G01  X120.0  W-150.0  F0.3;       （车削外圆椎面）
N03  X200.0  W-30.0;                   （车削锥形台阶）
N04  Z50.0;                            （车削 φ200 外圆柱面）
N05  G40  G00  X300.0  Z300.0;         （刀补取消程序段）
…
```

四、单一形状固定循环

在某些特殊的粗车加工过程中，由于切削量大，同一加工路线反复多次切削，为简化编程提高编程和加工效率而设定固定循环。每执行一次固定循环，刀具自动返回执行前的坐标位置。若需再次循环只需编程进刀数据而不必重写循环指令。执行循环后返回循环起点的位置，若循环后的程序段中含有其他G、M、S、T等指令，循环自动结束。

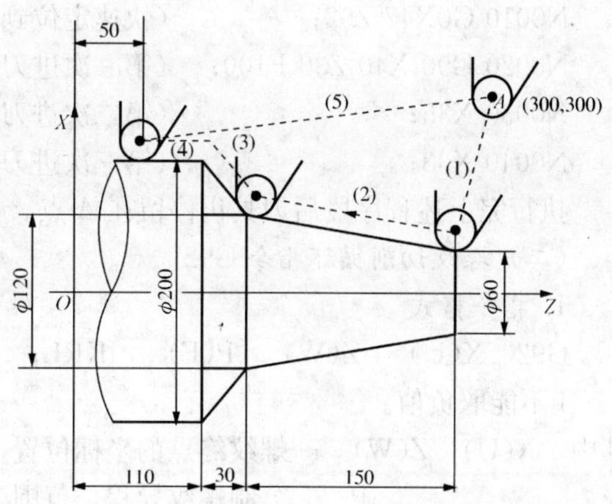

图5-20　刀尖半径补偿应用实例

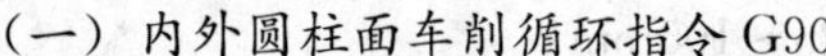

(一) 内外圆柱面车削循环指令G90

1. 指令格式

G90　X(U)　Z(W)　R　F;

其中　X(U)、Z(W)——柱（锥）面终点位置，即图5-21中C点的坐标值，两轴坐标必须齐备，相对坐标不能为零。

R——循环切削起点与循环切削终点的半径之差（即图5-21中B点和C点的半径之差），省略R为轴面切削，R值的正负由B点和C点的X坐标之间的关系确定。

F——切削速度。

2. 说明

G90循环执行过程如图5-21所示，包含以下几个步骤：

(1) X轴从A点快速移动到B点。

(2) X、Z轴以F速度从B点切削到C点（无R时X轴不移动）。

(3) X轴以F速度从C切削到D点。

(4) Z轴从D点快速移动到A点。

G90循环结束后刀具仍在循环起始点。如仅重新定义终点的X坐标（或相对坐标U），则循环按新的$X(U)$坐标值重复上述循环过程。

3. 举例

加工图5-22所示的外圆柱面，前两次进刀5mm，第三次进刀2mm，切削速度$F=$100mm/min。

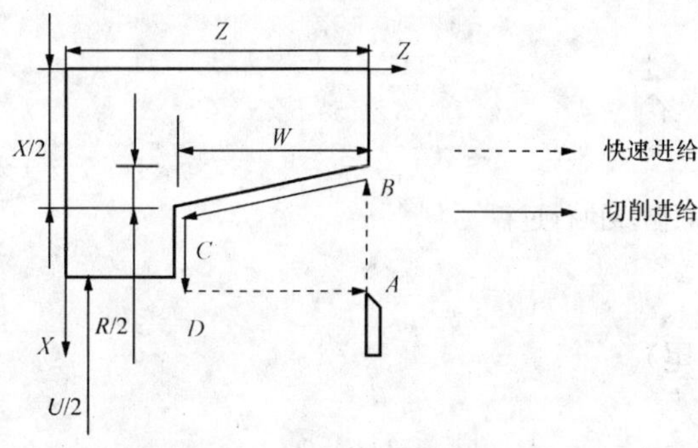

图5-21　G90指令的循环执行过程

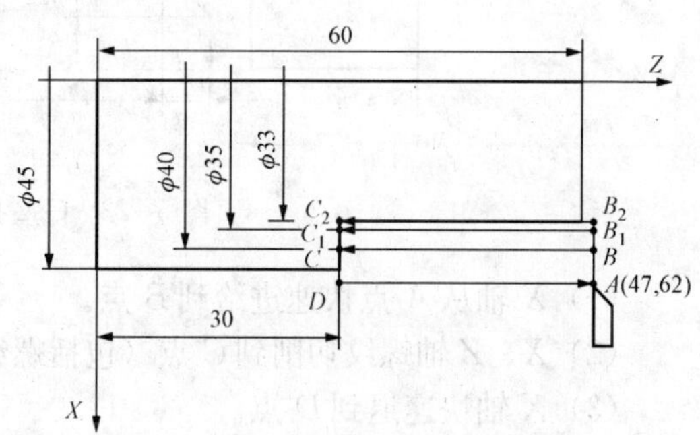

图5-22　G90循环示例

N0010 G0X47 Z62； （快速定位到 A 点）
N0020 G90 X40 Z30 F100； （第一次进刀执行一次循环 ABCDA）
N0030 X35； （第二次进刀执行一次循环 AB_1C_1DA）
N0040 X33； （第三次进刀再执行一次循环 AB_2C_2DA）

执行完上述程序段后刀具仍停留在 A 点。

（二）螺纹切削循环指令 G92

1. 指令格式

G92 X(U) Z(W) P(E) IKRL；

I 不能取负值。

其中 X(U) Z(W)——螺纹终点的坐标位置；
P——公制螺纹导程，范围为 0.25～100mm；
E——英制螺纹导程，范围为 100～0.25 牙/英寸；
I——螺纹退尾时 X 轴方向的移动距离，当 K≠0 时，省略 I，则默认 I=2×K，即 45℃方向退尾；
K——螺纹退尾时退尾起点距终点在 Z 轴方向的距离；
R——螺纹起点与螺纹终点的半径之差（螺纹锥度，省略 R 为直螺纹）；
L——多头螺纹的螺纹头数（省略 L 为单头螺纹）范围为 1～99。

2. 说明

关于 R 和 K 的取值问题。

当 $R\neq0$ 时 $R<0$ 退尾方向为正向（X 向正方向移动），$R>0$ 退尾方向为负向（X 向负方向移动）。

当 $R=0$，$K\neq0$ 时，由 K 的符号决定 X 轴的退尾方向。$K>0$ 退尾方向为正向（X 向正方向移动），$K<0$ 退尾方向为负向（X 向负方向移动）。

当 $R\neq0$，$K\neq0$ 时，R 决定锥度方向，K 决定退尾方向。

3. G92 螺纹循环的执行过程（见图 5-23）

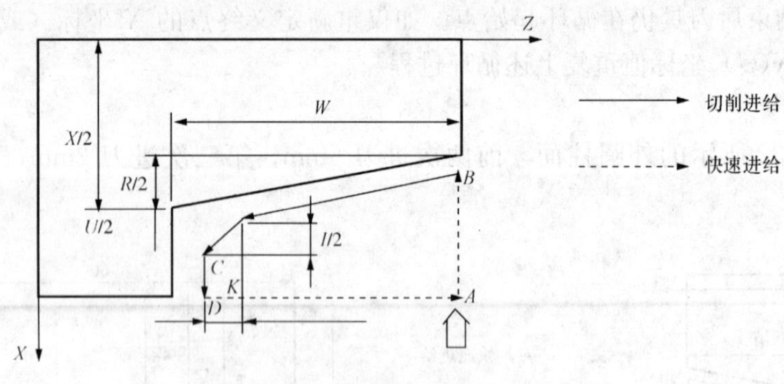

图 5-23 G92 指令的循环执行过程

（1）X 轴从 A 点快速进给到 B 点。

（2）X、Z 轴螺纹切削到 C 点（包括螺纹退尾）。

（3）X 轴快速退到 D 点。

（4）Z 轴快速退回 A 点（起始点）。

（5）若多头螺纹，重复 1～4 的过程进行多头螺纹的切削。

一般螺纹切削都需要多次进刀，此时只需修改进刀终点的 X 坐标值（或相对于起点的增量值）。螺纹循环结束后，坐标位置仍然在起点。

4. 举例

加工图 5－24 所示的英制圆柱管螺纹 G1 $\frac{1}{4}$：牙数 11，$D=41.910$，$D_2=40.431$，$D_1=38.952$。

N0010 G0 X45 Z5；	快速定位 A 点
N0020 M03 S600；	主轴正转，600r/min
N0030 G92 X41 Z－50E11；	第一次进刀，切削 0.91cm
N0040 X40.2；	第二次切削 0.8cm
N0050 X39.6；	第三次切削 0.6cm
N0060 X39.2；	第四次切削 0.4cm
N0070 X38.952；	第五次切削至要求尺寸

执行完上述程序段后刀具仍停留在 A 点。

（三）切槽循环指令 G75

该循环指令可以实现 X 轴向切槽，X 轴向排屑钻孔（此时忽略 Z、W 和 Q）。

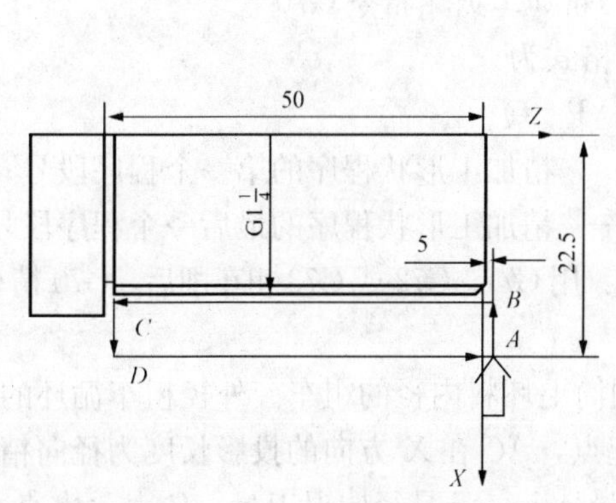

图 5－24 G92 循环示例

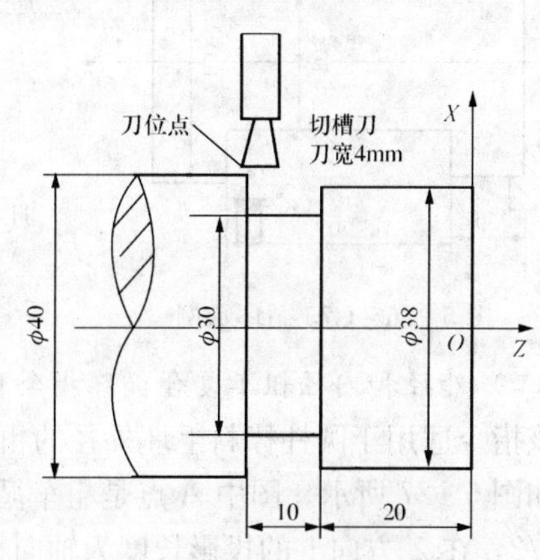

图 5－25 G75 切槽循环

1. 指令格式

G00 Xα_1 Zβ_1

G75 Re

G75 X(U) α_2 Z(W) β_2 PΔi QΔk RΔd F

程序段中各地址的含义如下：

α_1、β_1——切槽循环起始点的坐标值。α_1 应比槽口最大直径（有时在槽的左右两侧直径是不相同的，如 5－25 图所示）大 2～3mm，以免在刀具快速移动时发生撞刀；β_1 切槽起始位置与从左侧或右侧开始有关（在图 5－25 中，当切槽起始位置从左侧开始时，β_1 为－30；当切槽起始位置从右侧开始时，β_1 为－24）。

α_2——槽底直径。

β_2——切槽时的 Z 向终点坐标，同样与切槽起始有关（在图 5－25 中，当切槽起始位置从左侧开始时，β_2 为－24；当切槽起始位置从右侧开始时，β_2 为－30)。

e——切槽过程中径向的退刀量，半径值，mm。

Δi——切槽过程中径向的每次切入量，半径值，μm。

Δk——沿径向切完一个刀宽后退出，在 Z 向的移动量，μm，但必须注意其值应小于刀宽。

Δd——刀具切到槽底后，在槽底 Z 方向的退刀量，μm。注意：尽量不要设置数值，最好取 0，以免断刀。

2. 举例

执行图 5-26 的切槽循环，刀具宽度 5mm，每次进刀 6mm，每次退刀 2mm，每次偏移 5mm，进刀速度 150mm/min。

N0030 G00 X125 Z100；　　（定位到起始点）

N0040 G75 R2；　　（指定径向退刀量 2mm）

N0040 G75 X80 Z35 P500 Q500 R0 F150；　　（切槽循环，终点尺寸应加上刀具宽度）

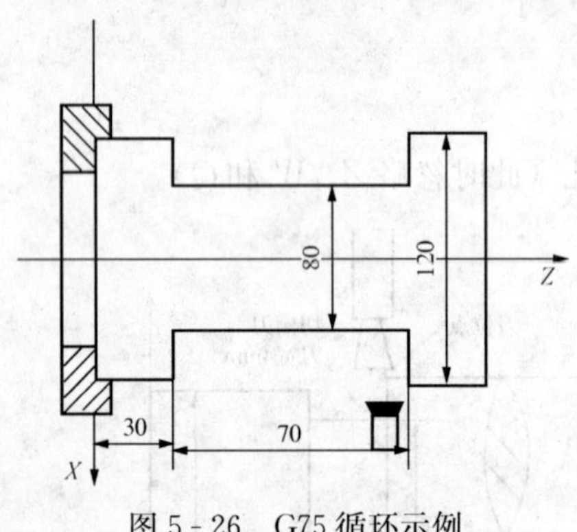

图 5-26　G75 循环示例

五、复合固定循环

为进一步简化编程、减少计算量，数控系统一般都提供复合循环切削功能，编程时只需给出加工形状的轨迹，系统可以自动决定加工过程中车刀的刀具路径。

（一）精加工循环指令 G70

指令格式为

G70　P　Q

其中　P——精加工形状程序的第一个程序段号；

Q——精加工形状程序的最后一个程序段号。

功能：用 G71、G72 或 G73 粗车削后，G70 精车削。

（二）外径和内径粗车复合循环指令 G71

该指令适用于圆柱棒料毛坯外径的粗车和圆筒毛坯料内径的粗车。外径粗车循环的进给路线如图 5-27 所示。图中 A 点是粗车循环的起点，AC 在 X 方向的投影长度为径向精车余量 $\Delta u/2$，在 Z 方向上的投影长度为轴向精车余量 Δw，Δe 是径向退刀量，R 表示快速进给，F 表示切削进给，下面类同。

1. 指令格式

G00(G01)　X　α　Z　β

G71　UΔd　RΔe

G71　PNs　QNf　UΔu　WΔw　F　S　T

程序段中各地址的含义为

α、β——粗车循环起点的坐标值。α、β 值的确定如图 5-28 所示，粗车外径时，α 值应比毛坯直径稍大 1～2mm，β 值应离毛坯右端面 2～3mm。粗镗内径时，α 值应比筒料内径稍小 1～2mm，β 值应离毛坯右端面 2～3mm。

Δd——径向背吃刀量（径向车削深度），无符号，半径值，mm。车削方向取决于 AA′方向，该参数力模态值，直到指定另一个值前保持不变。

Δe——径向退刀量，半径值，mm。该参数为模态值，直到指定另一个值前保持不变。

Ns——粗车循环开始程序段段号。

Nf——粗车循环结束程序段段号。

Δu——径向（X 轴方向）精车余量（直径值或半径值，由数控系统参数确定），mm。圆筒毛坯料粗镗工件内径时，应指定为负值。

Δw——轴向（Z 轴方向）精车量，mm。

F、S、T——粗车过程中从程序段 Ns－Nf 之间包括的任何 F、S、T 功能都被忽略，只有 G71 指令中指定的 F、S、T 功能有效。

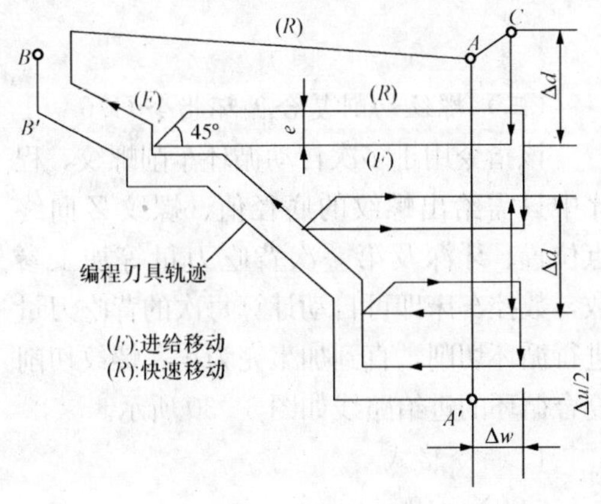

图 5-27 G71 粗车外径的进给路线

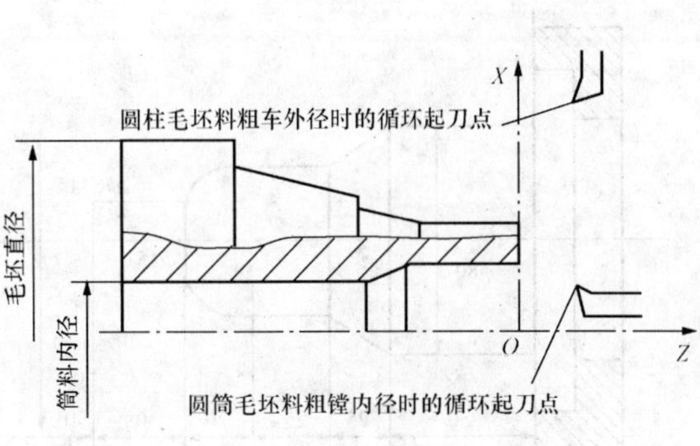

X
圆柱毛坯料粗车外径时的循环起刀点
毛坯直径
筒料内径
O
Z
圆筒毛坯料粗镗内径时的循环起刀点

图 5-28 粗车循环起刀点位置

2. 说明

（1）在 Ns 和 Nf 之间的程序段不能调用子程序。

（2）在粗车循环期间，刀尖半径补偿功能无效。但如果假想刀尖编号为 0 或 9，则刀尖半径补偿值会加到相应的 U、W 坐标方向上。

（3）在 Ns 和 Nf 之间程序段中指定的 G96 和 G97 功能及 F、S 和 T 无效，而在 G71 指令中或之前程序段指定的这些功能有效。

（4）在 Ns 程序段（即粗车循环开始程序段）中用 G00 或 G01 指定刀具运动，且在该程序段中不能指定沿 Z 轴方向的移动，即车削循环过程是平行于 Z 轴方向的。

3. 举例

切削如图 5-29 所示形状，棒料 φ82，每次进刀 4mm，退刀 2.5mm，切削速度 60mm/min，精车余量 X 方向和 Z 方向均为 2mm。

```
N01  G0  X115  Z155;          (定位到起始点)
N02  M3  S200;                (开主轴，置主轴高速)
N03  M8;                      (开冷却液)
N04  G0  X83;                 (X 进刀靠近工件)
N05  G71  U4.0  R2.5;
N06  G71  P07  Q14  U2.0  W2.0  F60;(定义粗车循环参数)
N07  G00  X15;
N08  G01  Z145;
N09  X15;
```

```
N10  W－30；
N11  G02  X55  W－20  I0  K－20；
N12  G1  W－25；
N13  G1  X80  W－20；
N14  W－50；              (定义最终轨迹，N005～N0110)
N15  G0  X115  Z155；     (返回刀具起点)
N16  M5；                 (关主轴)
N17  M9；                 (关冷却液)
N18  M2；                 (程序结束)
```

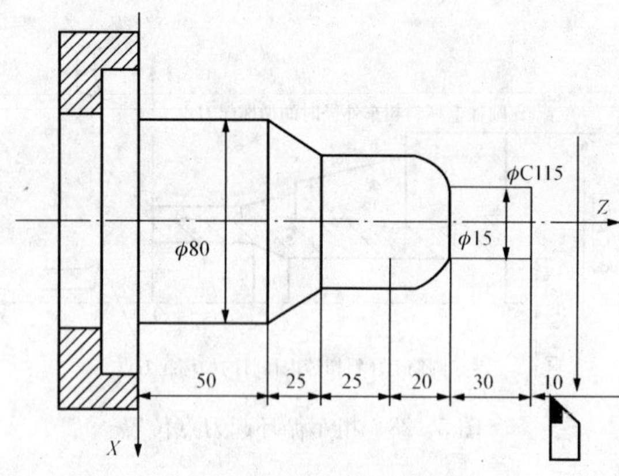

图 5-29　G71 循环示例

（三）螺纹切削复合循环指令 G76

该指令用于多次自动循环车削螺纹，程序中只需给出螺纹的底径值、螺纹 Z 向终点位置、牙深及第一次背吃刀量等加工参数，数控车床即可自动计算每次的背吃刀量进行循环切削，直到加工完为止。螺纹切削复合循环的进给路线如图 5-30 所示。

1. 指令格式

$G00X\alpha_1 Z\beta_1$

G76P(m)(r)(a)Q(Δdmin)R(d)；

$G76X(U)\quad \alpha_2 Z(W)\beta_2\quad R(i)$ P(k)Q(Δd)F(L)；

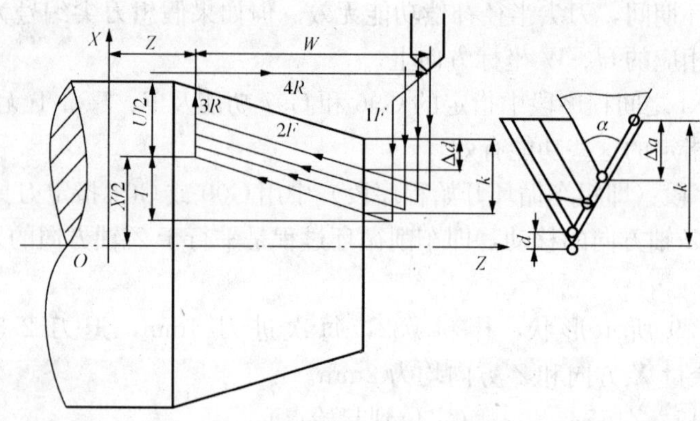

图 5-30　G76 指令的进给路线

其中　α_1、β_1——螺纹切削循环起始点坐标值，单位为 mm。X 向在切削外螺纹时，应比螺纹大径稍大 1～2mm；在切削内螺纹时，应比螺纹小径稍小 l－2mm。在 Z 向必须考虑空刀导入量。

m——精加工重复次数（1～99），本指定是状态指定，在另一个值指定前不会改变。可由参数（No. 5142）指定。

r——倒角量，即斜向退刀。该值的大小可设置在 0.0～9.9L（L 为螺距）之间，系数应为 0.1 的整数倍，程序中用 00～99 的两位整数表示，例如当取系数 1.1，则 r=1.1*L*，但程序中写为 11。本指定是状态指定，在另一个值指定前不会改变。可由参数（No.5130）指定。

a——刀尖角度：可选择 80°、60°、55°、30°、29°、0°，用 2 位数指定。本指定是状态指定，在另一个值指定前不会改变。可由参数（No.5143）指定。

Δd_{min}——最小切削深度（半径值，单位为 0.001mm）。本指定是状态指定，在另一个值指定前不会改变。可由参数（No.5140）指定。

d——精加工余量。本指定是状态指定，在另一个值指定前不会改变。可由参数（No.5141）指定。

α_2、β_2——螺纹终点的坐标值，单位为 mm。当采用绝对值编程时，表示螺纹终点的绝对坐标值；当采用增量值编程时，表示螺纹终点相对螺纹循环起始点的增量坐标值。需要注意的是 α_2 为直径值编程，在 *Z* 向必须考虑空刀导出量。

i——螺纹部分的半径差，含义及方向与 G92 的 *R* 相同，如果 i=0，可作一般直线螺纹切削。

k——螺纹高度（半径值，单位：0.001mm）。

Δd——第一次的切削深度（半径值，单位：0.001mm）。

L——螺纹导程（同 G32），单位为 mm。

2. 举例

试编写如图 5-31 所示圆柱螺纹的加工程序，螺距为 6mm。

G76 P 010060 Q200 R0.1；

G76 X60.64 Z23 R0 P3680 Q1800 F6.；

操作示例　数控车轴类零件

编制如图 5-32 所示零件的加工程序，毛坯为 ϕ40mm 的 45 钢棒料。

（1）选择刀具。根据加工要求选用四把刀具，在后置的刀架上分别安装好所有刀具。

1 号刀：机夹式外圆车刀（硬质合金可转位刀片），用于粗车外轮廓面。

2 号刀：机夹式外圆车刀（硬质合金可转位刀片），用于精车外轮廓面。

3 号刀：硬质合金焊接式切槽刀（刀宽 4mm），用于切槽、切断。

4 号刀：60°硬质合金三角形机夹式外螺纹车刀，用于车螺纹。

设工件右端面为程序原点，粗车循环起点坐标为（41，2），换刀点的坐标为（200，150）。

（2）根据图样要求，按先主后次、先粗后精的加工原则，确定工艺路线如下。

1）棒料伸出卡盘外约 85mm，找正后夹紧。

2）1 号刀采用 G71 指令进行外径粗车循环加工，*X* 向和 *Z* 向精车余量均为 0.5mm，其进给路线从右至左为：车削 *SR*9 球面→车削 *R*5 圆弧→车削圆锥面→倒角→车削螺纹大径圆柱面→车削 ϕ32mm 外圆柱面→车削 ϕ38mm 外圆柱面。

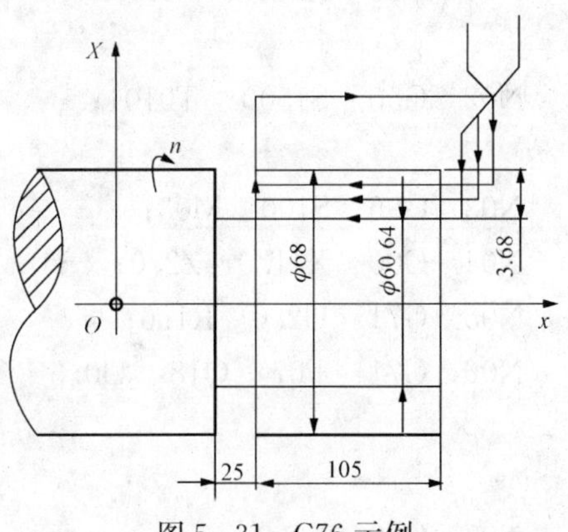

图 5-31　G76 示例

3）用 2 号刀采用 G70 指令进行外径精车循环加工，其进给路线从右至左为：车削 $SR9$ 球面→车削 $R5$ 圆弧→车削圆锥面→倒角→车削螺纹大径圆柱面→车削 $\phi32$mm 外圆柱面→车削 $\phi38$mm 外圆柱面。

4）用 3 号刀，采用 G75 指令进行切槽循环加工。

5）用 4 号刀，采用 G76 指令进行螺纹循环加工。

6）用 3 号刀切下零件。

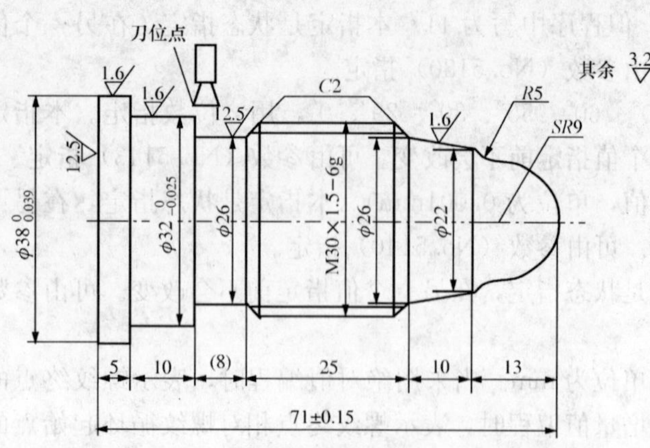

图 5-32 数控车床编程操作示例零件图

（3）确定切削用量。根据经验并查阅相关手册，选用的切削用量如表 5-6 所示。

表 5-6　　切 削 用 量 表

切削用量 / 切削内容	主轴转速 S(r/min)	进给速度 F(mm/r)	切削用量 / 切削内容	主轴转速 S(r/min)	进给速度 F(mm/r)
粗车外圆轮廓	800	0.15	倒角	800	0.2
精车外圆轮廓	1000	0.15	切削螺纹	600	1.5
切槽	800	0.1	切断	600	0.1

（4）数值计算。根据 GB/T 197—2003《普通螺纹　公差》计算出螺纹大径的尺寸范围为 $\phi29.968$～$\phi29.732$，现取螺纹大径为 $\phi29.85$mm，根据 GB/T 196—2003《普通螺纹　基本尺寸》计算出螺纹小径为 $\phi28.376$mm。取精加工 2 次，斜向退刀量 1.0L（L 为螺距），刀尖角 60°，最小背吃刀量 0.1mm，精加工余量 0.1mm；牙型高度按螺距计算得 0.974mm，第一次背吃刀量 0.4mm（半径值），螺纹终点坐标为（28.0，−50）。$SR9$ 球面与 $R5$ 圆弧相切，其切点坐标为（18.0，−9.0）（注意：若未知 $SR9$ 球面与 $R5$ 圆弧的切点坐标，则该基点坐标需按数值计算公式计算），然后可算出其他基点的坐标。

（5）加工程序。

0002;　〔程序名〕

N01　G50　X200.0　Z150.0;　（坐标系设定，以工件右端面与回转轴的交点作为程序原点）

N02　G50　S1500　T0101;　（G50 限定最高主轴转速为 1500r/min；调用 1 号刀，并导入刀补）

N03　G96　S100　M03;　（G96 设置恒切削速度为 100m/min，主轴正转）

N04　G00　X41.0　Z2.0;　（刀具快速运动到外径粗车循环起刀点）

N05　G71　U2.0　R1.0;　（定义 G71 粗车循环，车削 2mm，退刀量 1mm）

N06　G71　P07　Q18　U0.5　W0.5　F0.3　S800;（N07～N17 为循环部分轮廓，粗车主轴转速 800r/min，进给量 0.3mm/r）

N07　G00　X0.0;　（刀具从循环起点运动到距 $SR9$ 球头顶点 $Z2.0$

位置）

```
N08　G01　G42　Z0　F0.15；　（建立刀尖圆弧半径右补偿，刀具运动到SR9球
                            头顶点）
N09　G03　X18.0　Z−9.0　R9.0；（车削SR9球头）
N10　G02　X22.0　Z−13.0　R5.0；（车削R5圆弧）
N11　G01　X26.0　Z−23.0；　（车削圆锥面）
N12　X29.85　Z−25.0；　　　（倒角）
N13　Z−56.0；　　　　　　　（车削螺纹部分圆柱面）
N14　X32.0；　　　　　　　　（径向退刀）
N15　Z−66.0；　　　　　　　（车削φ32外圆柱面）
N16　X38.0；　　　　　　　　（径向退刀、车端面）
N17　Z−76.0；　　　　　　　（车削φ38外圆柱面。考虑切断，长度比零件稍
                            长）
N18　G00　G40　X40.0；　　　（径向退刀，取消刀尖圆弧半径右补偿）
N19　X200.0　Z150.0；　　　（退刀）
N20　M05；　　　　　　　　　（主轴停止“/”为程序跳跃符号，如果粗加工后
                            不对零件进行测量，刀具不补偿，可将“程序跳
                            跃按钮”打开，程序段开头带“/”的程序段将
                            跳过不执行）
/N21　M00；　　　　　　　　 程序暂停（对零件进行测量）
/N22　M03　S1000；　　　　　（重新启动主轴）
N23　T0202；　　　　　　　　（调用2号精车刀，并导入刀补）
N24　G00　X41.0　Z2.0；　　 （刀具快速运动到精车循环起刀点）
N25　G70　P07　Q18；　　　　（N07～N18定义精车循环进给路线，对轮廓进
                            行精加工）
N26　G00　X200.0；　　　　　（径向退刀）
N27　Z150.0；　　　　　　　 （轴向退刀）
N28　G97　S800　T0303；　　 （G97取消恒切削速度，换3号切槽刀，并导入
                            刀补）
N29　G00　X33.0　Z−56.0；　 （快速移动切槽起始点）
N30　G75　R0.2；　　　　　　（指定径向退刀量0.2mm）
N31　G75　X26.0　Z−52.0　P500　Q3500　R0　F0.1；（指定槽底、槽宽及加工参
                                                数）
N32　G00　X40.0；　　　　　　（切槽完毕后，沿径向快速退出）
N33　Z−50.0；　　　　　　　　（沿轴向移动，准备用切槽刀切螺纹左侧的倒角）
N34　G01　X30.0　F0.2；　　　（以0.2mm/r速度进给到倒角起点）
N35　X26.0　Z−52.0　　　　　 （倒角）
N36　G00　X200.0；　　　　　 （径向退刀）
N37　Z150.0；　　　　　　　　（轴向退刀）
```

```
/N38  M03  S600;                   (螺纹加工完毕后如果尺寸偏大，必须从此位置开始断点加工)
N39T0404;                          (换4号螺纹刀，并导入刀补)
N40  G00  X31.0  Z-21.0;           (快速移动到螺纹加工起始位置)
N41  G76  P021060  Q100  R100;     (螺纹循环加工参数设置，螺纹精加工2次)
N42  G76  X28.376  Z-50.0  R0  P974  Q400  F1.5;
N43  G00  X200.0;                  (径向退刀)
N44  Z150.0;                       (轴向退刀)
/N45  M05;
/N46  M00;                         (主轴停转，程序暂停。对螺纹检验，若不检验，则可跳跃)
/N47  M03  S600;
N48  T0303;                        (换3号切槽刀，并导入刀补)
N49  G00  X42.0  Z-75.0;           (快速到达切断位置)
N50  G01  X-0.1  F0.1;             (切断进给)
N51  X42.0  F0.4;                  (切断完毕后沿径向进给退出)
N52  G00  X200.0;                  (径向退刀)
N53  Z150.0;                       (轴向退刀)
N54  M30;                          (程序结束)
```

复习思考题

5-1 简述数控机床的分类。举例你所见到的所有数控机床，它们分别属于哪些类别？

5-2 简述数控编程的步骤。

5-3 数控编程的方法有哪些？

5-4 数控系统的基本功能有哪些？

5-5 简述你所了解的数控车床单一循环和复合循环指令的功能和格式。

5-6 什么是刀具补偿功能？它又分为哪些类别？

第六章 特种加工技术

教学目的

(1) 了解特种加工的概念、特点和应用场合。

(2) 了解电火花加工的基本原理及加工特点。

(3) 了解电火花成型和穿孔加工机床的基本组成及其操作安全技术。

(4) 熟悉电火花线切割加工的原理、线切割加工机床的组成及各部分的作用。

(5) 了解数控线切割加工程序的主要编程方法，掌握“3B程序”编制方法。

(6) 了解超声波加工和激光加工的基本原理和应用。

(7) 了解电化学加工、电子束加工、离子束加工、等离子体加工、水射流切割、化学加工、快速成型技术。

(8) 初步建立采用现代加工方法解决传统工艺问题的意识。

第一节 特种加工概述

1. 特种加工的产生

特种加工是20世纪40年代至60年代发展起来的新工艺。所谓“特种加工”，是相对于传统加工而言的，实质上是直接利用电能、声能、光能、化学能和电化学能等，使工件达到一定的尺寸精度和表面粗糙度要求的一类加工方法的总称。

传统的切削加工有两个局限：一是不能加工硬度接近或超过刀具硬度的工件材料；二是由于切削过程中会产生不可避免的切削力，要求刀具和工件都必须要有一定的刚度和强度，因而不能加工带有细微结构的零件。然而，随着工业生产和科学技术的发展，具有高硬度、高强度、高熔点、高脆性、高韧性、等性能的新材料不断出现，具有各种细微结构与特殊工艺要求的零件越来越多，用传统的加工方法很难对其进行加工。特种加工就是在这种形势下应运而生的。伴随着21世纪新技术革命的到来，特种加工技术日新月异，应用越来越广泛。

特种加工方法很多，常用的有电火花加工、超声波加工、激光加工，除此之外还有电化学加工、电子束加工、离子束加工、等离子体加工、水射流切割、化学加工、快速成型等。

2. 特种加工的特点

特种加工与传统切削加工相比具有如下特点。

(1) 不是主要依靠机械能，而是主要用其他能量（如电、化学、光、声、热等）去除金属材料。

(2) 工具硬度可以大大低于被加工材料的硬度。

(3) 加工过程中工具和工件之间不存在显著的机械切削力。

(4) 某些情况下可以大大提高生产率和加工精度。

3. 特种加工的应用

特种加工主要应用于下列场合。

(1) 加工各种难切削材料。例如硬质合金、钛合金、耐热钢、不锈钢、淬硬钢、金刚石、宝石、石英以及锗、硅等各种高硬度、高强度、高韧性、高脆性的金属及非金属材料的加工。

(2) 加工各种特殊复杂表面。例如喷气蜗轮机叶片、整体蜗轮、发动机机匣、锻压模和注射模的立体成型表面，各种冲模、冷拔模上特殊断面的型孔，炮管内膛线，喷油嘴、栅网、喷丝头上的小孔、窄缝等的加工。

(3) 加工各种超精、光整或具有特殊要求的零件。如对表画质量和精度要求很高的航天航空陀螺仪、伺服阀，以及细长轴、薄壁零件、弹性元件等低刚度零件的加工，有些方法还可用于纳米级（原子级）加工。

第二节 电火花加工

1. 电火花加工的原理

电火花加工又称放电加工（Electrical Discharge Machining，EDM）是利用导电材料（工具和工件）之间脉冲性火花放电时的电腐蚀现象来蚀除多余金属，从而使工件满足一定形状和尺寸要求的一种加工方法。电火花加工的原理如图 6-1 所示。

自动进给调节装置使工具电极和工件之间保持一定的放电间隙；脉冲电源发出一连串的脉冲电压，施加在工件和工具电极之间；工具电极和工件浸入在工作液中。工作液是具有较高绝缘强度的液体介质（如煤油、皂化液、去离子水等），工作液的存在，有利于火花放电的产生、放电蚀除物的排出以及工件和电极的冷却。其加工过程是：当两极（工件和工具）之间的间隙很小时，由于电极表面微观凸凹不平，凸点处电场强度最大，其间工作液最先被击穿形成放电通道，产生火花放电，放电通道的瞬时温度高达 10 000℃左右，使电极表面局部金属迅速熔化甚至气化。由于脉冲放电的时间极短、温度极高，具有爆炸性质，爆炸力把熔化和汽化的金属微粒迅速抛离电极表面，在电极（工件）表面形成微小的凹坑。放电过程多次重复进行，随着工具电极的不断进给，材料逐渐被蚀除，工具电极的轮廓形状既可精确的复印在工件上，从而达到成型加工的目的。穿孔加工既是将工具电极不断进给而实现的。

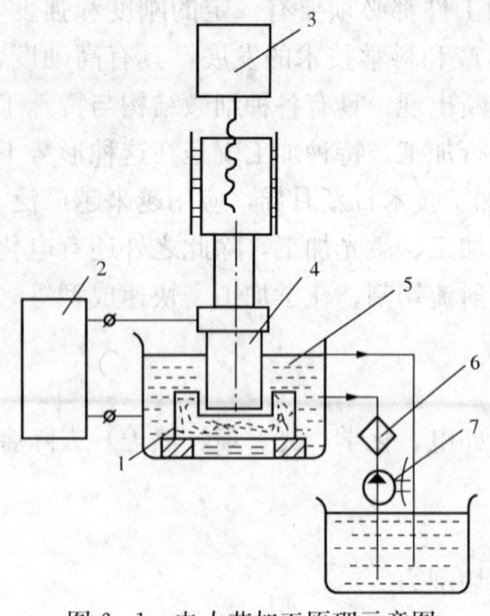

图 6-1 电火花加工原理示意图

1—工件；2—脉冲电源；3—自动进给调节装置；4—工具电极；5、7—工作液；6—过滤器

2. 电火花加工的特点及应用

(1) “以柔克刚”可以加工任何难加工的金属材料和导电材料。由于加工中材料的去除是靠放电时的电、热作用实现的，材料的可加工性主要取决于材料的导电性及其热学特性，如熔点、沸点、比热容、导热系数、电阻率等，几乎与其力学性能（硬度、强度等）无关。因而可以实现用软的工具电极（紫铜或石墨）加工硬韧的工件，甚至可以加工聚晶金刚石、立方氮化硼一类的超硬材料。

(2) 加工中工具电极和工件不直接接触，没有机械加工的宏观切削力，因此适宜加工薄壁、弹性、低刚度、微细小孔、异形小孔、深小孔等有特殊要求的零件。目前已能加工出 0.005mm 的短微细轴和 0.008mm 的浅微细孔，以及直径小于 1mm 的齿轮。在小深孔方面，已加工出直径 0.8～1mm、深 500mm 的小孔，也可以加工圆弧形的弯孔。

(3) 可以加工形状复杂的表面。电火花加工可以简单地将工具电极的形状复制到工件上。由于工具电极材料多采用紫铜或石墨，较容易机械加工，因此电火花加工特别适用于复杂表面形状工件的成形，如复杂型腔模具加工等。数控技术的采用使得用简单的电极加工复杂形状零件成为可能。

常用的电火花加工方法有：电火花成型和穿孔加工、微机数控电火花线切割加工和微机数控旋转电火花加工等。

3. 电火花成形和穿孔加工机床

最常见的电火花成形和穿孔加工机床如图 6-2 所示。它包括主机、电控箱、工作液循环过滤系统，如果采用液压伺服进给系统，则还包含液压系统，共有三或四大部分。

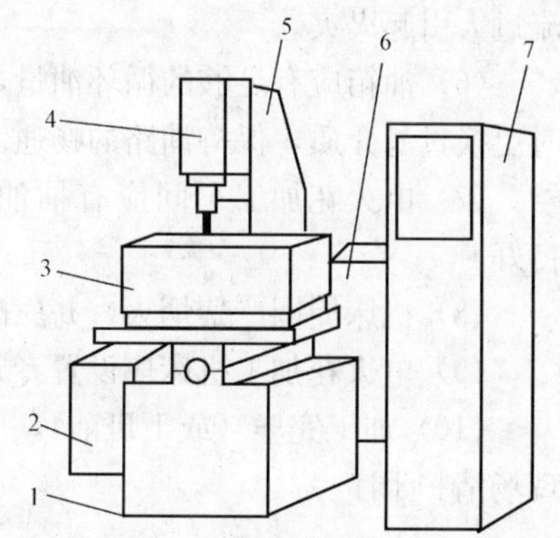

图 6-2　电火花成形和穿孔加工机床

1—床身；2—液压油箱；3—工作液槽；4—主轴头；5—立柱；6—工作液箱；7—电控箱

主机主要由床身、立柱、主轴头、工作台及润滑系统等组成，用于支撑工具电极及工件，保证它们之间的相对位置，并实现电极在加工过程中稳定的进给运动。工作台装在工作液槽内，工作液槽用于容纳工作液，使工具电极和工件的放电部位浸泡在工作液中。电控箱包括脉冲电源、自动进给控制系统等。工作液和液压系统均包括液压泵（油泵）、过滤器、各种控制阀、管道等。

4. 电火花成形和穿孔加工训练实例

(1) 工件名称。方形筛网孔。材料：厚 0.1mm 不锈钢薄板。

(2) 工具电极。方形刷状电极束。材料：紫铜 10mm×10mm 方条块，用线切割在端部切成许多小薄片，然后转过 90°再切割一遍，成为有许多方截面的刷状电极，如图 6-3 所示。

(3) 加工方法。找正工具电极和工件的垂直度后，选用正极性（工件接正极），脉宽 4～5μs，脉间 10～15μs，峰值电流 3～4A 直至穿透、加工出方形筛网孔来。

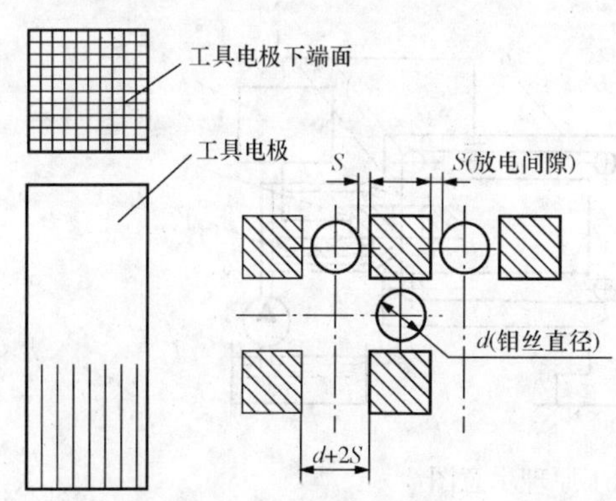

图 6-3　加工小方孔滤网的工具电极

如要加工更大面积的筛网，则在加工出一小块方孔滤网后，再移动工作台，继续加工其余网孔。要保证移动距离精确，并消除丝杠螺母间隙的影响，最好在数显或数控工作台上加工。

工具电极用钼丝线切割加工时，切出的缝宽比钼丝直径增大了 2 倍的单边放电间隙 S，在用小方形工具电极加工过滤网孔时，四边也各有一个放电间隙 S，留下的滤网筋条的宽度约等于钼丝的直径 d，如图 6-3 中的放大图形。

5. 电火花加工中的安全技术

(1) 电火花机床应设置专用地线，使电源外壳、床身及其他相关设备可靠接地，防止电气设备绝缘损坏而发生触电。

(2) 操作人员必须站在耐压20kV以上的绝缘物上进行工作，加工过程中不可触及电极工具，以防触电。

(3) 经常保持机床电气设备清洁，防止受潮，以免降低绝缘强度而影响机床的正常工作。

(4) 添加工作介质煤油时，不得混入汽油之类的易燃物，防止火花引起火灾。

(5) 加工时，工作液面要高于工件一定距离（30～100mm），防止因液面过低，加工电流过大引起火灾。

(6) 油箱应有足够的循环油量，使油温保持在安全范围内。根据煤油的混浊程度，要及时更换过滤介质，保持油路的畅通。

(7) 电火花加工车间应有抽油雾、烟气的排风换气装置，保持室内通风、空气质量良好。

(8) 机床周围严禁烟火，并应配备适于油类的灭火器，最好配置自动灭火器。

(9) 电火花加工机床应设置专人负责，其他无关人员不得擅自乱动。

(10) 加工完毕（或下班前），应断开电源，关好门窗，收拾好工装夹具、量具等，并将现场清扫干净。

第三节 电火花线切割加工

一、电火花线切割加工的原理

电火花线切割加工（Wire Cut Electrical Discharge Machining，WCEDM）是在电火花加工原理的基础上，用线状电极（钼丝或铜丝）通过火花放电对工件进行切割的一种加工方法，如图6-4所示。钼丝为工具电极，在储丝筒的带动下作正反向交替高速移动。钼丝与工件之间施加足够的具有一定绝缘性能的工作液介质。脉冲电源提供一连串的脉冲电压，当钼丝与工件之间的距离小到一定程度时，工作液被击穿产生火花放电而蚀除金属（工作台带动）。工件据火花放电间隙大小作伺服进给移动，通过控制系统使伺服进给按预定轨迹进行，即可把工件切割成形。

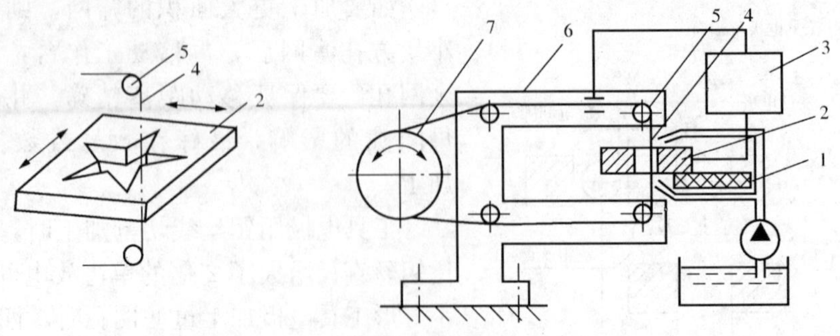

图6-4 电火花线切割加工原理示意图

1—绝缘底板；2—工件；3—脉冲电源；4—钼丝；5—导向轮；6—丝架；7—储丝筒

二、数控电火花线切割加工机床

根据电极丝的运行速度不同，电火花线切割机床分为快走丝加工机床和慢走丝加工机床两类。快走丝加工时，电极丝作 8～10m/s 的高速往复运动，又称高走丝加工；慢走丝加工时，电极丝作 0.2m/s 的低速单向运动，又称低走丝加工。慢走丝加工时，电极丝为一次性使用，加工中电极丝直径基本不变（或变化极小），因而对加工精度的影响极小，加工精度相对较高，尺寸精度可达 0.002～0.005mm；快走丝加工尺寸精度为 0.01～0.02mm。

数控电火花线切割机床一般由机床本体、脉冲电源和数控装置三部分组成，其中机床本体又由床身、工作台、运丝机构、工作液系统等组成，如图 6-5 所示。

(1) 床身。用于支撑和连接工作台、运丝机构、工作液系统及机床电器。床身内部常安放电源和工作液箱，为了避免电源发热和工作液泵振动的影响，有些机床的电源和工作液箱移出床身外另行安放。

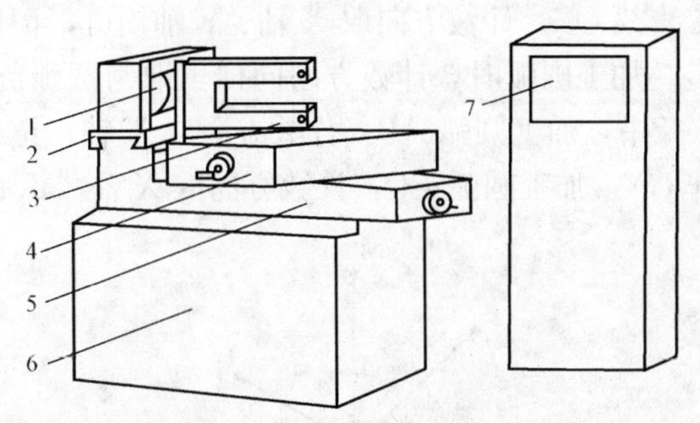

图 6-5 数控电火花线切割加工机床

1—卷丝筒；2—走丝溜板；3—丝架；4—上滑板；5—下滑板；6—床身；7—电源、控制柜

(2) 工作台。用于安装工件，由上、下滑板带动，使工件在工作台平面内作 X、Y 两个方向的移动。

(3) 运丝机构。用于控制电极丝以一定的方向和速度运动并保持一定的张力。主要由驱动电机、卷丝筒、丝架、导向轮等组成。

(4) 工作液系统。主要由工作液箱、工作液、工作液泵、循环导管等组成。工作液起绝缘、排屑和冷却作用。

(5) 脉冲电源。用于提供单向脉冲电压。线切割加工时，电极丝接脉冲电源的负极，工件接正极。

(6) 数控装置。用于输入控制程序、传输控制指令、控制工作台步进电机（或伺服电机）等的运动。主要以微机为核心，配备相关硬件和控制软件，包括显示器、程序输入键盘、控制按钮等。

三、数控电火花线切割加工程序的编制

数控线切割加工程序与普通数控机床不一样，主要有 3B、4B、5B、ISO、EIA 等程序格式。目前，我国快走丝数控线切割机床一般采用 3B 数控程序格式，低走丝线切割机床通常采用国际上通用的 ISO 代码数控程序格式。

1. 3B 程序段格式

3B 程序格式一般为

N R B X B Y B J G Z(FF)

其中 N——程序段号；

R——圆弧半径，加工直线时 R 为零；

B——间隔符，其作用是将 X、Y、J 的数值区分开；

X、Y——指定点的 X、Y 向的坐标的绝对值；

J——记数长度；

G——记数方向；

Z——加工指令；

FF——停机符，用于一个完整程序之后。

(1) 坐标系原点及其坐标值的确定。坐标系的原点和坐标值随程序段的不同而变化：加工直线时，以直线起点为坐标原点，X、Y 取直线终点坐标值；加工圆弧时以圆弧的圆心为坐标系原点，X、Y 取圆弧起点的坐标的绝对值，单位为 μm。

(2) 记数方向 G 的确定。加工直线和圆弧的记数方向确定原则如下：

加工直线时，计数方向取与直线终点走向较平行的那个坐标轴。例如，在图 6-6 中，加工直线 OA，计数方向取 X 轴，记作 GX；加工直线 OB，计数方向取 Y 轴，记作 GY；加工直线 OC，计数方向取 X 轴、Y 轴均可，记作 GX 或 GY。

加工圆弧时，计数方向同样也取与圆弧终点时走向较平行的那个坐标轴。例如，在图 6-7中，加工圆弧 AB，计数方向取 X 轴，记作 GX；加工圆弧 MN，计数方向取 Y 轴，记作 GY；加工圆弧 PQ，计数方向取 X 轴、Y 轴均可，记作 GX 或 GY。

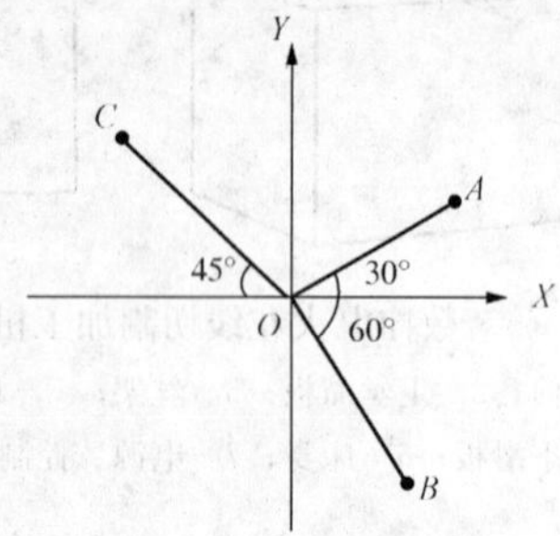

图 6-6 直线计数方向的确定

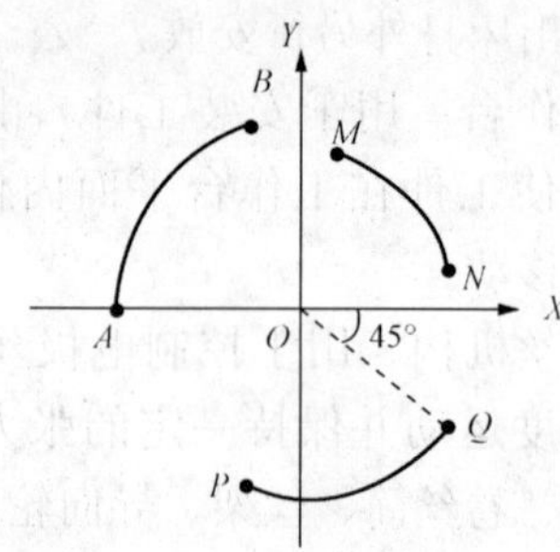

图 6-7 圆弧计数方向的确定

(3) 计数长度 J 的确定。记数长度在记数方向的基础上确定，是被加工的直线或圆弧在记数方向的坐标轴上投影的绝对值总和，单位为 μm。

例如，在图 6-8 中，加工直线 OA，记数方向为 X 轴，记数长度为 OB，其数值等于 A 点的 X 坐标值。在图 6-9 中，若加工圆弧 MN 的半径为 10mm，记数方向为 X 轴，记数长度为 10 000×3=30 000(μm)，即圆弧 MN 中三段 90°圆弧在 X 轴上投影的绝对值总和，而不是 10 000×2=20 000(μm)。

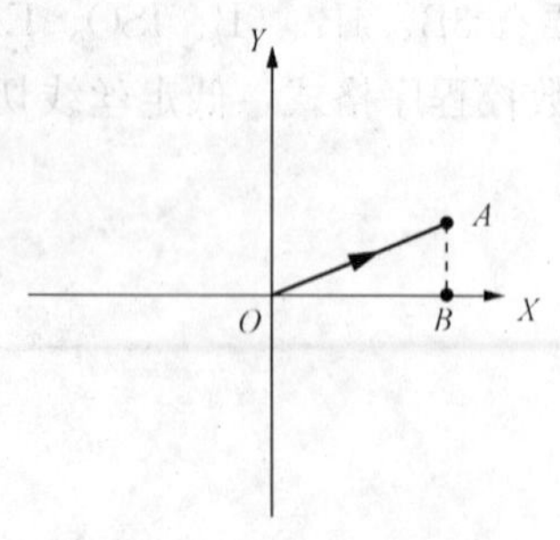

图 6-8 直线记数长度的确定

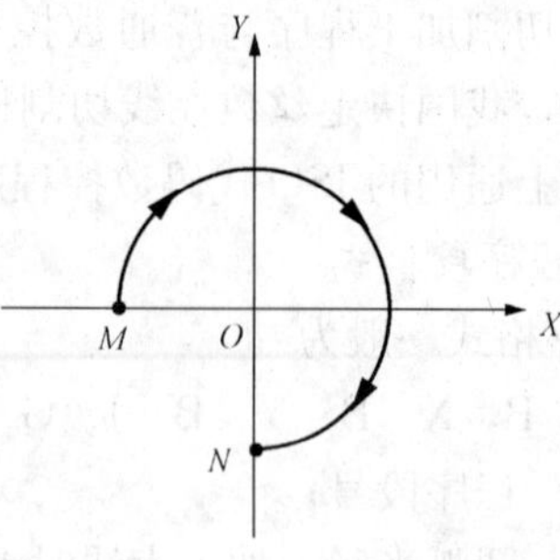

图 6-9 圆弧记数长度的确定

(4) 加工指令 Z 的确定。加工直线时有四种加工指令，即 L1、L2、L3、L4，其确定方法如下：

L1——被加工直线走向和终点在第Ⅰ象限或与+X 轴重合；

L2——被加工直线走向和终点在第Ⅱ象限或与$+Y$轴重合；

L3——被加工直线走向和终点在第Ⅲ象限或与$-X$轴重合；

L4——被加工直线走向和终点在第Ⅳ象限或与$-Y$轴重合。

加工顺圆弧时有四种加工指令，即SR1、SR2、SR3、SR4，其确定方法如图6-10所示：

SR1——被加工圆弧的起点在第Ⅰ象限或在$+Y$轴上；

SR2——被加工圆弧的起点在第Ⅱ象限或在$-X$轴上；

SR3——被加工圆弧的起点在第Ⅲ象限或在$-Y$轴上；

SR4——被加工圆弧的起点在第Ⅳ象限或在$+X$轴上。

加工逆圆弧时也有四种加工指令，即NR1、NR2、NR3、NR4，其确定方法如图6-11所示：

NR1——被加工圆弧的起点在第Ⅰ象限或在$+X$轴上；

NR2——被加工圆弧的起点在第Ⅱ象限或在$+Y$轴上；

NR3——被加工圆弧的起点在第Ⅲ象限或在$-X$轴上；

NR4——被加工圆弧的起点在第Ⅳ象限或在$-Y$轴上。

在一个完整程序的最后应有停机符“FF”，表示程序结束，加工完毕。

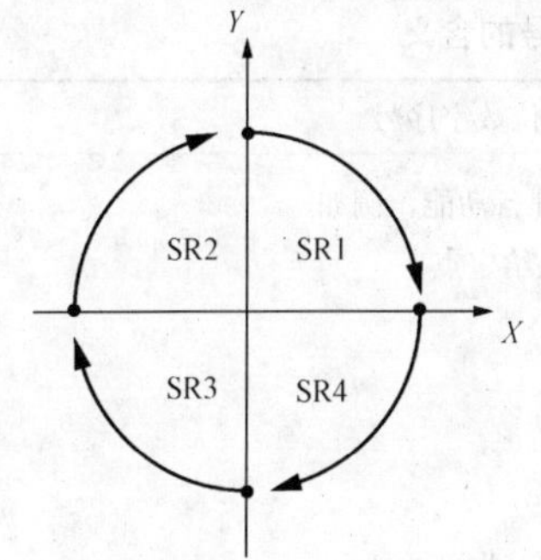

图6-10　顺圆弧加工指令的确定

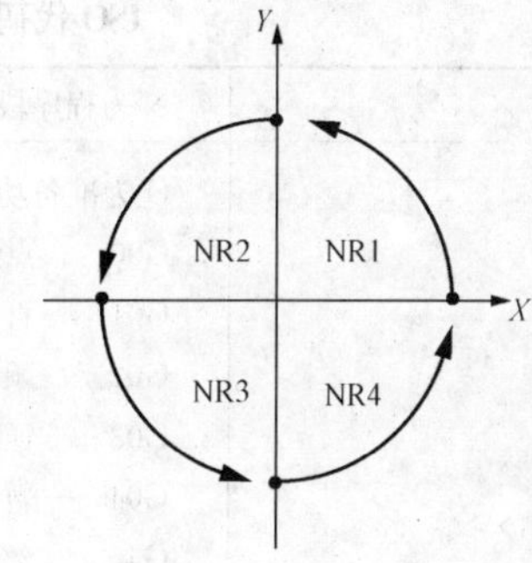

图6-11　逆圆弧加工指令的确定

（5）编程举例。手工编程的一般步骤为：首先，确定加工路线；其次，计算各程序段需要的坐标值；最后，填写程序清单。如图6-12所示的样板零件，确定其加工路线按①②…⑦⑧的顺序进行，共分为8个程序段，①为切入段，⑧为切出段，计算各程序段需要的坐标值后，编制的程序如表6-1所示。

微机自动编程，可由计算机编程后直接控制线切割机床进行加工。

实际线切割加工和编程时，要考虑钼丝的半径r和单面放电间隙S的影响。被加工零件为孔（或凹体）时，应将编程轨迹偏移减小（$r+S$）距离；反之，被加工零件为轴（或凸体）时，则应偏离增大（$r+S$）距离。

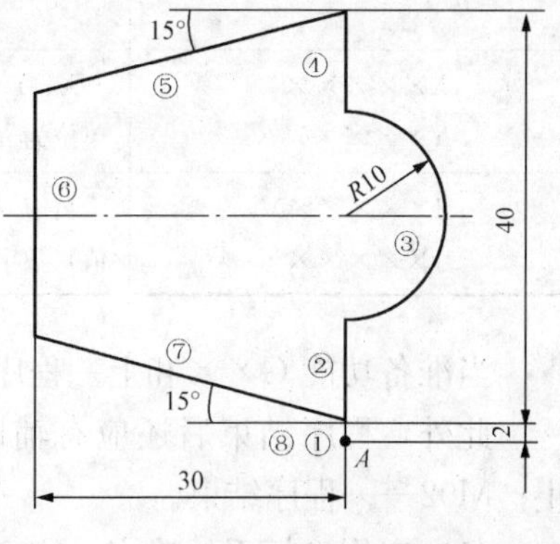

图6-12　样板零件

表 6-1 样板零件数控线切割加工程序

N	R	B	X	B	Y	B	J	G	Z
1	0	B	0	B	2000	B	2000	GY	L2
2	0	B	0	B	10 000	B	10 000	GY	L2
3	10 000	B	0	B	10 000	B	20000	GY	NR4
4	0	B	0	B	10 000	B	10 000	GY	L2
5	0	B	30 000	B	8040	B	30 000	GX	L3
6	0	B	0	B	23 920	B	23 920	GY	L4
7	0	B	30 000	B	8040	B	30 000	GX	L4
8	0	B	0	B	2000	B	2000	GY	L4
FF									

2. ISO 代码程序段格式

ISO 代码程序段的普通格式为

N××××G××X××××××Y××××××I××××××J××××××

其中各符号的具体含义如表 6-2 所述。

表 6-2 ISO 代码程序段格式中各符号的含义

N××××	N 为程序段号，××××为 1～4 位数字序号
G××	G 为准备功能，××表示不同的准备功能，例如 G00——点定位，即快速移动到某给定点； G01——直线（斜线）插补； G02——顺圆插补； G03——逆圆插补； G04——暂停； G40——丝径（轨迹）补偿（偏移）取消； G41——丝径向左补偿偏移（沿钼丝进给方向看）； G42——丝径向右补偿偏移（沿钼丝进给方向看）； G90——选择绝对坐标方式输入； G91——选择增量（相对）坐标方式输入； G92——工作坐标系设定
X×××××× Y××××××	*X*、*Y* 表示直线或圆弧终点坐标值，××××××为最多 6 位的（坐标值）数字，单位为 μm
I×××××× J××××××	*I*、*J* 表示圆弧的圆心对圆弧起点的坐标值，××××××为最多 6 位的（坐标值）数字，单位为 μm

当准备功能 G××和上一程序段相同时，则可省略不写。

此外，程序结束后还应有辅助功能，常用的有：M00——程序停止；M01——选择停止；M02——程序结束。

（1）工作坐标系的确定。G92——工作坐标系设定，是将加工时绝对坐标原点（程序原点）设定在距钼丝中心现在位置一定距离处。坐标系设定程序，只设定程序坐标圆点，当执行这条程序时，钼丝仍在原位置，并不产生运动。例如 G92X10000Y20000 即表示以坐标圆点为准，钼丝中心起始点坐标值为：$X=10$mm，$Y=20$mm。

（2）ISO 代码按终点坐标有两种输入（表达）方式。

第一种是绝对坐标方式，代码为 G90。加工直线时：以图形中某一适当点作为坐标原点，用$\pm X$、$\pm Y$表示终点的绝对坐标值；加工圆弧时：以图形中某一适当点作为坐标原点，用$\pm X$、$\pm Y$表示某段圆弧终点的绝对坐标值，用$\pm I$、$\pm J$表示圆心对圆弧起点的坐标值。

第二种是增量（相对）坐标方式，代码为 G91。加工直线时：以起点为坐标原点，用$\pm X$、$\pm Y$表示终点对起点的坐标值；加工圆弧时：以圆弧的起点为坐标原点，用$\pm X$、$\pm Y$表示圆弧终点对起点的坐标值，用$\pm I$、$\pm J$表示圆心对起点的坐标值。

编程中采用哪种坐标方式，原则上都是可以的，但在具体情况下却有方便与否之区别，它与被加工零件图样的尺寸标注方法有关。

（3）ISO 代码手工编程实例。如图 6-13 所示，要加工由 4 条直线和一个半圆组成的型孔，穿丝孔中钼丝坐标为（5，20），加工路线为顺时针切割。用两种坐标输入方式编程如下：

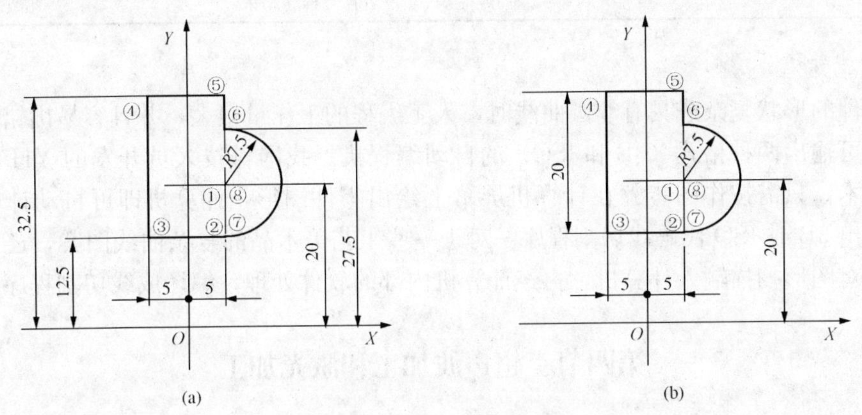

图 6-13 ISO 代码编程实例

（a）以绝对坐标编程；（b）以相对坐标编程

1）如图 6-13（a）所示，以绝对坐标方式（G90）输入进行编程（见表 6-3）。

表 6-3 以绝对坐标方式（G90）输入进行编程的程序表及输入坐标说明

以绝对坐标方式（G90）输入进行编程的程序表	输入坐标说明
N1 G92 X5000 Y20000	给定起始点圆心①的绝对坐标
N2 G01 X5000 Y12500	直线②终点的绝对坐标
N3 X−5000 Y12500	直线③终点的绝对坐标
N4 X−5000 Y32500	直线④终点的绝对坐标
N5 X5000 Y32500	直线⑤终点的绝对坐标
N6 X5000 Y27500	直线⑥终点的绝对坐标
N7 G02 X5000 Y12500 I0 J−7500	X、Y之值为顺圆弧⑦终点的绝对坐标，I、J之值为圆心对圆弧起点的相对坐标
N8 G01 X5000 Y20000	直线⑧终点的绝对坐标
N9 M02	程序结束

2）如图 6-13（b）所示，以增量（相对）坐标方式（G91）输入进行编程（见表 6-4）。

表 6-4　以增量（相对）坐标方式（G91）输入进行编程的程序表及输入坐标说明

以增量（相对）坐标方式（G91）输入进行编程的程序表	输入坐标说明
N1 G92 X5000 Y20000	给定起始点圆心①的绝对坐标
N2 G01 X0 Y−7500	直线②终点对起始点①的相对坐标
N3 X−10000 Y0	直线③终点对直线②终点的相对坐标
N4 X0 Y20000	直线④终点对直线③终点的相对坐标
N5 X10000 Y0	直线⑤终点对直线④终点的相对坐标
N6 X0 Y−5000	直线⑥终点对直线⑤终点的相对坐标
N7 G02 X0 Y−15000 I0 J−7500	*X*、*Y* 之值为顺圆弧⑦终点对圆弧起点的相对坐标，*I*、*J* 之值为圆心对圆弧起点的相对坐标
N8 G01 X0 Y7500	直线⑧终点对圆弧⑦终点的相对坐标
N9 M02	程序结束

3. 自动编程

当零件的形状复杂或具有非圆曲线时，人工编程的工作量很大，并且容易出错。近年来已出现了可输出两种格式（3B 和 ISO）的自动编程机。我国科技人员开发的 YH 型等绘图式编程技术，只需按作图步骤在计算机屏幕上绘出零件图形，计算机即可自动计算相关数据，编制出 3B 或 ISO 代码线切割程序。对于一些工艺美术品的复杂曲线图案，还可以用扫描仪直接对图形扫描输入计算机，再经计算机内部的软件处理，编译成线切割程序。

第四节　超声波加工和激光加工

一、超声波加工

人耳能感受的声波频率在 16～16 000Hz 范围内，声波频率超过 16 000Hz 被称为超声波。超声波加工（Ultrasonic Machining）是近几十年发展起来的一种加工方法，超声波加工不仅能加工脆硬金属材料，而且更适合于加工不导电的脆硬非金属料，如玻璃、陶瓷、半导体锗和硅片等。此外，超声波还可用于清洗、焊接和探伤等。

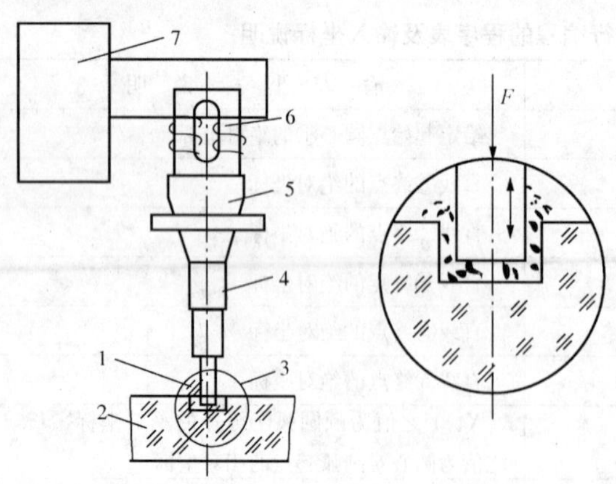

图 6-14　超声波加工原理图

1—工具；2—工件；3—磨料悬浮液；4、5—变幅杆；6—换能器；7—超声波发生器

1. 超声波加工的基本原理

超声波加工是利用加工工具的超声频振动，通过磨料悬浮液加工硬脆材料的一种成形方法。其加工原理如图 6-14 所示，超声系统由超声发生器、换能器、变幅杆和加工工具组成。超声发生器把频率为 50Hz 的交流电转换为 16 000Hz 以上的超声频电振荡，再通过换能器转换成超声频振动，而变幅杆将位移放大并驱动加工工具振动。加工时，

工具端面以超声频振动捶击悬浮液中的磨粒，磨粒又以极大的加速度撞击和抛磨工件表面，使材料被击碎脱离工件。当工具端面以很大的加速度离开工件表面时，加工间隙内形成负压和局部真空，使工作液内部形成很多微空腔，当工具端面以很大的加速度接近工件表面时，空腔闭合，引起很强的液压冲击波，这种现象称为超声"空化"。同时，正负交变的液压冲击也使悬浮工作液在加工间隙中强迫循环，从而使变钝的磨粒及时得到更新。

由此可见，超声波加工是基于磨粒的局部撞击作用，也就不难理解，越是硬脆的材料，遭受撞击作用的破坏越大，越易超声加工。据此，超声波加工常用的工具材料是脆性和硬度不大的韧性材料，如不淬火的45号钢等。磨料悬浮液一般为水或煤油中加入一定量的磨料，如碳化硼、碳化硅、氧化铝、金刚砂粉等。

2. 超声波加工设备的主要组成部分

超声波加工设备一般包括超声发生器、超声振动系统、机床本体和磨料工作液循环系统。其主要组成如下。

(1) 超声发生器——超声电源。

(2) 超声振动系统——包括超声换能器、变幅杆（振幅扩大棒）、工具。

(3) 机床本体——包括机身（座）、机架（立柱）、加压机构及工作进给机构、工作台及其位置调整机构。

(4) 工作液循环系统——磨料悬浮液及其循环系统。

(5) 冷却系统——换能器冷却系统。

3. 超声波加工的应用

超声波加工的尺寸精度可达0.05～0.01mm，表面粗糙度Ra值可达0.8～0.1μm，它适宜加工各种孔和型腔，也可以进行套料、切割、开槽和雕刻等，如图6-15所示。由于超声波加工的生产效率比电火花加工低，而加工精度和表面粗糙度相对较好，所以常用于对工件的抛磨和光整加工。

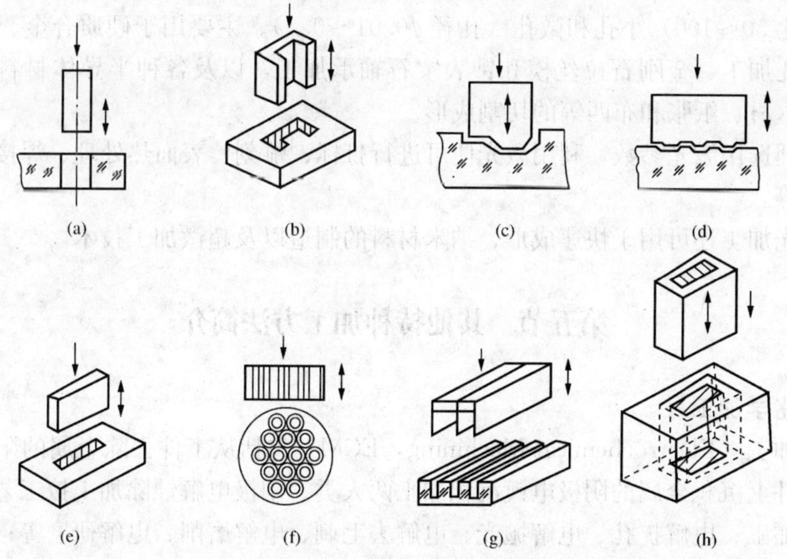

图6-15 超声波加工应用示例

(a) 加工圆孔；(b) 加工异型孔；(c) 加工型腔；(d) 雕刻；(e) 开槽；(f) 切割小圆片；(g) 多片切割；(h) 套料

二、激光加工

1. 激光加工的原理

激光是一种强度高、方向性和单色性好的相干光。由于激光的发散角小、单色性好，理论上可以聚焦到尺寸与光的波长相近的（微米甚至亚微米级）小斑点上，由于其光强度很高，焦点上的功率密度可达 10^7～10^{11}W/cm²，温度可高达 10 000℃左右，在此高温下，任何材料都将瞬时急剧熔化和气化，并以爆炸性的高速喷射出来，同时产生方向性很强的冲击波。激光加工就是利用经过透镜聚焦的能量密度极高的激光焦点（高温和冲击波），使工件材料被熔化蒸发去除，从而实现打孔、切割等的加工方法。

固体激光器加工原理如图 6-16 所示。具有亚稳态能级结构的激光工作物质，在光泵产生的一定光子能量激发下，会吸收光能，使处在较高能级（亚稳态）的原子（或粒子）数目大于处于低能级（基态）的原子数目，这种现象称为离子数反转。在这种状态下，如果有一束光子照射该物质，而光子的能量恰好等于这两个能级相对应的能量差，这时就产生受激辐射输出大量的光能，并通过谐振腔中的全反射镜和部分反射镜的反馈作用产生振荡，从而输出激光。通过透镜将激光聚焦到工件表面上，即可对工件进行加工。激光器是激光加工机床的重要组成部分，常用的激光器除上述固体激光器外，还有二氧化碳气体激光器。

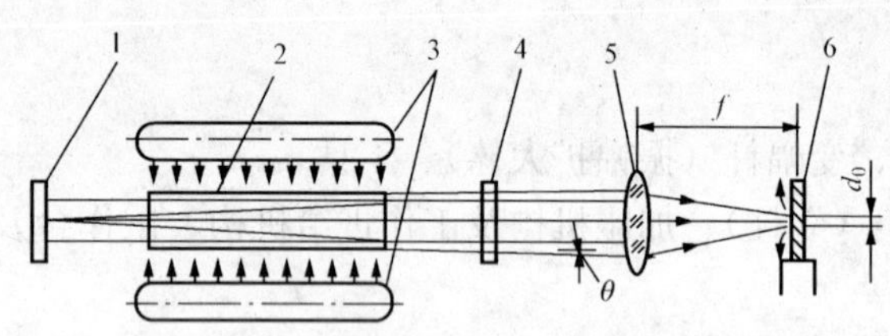

图 6-16 固体激光器加工原理示意图

1—全反射镜；2—激光工作物质；3—光泵；4—部分反射镜；5—透镜；6—工件；f—透镜焦距；θ—发射角；d_0—光斑直径（$d_0=2f\theta$）

2. 激光加工的应用

（1）激光加工的尺寸精度可达 0.01～0.001mm，表面粗糙度 Ra 值可达 0.4～0.1μm。

（2）激光加工不需要工具，加工速度极高，适于打孔和切割各种材料，特别适于深径比大的（深径比 50～100）小孔和微孔（孔径 ϕ0.01～0.1）。主要用于硬质合金、不锈钢等金属材料的小孔加工、金刚石拉丝模和钟表宝石轴承加工，以及各种半导体材料、石英、陶瓷、塑料、木材、纸张和布匹等的切割成形。

（3）合理选用激光参数，利用激光便可进行打标、雕刻、表面热处理、焊接以及电子元器件的封装等。

（4）激光加工还可用于快速成形、纳米材料的制造以及超微加工技术。

第五节 其他特种加工方法简介

一、电化学加工

电化学加工（Electrochemical Machining，ECM）包括从工件去除金属的阳极电解蚀除加工和向工件上沉积金属的阴极电镀沉积加工两大类。阳极电解蚀除加工按工艺方法的不同而分为电解加工、电解扩孔、电解抛光、电解去毛刺、电解磨削、电解研磨等；阴极电镀沉积加工按工艺的不同而分为装饰电镀、电铸（快速、大厚度电镀）、刷镀（无槽电镀）、复合电镀等。电解加工可以加工复杂成型模具和零件，例如汽车、拖拉机连杆等各种型腔锻模，航空、航天发动机的扭曲叶片，汽轮机定子、转子的扭曲叶片，炮筒内管的螺旋“膛线”

(来复线),齿轮、液压件内孔的电解去毛刺及扩孔、抛光等。电镀、电铸可以复制复杂、精细的表面,刷镀可以修复磨损的零件,改变原表面的物理性能,有很大的经济效益和社会效益。

二、电子束加工

电子束加工(Electron Beam Machining,EBM)是利用高速电子冲击动能加工金属的。其原理是在真空条件下,用电流加热阴极发射电子束,再用静电使电子束加速至光速的一半左右,通过电磁透镜聚焦,使电子束以极高的速度轰击在工件表面的微小面积上。电子束大部分能量都变成了热能,能量密度高达 $10^9 W/cm^2$,被轰击表面将瞬时熔化和气化,从而去除局部材料,达到加工的目的。

三、离子束加工

离子束加工(Ion Beam Machining,IBM)的原理和电子束加工基本类似,也是在真空条件下,将离子源产生的离子束经过加速聚焦,使之打到工件表面。不同的是离子带正电荷,其质量比电子大数千、数万倍。所以一旦离子加速到较高速度时,离子束比电子束具有更大的撞击动能,它是靠微观的机械撞击能量撞击工件材料,引起变形、分离、破坏等机械作用来进行加工的。用不同的加速电压,可获得不同能量的离子束。若改变离子束相对于工件表面的入射方向,就可实现离子注入、离子切削、溅射镀覆等离子束加工。

四、等离子体加工

等离子体加工又称等离子弧加工(Plasma Arc Machining,PAM),是利用电弧放电使气体电离成过热的等离子气体流束,靠局部熔化和气化来去除材料的。等离子体是指正负带电粒子数量大体相等的高温气体,它能受电磁场的约束。等离子体加工可通过控制高温等离子流,实现切割、熔化、焊接、喷镀以及粉末制造和材料精炼等。

五、水射流切割

水射流切割(Water Jet Cutting,WJC)又称液体喷射加工(Liguid Jet Machining,LJM),是利用高压(70~400MPa)高速(300~900m/s)的喷射水流(从孔径为 0.1~0.5mm 的人造蓝宝石喷嘴喷出)对工件的冲击作用来去除材料的,有时简称水切割或俗称水刀。水射流切割可以代替硬质合金切槽刀具,而且切边的质量很好,可加工很薄、很软的金属和非金属材料,包括铜、铝、铅、塑料、木材、橡胶、纸等材料及其制品。

六、化学加工

化学加工(CHemical Machining,CHM)是利用酸、碱、盐等化学溶液对金属产生化学反应,使金属腐蚀溶解,改变工件尺寸和形状(甚至表面性能)的一种加工方法。属于成形加工的主要有化学铣切(化学蚀刻)、照相制版和光刻。化学铣切的加工原理是把需要加工的表面露出,非加工表面用耐腐蚀涂层保护起来,浸入化学溶液中进行腐蚀,使金属按特定的部位溶解去处,达到加工目的;照相制版是采用照相底片感光法;光刻则是利用光致抗蚀剂的光化学反应。

七、快速成型技术

快速成型技术(Rapid Prototyping,RP)是基于一种全新的制造概念——增材加工法。它是通过计算机辅助设计(CAD)或者三维数字测量仪,将所需要的零件转化为计算机内的电子模型,利用计算机,根据用分层软件获得的零件的 CAD 模型某一截面的几何信息,控制激光束选择性地固化或黏结某一区域,从而变为一个构成零件实体的水平方向层面,后续的材料与已固化层黏结，逐渐堆积成一个三维实体——零件。材料可以是气体、粉末或薄材，而固化过程可以是聚合、烧结、化学反应、等离子喷涂或胶结。这种工艺主要用于模型制造，模具加工以及单件小批量复杂零件制作。目前，具有代表性的快速成型工艺有光敏树脂液相固化成型、选择性粉末烧结成型、薄片分层叠加成型和熔丝堆积成型。

复习思考题

6-1 简述特种加工的特点及其应用范围。

6-2 简述电火花加工的原理、工艺特点及应用。

6-3 简述电火花成形和穿孔加工机床的组成。

6-4 简述电火花加工中的安全注意事项。

6-5 简述电火花线切割加工的原理及应用。

6-6 试述数控电火花线切割加工（程序的）主要编程格式。

6-7 简述数控电火花线切割加工机床的组成及各部分的作用。

6-8 简述超声波加工的原理、特点及应用。

6-9 简述激光加工的原理及应用特点。

6-10 说说你所知道的特种加工方法及典型工艺。

参 考 文 献

[1] 宫成立．金工实训．北京：机械工业出版社，2007.
[2] 赵长祥，吴畏．金工操作技能训练．电力职业教育生产技能训练丛书．北京：中国电力出版社，2006.
[3] 叶春香．国家职业资格培训教材：钳工常识．北京：机械工业出版社，2005.
[4] 侯文祥、逯萍。钳工基本技能训练．北京：机械工业出版社，2008.
[5] 王永明．钳工基本技能．北京：金盾出版社，2007.
[6] 杨宁．钳工小手册．工人小手册系列丛书．北京：中国电力出版社，2006.
[7] 国家机械工业委员会．初级铆工工艺学．北京：机械工业出版社，2003.
[8] 李磊，唐日晶．冷作钣金工操作技能实训图解（初、中级工）．济南：山东科学技术出版社，2007.
[9] 机械工业部职业教育研究中心．冷作钣金工技能实战训练．北京：机械工业出版社，2004.
[10] 祝燮权．实用五金手册．第7版．上海：上海科学技术出版社，2006.
[11] 严绍华，张学政．金属工艺学实习（非机类）．第2版．北京：清华大学出版社，2006.
[12] 白基成，郭永丰，刘晋春．特种加工技术．哈尔滨工业大学出版社，2006.
[13] 赵如福．金属机械加工工艺人员手册．第4版．上海：上海科学技术出版社，2006.
[14] 赵万生．特种加工技术．北京：高等教育出版社，2001.